高等教育理工类"十四五"系列规划教材

U0251908

基于人机交互

的前景提取

何 坤 张 旭◎编著

四川大学出版社
SICHUAN UNIVERSITY PRESS

图书在版编目（CIP）数据

基于人机交互的前景提取 / 何坤，张旭编著． -- 成
都 ： 四川大学出版社，2024.8
ISBN 978-7-5690-3226-0

Ⅰ．①基… Ⅱ．①何… ②张… Ⅲ．①人－机系统—
研 究 Ⅳ．① TP11

中国版本图书馆 CIP 数据核字（2019）第 273568 号

书　　名：基于人机交互的前景提取
　　　　　Jiyu Renji Jiaohu de Qianjing Tiqu
编　　著：何 坤 张 旭
丛 书 名：高等教育理工类"十四五"系列规划教材

丛书策划：庞国伟　蒋　玙
选题策划：毕　潜
责任编辑：毕　潜
责任校对：胡晓燕
装帧设计：墨创文化
责任印制：王　炜

出版发行：四川大学出版社有限责任公司
　　　　　地址：成都市一环路南一段 24 号（610065）
　　　　　电话：（028）85408311（发行部）、85400276（总编室）
　　　　　电子邮箱：scupress@vip.163.com
　　　　　网址：https://press.scu.edu.cn
印前制作：四川胜翔数码印务设计有限公司
印刷装订：四川五洲彩印有限责任公司

成品尺寸：185 mm×260 mm
印　　张：15.75
字　　数：404 千字

版　　次：2024 年 8 月 第 1 版
印　　次：2024 年 8 月 第 1 次印刷
定　　价：58.00 元

本社图书如有印装质量问题，请联系发行部调换

扫码获取数字资源

四川大学出版社
微信公众号

版权所有 ◆ 侵权必究

前　言

　　图像是自然界中物体或场景的影像，可以直接作用于人眼并产生视知觉实体，因此，图像是通信领域中信息或内容的常用载体之一。自然场景的视知觉实体通常被定义为图像语义对象，该对象常常被人眼感知为空间相邻的几个视觉区域，各个视觉区域及其空间关系表达了对象的几何和物理属性；不同对象的几何形状和空间位置的有机结合表达了图像的主要内容。根据人眼对图像像素空间和亮度/颜色视觉效应，如像素亮度/颜色的相似性、像素间的近邻性和连通性，学者们提出了许多基于图像低层特征的分割算法，这些算法常常根据一定视觉规则将图像分割成各个区域，使得分割的区域内像素在某方面具有共同属性，如空间相邻性、亮度/颜色分布的内聚性，而不同区域的像素具有显著差异性。依据低层特性建立的能量泛函忽略了相邻区域间的潜在组织结构和逻辑关系，这使得分割结果不能有效地反映视知觉实体的语义性，限制了传统图像分割算法对计算视觉和模式识别的贡献。

　　随着社会和科技的发展，图像采集成本日益下降，人们能随时随地采集大量的高清图像，并从中捕获海量的信息。不同图像虽然承载着不同的内容，但所有图像内容在形式上均表现为几个语义视知觉实体及其空间关系的有机结合。图像中不同的视知觉实体对人眼视觉的贡献各不相同，观察者最关注的实体是图像前景，它是观察者认知和理解图像内容的主要视知觉实体。依据贝叶斯后验概率理论，图像中哪些视知觉实体为图像前景取决于观察者的先验知识或观察者期望从图像中获得什么信息。

　　学者们结合具体语义对象结构和各种环境下所呈现的共性，提出了许多基于机器学习的具体对象提取算法，并在各个领域得到了广泛应用。该算法主要运用机器学习从海量的训练样本集中提取对象特征，并利用这些特征从图像中提取并识别对象。提取结果有效地突出了对象的语义性，弥补了图像分割的不足。然而，基于机器学习提取的特征有效性受限于训练集样本的容量。大容量训练集一方面有助于提取不同环境、姿态和摄像角度的对象结构及共性，另一方面提高了对象特征的表达精度。过度精确的对象表示特征有助于提高对象检测的准确率，但其推广能力较低；反之，对象模式推广能力增加而准确率降低。可见，从训练集中获得的对象特征，其准确率和推广能力是一个"二难"问题，它们遵守"没有免费的午餐"原则。目前如何选取训练集容量没有理论支持，同时在实际应用中，训练集容量常常是有限的，甚至缺乏训练样本。训练样本较少或缺乏导致了基于机器学习的对象检测算法效能低下甚至失效。

　　为了提取不同用户感知的图像前景，学者们根据图像中语义对象低层视觉感知特性，如像素亮度/颜色的相似性、像素间的近邻性、邻域像素亮度/颜色的对比度和对象区域结构等，结合人机交互信息，建立了基于人机交互的前景提取模型，弥补了基于机器学习的对象提取算法失效于无训练对象样本的不足。

本书以图像低层特征为主线，依据像素亮度/颜色的相似性、边缘和视觉区域的统计特性，介绍了不同前景提取模型的机理，总结了各自的优缺点，分析了不同前景提取模型的生物、物理和技术路线。根据人眼能自适应地调整视觉感受野并提取适当尺度的图像特征，建立了图像多尺度分解模型。结合人们将图像前景认知为适当尺度的语义意义，构建了多尺度特征的前景提取框架。利用人眼对场景的全局感知的特性，建立了视觉感知聚类的前景提取架构。

编写本书的目的是引导读者通过对前景提取基础知识和算法的学习，掌握图像前景提取的技能和算法，开拓新颖的图像前景提取框架。本书共10章，其主要内容如下：

第1章绪论，主要介绍了数字图像、图像视觉感知和图像前景提取的现状，分析和总结了当前图像前景提取面临的难点。内容包括：①数字图像及其视觉感知，介绍了图像的数字表示及其分类，不同类型图像中语义对象的表现形式，图像亮度/颜色、边缘的低、中层视觉特征，对象和对象轮廓的高层视觉特征；②图像前景提取的研究现状，分析了传统前景提取模型的优缺点以及前景提取质量评价准则，进一步总结了现有前景提取算法面临的难点；③图像语义分割，明确了图像语义分割的研究方向，介绍了现有的图像语义分割数据库，为该领域的后续工作和学习提供了必要条件。

第2章基于随机游走的前景提取，主要阐述了依据像素亮度/颜色的相似性构建的系列前景提取算法，其中"魔术棒"是最经典的基于人机交互的前景提取技术。该技术假设图像中前、背景亮度/颜色存在显著差异，仅仅根据前景亮度/颜色的相似性和内聚性设计了前景提取能量泛函，构建了简单且易于理解的前景提取模型。该模型忽略了前、背景亮度/颜色可能存在局部相似，导致前景提取结果不理想。为了避免前、背景相似的亮度/颜色对前景提取的负面影响，学者们增加了背景像素标注，结合随机游走提出了基于随机游走的前景提取模型。

第3章基于活动轮廓的前景提取。自然界中任意实体都具有有限的几何测度，实体几何测度的有限性在图像中表现为任意前景形状视觉是一条封闭的曲线，并且占用一定的面积。学者们从前景轮廓出发，提出了基于活动轮廓的前景提取模型。该模型在人机交互的封闭初始曲线前提下，结合曲线演化理论设计了前景提取的能量泛函，将前景提取问题转变为曲线能量泛函最小化问题。本章介绍了轮廓曲线的不同表示方法，分析了曲线演化的本质，阐述了不同图像特征作为外部能量对前景提取的影响。以曲线演化为主线，深入分析了不同活动轮廓模型的前景提取机理，总结了各自的优缺点。

第4章基于图论的前景提取。图像中前景和背景的颜色分布存在显著差异性，结合图像边缘将前景提取描述为依据边缘和区域亮度/颜色分布的推理问题。本章以图割为主线，分析了前景提取图表示方法，阐述了前景提取图中各个节点表示的视觉意义及图中边权重的图像像素视觉关系，重点说明了权重计算的视觉依据，介绍了在不同标注方法下前景和背景模式设计的生物、数学依据，运用数理统计估计前景和背景模式参数，比较了不同参数对前景提取的影响，分析了现有前景提取图模型之间的相似性和差异性，总结了其局限性。

第5章图像多尺度分解。人脑能准确而快速地从复杂的图像中辨识各个对象，在辨识过程中，人脑一方面对来自图像的感知信息进行分析和处理，自适应地屏蔽纹理对认知的负面影响；另一方面，视知觉能依据图像内容自动调节视觉感受野。学者们模仿人眼对场景信息的尺度感知，结合图像平滑理论，建立了图像多尺度分解模型。本章首先介绍了图像分解的生物依据，结合像素变化设计了图像多尺度分解的能量泛函—偏微分方程；其次从图像结构信息出发，分析和比较了各向同性和各向异性扩散的原理，提出了保边平滑条件。在此基础上，介绍了 ℓ^2 范数和 ℓ^1 范数的扩散性能，分析了它们在图像多尺度分解过程中的优缺点。为了继承 ℓ^2 范数和 ℓ^1 范数的优点，在放松平滑条件的基础上，设计了"二次"函数和瑞丽函数，实现了图像多尺度分解。

第 6 章基于多尺度边缘的几何活动轮廓模型。人们常常将图像前景认知为适当尺度的语义意义，为了弥补给定尺度特征对几何活动轮廓模型的负面影响，本章将图像分解和活动轮廓模型相结合，提出了基于多尺度边缘的几何活动轮廓模型，分析了前景提取与边缘尺度之间的关系，依据分割结果设计了平滑尺度选择函数，实现了从适当尺度的边缘信息中提取前景。

第 7 章基于多尺度特征的图割模型。学者们模仿人眼从不同距离观察目标对象的视觉效应，结合不同视距的感知光谱能量分布或变化，提出了基于多尺度特征的图割框架。该框架有机结合了图像特征尺度、边缘和前、背景模式，综合考虑了不同尺度的边缘和亮度/颜色分布对前景提取的贡献，继承了传统的基于图论的前景提取优点，利用尺度信息实现从适当尺度中提取前景。

第 8 章图像感知分析。本章在图像视觉的完形法则的基础上，首先依据像素的相似法则和近邻法则建立了像素亮度/颜色的关系矩阵，结合区域法则设计了像素亮度/颜色视觉感知聚类模型，即最小割模型、平均内联模型、平均割模型和正则割模型；其次，设计了感知聚类模型的关系矩阵，从理论上推演了图像感知聚类的特征计算以及特征间的关系，从特征角度讨论了各种感知聚类模型的优缺点；最后，运用感知聚类模型对随机分布点集进行聚类分析，讨论了感知聚类在图像前景提取领域的应用。

第 9 章基于感知分析的前景提取。人眼可根据图像像素亮度的相似性和突变性，分析图像全局亮度的视觉特性，依据亮度视觉特性提取图像前景。学者们模拟人眼的上述特性，将图像像素亮度感知和水平集方法相结合，提出了基于亮度感知的前景提取模型。该模型运用全局特征对图像进行分析处理，弥补了传统方法中局部特征的不足。

第 10 章基于神经网络的前景提取。图像中实体对象的认知是在个人先验知识的指导下结合对象外在属性和内部结构分析理解其语义，但对象语义性难以运用语言和数学模型进行统一描述。随着计算机视觉步入深度学习时代，学者们分析和总结了个人先验信息获取过程，构建了从海量的训练集中捕捉特定语义对象的卷积神经网络模型。本章首先介绍了卷积神经网络结构，分析了网络各部分的作用，将深度学习引入图像语义分割领域，构建了卷积神经网络，实现了从图像像素级数据到抽象语义概念逐层提取；其次，详细阐述了卷积神经网络的训练，分析和总结了卷积神经网络在图像前景提取中的优缺点；最后，介绍了全卷积神经网络模型，该模型继承了卷积神经网络的图像特征提取能力和表达能力，同时有效地分割了图像中的特定对象。在此基础上，相继提出了不同的分割框架，不断更新语义分割精度。基于卷积神经网络的前景提取模型综合图像多尺度、多方面特征，提高了前景提取效果，弥补了传统的基于固定尺度和人为特征的不足。

本书可以作为计算机、软件专业高年级本科生以及研究生的教材和教学参考书，也可供广大从事计算机视觉、对象跟踪领域工作的技术人员参考使用。

本书第 2、3、5、8 章和附录 A~D 由哈尔滨理工大学理学院张旭编写，第 1、4、6、7、9、10 章由四川大学计算机学院何坤编写，全书由何坤统稿。在本书的编写过程中，参阅了大量关于图像处理和语义分割的书籍和资料，在此向有关作者表示衷心的感谢。本书的编写得到了课程组各位老师的大力支持，在此向他们表示诚挚的感谢。本书受四川省科技支撑计划项目（2016JZ0014）资助。

编　者

2023 年 6 月

目　录

第1章　绪　论……………………………………………………………（ 1 ）

1.1　数字图像 ………………………………………………………（ 2 ）

1.2　图像视觉感知 …………………………………………………（ 4 ）

   1.2.1　亮度感知 …………………………………………………（ 5 ）

   1.2.2　边缘感知 …………………………………………………（ 6 ）

   1.2.3　对象轮廓感知 ……………………………………………（ 7 ）

   1.2.4　对象形状感知 ……………………………………………（ 8 ）

   1.2.5　前景感知 …………………………………………………（ 10 ）

1.3　前景提取研究现状 ……………………………………………（ 10 ）

   1.3.1　基于像素相似性的前景提取 ……………………………（ 12 ）

   1.3.2　基于曲线演化的前景提取 ………………………………（ 13 ）

   1.3.3　基于图论的前景提取 ……………………………………（ 15 ）

   1.3.4　基于深度学习的前景提取 ………………………………（ 16 ）

1.4　前景提取难点 …………………………………………………（ 17 ）

   1.4.1　前景先验信息 ……………………………………………（ 18 ）

   1.4.2　前景提取框架 ……………………………………………（ 19 ）

1.5　前景提取数据库 ………………………………………………（ 20 ）

1.6　前景提取评价准则 ……………………………………………（ 22 ）

   1.6.1　主观评价法 ………………………………………………（ 22 ）

   1.6.2　客观评价法 ………………………………………………（ 23 ）

第2章　基于随机游走的前景提取………………………………………（ 30 ）

2.1　随机游走模型 …………………………………………………（ 31 ）

   2.1.1　直线随机游走 ……………………………………………（ 31 ）

   2.1.2　平面随机游走 ……………………………………………（ 33 ）

   2.1.3　调和函数 …………………………………………………（ 35 ）

2.2　随机游走算法 …………………………………………………（ 35 ）

   2.2.1　直线随机游走算法 ………………………………………（ 35 ）

   2.2.2　平面随机游走算法 ………………………………………（ 37 ）

2.3　随机游走前景提取模型 ………………………………………（ 38 ）

   2.3.1　权函数 ……………………………………………………（ 39 ）

2.3.2　前景提取 ··（39）

2.4　前景提取结果及分析 ··（40）

2.5　小结与展望 ··（43）

2.5.1　小结 ··（43）

2.5.2　展望 ··（44）

第3章　基于活动轮廓的前景提取 ································（47）

3.1　前景轮廓表示 ··（47）

3.1.1　轮廓参数表示 ··（47）

3.1.2　轮廓水平集表示 ··（50）

3.2　曲线演化 ··（52）

3.2.1　参数方程的曲线演化 ······································（52）

3.2.2　水平集曲线演化 ··（53）

3.3　曲线演化速率 ··（56）

3.3.1　恒速率演化 ···（56）

3.3.2　曲率演化 ··（57）

3.4　参数活动轮廓模型 ···（58）

3.4.1　Snake 模型的能量泛函 ····································（58）

3.4.2　Snake 模型的离散计算 ····································（62）

3.4.3　改进的 Snake 模型 ··（63）

3.4.4　参数活动轮廓模型的局限性 ·····························（65）

3.5　基于边缘的几何活动轮廓模型 ·································（66）

3.5.1　前景提取模型 ··（67）

3.5.2　离散计算 ··（68）

3.6　基于区域的几何活动轮廓模型 ·································（71）

3.6.1　CV 模型 ··（71）

3.6.2　改进的 CV 模型 ··（72）

3.6.3　CV 模型的局限性 ··（73）

3.7　实验结果及分析 ··（73）

3.8　小结与展望 ··（76）

3.8.1　小结 ··（77）

3.8.2　展望 ··（77）

第4章　基于图论的前景提取 ····································（82）

4.1　前景提取图模型 ··（82）

4.1.1　图像点阵图表示 ··（82）

4.1.2　前景提取图表示 ··（85）

4.2　前景模式 ··（87）

4.2.1　局部直方图模式 ··（87）

　　　　4.2.2　高斯混合模式 ……………………………………………（88）
　4.3　权重计算 ………………………………………………………（93）
　　　　4.3.1　条件概率 …………………………………………………（93）
　　　　4.3.2　信息互熵 …………………………………………………（94）
　4.4　图割理论 ………………………………………………………（96）
　　　　4.4.1　网络流 ……………………………………………………（97）
　　　　4.4.2　最大流最小割定理 ………………………………………（98）
　　　　4.4.3　最大流算法 ………………………………………………（99）
　4.5　前景提取模型 …………………………………………………（104）
　　　　4.5.1　前景标注 …………………………………………………（105）
　　　　4.5.2　前景提取流程 ……………………………………………（106）
　　　　4.5.3　前景提取模型分析 ………………………………………（109）
　4.6　前景提取结果及分析 …………………………………………（111）
　4.7　小结与展望 ……………………………………………………（113）
　　　　4.7.1　小结 ………………………………………………………（113）
　　　　4.7.2　展望 ………………………………………………………（114）

第5章　图像多尺度分解 …………………………………………………（118）
　5.1　图像平滑理论 …………………………………………………（118）
　5.2　扩散函数 ………………………………………………………（123）
　　　　5.2.1　ℓ^2范数函数 …………………………………………（124）
　　　　5.2.2　ℓ^1范数函数 …………………………………………（124）
　　　　5.2.3　"二次"函数 ……………………………………………（124）
　　　　5.2.4　瑞丽函数 …………………………………………………（126）
　5.3　离散化运算 ……………………………………………………（127）
　　　　5.3.1　平滑系数 …………………………………………………（131）
　　　　5.3.2　迭代计算 …………………………………………………（132）
　5.4　图像多尺度分解结果及分析 …………………………………（133）
　　　　5.4.1　分解过程分析 ……………………………………………（133）
　　　　5.4.2　不同模型的比较 …………………………………………（135）
　5.5　小结与展望 ……………………………………………………（138）
　　　　5.5.1　小结 ………………………………………………………（138）
　　　　5.5.2　展望 ………………………………………………………（139）

第6章　基于多尺度边缘的几何活动轮廓模型 …………………………（143）
　6.1　前景提取模型 …………………………………………………（143）
　6.2　前景提取算法 …………………………………………………（144）
　　　　6.2.1　离散计算 …………………………………………………（144）
　　　　6.2.2　尺度选取 …………………………………………………（145）

  6.2.3 前景提取流程 ⋯⋯⋯⋯⋯⋯⋯⋯⋯⋯⋯⋯⋯⋯ (146)

 6.3 前景提取结果及分析 ⋯⋯⋯⋯⋯⋯⋯⋯⋯⋯⋯⋯⋯ (148)

  6.3.1 卡通图像前景提取 ⋯⋯⋯⋯⋯⋯⋯⋯⋯⋯⋯⋯⋯ (148)

  6.3.2 简单纹理图像前景提取 ⋯⋯⋯⋯⋯⋯⋯⋯⋯⋯ (149)

  6.3.3 复杂纹理图像前景提取 ⋯⋯⋯⋯⋯⋯⋯⋯⋯⋯ (150)

  6.3.4 噪声图像前景提取 ⋯⋯⋯⋯⋯⋯⋯⋯⋯⋯⋯⋯⋯ (151)

 6.4 小结与展望 ⋯⋯⋯⋯⋯⋯⋯⋯⋯⋯⋯⋯⋯⋯⋯⋯⋯ (152)

  6.4.1 小结 ⋯⋯⋯⋯⋯⋯⋯⋯⋯⋯⋯⋯⋯⋯⋯⋯⋯⋯⋯ (153)

  6.4.2 展望 ⋯⋯⋯⋯⋯⋯⋯⋯⋯⋯⋯⋯⋯⋯⋯⋯⋯⋯⋯ (153)

第7章 基于多尺度特征的图割模型 ⋯⋯⋯⋯⋯⋯⋯⋯⋯ (157)

 7.1 前景提取模型 ⋯⋯⋯⋯⋯⋯⋯⋯⋯⋯⋯⋯⋯⋯⋯⋯ (157)

 7.2 前景提取算法 ⋯⋯⋯⋯⋯⋯⋯⋯⋯⋯⋯⋯⋯⋯⋯⋯ (158)

  7.2.1 离散计算 ⋯⋯⋯⋯⋯⋯⋯⋯⋯⋯⋯⋯⋯⋯⋯⋯⋯ (159)

  7.2.2 尺度选择 ⋯⋯⋯⋯⋯⋯⋯⋯⋯⋯⋯⋯⋯⋯⋯⋯⋯ (160)

  7.2.3 前景提取流程 ⋯⋯⋯⋯⋯⋯⋯⋯⋯⋯⋯⋯⋯⋯ (161)

 7.3 前景提取结果及分析 ⋯⋯⋯⋯⋯⋯⋯⋯⋯⋯⋯⋯⋯ (162)

  7.3.1 简单场景前景提取 ⋯⋯⋯⋯⋯⋯⋯⋯⋯⋯⋯⋯⋯ (162)

  7.3.2 复杂场景前景提取 ⋯⋯⋯⋯⋯⋯⋯⋯⋯⋯⋯⋯⋯ (163)

  7.3.3 图像集前景提取测评 ⋯⋯⋯⋯⋯⋯⋯⋯⋯⋯⋯ (164)

 7.4 小结与展望 ⋯⋯⋯⋯⋯⋯⋯⋯⋯⋯⋯⋯⋯⋯⋯⋯⋯ (165)

  7.4.1 小结 ⋯⋯⋯⋯⋯⋯⋯⋯⋯⋯⋯⋯⋯⋯⋯⋯⋯⋯⋯ (166)

  7.4.2 展望 ⋯⋯⋯⋯⋯⋯⋯⋯⋯⋯⋯⋯⋯⋯⋯⋯⋯⋯⋯ (166)

第8章 图像感知分析 ⋯⋯⋯⋯⋯⋯⋯⋯⋯⋯⋯⋯⋯⋯⋯ (170)

 8.1 感知分析法则 ⋯⋯⋯⋯⋯⋯⋯⋯⋯⋯⋯⋯⋯⋯⋯⋯ (170)

 8.2 感知分析模型 ⋯⋯⋯⋯⋯⋯⋯⋯⋯⋯⋯⋯⋯⋯⋯⋯ (171)

  8.2.1 最小割模型 ⋯⋯⋯⋯⋯⋯⋯⋯⋯⋯⋯⋯⋯⋯⋯ (172)

  8.2.2 平均内联模型 ⋯⋯⋯⋯⋯⋯⋯⋯⋯⋯⋯⋯⋯⋯ (173)

  8.2.3 平均割模型 ⋯⋯⋯⋯⋯⋯⋯⋯⋯⋯⋯⋯⋯⋯⋯ (176)

  8.2.4 正则割模型 ⋯⋯⋯⋯⋯⋯⋯⋯⋯⋯⋯⋯⋯⋯⋯ (179)

 8.3 点集的感知分析 ⋯⋯⋯⋯⋯⋯⋯⋯⋯⋯⋯⋯⋯⋯⋯ (181)

  8.3.1 不同模型的比较 ⋯⋯⋯⋯⋯⋯⋯⋯⋯⋯⋯⋯⋯ (182)

  8.3.2 点集分析 ⋯⋯⋯⋯⋯⋯⋯⋯⋯⋯⋯⋯⋯⋯⋯⋯⋯ (185)

 8.4 图像视觉感知 ⋯⋯⋯⋯⋯⋯⋯⋯⋯⋯⋯⋯⋯⋯⋯⋯ (187)

  8.4.1 视觉颜色 ⋯⋯⋯⋯⋯⋯⋯⋯⋯⋯⋯⋯⋯⋯⋯⋯⋯ (188)

  8.4.2 视觉纹理 ⋯⋯⋯⋯⋯⋯⋯⋯⋯⋯⋯⋯⋯⋯⋯⋯⋯ (189)

 8.5 小结与展望 ⋯⋯⋯⋯⋯⋯⋯⋯⋯⋯⋯⋯⋯⋯⋯⋯⋯ (192)

  8.5.1 小结 ⋯⋯⋯⋯⋯⋯⋯⋯⋯⋯⋯⋯⋯⋯⋯⋯⋯⋯⋯ (192)

8.5.2　展望 ……………………………………………………………………（193）

第 9 章　基于感知分析的前景提取………………………………………（195）
9.1　前景提取模型 ……………………………………………………………（195）
9.1.1　亮度视觉感知 ……………………………………………………（195）
9.1.2　前景模板提取 ……………………………………………………（197）
9.2　前景提取流程 ……………………………………………………………（198）
9.3　实验结果及分析 …………………………………………………………（199）
9.3.1　参数讨论 …………………………………………………………（199）
9.3.2　提取结果分析 ……………………………………………………（200）
9.4　小结与展望 ………………………………………………………………（202）
9.4.1　小结 ………………………………………………………………（202）
9.4.2　展望 ………………………………………………………………（202）

第 10 章　基于神经网络的前景提取 ……………………………………（205）
10.1　卷积神经网络……………………………………………………………（206）
10.1.1　卷积神经网络结构 ………………………………………………（207）
10.1.2　卷积神经网络激活函数 …………………………………………（209）
10.1.3　卷积神经网络的优缺点 …………………………………………（211）
10.2　卷积神经网络的训练……………………………………………………（212）
10.2.1　参数初始化 ………………………………………………………（213）
10.2.2　正向传播 …………………………………………………………（216）
10.2.3　反向传播 …………………………………………………………（217）
10.3　全卷积神经网络…………………………………………………………（221）
10.3.1　全卷积神经网络结构 ……………………………………………（222）
10.3.2　全卷积神经网络的上采样 ………………………………………（224）
10.3.3　全卷积神经网络的优缺点 ………………………………………（225）
10.4　小结与展望………………………………………………………………（225）

附录 A　变分法相关知识 ………………………………………………………（229）
附录 B　EM 算法 ………………………………………………………………（232）
附录 C　图像超像素 ……………………………………………………………（236）
附录 D　矩阵的特征值及特征向量 ……………………………………………（239）

第1章 绪 论

图像是自然界中物体或场景的影像，可直接作用于人眼，给观察者提供亲临其境的视觉效果。作为信息载体，图像是最直观、标准、统一的传播方式，其信号的捕捉独立于采集者个人行为，弥补了语音信号对生产者声调和声色的敏感性；图像承载的信息内容取决于观察者的先验知识和个人兴趣，与采集者的个人爱好和认知无关，弥补了文本信号所表达的内容或多或少地受到撰写者的影响的不足。随着社会和科技的发展，图像采集成本日益下降，人们能随时随地以较低成本采集到高质量的图像，因此，图像越来越成为人们日常传播信息的首选载体。

图像为分析和理解场景中的对象或整体概貌提供了直观的视觉表示，便于人眼辨识具体对象在特定场景中的位置、几何和表面视觉特性。从视觉认知来看，语义对象的位置、几何和表面亮度/颜色分布是认知图像内容的基本单元，但这些基本单元常常隐藏在图像论域的光辐射能量的空间分布中。因此，为了分析和理解图像内容，必须将图像中各个语义对象彼此分开，即图像语义对象分割。图像语义对象分割是将图像分割和对象识别有机结合，对图像的每个像素赋予语义标签。语义对象分割与传统图像分割均是对图像像素赋予标签，但两者存在本质区别，前者的分割结果具有语义意义，后者侧重于图像像素亮度/颜色的视觉相似性和空间近邻性。学者们常常根据图像像素的近邻性和亮度/颜色的相似性建立图像区域分割模型，从图像像素亮度/颜色的视觉内聚性和显著差异性出发，设计图像区域分割的能量泛函。但能量泛函忽略了区域间的内在组织结构和逻辑关系，导致分割结果缺乏语义意义。

大脑皮层对图像内容的分析理解并不是以图像像素、视觉区域为分析单元，而是以语义对象为出发点分析对象属性和对象间关系，进而认知图像的整体内容。因此，语义对象分割是分析和理解图像内容的重要环节，不适当的语义对象分割对后续图像分析处理会造成负面影响。图像语义对象分割的研究不仅有助于探知人类的视觉认知规律，而且能促进机器视觉更加逼近人类对自然界的认知过程，提升机器智能化能力。

无论自然场景多么复杂，人脑都能准确而快速地辨识图像中各个对象，并根据对象及其在空间的上下文关系，分析辨识图像中哪些区域体现内容，哪些对象承载关键信息。随着科技的发展，图像和视频容量日益增加，仅仅运用人眼视觉很难从海量的图像中高效地提取信息。为了分析海量图像的内容，人们必须借助机器视觉的相关技术分析和提取图像中的有用信息。

1.1 数字图像

人们日常所见的大多数图像均是根据光学原理借助成像设备采集得到的，根据光学成像的物理机理，自然光照下的景物表示为可见光辐射能量的一种空间分布。该空间分布可表示为空间、时间和频谱的光辐射能量函数 $f(x, y, z, t, \lambda)$，其中 x, y, z 表示空间变量，t 表示时间变量，λ 表示光谱频谱。在该光辐射能量函数中，如果 $z=0$，则能量函数 $f(x, y, z, t, \lambda)$ 表示时序图像集，该图像集的光谱能量可简写为 $f(x, y, t, \lambda)$。当场景的光辐射不随时间而变化时，$f(x, y, t, \lambda)$ 表示在某一时刻对象或场景的二维影像，可简写为连续 $f(x, y, \lambda)$。

图像是自然场景的影像，在计算机工程中可表示为场景的光辐射能量函数，其光辐射能量函数具有以下性质：

(1) 函数论域具有连续且有界性。自然界中任意实体对象或场景都具有一定几何形状，并且占用一定体积，这些几何属性使得光辐射能量函数在论域内连续且有界。

(2) 函数值域具有连续有限性。根据自然界中任意物体在可见光照下其表面颜色形成的光学机理，对象表面的光辐射频谱能量是连续有限的。例如，蓝色物体表面仅仅反射波长为 $0.40\sim0.48\ \mu m$ 的光，而吸收其他波长的能量；绿色物体表面反射波长为 $0.48\sim0.57\ \mu m$ 的光；红色物体表面反射波长为 $0.57\sim0.70\ \mu m$ 的光。

综上所述，场景中任意对象在空间、辐射能量和成像设备的视野上均是有限的，因此，可见光照下场景影像的光辐射能量函数 $f(x, y, \lambda)$ 在平面上是连续有界函数。

机器视觉是利用计算机模拟人类视觉对图像进行存储、处理和分析，然而目前计算机只能对数据进行存储和分析。为了让计算机可处理和分析连续的光辐射能量函数，需要把 xOy 坐标系下的函数 $f(x, y, \lambda)$ 进行采样和量化形成数字图像，并表示为 $M \times N$ 的矩阵：

$$\boldsymbol{u} = \begin{bmatrix} u_{11} & \cdots & u_{1j} & \cdots & u_{1N} \\ \vdots & & \vdots & & \vdots \\ u_{i1} & \cdots & u_{ij} & \cdots & u_{iN} \\ \vdots & & \vdots & & \vdots \\ u_{M1} & \cdots & u_{Mj} & \cdots & u_{MN} \end{bmatrix}_{M \times N} \tag{1-1}$$

该矩阵的列数 N 表示在 x 方向上的采样点数，即图像宽度 W；行数 M 表示在 y 方向上的采样点数，即图像高度 H。图像宽度和高度分别表示图像在水平方向或竖直方向上的空间分辨率，它是图像清晰度的指标之一。对来自同一场景的图像，如果 $W \times H$ 较大，则表示该图像运用较小的空间采样间隔 $(\Delta w, \Delta h)$ 对连续函数 $f(x, y, \lambda)$ 论域进行了离散化处理，其结果可反映论域内任意邻域的微小变化，因此，图像的清晰度较高；反之，如果空间采样间隔较大，则较大邻域内的光谱能量表示为某一数值，忽略了邻域内光谱的微小变化，当忽略的光谱能量超过某一范围时，该矩阵表示的图像在视觉上呈现块状效应。在图像的数字化表示过程中，空间采样间隔 $(\Delta w, \Delta h)$ 的选择常常遵循奈奎斯特采样定理，该定理在信号处理的相关书籍中均有详细的介绍和理论分析，对此不赘述。

在图像数字化表示中，矩阵的每个元素 u_{ij} 称为图像像素，它描述物体或场景在位置 $(i，j)$ 邻域内的辐射能量。依据辐射能量表示的不同方式，自然场景中的图像大致可分为二值图像（binary image）、灰度图像（gray image）和彩色图像（color image）。二值图像的像素 u_{ij} 仅仅刻画了场景在 $(i，j)$ 邻域内的辐射能量是否高于某一阈值（如胶片曝光的最低能量），若高于阈值，则该像素取值为 1，反之为 0。二值图像像素的取值范围为 $\{0，1\}$，目前这种表示方式广泛用于图形和文本图片。

二值图像虽然对光谱能量量化的等级较少，忽略了光谱能量在物体表面各个区域的能量变化，但它有效地描述了场景中各个区域的形状，且区域间分界线明确。为了表示区域内辐射能量的微小变化，将光谱能量的量化等级扩展为 256 级，图像像素的取值范围扩展为 0～255 的整数，此图像称为灰度图像。自然场景的灰度图像可有效描述可见光照下对象表面亮度的微小变化，这些微小变化刻画了场景纹理信息。灰度图像中亮度视觉感知相似的像素构成视觉区域，不同视觉区域的亮度存在显著差异，其分界线构成了视觉边缘。具体对象被认为是一个或者几个相邻视觉区域根据一定规则组合而成的，这些区域视觉边缘组成的外围曲线即为对象轮廓。

灰度图像不仅可描述场景对象表面纹理、视觉区域，而且能表示不同对象的视觉分界线。由于灰度图像仅仅根据光谱能量大小描述场景对象信息，忽略了对象表面对不同波长的反射能力，因此它不能反映自然场景的颜色信息。为了描述自然景物在光照下的视觉颜色信息，矩阵的每个元素表示为一个三维矢量 $u_{ij} = (u_{ij}(R)，u_{ij}(G)，u_{ij}(B))$，将可见光照下景物表面颜色以红、绿、蓝三基色的混合形式表示出来，实现了彩色图像的数字化表示。空间相邻且颜色视觉相似的像素构成彩色图像的视觉区域，不同视觉区域的颜色在视觉上存在明显差异。

自然场景影像的三种数字表示各有优缺点，其中二值图像提供了场景的区域形状，且区域分界线明确，有利于图像区域分割。但二值图像能表示图像对象的位置信息，不能表征区域像素亮度/颜色的缓慢变化。灰度图像扩展了二值图像像素的量化等级，有利于表示区域内像素的微小变化，弥补了二值图像视觉效果的粗糙性。彩色图像运用红、绿、蓝三基色表示自然场景对不同波长的反射能力，有利于人眼对场景颜色的分辨，但牺牲了存储容量换取人眼的视觉颜色信息。图 1-1 表示一幅自然场景的不同数字化表示方式，该场景的空间分辨率为 480×320，其中彩色图像 [图 1-1(a)] 不仅表述了场景中各个位置的亮度，还能给出不同区域的颜色变化。结合亮度和颜色，人们不仅可以感知场景中的主要对象（两匹马和两片不同颜色的草地），还能分辨出对象内部区域颜色的微小变化（草地内部的变化）。灰度图像 [图 1-1(b)] 刻画了该场景中的亮度信息，但忽略了颜色信息。根据亮度人们可以感知场景中的对象。由于存在量化误差，灰度图像不能有效描述微小颜色变化引起的亮度差异，图 1-1（b）中远处草地的亮度变化消失了。在对应的黑白图像 [图1-1(c)] 中，马和草地的分界线明确，从视觉上仅仅能表示马和草地在图像中的区域，而马和草地的颜色和亮度及其差异完全消失。

（a）彩色图像　　　　　　　　　（b）灰度图像　　　　　　　　　（c）二值图像

图1-1　场景的数字化表示（其彩色图像来源于 DSB300，灰度图像是根据彩色图像的亮度信息，
二值图像由灰度图像经阈值处理获得，其阈值为 128）

人眼对颜色的分辨能力和敏感程度均比亮度强。在适当的环境中，人眼可以分辨几千种不同的颜色，而只能辨别几十种不同的亮度，因此人们常常喜欢观看彩色图像，并从中认知场景概貌，分析和鉴别场景对象的几何或物理属性。同时，随着技术的发展，彩色图像采集设备得到广泛的普及和应用，人们可以随时随地采集、下载彩色图像。综上因素，本书只讨论彩色图像的前景提取。

1.2　图像视觉感知

人们利用视觉不仅能从自然界中获得信息，而且能对信息进行简单的加工处理。依据人眼视觉形成的生理及心理过程，人眼视觉可分为视感觉和视知觉两个层次。视感觉是一个较低层次的生理过程，它借助于人眼晶状体和瞳孔接收外界光刺激，如光谱的明亮程度和颜色等。视知觉将视感觉捕获到的外部刺激转化为有意义的内容，并在先验知识的指导下确定哪些外部刺激可形成场景中的"目标"，分析"目标"的形状和物理属性，并将视野中一些分散的刺激加以组织合成，从而认知世界。视知觉是神经中枢参与的人眼视觉系统较高层次的心理活动，该活动的结果不仅取决于观察者的先验知识，还依赖于外部刺激。人眼在适当亮度的可见光照下可接收不同的外界刺激，并对不同刺激产生相应知觉，如亮度知觉、颜色知觉、形状知觉、空间知觉和运动知觉等。

依据人眼获取场景信息的生物过程，视觉系统可分为光学、化学和神经处理三个子过程。光学子过程主要通过眼睛接收到场景光谱刺激，并在视网膜上形成视觉图像。该图像形成的物理机理不同于照相机等采集设备，前者采用中心聚焦，后者为均匀聚焦。

化学子过程运用视网膜上的化学系统将视网膜图像转化为视觉图案。视网膜表面分布着成千上万个光接受细胞，不同细胞对光谱的响应各不相同，依据其响应，光接受细胞可分为两大类：锥细胞和柱细胞。人类的每只眼睛内约有 600 万～700 万个锥细胞，主要分布在对光最敏锐的视网膜中心区域，它们对入射光谱产生不同的频谱响应。锥细胞主要工作在亮光谱下，形成适亮视觉。视网膜表面除了锥细胞，还有大约 7.5 亿～15 亿个柱细胞。柱细胞工作于暗光线环境中，形成适暗视觉，适暗视觉丢失了外界刺激的颜色信息。例如，在日光下鲜艳的彩色物体在月光下变得无色，这主要是因为日光下光线较强，锥细胞较活跃，而在月光下只有柱细胞能正常工作。每个锥细胞都有各自独立的神经末梢，因此，该细胞获取的颜色信息分辨率较高，人类借助这些细胞感知外界刺激的颜色微小变化。然而几个柱细胞共享同一个神经末梢，这表明柱细胞获取的信息分辨率比较低，但可提供人眼视野的整体视像。

人眼内的锥细胞和柱细胞均含有可吸收光的色素分子，这种色素分子吸收光后产生化学反应，形成生物信号，并刺激视觉神经元。当外界刺激人眼的光通量增加时，视网膜上接受光谱刺激的细胞数量随之增加，光接受细胞的化学分解反应加剧，使得刺激神经元信号增强。由此可见，人眼锥细胞和柱细胞可将接收到的外界光谱通过化学反应转换成生物信号，其信号强度反映了场景的光谱能量大小。在图像处理领域常常模拟光信号转化为生物信号的过程，建立相应的特征提取模型。

视觉系统的神经处理子过程是将视网膜上产生的生物信号经光神经网络传送到大脑皮层，大脑皮层在先验知识的指导下对接受的信号进行分析处理形成视知觉。图像分析常常依据视知觉形成过程建立相应模型，并以此分析图像内容。

1.2.1　亮度感知

视网膜上的柱细胞和锥细胞使得人类视觉系统能适应从暗到眩目之间的亮度范围，其总体亮度范围可达到 10^{10} 量级。然而视觉系统不可能同时工作在总体亮度适应范围内，即在给定环境下，人眼所能区分亮度的具体范围仅仅是总体亮度适应范围的很小一部分。幸运地是，人类视觉系统可以通过环境亮度自适应地改变视觉敏感度，从而实现暗视觉到眩目亮度的总体适应。在一定亮度环境下，视觉系统对当前的亮度敏感度称为亮度适应级，人眼感受到的主观亮度是适应级的亮度邻域。在一个亮度适应范围内，人眼一般可分辨出 10~20 个亮度变化，但其分辨能力因环境亮度而异。实验表明：在暗环境下，人眼对亮度变化的分辨能力较差；随着环境光照的强度增加，其亮度分辨能力逐步增强。在明视条件下，人眼可以区分几十个亮度级的变化。灰度图像的像素值刻画了像素空间邻域内光谱能量的大小，若像素值较大，则表示该像素邻域内光谱较亮，反之较暗。如果以图像的暗像素为视觉对象，人眼在该环境下亮度分辨能力较小，则其邻域像素仅仅需较少的灰度等级就足以描述视觉亮度信息；如果以图像的亮像素为视觉对象，人眼对其邻域内像素的亮度分辨能力较强，则邻域像素需要较多的灰度等级才能表征视觉亮度变化。在眼睛遍历图像像素时，人眼感受野的平均亮度随像素的变化而变化，这使得人眼在图像论域中可区分的亮度等级比在具体像素环境下增加许多。

亮度视觉感知效应不仅与环境亮度有关，还取决于对象区域间的亮度变化。对象表面的视感知亮度是该表面与环境亮度间的综合响应，如果场景中存在两个不同亮度的物体，但它们的亮度与各自背景亮度差异相同，那么人眼对这两个物体的表面亮度具有相同感知响应；如果将表面亮度相同的两个物体搁置在不同环境中，一个放在暗背景中，另一个放在亮背景中，则在视觉上暗背景中的物体表面会比亮背景中的物体表面主观感觉较亮。由此可知，人类视觉系统对亮度变化更加敏感，而不是亮度值本身。在一定亮度范围内，视觉系统对亮度变化分辨率约为所感受范围的 2%。视觉的亮度分辨率依赖于若干因素，如光谱波长和光谱能量。为了模拟人眼对亮度的敏感性，学者们常常采用对数函数来近似表示人眼对亮度的分辨能力。

为了制造便于携带的图像采集设备，将人眼对光强度响应的对数关系简化为线性关系。若场景光强度为 E，光强度的变化间隔为 ΔE，对该场景采集的灰度图像表示为 u，Δu 为图像灰度等级的量化间隔。由于采集设备对光强度响应为线性关系，场景的相对亮度分辨率应等于图像的相对亮度分辨率，即

$$r = \frac{\Delta E}{E} = \frac{\Delta u}{u} \qquad (1-2)$$

将环境光谱能量动态范围定义为最大能量与最小能力的比值，灰度图像亮度动态范围定义为图像中最大灰度与最小灰度的比值。由于采集设备对光强度响应为线性关系，两者的动态范围相等，即

$$d = \frac{E_{\max}}{E_{\min}} = \frac{u_{\max}}{u_{\min}} = \frac{Q\Delta u}{\Delta u / r_{\min}} = Q r_{\min} \qquad (1-3)$$

式中，Q 表示图像灰度级数。将在一定亮度环境下采集的图像的整体亮度的分辨率设为 2%，较亮区域像素的相对分辨率高于 2%，较暗区域像素的相对分辨率可能较低。例如，一幅灰度图像像素的等级为 256 级，最大像素值为 256，最小像素值为 1。灰度为 10 的区域相对亮度分辨率为

$$r = \frac{d}{Q} = \frac{u_{\max}}{Q u_{\min}} = \frac{256}{256 \times 10} = 10\%$$

如果灰度为 10 的区域相对分辨率达到 5%，则该区域亮度的动态范围只需要约 $256 \times 5\% \approx 13$ 个灰度级。

图像采集时场景亮度动态范围过大，对此，图像采集设备常常借助对数传感器将场景的光强度 E 转换成图像灰度 $u = E^{\gamma}$。其相对亮度分辨率为

$$r = \frac{\Delta E}{E} = \frac{1}{\gamma} \frac{\Delta u}{u}$$

而动态范围为

$$d = \frac{E_{\max}}{E_{\min}} = \left(\frac{u_{\max}}{u_{\min}} \right)^{1/\gamma}$$

上式中指数 γ 称为伽玛值（图像显示设备中均有 γ 校正，$\gamma = 0.4$），γ 校正旨在将采集设备中输出的亮度还原为真实场景亮度。图像显示设备中的 γ 校正一方面可以近似表示视觉系统的对数响应特性，另一方面增强了图像亮度的动态范围。例如，假设需要最小相对亮度分辨率为 10%，当 $\gamma = 1$ 时，动态范围为 25 个灰度级（$u_{\min} = 10$）；当 $\gamma = 0.4$ 时，动态范围可达到 316 个灰度级（$u_{\min} = 10^{1/0.4} = 10^{2.5}$）。

1.2.2 边缘感知

人眼将场景中亮度/颜色的突然变化视为边缘。场景亮度/颜色的变化可由多个因素导致，因此，边缘取决于以下因素：

（1）对象表面。对象表面反射性质的不同导致对象亮度差异。

（2）观察角度。如果场景中存在大小形状相同的两个对象，一个对象正好位于另一个对象后面，则从正面观察人眼只能看到前面一个对象的边缘，若从侧面观察，两个对象的

边缘均可见。因此，边缘随观察位置的不同而不同。

（3）主观因素。比如黄色花丛中有一个穿黄色衣服的人，衣服和花的颜色均为黄色，两者的亮度几乎没有任何变化，但人脑借助先验知识仍能分辨出两者间的分界线。

在图像处理中，图像边缘常常定义为图像亮度/颜色发生剧变的像素集合。亮度/颜色的变化常常表现为邻域像素的亮度/颜色差异，由此可知，图像边缘仅仅刻画了图像的局部特性，不能有效描述图像亮度/颜色的全局变化。边缘与视觉边缘是两个不同的概念，但它们均能表示亮度/颜色的变化。在图像处理领域，学者们一方面运用微分算子来计算像素亮度/颜色的变化幅度，另一方面引入阈值衡量变化的剧烈程度。如果某像素的变化幅度超过阈值，则认为该像素位于边缘。目前，最简单的基于一阶微分的边缘检测算子主要包括 Prewitt 算子、Sobel 算子和 Canny 算子等。这些边缘检测算子虽然运算简单且易实现，但其检测结果敏感于阈值。如果阈值较大，则真实边缘可能被漏检；反之，会将缓慢变化的像素误认为边缘。为了避免不适当阈值对边缘检测的负面影响，学者们常常运用二阶微分过零点进行边缘检测。

利用微分算子检测边缘存在以下缺点：

（1）检测的边缘宽度非单个像素。

（2）检测的边缘与真实边缘间存在定位误差。

（3）边缘曲线非连续，即检测的边缘可能存在断点。

（4）检测边缘对环境亮度较敏感，即同一场景在不同光照下，其检测结果不同。

（5）对于借助先验知识形成的边缘，微分检测算子会失效。

1.2.3　对象轮廓感知

自然场景中实体对象的外围闭曲线称为对象轮廓。对象轮廓也是表示场景对象形状的一种有效手段。自然界中所有实体对象在空间的几何属性（面积/体积）是有限的，因此，对象轮廓应为一条闭曲线，该闭曲线所围区域的面积/体积均是有限的。图像是自然场景的二维影像，图像中对象轮廓呈现为具有一定周长的闭曲线，该闭曲线所围成的区域形成了对象几何形状。大脑皮层认知对象时常常先关注对象的几何形状和轮廓，因此，对象轮廓是图像对象形状被知觉的最基本信息。

人眼对轮廓的感知主要取决于两方面的刺激因素：像素亮度/颜色的显著差异和观察者的个人心理。前者依赖于空间相邻对象表面亮度/颜色差异大小。假设图像中存在空间紧靠的两个对象，如果交接处对象间像素亮度/颜色突然变化，则人眼易于确定对象间的分界线；如果交接处两个对象亮度/颜色接近，则两个对象的分界线模糊甚至消失，此时对象轮廓的感知取决于观察者的先验知识。轮廓的感知同时受到观察者心理因素的影响，使感知的轮廓不完全等同于真实轮廓。如果观察者被邀请观察亮度/颜色差异较大、紧靠的两个对象，则视觉上对象间分界处的差异表现明显，而且在边界处会出现亮度对比加强的假视觉效应，这种强烈的视觉轮廓现象称为马赫（Mach）现象。人眼在观察空间紧靠且亮度/颜色无显著差异的两个对象时，借助个人先验知识，大脑皮层也可形成对象轮廓。在没有直接光谱刺激差异的作用下，视知觉的对象轮廓称为主观轮廓。例如，一个人穿着白色的衣服站在白色的背景前面，衣服和背景对人眼没有任何刺激差异，但是视觉能感知衣服和背景之间存在分界线。主观轮廓是大脑结合先验知识利用完形法则将这些因素转变成简单和正规图案的倾向，从而产生轮廓知觉。

1.2.4 对象形状感知

在图形图像视觉信息理论中，对象形状虽然具有广泛的应用意义，但难以用语言准确描述说明任意对象的形状。在日常生活中，人们常常使用一些形容词来近似说明对象形状，如近似的正方形或者扁平的椭圆。

对于由规则几何图形构成的简单对象，人们常常借助规则图形来阐述对象形状，如中秋节晚上月亮的形状可表示为圆形；对于结构复杂的对象，人们常常使用类比方法说明对象的形状，如"人"字形屋顶。自然界中任意实体和图案都具有一定的形状，并且人们都知道其形状但不能用语言进行描述，例如，地图上一个国家的边境线，人们很难运用语言精确地描述其形状。

人眼对实体对象形状的感知依赖于对象边缘，对象边缘提供了对象形状感知所需的必要信息。图像中的对象常常是指由一个或多个视觉区域构成的有一定规律的有机整体，其视觉区域是空间近邻、亮度/颜色视觉相似的像素集合，对象形状可表示为各个视觉区域分界线构成的封闭曲线。

早在 20 世纪早期，德国心理学家及其研究小组通过观察人脑对实体对象和图案的认知，解释了人类视觉的工作原理，并提出了格式塔（Gestalt）理论。该理论明确地指出，人眼对外界光谱刺激的视觉响应和大脑间的作用是一个信息交互、简化和统一的过程，在这一过程中，视觉系统能够自动从外界光谱刺激信号中提取"有用"信息，并在先验知识的指导下利用"有用"信息在大脑皮层形成感知形状、图形，并还原对象。同时还指出，大脑皮层具有独立的点线完形能力，该能力使得人脑能够在任意视觉环境中组织排列各个对象位置以及对象间的相互联系，并认知环境概貌以及对象的具体特性。人脑对图像和点线图形的认知常常遵守接近原则、相似原则、封闭原则、连续原则和简单原则。

（1）接近原则。

接近原则是格式塔理论解释视觉响应最常用的原则。该原则从人眼感受野角度诠释了人眼专注于对象时利用余光对其周围对象的注意程度。人眼感受野是指人眼专注的可视范围，人们常常用人眼可视角度来表示，而人眼在不同方向的视角极限是不同的：水平方向的单眼视角极限大约为 156°，单眼舒适视域为 60°，双眼的水平视角最大可达 188°，垂直方向的视角极限大约为 150°，两眼重合视域约为 124°，这表明人眼只能对 124°视角内的物体形成立体感。实际上，人眼视觉的敏感区仅仅只有 10°，正确识别信息的区域为 10°~20°，对 20°~30°区域内的动态对象比较敏感。如果图像中的对象位于人眼视觉的垂直方向 20°内、水平方向 36°内，那么该对象在人脑中会呈现较好的视觉临场感。对于点集图形，人眼容易将距离较近的点集视为整体，而对远距离的点独立处理。在图像处理工程上，学者们常常运用高斯函数逼近人眼对邻域像素的关注程度，其参数方差控制人眼感受野的大小。

（2）相似原则。

相似原则表明人们通常把那些具有共同特性（如形状、大小、颜色等）的对象组合在一起，即相似的部分在知觉中会形成分析基元。根据这一原则，学者们设计了系列图像区域分割算法，这些算法常常运用高斯函数模拟人眼对图像亮度/颜色的相似性分析，其参数控制人眼的分辨能力。相似原则和接近原则是图像处理中常用的生物依据，它们从不同角度建立人眼视觉响应，前者强调场景对象表面的光谱分布，后者强调位置的视觉效应。

（3）封闭原则。

大脑皮层具有独立的成形能力，该能力使得人脑自动修补点、线段或者缺损的对象表面，使其成为完整的封闭图形。当人眼观察点、线构成的非封闭图形时，人脑常常利用先验知识和视知觉的整体意愿，自动将点连接为线段，间歇较小的线段补充为连续曲线，缺损的图形修补为完整形状，从而根据连续性、完整性来识别图形。

（4）连续原则。

连续原则是指人类视觉倾向于感知连续的形式而不是零散的碎片，即凡具有连续性或共同运动方向的部分，在视觉上容易被看成一个整体。

（5）简单原则。

人脑常常将复杂图形简单化，易于将具有对称性、规则性和平滑性等性质的简单图形视为分析基元，通过探索基元分布规律达到认知复杂图像的目的。

格式塔理论强调人脑经验和行为的整体性，认为大脑思维是整体的、有意义的知觉，而不是相互连接表象的简单集合。该理论描述了人脑自动地将视觉中的对象进行综合分析，而不是独立认知、分析各个对象。由格式塔理论可知，人脑对图像内容的分析和理解首先依据接近原则、相似原则、封闭原则和连续原则，将图像像素形成视觉区域，其次将视觉区域整合为对象，最后认知理解图像概貌和对象属性。图像视觉对象的形成主要依赖于以下因素：

（1）像素邻域大小。人眼专注于图像中某像素时，对其邻域像素的关注程度随着距离的增加而下降。位置较近的像素易于视为分析单元，从而构成图像视觉区域。视觉区域的大小决定于人眼离图像的距离和视角，人眼离图像的距离越小，关注的像素点个数就越少，视觉区域内像素个数较少，此时侧重于分析图像的局部特征；人眼离图像的距离越大，关注的像素点个数就越多，视觉区域的面积较大，此时侧重于分析图像的整体概貌。在图像处理中，关注像素点的个数称为图像分析尺度，不同的分析尺度得到的图像区域大小和内容各不相同。

（2）像素亮度/颜色分布。图像中亮度和颜色相同或相似的像素点，在视觉上倾向于视为一个整体。

（3）区域图形的良好性。人眼能优先识别简单、规则和有序排列的物体，这表明人眼具有优先识别良好图形的能力。图像中形状简单、规则的区域常常被视为良好图形。

视觉上良好图形的形成依赖于刺激性因素和非刺激性因素的共同作用。前者是形成良好图形的客观因素，仅仅与外界光谱的刺激有关；后者是形成良好图形的主观条件，随观察者个人认知而异。形成良好图形的客观因素主要包括图形的封闭性、连续性和对称性。相对于分段曲线，封闭曲线构成的区域在大脑皮层中更容易被认知。同时，人类意识倾向于将物体识别为沿某点或某条轴线对称的形状，图形的对称性越强，越容易被视为良好图形。除了客观因素，大脑皮层形成的良好图形还与非刺激性因素有关。这些非刺激性因素主要包括定势和观察者的先验知识。定势是指人们在历史活动中所积累的固定思维模式和心理素质。定势可分为主观定势和客观定势，主观定势是观察者的个人认知和分析世界的思维方式，客观定势主要是认知图形所有的性质。观察者的先验知识指导个人认识复杂图形，实现对其的分解和性质分析。实验表明，人眼对熟悉的环境的对象易感知为良好图形。

视觉感知图形包含的信息量可运用香农信息论进行解释。对一个由多个部件构成的图形，其中一些部件形状具有封闭性、连续性和对称性，它们表示的内容是可被预测的，具有大量冗余性；另一些部件形状由没有任何规律的点、线构成，它们提供了大量的信息。

人眼观察图像可捕捉大量的感知信息，其中最易感知的是含有大量冗余信息的部分，其次是不含冗余信息的部分。对象的视觉冗余信息主要来源于两个方面：一是空间连续、亮度或颜色均匀的区域；二是对象形状的规则性，如对称性和不变性。没有冗余信息的部分是不确定、不可预测的，它们一般聚焦在对象轮廓周围，特别是在光谱刺激的快速变化位置。当一个观察者被要求观看一个对象并记住或复制该对象时，他在观察过程中会自动地将注意力集中在对象轮廓周围部分。在复制该对象时，观察者首先复制对象轮廓，其次根据先验知识填充对象的其他部分。

1.2.5 前景感知

人们观察图像时能快速地将注意力集中到所关注的对象上，该对象常常称为图像前景，而其他部分统称背景。它们的主要区别在于：

（1）前景常常具有封闭的轮廓和形状等几何属性，背景相对来说没有明确形状。

（2）前景的几何面积常常小于背景的几何面积，一般位于图像的中心区域。

（3）自然场景中的前景一般更接近观察者，背景是位于前景后面的景物，它们常常是连续向外延伸。

（4）从人眼感受野的有限性角度来看，场景中的前景和背景不能同时被看到，但可通过移动人眼关注点依次观察前景和背景。

图像前景是体现图像内容的主要对象之一，但不同观察者由于自身的先验知识或个人的兴趣不同，对同一幅图像的内容理解各不相同，所以图像前景是因人而异的。同时，前景感知也依据环境而定：

（1）如果对象均能辨识，则视觉注意力常常集中在位于视野中心且占用区域面积较大的对象上。

（2）如果场景中存在陌生对象，则注意力集中在该对象上。

（3）如果每个对象均不能被辨识，则人们常常把近距离且颜色清晰的对象感知为前景。

1.3 前景提取研究现状

图像是自然界中物体或场景的影像，可直接作用于人眼并形成视觉认知，给观察者提供亲临其境的视觉效果。为了从图像中获取感兴趣的信息，学者们利用计算机来模拟人眼的视觉功能，从图像中提取各个语义对象并进行分析判断，从而实现对客观世界中场景的感知和理解。

图像区域分割、图像语义分割和前景提取都是根据图像的低层特征，按照不同准则将图像分割成各个区域。由分割结果来看，前景提取将观察者关注的语义对象从背景中分离出来，它强调指定对象的语义分割。图像语义分割将图像中所有的语义对象分割出来，该分割技术除了侧重于分割对象的语义性，还强调分割的完备性。区域分割将图像分成互不相交的区域，该技术侧重于图像低层特征的一致性，其分割结果可能是对象的组成部件，忽略了语义性。

图像分割是图像处理、分析和理解的关键环节。人们为了从不同层次上分析和理解图像内容，根据图像像素亮度/颜色的差异和统计分布等低层特征，并结合具体任务，提出了一系列图像区域分割算法。虽然图像区域分割算法层出不穷，但由于缺乏统一的分割标准，因此到目前为止还没有统一的分割框架。

学者们利用图像像素亮度/颜色的视觉相似性，提出了基于像素相似性的图像区域分割算法。该算法常常忽略图像像素的空间位置关系，把图像像素的亮度/颜色看作随机分布样本，利用其分布规律并结合简单的视觉特性，将特征相似的像素进行合并，从而将图像分割成若干彼此不相交的区域。分割结果中任意区域内像素的亮度/颜色具有高度视觉相似性，区域间存在显著差异。基于像素相似性的图像区域分割依据区域划分规则大致可分为阈值法和聚类分析法。

基于阈值的图像区域分割算法假设区域内像素亮度/颜色具有视觉像素性，其像素亮度/颜色样本紧凑分布在某中心亮度/颜色邻域处；不同区域的像素亮度/颜色存在显著视觉差异。在上述假设下，图像区域分割可表示为分析图像像素亮度/颜色分布，依据区域分割规则设计能量泛函，该能量泛函的解即为分割阈值。目前，按照区域分割规则设计了系列图像区域分割能量泛函，例如，根据区域内像素亮度/颜色紧凑分布在某亮度/颜色邻域，区域间图像中心亮度/颜色差距较大，采用亮度/颜色直方图形状分析法计算分割阈值；根据区域间亮度/颜色存在显著视觉差异，把区域像素看作服从某分布的模式样本，将区域分割阈值问题转化为不同模式的最大间隙问题。该方法在一定程度上弥补了直方图形状分析法对噪声和纹理的负面影响。图像区域分割的阈值常常是以像素亮度/颜色在图像域的整体分布设计能量泛函，该能量泛函的解为全局阈值。由于忽略了亮度/颜色局部分布不均匀现象，全局阈值对图像区域分割结果敏感于纹理和噪声。为了弥补全局阈值的不足，学者们分析了图像区域亮度/颜色分布的局部统计信息，提出了局部阈值法。该方法依据图像区域像素亮度/颜色分布的方差、区域亮度/颜色对比度或拟合曲面函数设计能量泛函，其能量泛函的解即为区域分割的局部阈值。无论是全局阈值还是局部阈值，均是假设图像不同区域亮度/颜色存在显著差异。同时，阈值法仅仅根据图像的亮度/颜色进行逐像素分析判断，忽略了像素空间信息，将间距较大的区域误分割为同一区域。

为了弥补阈值法对邻接视觉区域缓慢变化的像素误分割，学者们利用聚类算法分析图像亮度/颜色的内部结构，将其分为不同类别，使同类像素亮度/颜色具有视觉相似性，不同类像素亮度/颜色视觉间隙较大。常用的聚类分析算法有 K 均值和模糊聚类等。基于 K 均值的图像区域分割算法事先假设图像由 K 个视觉区域构成，利用区域像素亮度/颜色分布的统计均值表示区域亮度/颜色,依据像素亮度/颜色与区域统计均值间的最小欧式距离对像素进行分类识别,并更新各视觉区域亮度/颜色的统计均值,直到视觉区域统计均值稳定。模糊聚类算法根据图像亮度/颜色赋予任意像素属于各个视觉区域隶属度,允许像素以不同隶属度属于图像中所有的视觉区域,其性能优于传统的 K 均值,但模糊聚类算法在图像区域分割中仍存在以下问题:

(1) 该算法要求人为给出图像的视觉区域个数,不适当的区域个数会对像素聚类造成负面影响。

(2) 分割结果敏感于聚类准则,不同聚类准则的结果可能大相径庭。

(3) 该算法常常需要逐像素分析和迭代更新,其运算成本较高,如何提高计算效率有待于进一步研究。

基于阈值或聚类分析的区域分割算法以图像像素亮度/颜色的统计分布设计区域分割能量泛函,忽略了像素的空间关系以及邻域像素亮度/颜色的变化。图像中不同视觉区域的亮度/颜色存在显著差异,这一特性在图像像素级别上表现为区域分界线邻域像素亮度/颜色的突然变化,图像邻域像素的亮度、颜色和纹理等剧变形成图像边缘。为了检测图像边缘,学者们常常采用微分算子表征像素亮度/颜色的变化,结合固定阈值提出了基于微分的边缘检测算子,如 Prewitt 算子、Sobel 算子、Canny 算子和 Laplace 算子等。这些微分算子具有成熟的数学理论支撑,且计算简单,易于实现。学者们根据邻域像素的变化快慢建立了图像区域分割模型,该模型在一定程度上解决了缓慢变化像素的分类划分问题,但其分割结果仍存在以下不足:

(1) 微分算子是分析连续可导函数变化趋势的有效工具,图像处理中引入该工具计算像素亮度/颜色变化需进行离散处理,离散间隔导致图像边缘定位误差。如何提高图像边缘检测定位精度有待于进一步研究。

(2) 基于微分算子的边缘检测均建立在"阶跃性"边缘基础上,可有效检测图像像素亮度/颜色突变所形成的边缘,而对缓慢变化形成的弱边缘失效。

(3) 该类算法敏感于噪声和纹理,对内容复杂的图像分割效果较差。

图像区域分割常常利用像素亮度/颜色的差异性和分布的一致性等低层信息对图像进行视觉区域划分,其分割结果突出了人眼对亮度/颜色的视觉效应,有效地描述了人眼对图像的视觉基元。但分割模型没有结合人类认知世界的高层信息和先验知识,导致分割结果缺乏语义意义。

1.3.1 基于像素相似性的前景提取

图像前景是体现图像内容的主要对象之一,但不同观察者由于自身的先验知识或个人兴趣的不同,对同一幅图像的内容理解各不相同,所以前景是因人而异的。为了从任意图像中提取前景,学者们假设图像前景像素亮度/颜色在视觉上具有高度相似性,而前、背景亮度/颜色存在显著差异。根据前景亮度/颜色的视觉分布标注代表前景的"种子"像素,利用亮度/颜色相似性设计前景提取的能量泛函,其泛函的解即为图像前景。"魔术棒"技术是根据亮度/颜色相似性提取前景的经典技术,该技术假设图像中前、背景亮度/颜色存在显著差异,在人机交互标注的前景像素指导下分析未标注像素与标注像素亮度/

颜色的相似性，计算一组相似性满足给定阈值的像素集合，该集合就是图像前景。"魔术棒"技术对前景和背景间具有显著差异的卡通图像提取效果较好，而对自然图像的前景提取结果受限于以下因素：

（1）自然图像的前景常常由多个视觉区域构成，视觉区域间亮度/颜色存在差异。这恶化了前景亮度/颜色的相似程度，导致"魔术棒"技术提取结果质量较差。

（2）"魔术棒"技术假设图像中前、背景亮度/颜色存在显著差异，运用线性分类技术对图像像素进行分类。在自然图像中，前景和背景间常常存在亮度/颜色相似的视觉区域，这破坏了线性可分的条件，导致了"魔术棒"技术提取结果不理想。

（3）"魔术棒"技术依据未标注像素亮度/颜色与"种子"像素的相似度提取前景，其提取结果敏感于相似度阈值：若阈值过小，部分前景被划分为背景；反之，提取的前景包含了背景像素。传统的阈值通常以用户设定或计算的方式给出，而现实场景中图像内容千变万化，复杂程度也不尽相同，同一阈值难以实现对不同图像前景的有效提取。

为了避免固定阈值对前景提取效果的负面影响，学者们通过附加背景标注，将随机游走引入前景提取中，提出了基于随机游走的前景提取模型。该模型将像素间的相似性分析转化为未标注像素跳跃到前景和背景标注像素的概率计算，依据最大概率准则实现未标注像素的前景和背景分类。随机游走方法克服了"魔术棒"技术固定阈值给前景提取带来的负面影响，但该模型要求事先标注前景和背景的部分像素。标注像素一方面必须来源于前景和背景任意视觉区域，另一方面视觉区域内标注"种子"的点数取决于亮度/颜色分布。如果视觉区域亮度/颜色均匀分布，则该区域内标注一个"种子"像素即可；反之，应标注多个"种子"像素。对于自然图像，前、背景常常由多个视觉区域构成，且亮度/颜色非均匀分布，这增加了人机交互量。

"魔术棒"和随机游走算法仅仅根据图像像素亮度/颜色的相似性建立前景提取模型，该模型逐像素依据亮度/颜色视觉效应实现前景提取，忽略了人眼视觉的接近法则、边缘感知和对象轮廓对前景提取的贡献。

1.3.2 基于曲线演化的前景提取

自然界中任意实体对象均具有有限的几何测度，这使得对象影像具有一定的形状，且形状边界为封闭曲线，即对象轮廓。学者们从前景的轮廓出发，提出了基于曲线演化的前景提取模型。该模型在人机交互的封闭初始曲线前提下，结合曲线演化理论设计了前景提取的能量泛函。该能量泛函由曲线内部能量和外部能量构成，内部能量以曲线几何测度为参数，促使曲线形状变化；外部能量驱使曲线收敛于前景轮廓。基于曲线演化的前景提取融入了前景的高层信息——几何测度，提高了前景提取效果。

依据曲线表示方法，基于曲线演化的前景提取可分为参数活动轮廓模型和几何活动轮廓模型。参数活动轮廓将曲线表示为以弧长为变量的参数方程，在曲线自身弹力和图像边缘的作用下逐点更新曲线位置，最终使曲线收敛于前景轮廓。Snake 模型是经典的参数活动轮廓模型，为了抑制图像纹理和噪声对前景轮廓的负面影响，对图像进行高斯平滑预处理，以平滑图像的梯度建立边缘指示函数驱使曲线演化至前景轮廓。该模型利用了前景形状外围几何测度信息实现图像前、背景分离，弥补了"魔术棒"和随机游走算法逐像素分析的不足，但仍存在以下问题：

（1）模型中演化曲线不能有效表示拓扑结构变形。演化曲线表示为连续变化的弧长，不能表示曲线的分裂和合并。

（2）该模型假设任意前景轮廓均为光滑闭曲线，所以对非光滑的轮廓提取效果较差。

（3）前景提取结果敏感于初始曲线。Snake 模型以图像边缘指示函数作为曲线演化的外部力量，由于图像边缘驱动范围较小，所以演化结果依赖于初始曲线：若初始曲线毗邻于前景轮廓，则前景提取质量较高；反之，轮廓定位精度低下。为了减少前景提取结果对初始曲线的依赖程度，Cohen 等人根据气球膨胀收缩原理建立了基于气球力的参数活动轮廓模型，该模型在一定程度上松弛了对初始曲线的要求，降低了人机交互质量。

为了弥补 Snake 模型中曲线不能有效表示拓扑结构变形的不足，学者们将平面上的闭曲线表示为曲面函数和水平面的交集——水平集，并将曲线形变转化为曲面演化，提出了几何活动轮廓演化模型。该模型虽然增加了演化曲线的维数，但有效解决了演化过程中曲线分裂和合并问题。根据约束曲面函数演化的外部能量——前景的像素级特征，几何活动轮廓模型可分为基于图像边缘和区域的前景提取模型。Chan 等人将图像前、背景表示为亮度/颜色分布一阶原点矩（均值），根据前、背景亮度/颜色的分布统计差异提出了基于区域的几何活动轮廓模型（CV Model）。CV 模型假设图像前、背景像素亮度/颜色分别来自不同总体，结合水平集将前景提取的能量泛函最小化问题简化成图像亮度/颜色分布模式分类问题。前、背景亮度/颜色均值表示在一定程度上抑制了噪声和弱纹理对水平集演化的负面影响，因此，该模型对于分段平滑的前景提取效果较理想，然而对自然图像的前景提取有待进一步改善。

自然图像中前、背景常常由多个视觉区域构成，每个视觉区域内像素亮度/颜色具有高度相似性，这些像素亮度/颜色可认为来自同一分布；区域间亮度/颜色存在显著差异，不同区域的像素并不能表示为同一总体分布。为了提高多视觉区域前景的提取质量，Tsai 和 Yezzi 等人将前、背景视觉区域拟合为平滑函数，设计了图像分段平滑逼近（Piece-Smooth，PS）能量泛函，在此基础上结合水平集演化提出了分段逼近前景提取模型。该模型在理论上改善了自然图像的前景提取效果，但图像分段平滑逼近能量泛函求解涉及高阶偏微分方程，计算成本较高。

相对于 Snake 模型的曲线演化外部能量——边缘指示函数，基于区域的几何轮廓模型运用了前、背景亮度/颜色的统计均值差异，提高了外部能量的作用范围。但是外部能量的构建需要事先确定前、背景视觉区域个数，通过分析前、背景视觉区域亮度/颜色的统计均值或者拟合函数设计曲线演化的外部能量。不同前景的视觉区域个数差异较大，这使得基于区域的几何轮廓模型只能针对具体前景构建外部能量，降低了该模型的通用性。针对这一问题，Li 等人分析了前景轮廓和图像边缘在像素级上的共性——亮度/颜色的突变，提出了基于边缘的几何轮廓模型（Li Model）。该模型假设图像前景轮廓是由像素亮度/颜色突变形成的，运用图像边缘指示函数设计水平集曲线演化的外部能量，驱使其收敛于前景轮廓处。但图像边缘指示函数以图像局部特征（梯度）为变量，敏感于噪声和纹理。为了去除噪声和纹理对边缘指示函数的负面影响，学者们常常对图像进行高斯平滑，平滑图像的边缘指示函数在一定程度上改善了前景提取质量，但高斯平滑处理存在以下局限：

（1）高斯平滑抑制噪声和纹理的能力依赖于其方差。如果方差较大，则平滑后图像的残余噪声和纹理较少，视觉上图像区域越平滑；如果方差较小，则存在大量的残余噪声和纹理，这些残余噪声和纹理形成弱边缘，导致水平集曲线过早收敛。

（2）高斯平滑本质上是对图像像素处处各向同性扩散处理，在去除噪声和纹理的同时模糊了前景轮廓，降低了水平集曲线的定位精度。

（3）固定方差的高斯核不可能平滑图像中所有的噪声和纹理。

为了弥补高斯平滑的局限性，学者们采用小方差的高斯核对图像进行序贯滤波处理，在一定程序上弥补了固定方差的不足，提高了前景提取质量。

1.3.3　基于图论的前景提取

前景是用户关注的实体对象，该对象常被感知为空间相邻的几个视觉区域。视觉区域在像素级别上表现为以下方面：

（1）视觉区域内亮度/颜色变化缓慢，在视觉上亮度/颜色分布具有一致性。

（2）视觉区域间亮度/颜色可能存在显著差异，也可能存在缓慢变化。

（3）构成前景的视觉区域具有近邻性。

为了描述图像前景的像素级表现，学者们借助人机交互在图像中标注少许前、背景像素，分析标注像素的亮度/颜色统计分布，建立前、背景亮度/颜色分布模式。根据图像像素亮度/颜色的视觉感知分析，推理任意像素与前、背景亮度/颜色分布模式的匹配测度。联合匹配测度和图像邻域像素的视觉差异，构建前景提取图模型。前景提取图模型将图像前景提取描述为联合图像邻域像素亮度/颜色的变化和分布对任意像素进行二分类推理，使得图像像素与前景和背景模式达到最大匹配为目的。基于图论的前景提取图模型具有以下优点：

（1）该模型将前景提取转化为像素的二分类问题。前景提取图模型除了有效地表示像素亮度/颜色和纹理信息，还结合了观察者的先验知识。

（2）前景提取图模型既描述了图像像素的空间近邻性、亮度/颜色的相似性，又刻画了像素属性。

（3）前景提取能量泛函采用图论的最大流/最小割算法进行优化。最大流/最小割算法可直接处理离散数据，不存在数据量化误差。

2001 年，Boykov 和 Jolly 将图论的最大流/最小割算法引入图像语义分割领域，并提出了 GraphCut 算法。该模型将图像前、背景亮度分布表示为局部直方图，结合图像的边缘信息设计了前景提取能量泛函。前、背景亮度局部直方图易于理解，计算简单，但其准确性敏感于用户标注数量：如果标注像素点较少，则前景和背景模式的准确率较低；反之，模式的泛化能力较低且标注成本较高。该算法前景提取效果过度依赖图像亮度分布，亮度的微量扰动将导致提取结果大相径庭。为了提高前景提取结果对纹理的鲁棒性，学者们提出了 Lazy Snapping 模型。该模型在 GraphCut 算法的基础上结合了分水岭算法，将图像划分为亮度/颜色相似区域，并把这些区域作为图节点，运用 GraphCut 算法进行前景提取。

为了提高前、背景分布模式对亮度/颜色扰动的鲁棒性，学者们从前、背景的视觉区域出发，根据视觉区域亮度/颜色的相似性，将区域内的像素看作来自同一总体分布的样本，结合数理统计的大数定理和中心极限定理建立视觉区域亮度/颜色分布的统计模型。结合视觉区域个数将前景亮度/颜色表示为混合统计分布模型，常用的混合统计分布模型为高斯混合模型。2004 年，微软剑桥研究院运用前景的高斯混合模型代替局部直方图提出了基于 GrabCut 算法的前景提取模型。该模型的前、背景模式学习条件与 GraphCut 算法一样，也需要用户标注前、背景像素。为了提高前、背景亮度/颜色的高斯混合模型参数估计的有效性，用户在前景外围标注一个外接矩形，矩形外部区域的像素均来自背景，包含了背景中的大部分像素。将矩形内部区域的像素认为来自前景，而矩形内边界邻域的部分背景像素被误作为前景。由于标注的前景区域存在部分背景像素，提取过程需要运用迭代方法联合优化前景提取的能量函数和高斯混合模型参数，所以系统时间成本相对于 GraphCut 算法较高。

前景亮度/颜色分布的高斯混合模型不能有效地表示图像中的非均匀区域，因此，对于具有丰富纹理的前景和背景模式表示的准确性较差。为了抑制非均匀区域对高斯混合模型的负面影响，学者们提出了许多优化高斯混合模型的方法。例如，Chen 在使用 GrabCut 算法前使用聚类算法对图像的目标和背景进行分析，估计出最优的区域数量，降低了高斯混合模型中不合适高斯分布数量对前景提取的负面影响；SuperCut 引入了超像素外观模型，利用局部相似约束平滑图像，然后估计超像素外观模型的参数，更好地表示图像的目标和背景区域，从而提高目标提取效果。

1.3.4 基于深度学习的前景提取

深度学习具有强大的学习能力和高效的特征表达能力，是近年来机器学习的新领域。将深度学习引入图像特征提取领域，实现了图像像素级数据到抽象语义概念的逐层提取，这使得深度学习在提取图像的全局特征和上下文信息方面具有突出的优势。深度学习的这些优势为解决图像语义分割问题带来了新的思路，越来越多的学者将深度学习和卷积神经网络引入计算机视觉领域，推动图像语义分割进入了全新的发展阶段。

卷积神经网络根据具体任务自动提取解决问题的特征，弥补了人为结构化特征对语义分割的局限性。图像的视觉特征主要表现为邻域像素亮度/颜色的差异性和相似性，为了提取这些特性，常常运用卷积运算对图像像素进行分析处理，同时采用卷积层的级联结构，该结构有利于从不同局部感受野的亮度/颜色中提取不同尺度特征。低层卷积只能对图像局部像素亮度/颜色的差异性和相似性进行描述，而高层卷积可以对较大感受野像素亮度/颜色进行分析，获取位置和方向鲁棒的抽象特征。卷积神经网络继承了传统神经网络的分类识别能力，增加了系列卷积和池化结构，实现了不同尺度特征提取。该网络有机融合了特征提取和分类识别，前者为后者提供了识别的依据，后者为前者依据具体任务约束特征属性。

图像前景提取本质上是根据特征分析图像像素类别。为了继承卷积神经网络强大的特征提取和分类识别能力，学者们提出了基于卷积神经网络的图像语义分割。该分割技术将邻域像素集作为分析基元，对分析基元进行分类，从而实现图像语义分割。相比于传统的语义分割技术，基于卷积神经网络的图像语义分割技术将特征提取和语义标签融为一体，使得图像特征提取和图像语义分析相辅相成，提高了语义分割的准确率。但该技术以邻域像素集为分析基元，无法精度确定对象轮廓的具体位置，实现像素级别定位和识别。

为了继承卷积神经网络强大的特征提取和分类识别能力，同时实现图像逐像素分类标签识别，2015 年，Jonathan Long 等人分析了卷积神经网络的内部结构，提出了全卷积神经网络(Fully Convolutional Networks，FCN)。该网络保留了卷积神经网络的卷积层和池化层，继承了特征提取和组织能力，同时分析了卷积神经网络在图像分割上的局限性，即全连接层仅仅整合了适当尺度特征，有利于图像模式分类，但对图像语义分割却忽略了像素级精度。为了弥补这一局限性，全卷积神经网络利用反卷积层替换卷积神经网络的全连接层。反卷积层将卷积神经网络中最后一个卷积层的特征图进行上采样，构成特征热图，使特征热图恢复为输入图像相同空间分辨率，以特征热图为分析对象对图像逐像素标签识别。在全卷积神经网络中，常常运用双线性插值对特征进行上采样，但双线性插值算法不能将池化层中丢失的信息完全复原。

基于全卷积神经网络的语义分割可接受任意尺寸的输入图像，在一定程度上弥补了卷积神经网络的局限性，但全卷积神经网络的语义分割仍存在以下不足：

(1) 全卷积神经网络的反卷积层并不能无损地恢复池化层中丢失的全部信息。学者们分析总结了信息损失的原因——池化操作，尝试了去掉网络中池化层对网络分类能力的影响。但由于池化层增加了后续卷积层感受野，若去掉池化层会导致后续提取的特征感受野变小，不利于高层抽象特征提取，从而降低模型识别精度。如何在去掉池化操作的同时不降低模型识别精度，学者们从卷积运算出发提出了稀疏卷积核增加感知范围，在一定程度上提高了图像语义分割的像素级精度。

(2) 在全卷积神经网络中，双线性插值仅仅考虑了相邻像素特征的相似性，可能会导致图像区域内像素分类标签不正确。为了确保对象占据图片中的连续区域，Liang-Chieh Chen 利用条件随机场（Conditional Random Field，CRF）分析像素特征的相似性，提出了 DeepLab 模型。该模型利用条件随机场代替了卷积神经网络的全连接层，将图像像素分类和空间规整分开进行，即先对像素进行分类，再使用全连接的条件随机场进行空间规整。该方法同时考虑了图像空间信息和条件随机场能量函数优化，得到了空间一致性的精细分割结果，更新了卷积网络识别标签，改善了全卷积神经网络语义分割边界定位精度。但 DeepLab 模型缺乏图像平滑限制，导致对象轮廓定位不准以及区域分类错误。Shuai Zheng 等人在 DeepLab 模型的基础上，运用回流神经网络替换了条件随机场，构建了深度神经网络框架，弥补了 DeepLab 模型的不足。

1.4　前景提取难点

前景提取可认为是将图像像素划分为前、背景互不相交的子集，前景子集的语义性取决于观察者的先验知识和视觉感知信号的共同作用。目前，图像前景提取模型常常在先验信息的指导下，依据图像像素亮度/颜色的相似性、图像边缘、视觉区域亮度/颜色的统计特征或者分布密度等，在从下到上的框架指导下设计前景提取能量泛函。传统的前景提取效果不仅依赖于算法本身，还取决于图像特征和前景先验信息。

1.4.1　前景先验信息

为了从图像中提取任意用户感知的语义对象——前景，在前景提取过程中常常需要用户提供前景先验信息，该信息主要是指构成前景各个部件内部亮度/颜色分布的相似性、部件间的差异和不同部件在空间的组合规律。目前，前景先验信息主要包括前景知识、学习特征和前景视觉模型。

（1）前景知识。

前景知识是专业人员对具体前景所形成的共识信息，该知识不仅能有效地刻画具体前景共性，还包含了与其他语义对象的差异。前景知识获取途径常常存在以下局限性：

①前景知识获取需要大量专业人员观察、分析和总结前景的共性。目前专业人员的选择缺乏统一准则。

②前景知识是综合不同专业人员认知前景形成的普适知识。目前高效的综合方法缺乏相应的理论指导。

③前景知识的获取费时费力。专业人员的选择、对象认知和综合分析处理等过程需要投入大量的人力，并且周期较长。

（2）学习特征。

为了弥补前景知识获取周期较长的局限性，人们利用机器运用深度学习算法从海量前景训练集中提取具体对象的共性和不同对象的相对差异性。深度学习算法可从图像像素级数据到抽象语义概念逐层的提取特性，具有强大的学习能力和高效的特征表达能力。学习特征运用计算机代替专业人员，节约了大量的人力和时间，但其获取和应用受限于以下因素：

①学习特征的分类能力依赖于训练集中的对象类别数。

②学习特征的准确性敏感于训练集容量，训练集容量越大，准确性越高，可充分表述同类对象样本间的差异，这导致特征的泛化能力较低；反之，特征的准确性较低。

③学习特征要求大量的前景样本。在现实生活中，前景训练集容量常常是有限的，甚至不存在训练样本。这限制了前景学习特征的获取。

（3）前景视觉模型。

前景先验信息可表示为亮度颜色分布的视觉模型。相对于前景知识和学习特征，前景视觉模型不需要训练样本，适合于图像中新前景亮度/颜色的分布描述，但其准确性和复杂性受限于以下因素：

①模型的准确性依赖于人机交互量。前景视觉模型描述了标注前景像素亮度/颜色的统计分布，分布参数估计的有效性决定于用户标注的像素个数，标注的像素个数越多，参数估计的有效性越高，视觉模型的准确性越好。

②模型的复杂性取决于前景结构。前景可表示为亮度/颜色的分布，并借助数理统计分析标注像素估计模型参数。图像前景常常由多个视觉区域构成，视觉区域内像素亮度/颜色呈现相似性，其亮度/颜色可看作是来自同一总体的随机样本，假设视觉区域内像素个数为无穷大，且每个像素的亮度/颜色都是独立的，由概率论的中心极限定理可知视觉

区域像素亮度/颜色服从高斯分布。视觉区域间亮度/颜色差异较大，其像素亮度/颜色可认为是来自不同总体的随机样本。因此，前景的亮度/颜色分布可表示为高斯混合模型。该模型中高斯函数的个数取决于前景包含的视觉区域个数，结构复杂的前景对应的高斯函数的个数较多。如果区域的像素个数较少，则高斯分布参数估计的有效性较低，降低了前景视觉模型的准确性。

1.4.2　前景提取框架

前景提取框架是利用图像特征提取观察者感兴趣的对象而建立的数学模型。从图像特征角度来看，前景提取框架大致可分为基于人为特征和基于学习特征两种。基于人为特征主要是指利用图像处理技术，运用人为设计的卷积核提取图像像素亮度/颜色的相似性、差异性（边缘）和分布特性（高斯混合模型）；基于学习特征是指运用人工神经网络从训练集中学习图像语义分割特性。

（1）基于人为特征的前景提取框架。

"魔术棒"、随机游走、活动轮廓和图论等模型均是以人为特征建立的前景提取框架。这些模型有利于依据用户标注从图像中提取不同的语义对象，但提取效果主要取决于人为特征对前景的表达能力。自然图像的内容千变万化，这些图像承载的内容都是通过区域间和区域内像素的分布体现出来的。从图像的区域像素变化角度来看，自然图像大致可以分为卡通图像、弱边缘图像、纹理强边缘图像和纹理弱边缘图像等。运用人为设计的卷积核分析提取四类图像的特征，其特征或多或少不能有效地描述前景信息。

①卡通图像。该图像区域内部像素变化较小，近似为恒值，区域间像素亮度/颜色变化较大，卡通图像的边缘图几乎都是由封闭曲线构成的。基于图像低层特征的前景提取模型均能从该类图像中成功提取前景。

②弱边缘图像。该图像区域内部像素变化较小，区域间大部分像素变化较大，但区域间分界线邻域处存在部分像素变化幅度较小。该图像对于基于区域特征的模型有效，然而基于边缘特征的模型提取效果较差。

③纹理强边缘图像。在该类图像中，区域间分界线邻域像素变化较大，形成强边缘。然而由于物体表面或者环境的变化，区域内部像素变化缓慢。如果利用基于边缘的活动轮廓或图论模型，则可成功地从该图像中提取前景。

④纹理弱边缘图像。这类图像不仅区域内部像素变化缓慢，而且区域间分界线邻域处也存在缓慢变化的像素。边缘图几乎由线段和小面积的封闭曲线填充，无法根据边缘图分析图像的整体概貌。

（2）基于学习特征的前景提取框架。

学习特征利用深度学习方法对海量样本进行训练学习得到网络参数，其特征泛化能力强于人为特征。学习特征常常运用卷积神经网络进行自动提取，该网络通过对海量样本进行训练学习，提取同类样本的共性和不同样本的差异性。该网络将特征提取和前景提取有机融合，使得卷积神经网络具有处理推理规则不明确问题的能力。

人类对外界新事物的认知可简要概括为从局部到整体的分析理解过程。卷积神经网络模拟了人类对新事物的认知机理，构建了多层卷积结构，采用级联的形式提取不同尺度特征信息。

①低层卷积对图像局部像素亮度/颜色运用学习的卷积核进行加工处理，获取低尺度的局部信息。该信息除了图像的本征信息，还包含了大量的细节信息，如纹理、弱边缘等亮度/颜色的微小变化。

②中间卷积层是对低尺度信息运用该层的卷积核进行分析处理，提取较大尺度的特征信息。该特征信息去除了上一层特征的细节，保留了主体特征。

③高层卷积主要是对上一卷积层的输出特征进行整合，得到图像全局信息。

卷积神经网络的单个卷积层本质是对局部感受野的数据进行分析处理，因此，低层和中间卷积层的神经元连接采用局部连接。网络中间卷积层分析的局部数据来源于前一卷积层的分析结果，各卷积层提取的特征尺度大于前一层的尺度，随着卷积层的增加，网络可以从图像中提取不同尺度的特征。基于学习特征的对训练集的前景提取效果优于人为特征，但学习特征的获取需要大量的训练样本。对于小样本特征的稳定性和可区分性仍需进一步研究。

1.5　前景提取数据库

为了测试图像语义分割算法的有效性，学者们从不同的应用角度建立了图像语义分割数据集。这些数据集均是在不同应用环境下采集图像，并对其像素进行类别标注。不同数据集包含的图像样本容量和对象类别存在较大差异，其中最常用的数据集是 PASCAL VOC 系列，这个系列包含了目前较流行的 VOC2012 和 Pascal Context 语义分割数据集。第二个常用的数据集是 Microsoft COCO，该数据集包含了 80 个语义对象，主要应用于实例级别的语义分割。该数据集中任意图像均给出了像素级别的标注，因此广泛用于语义分割模型的参数训练。第三个常用的数据集是辅助驾驶环境的 Cityscapes，该数据集包括 19 个对象类别的评测。为了便于前景学习特征的提取和前景提取模型的测评，下面简单介绍目前常用的图像语义分割数据集。

（1）PASCAL 视觉物体分类数据集（PASCAL VOC）。

PASCAL VOC 系列图像库主要提供了自然场景的视觉对象分类、识别、图像分割的标注数据集和平台。最初该图像库只有 4 个语义对象类别，到 2006 年增加到 10 个语义对象类别，2007 年又扩充为 20 个语义对象类别。最新的 PASCAL VOC 2012 中包含 21 个语义对象类别，主要有房子、动物以及其他，如运输工具（飞机、火车、船和汽车）、家具家电（椅子、餐桌、沙发和电视机）和人。从应用角度来看，该数据集可分为两个子集：训练子集和测试集（1449 幅图像）。训练子集由 1464 幅图像和相应的人工标注结果构成，主要用于图像分割模型的参数训练和测试；测试集包含了 1449 幅图像，该集合中图像的人工标注结果不对外公布，常常用于对分割模型的测评。

（2）PASCAL 上下文数据集（PASCAL Context）。

PASCAL 上下文数据集是 PASCAL VOC 2010 的扩展，继承了 PASCAL VOC 2010 中 20 个语义对象类别以及 PASCAL VOC 中的背景图片。该数据集的对象种类繁多，其对象大致可分为物体、材料和混合物三大类。该数据集包含了 540 个语义对象类别，但只有 59 个对象类别是有意义的，其他对象类别的图像样本容量较少，学者们常常将这些图像样本作为背景样本。该数据集中任意图像均提供了对应的像素级别标注。

（3）微软常见物体环境数据集（Microsoft COCO）。

微软常见物体环境数据集是由微软赞助的用于视觉竞赛而构建的，广泛用于图像识别、分割和图像语义等算法测评。这促使图像语义分割和理解在近两三年取得巨大进展，该数据集也几乎成了不同图像语义理解算法性能评价的"标准"集。

Microsoft COCO 是一个兼容目标识别、语义分割和目标上下文关系的大规模数据集。该数据集不仅提供了图像中的对象类别和位置标注信息，还提供了图像语义的文本描述。Microsoft COCO 包含了超过 80 个对象类别，其中有 82783 幅图像用于训练，40504 幅图像用于算法验证，超过 80000 幅图像用于测试。该数据集中的测试图像大致可分为 test-dev、test-standard、test-challenge 和 test-reserve 4 个子集，每个子集各有 20000 多幅图像。test-dev 用于额外的验证及调试；test-standard 是默认的测试数据，主要用于图像分析处理算法性能测评；test-challenge 是竞赛专用，用于测试评估竞赛提高的算法性能；test-reserve 主要应用于避免竞赛过程中的过拟合现象。

（4）城市风光数据集（Cityscapes）。

城市风光数据集提供了无人驾驶环境下的图像数据，用于评估机器视觉算法对城区场景语义理解性能。城市风光数据集包含 50 个欧洲城市的不同场景、不同背景和不同季节的街景图像。原始城市风光数据集是以视频方式给出的，后来通过人工选择视频帧、离散采集得到最终的图像集。

城市风光数据集侧重于城市街道场景，提供了 8 种 30 个类别的语义级别、实例级别以及密集像素标注，包括平坦道路表面、行人、车辆、建筑、交通标示物和天空。该数据集的任意图像均提供了标注信息，根据标注精度可分为精细标注和粗糙标注。粗糙标注的图像大约有 20000 幅，而精细标注的图像大约有 5000 幅。用于训练无人驾驶系统参数的有 2975 幅图像，验证性能的有 500 幅图像，测试集有 1525 幅图像。

（5）BSDS 系列图像集。

BSDS 系列图像集是一个自然场景影像的数据集。该系列图像集根据建立的时间可分为 BSDS300 和 BSDS500，其中 BSDS300 仅仅只有 300 幅灰度或颜色自然的图像和相应的标注信息，而 BSDS500 是在 BSDS300 图像集的基础上扩展而成的。BSDS300 图像集可分为训练集和测试集，其中训练集包含 200 幅图像及其标注信息，测试集只有 100 幅图像及其标注信息。BSDS500 数据库由彼此不交叉的训练集、验证集和测试集组成，其中 200 幅图像用于训练，200 幅图像用于测试，100 幅图像用于检验。每幅图像都有多个专业人员标注视觉边缘信息。

（6）KITTI 数据集。

KITTI 数据集是用于测评移动机器人及自动驾驶性能的数据集，包含了由多种传感器采集的交通场景数据，如高分辨率 RGB、灰度立体摄像机和三维激光扫描器等。该数据集本身没有提供图像的语义分割标注，但众多的学者为了满足各自的需求，手工标注了部分数据。Alvarez 等人为了道路检测竞赛，对该数据集中的 323 幅图像进行了像素级别的标注，如道路、垂直面和天空。Zhang 等人为了追踪竞赛中的 RGB 和扫描数据，手工标注了 252 幅图像，其中 140 幅图像用于训练，112 幅图像用于测试。Ros 等人在视觉测距数据集中标注了 216 幅图像，其中 170 幅图像用于训练，46 幅图像用于测试。

除了上述大型数据库，还包括一些小型数据库，如 Semantic Boundaries Dataset、CMU-Cornell iCoseg dataset 和 NYUDV2 等。Semantic Boundaries Dataset 是用于衡量图像语义场景理解算法性能的数据集，该数据集包含了 715 幅户外场景图像，每幅图像中至少包含一个前景目标。CMU-Cornell iCoseg dataset 是一个协同分割数据集，共 38 组，由 643 幅不同姿态、颜色的马组成。NYUDV2 是 2.5 维数据集，它包含 1449 幅由微软 Kinect 设备捕获的 40 个室内物体的 RGB-D 图像，其中训练集 795 幅图像，测试集 654 幅图像，该数据集可用于测评某种家庭机器人的训练任务。

1.6　前景提取评价准则

前景提取评价大致可分为主观评价法和客观评价法。主观评价法是借助人眼观察提取结果并给出质量分数，该方法敏感于观察人的主观意识，评价结果因人而异，质量分数稳定性较差且难以定量描述。客观评价法是根据一定的评价准则对前景提取质量进行评估，该方法具有成本低、操作简单、易于实现等优点。

1.6.1　主观评价法

主观评价法是通过观察者的评分归一化来判断前景提取的质量。该方法是多位观察者在事先规定的要求下结合自身经验和爱好对前景提取质量进行分析并给出质量分数，综合所有观察者的质量分数作为最终质量分数。最常用的综合处理方法是平均分数法。主观评价法虽然能反映人类视觉的前景感知效果，但其评价分数敏感于观察者的个人认知。为了使评价结果具有统计意义，参数评价的观察者和评价尺度应满足以下几个条件：

（1）主观评价法的最终质量分数为各个参与者给出分数的均值，为了提高最终分数的有效性，参与前景提取质量评价的人数不宜太少。工程上一般要求参与人数不少于 20 名。

（2）观察者应是各年龄层次和性别的代表人物。可以是从未从事过图像、视频、计算机视觉等领域工作的普通观察者，也可以是从事图像相关技术研究的专业人员，他们通常注意提取前景的关键和细微变化，对其质量进行严格判断。

（3）评价尺度应随着观察者对图像技术的熟悉程度不同而加以选择。普通观察者多凭借直观映像判断分割质量，应采用质尺度；专业人员往往在理解前景内容的基础上评价其质量，应采用干扰评价尺度。

根据评价环境和评价综合处理，前景提取精度的主观评价法常常可分为绝对评价和相对评价。绝对评价是直接对一种前景提取算法结果，在给定标准前景的基础上，观察者逐个对比分析提取结果的区域与标准前景之间的差异性，整合各个区域得到全局感观映像，给出最终质量分数。相对评价是由观察者通过观察比较不同算法提取的前景，依据其质量从好到坏给出质量分数，通常采用 7 个级别的质量分数，见表 1-1。

表 1-1 相对评价

质量级别	感官效果	分数
1 级	前景提取质量非常好	7 分
2 级	前景提取质量高于平均水平	6 分
3 级	前景提取质量略高于平均水平	5 分
4 级	前景提取质量为平均水平	4 分
5 级	前景提取质量略低于平均水平	3 分
6 级	前景提取质量低于平均水平	2 分
7 级	前景提取质量最差	1 分

主观评价法只能对提取结果进行定性分析。在实际应用中，主观评价法无法用数学模型进行定量描述，因而其应用受到很大限制。

1.6.2 客观评价法

客观评价法是评价前景提取算法的常用方法。目前，在给定参考前景下，研究人员提出了许多衡量前景提取算法的准则，这些准则依据使用的变量大致可分为像素级别精度和区域级精度。常用的像素级别精度的评价方法主要有混淆矩阵、准确率、召回率、综合评价指标和接收者操作特征曲线。对于如图 1-2(a) 所示的图像，利用某种前景提取模型从图像中提取的前景模板表示为变量 $x = \{x_1, \cdots, x_i, \cdots, x_N\}$。该变量对每个像素赋予标签，其中 $x_i = 0$ 表示第 i 像素属于前景，$x_i = 1$ 表示第 i 像素属于背景。某模型提取前景结果如图 1-2(b) 所示，黑色填充区域为前景，其像素集合为 $Ft = \{i \mid x_i = 0\}$，白色填充区域为背景，相应的像素集合为 $Bt = \{i \mid x_i = 1\}$。该图像的前景参考模板表示为变量 $y = \{y_1, \cdots, y_i, \cdots, y_N\}$，如图 1-2(c) 所示，图中黑色填充区域表示前景像素集合为 $F = \{i \mid y_i = 0\}$，白色表示背景像素集合为 $B = \{i \mid y_i = 1\}$。评价方法主要是衡量集合 Ft 和 F 之间的相似度。

(a)原始图像　　　　　(b)前景提取模板　　　　　(c)前景参考模板

图 1-2 前景提取模板和参考模板

混淆矩阵也称误差矩阵，用于衡量提取的前景模板与参考模板的重叠程度。该测评方法将提取的前景子集和背景子集，参考的前景子集和背景子集之间的关系划分为真阳性（True Positive，TP）、假阳性（False Positive，FP）、真阴性（True Negative，TN）、假阴性（False Negative，FN）四种情形。

真阳性表示提取前景集合中包含的参考前景:

$$TP = \{i \mid x_i = 0, \text{and } y_i = 0\}$$

假阳性表示提取前景集合中包含的参考背景:

$$FP = \{i \mid x_i = 0, \text{and } y_i = 1\}$$

真阴性表示表示提取背景集合中包含的参考背景:

$$TN = \{i \mid x_i = 1, \text{and } y_i = 1\}$$

假阴性表示提取背景集合中包含的参考前景:

$$FN = \{i \mid x_i = 1, \text{and } y_i = 0\}$$

提取的前景集合 Ft 可表示为

$$Ft = TP \cup FP$$

参考的前景集合 F 可表示为

$$F = TN \cup FN$$

前景提取结果混淆矩阵见表 1-2。

表 1-2　前景提取结果混淆矩阵

		提取的前景区域		
		前景 A	背景	总计
标准前景区域	前景 B	TP	FN	P
	背景	FP	TN	F
	总计	P'	F'	$P+N$

准确率 (precision) 也称查准率,表示提取的前景是否精确地覆盖到了真实的前景。召回率 (recall) 也称查全率。准确率和召回率分别为

$$precision = \frac{|TP|}{|TP \cup FP|}, \quad recall = \frac{|TP|}{|TP \cup FN|} \tag{1-4}$$

准确率与召回率通常是此消彼长的,很难兼得,它们通常只能相对片面地评价某一方面的能力,研究人员需要综合考虑多个指标。一个常见的方法就是 F-Measure,它综合考量了 $precision$ 和 $recall$ 指标,是精确率和召回率的加权调和平均:

$$F\text{-}Measure = \frac{(1+\alpha^2) \times precision \times recall}{\alpha^2 (precision + recal)} \tag{1-5}$$

当参数 $\alpha = 1$ 时,就是最常见的 F_1 综合评价指标,它综合了精确率和召回率。当 F_1 较高时,说明前景提取算法比较有效。F_1 的定义为

$$F_1 = \frac{2 \times precision \times recall}{precision + recal} \tag{1-6}$$

接收者操作特征 (Receiver Operating Characteristic, ROC) 曲线综合考虑了敏感性和特异性指标,曲线上每个点反映了对同一信号刺激的感受性。ROC 曲线如图 1-3 所示,图中横坐标表示伪正类率 (False Positive Rate, FPR),即检测为前景但实际为背景的像素点占图像真实背景的比例;纵坐标为真正类率 (True Positive Rate, TPR),即检测为前景且实际为前景的像素点占图像真实前景的比例。

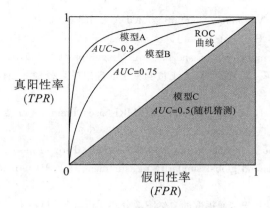

图 1-3　ROC 曲线

$$FPR = \frac{|FP|}{|FP \cup TN|}, \quad TPR = \frac{|TP|}{|TP \cup FN|} \qquad (1-7)$$

对于图像像素的前、背景分类，ROC 曲线的横坐标和纵坐标没有相关性，因此，不能把 ROC 曲线当作一个函数曲线来分析，应该把 ROC 曲线看成无数个点，每个点代表同一分类器不同的分类阈值，这些点构成的曲线表征了这个分类器的性能。一个优秀的分类器的 ROC 曲线越靠近左上角，该曲线所代表的分类器越准确。最靠近左上角的坐标点代表分类误差最小的阈值点，即最理想的分类阈值，该点的假阳率和假阴率之和最小。此外，也可通过计算出 ROC 曲线下的面积(Area Under Cure，AUC)的方法进行定量分析。根据 AUC 判断分类器优劣的准则如下：

（1）如果 $AUC=1$，则该前景提取算法能将图像中的任意像素进行正确的划分。该前景提取模型是完美模型，但实际上不存在这样的前景提取模型。

（2）如果 $0.5<AUC<1$，则该前景提取算法优于图像像素标号的随机猜测。通过适当设置前景提取模型参数，该模型可有效提取前景。

（3）如果 $AUC=0.5$，则前景提取算法等效于随机猜测，该模型没有使用价值。

（4）如果 $AUC<0.5$，则前景提取模型可用于提取背景。

综上所述，AUC 值越大，表明前景提取正确率越高。

区域精度(Intersection Over Union，IOU)是指提取的前景区域和标准前景区域的交并比值：

$$IOU = \frac{|TP|}{|TP \cup FP \cup FN|} \qquad (1-8)$$

参考文献

[1] Roberts M, Spencer J. Chan-Vese reformulation for selective image segmentation [J]. Journal of Mathematical Imaging and Vision, 2019, 61(8): 1173-1196.

[2] Cheng D S, Shi D M, Tian F, et al. A level set method for image segmentation based on Bregman divergence and multi-scale local binary fitting [J]. Multimedia Tools and Applications, 2019: 1-24.

[3] 周东国，高潮，郭永彩. 一种参数自适应的简化 PCNN 图像分割方法 [J]. 自动化学报，2014，40(6): 1191-1197.

[4] Feng B, He K. Improved Grab Cut with human visual perception [C] // 2019 IEEE 4th International

Conference on Image，Vision and Computing（ICIVC）. IEEE，2019：50−54.

［5］ Maninis K K，Caelles S，Pont-Tuset J，et al. Deep Extreme Cut：From extreme points to object segmentation［J］. Computer Vision and Pattern Recognition（CVPR），2018：1−10.

［6］ 刘丁，张新雨，陈亚军. 基于多目标人工鱼群算法的硅单晶直径检测图像阈值分割方法［J］. 自动化学报，2016，42（3）：431−442.

［7］ Liu J，Li M，Wang J，et al. A survey of MRI-based brain tumor segmentation methods［J］. Tsinghua Science and Technology，2014，19（6）：578−595.

［8］ Wang X，Min H，Zou L，et al. A novel level set method for image segmentation by incorporating local statistical analysis and global similarity measurement［J］. Pattern Recognition，2015，48（1）：189−204.

［9］ 郭娟，何坤，周激流. 基于卡通提取的自然图像分割［J］. 计算机技术与发展，2016（2）：12−16.

［10］ He K，Wang D，Tong M，et al. Interactive image segmentation on multiscale appearances［J］. IEEE ACCESS，2018（6）：67732−67741.

［11］ Zhang L，Peng X，Li G. A novel active contour model for image segmentation using local and global region-based information［J］. Machine Vision and Applications，2016，28（1−2）：1−15.

［12］ Li G，Li H，Zhang L. Novel model using kernel function and local intensity information for noise image segmentation［J］. Tsinghua Science and Technology，2018，23（3）：83−94.

［13］ Zhang K，Song H，Zhang L. Active contours driven by local image fitting energy［J］. Pattern Recognition，2010，43（4）：1199−1206.

［14］ 宋艳涛，纪则轩，孙权森. 基于图像片马尔科夫随机场的脑 MR 图像分割算法［J］. 自动化学报，2014，40（8）：1754−1763.

［15］ 张帆，张新红. 基于位错理论的距离正则化水平集图像分割算法［J］. 自动化学报，2018，44（5）：943−952.

［16］ Boykov Y Y，Jolly M P. Interactive graph cuts for optimal boundary & region segmentation of objects in N-D images［C］. Proceedings Eighth IEEE International Conference on Computer Vision（ICCV 2001），2001，1：105−112.

［17］ Tang M，Gorelick L，Veksler O，et al. GrabCut in One Cut［C］. 2013 IEEE International Conference on Computer Vision（ICCV），2013，1：1769−1776.

［18］ Rother C，Kolmogorov V，Blake A. GrabCut：Interactive fore-ground extraction using iterated graph cuts［J］. ACM Trans. Graph，2004，23（3）：309−314.

［19］ 董卓莉，李磊，张德贤. 基于两段多组件图割的非监督彩色图像分割算法［J］. 自动化学报，2014，40（6）：1223−1232.

［20］ 孙超男，易芹，崔丽. 小波变换结合模糊聚类在示温漆彩色图像分割中的应用［J］. 软件学报，2012，23（2）：64−68.

［21］ He K，Wang D，Wang B，et al. Foreground extraction combining graph cut and histogram shape analysis［J］. IEEE ACCESS，2019：1−9.

［22］ Zhang Y，He K. Multi-scale gaussian segmentation via Graph Cuts［C］. 2017 International Conference Computer Science and Application Engineering（CASE 2017），2017：767−773.

［23］ Wu S，Nakao M，Matsuda T. SuperCut：Superpixel based foreground extraction with loose bounding boxes in one cutting［J］. IEEE Signal Process Letters，2017，24（12）：1803−1807.

［24］ Chen D，Chen B，Mamic G，et al. Improved GrabCut segmentation via GMM optimisation［C］. 2008 Digital Image Computing：Techniques and Applications，2008.

［25］ Zhe G，Li X，Huang H，et al. Deep learning-based image segmentation on multi-modal medical imaging ［J］. IEEE Transactions on Radiation and Plasma Medical Sciences，2019，3（2）：162－169.

［26］ 龙建武，申铉京，臧慧，等. 高斯尺度空间下估计背景的自适应阈值分割算法 ［J］. 自动化学报，2014，40(8)：1773－1782.

［27］ 何坤，郑秀清，谢沁岑. 基于水平集的自适应保边平滑分割 ［J］. 电子科技大学学报，2017，46(4)：579－584.

［28］ 张迎春，郭禾. 基于粗糙集和新能量公式的水平集图像分割 ［J］. 自动化学报，2015，41(11)：1913－1925.

［29］ 王丹，何坤，张旭. 基于序贯滤波的水平集图像分割 ［J］. 四川大学学报（自然科学版），2016，53(3)：518－525.

［30］ Adobe Systems Incorp. Adobe Photoshop User Guide. 2002.

［31］ Bampis C G，Maragos P，Bovik A C. Graph-driven diffusion and random walk schemes for image segmentation ［J］. IEEE Transactions on Image Processing，2017，26(1)：35－50.

［32］ 高敏，李怀胜，周玉龙，等. 背景约束的红外复杂背景下坦克目标分割方法 ［J］. 自动化学报，2016，42(3)：416－430.

［33］ Niu S，Chen Q，Sisternes L D，et al. Robust noise region-based active contour model via local similarity factor for image segmentation ［J］. Pattern Recognition，2017，61：104－119.

［34］ Tsai A，Yezzi A，Willsky A S. Curve evolution implementation of the Mumford-Shah functional for Image segmentation，denoising，interpolation，and magnification ［J］. IEEE Transaction on Image Processing，2001，10(8)：1169－1186.

［35］ Yeo S Y，Xie X，Sazonov I，et al. Segmentation of biomedical images using active contour model with robust image feature and shape prior ［J］. International Journal for Numerical Methods in Biomedical Engineering，2014，30(2)：232－248.

［36］ Lai Y，Chen C，He K. Image segmentation via GrabCut and linear multi-scale smoothing ［C］. Proceeding of 2017 the 3rd International Conference on Commuication an information processing (ICCIP)，2017：474－478.

［37］ 孙瑜鲁，何坤，周激流. 改进全变分保边平滑分割 ［J］. 计算机应用研究，2018(1)：315－318.

［38］ Wang L，Li C，Sun Q，et al. Active contours driven by local and global intensity fitting energy with application to brain MR image segmentation ［J］. Computerized Medical Imaging and Graphics，2009，33(7)：520－531.

［39］ He K，Wang D，Tong M，et al. An improved GrabCut on multiscale features ［J］. Pattern Recognition，2020，103：1－13.

［40］ Zong J，Qiu T，Li W，et al. Automatic ultrasound image segmentation based on local entropy and active contour model ［J］. Computers and Mathematics with Applications，2019，78(3)：929－943.

［41］ Kass M，Witkin A，Terzopoulos D. Optimal approximations by piece smooth functions and associated variational problems ［J］. International Journal of Computer Vision，1988，1（4）：321－331.

［42］ Han B，Wu Y. A novel active contour model based on modified symmetric cross entropy for remote sensing river image segmentation ［J］. Pattern Recognition，2017，67(7)：396－409.

［43］ Zhu Y，Qiu T. Automated segmentation method for ultrasound image based on improved LGDF model ［J］. Journal of Dalian University of Technology，2016，56(1)：28－34.

［44］ Zhang H L，Tang L M，He C J. A variational level set model for multiscale image segmentation ［J］. Information Sciences，2019，493：152－175.

［45］Li Y F，Feng X. A multiscale image segmentation method ［J］. Pattern Recognition，2016，52：332－345.

［46］Borjigin S，Sahoo P K. Color image segmentation based on multi-level Tsallis-Havrda-Charvát entropy and 2D histogram using PSO algorithms ［J］. Pattern Recognition，2019，92(8)：107－118.

［47］Chan T F，Vese L. Active contours without edges ［J］. IEEE Transactions on Image Processing，2001，10(2)：266－277.

［48］He K，Wang D，Zhang X. Image segmentation using the level set and improved-variation smoothing ［J］. Computer Vision and Image Understanding，2016，152：29－40.

［49］Zhao Y，Deng H，Zhang L，et al. Weight-self adjustment active contour model based on maximum classes square error ［J］. Computer Engineering and Design，2018，39(2)：486－491.

［50］Uros V，Franjo P，Bostjan L. A review of methods for correction of intensity inhomogeneity in MRI ［J］. IEEE Transactions on Medical Imaging，2007，26(3)：405－421.

［51］Peng Y L，Liu F，Liu S. Active contours driven by normalized local image fitting energy ［J］. Concurrency & Computation Practice & Experience，2014，26(5)：1200－1214.

［52］Miao J，Huang T Z，Zhou X，et al. Image segmentation based on an active contour model of partial image restoration with local cosine fitting energy ［J］. Information Sciences，2018，447：52－71.

［53］He C，Wang Y，Chen Q. Active contours driven by weighted region-scalable fitting energy based on local entropy ［J］. Signal Processing，2012，92(2)：587－600.

［54］Chen Y，Zhao W，Wang Z. Level set segmentation algorithm based on image entropy and simulated annealing ［C］. Proceedings of International Conference on Bioinformatics and Biomedical Engineering (ICBBE)，Wuhan，China，2007：999－1003.

［55］Li Y P，Cao G，Wang T，et al. A novel local region-based active contour model for image segmentation using Bayes theorem ［J］. Information Sciences，2020，506：443－456.

［56］Heimowitz A，Keller Y. Image segmentation via probabilistic graph matching ［J］. IEEE Transactions on Image Processing，2016，25(10)：4743－4752.

［57］Khumdoung N，Qiu T. Ultrasound image segmentation algorithm based on global and local correntropy K-mean active contour model ［J］. Biomedical Engineering Research，2018，37(2)：142－147.

［58］Yu S，Wu Y，Dai Y. A new active contour remote sensing river image segmentation algorithm inspired from the cross entropy ［J］. Digital Signal Processing，2016，48(1)：322－332.

［59］Ma X，Chu Y，Chen Y. Medical image segmentation based on active contour model of spatial information entropy ［J］. Control Engineering of China，2018，25(11)：2010－2016.

［60］李冠，何坤，刘倩倩. 基于局部多项式的自适应图像放大 ［J］. 计算机工程与应用，2016，52(1)：199－203.

［61］Shelhamer E，Long J，Darrell T. Fully convolutional networks for semantic segmentation ［J］. IEEE Transactions on Pattern Analysis and Machine Intelligence，2017，39(4)：640－651.

［62］Zhan Q，Yang L T，Chen Z，et al. A survey on deep learning for big data ［J］. Information Fusion，2018，42：146－157.

［63］Zhao Y，Wang X，Shih F Y，et al. A level set method based on global and local regionsfor image segmentation ［J］. Pattern Recognition and Artificial Intelligence，2012，26(1)：1－14.

［64］Chen X，Wang Y，Wu X. Local image intensity fitting model combining global image information ［J］. Computer Application，2018，38(12)：3574－3579.

［65］Gan J，Wang W Q，Lu K. A new perspective：Recognizing online handwritten Chinese characters via

1-dimensional CNN [J]. Information Sciences，2019，478：375—390.

[66] Raghavendra U，Fujita H，Bhandary S V，et al. Deep convolution neural network for accurate diagnosis of glaucoma using digital fundus images [J]. Information Sciences，2018，441：41—49.

[67] He K，Wang D，Zheng X. Image segmentation on adaptive edge-preserving smoothing [J]. Journal of Electronic Imaging，2016，25(5)：1—15.

[68] Guo L，Ding S. A hybrid deep learning CNN-ELM model and its application in handwritten numeral recognition [J]. Journal of Computational Information Systems，2018，275(1)：2673—2680.

[69] Liu C，Chi T，Li C. A novel LIF level set image segmentation method with global information [J]. Journal of Northeast Normal University (Natural Science Edition)，2018，50(2)：66—74.

[70] Xu N，Price B，Cohen S，et al. Deep GrabCut for object selection [C]. The British Machine Vision Conference (BMVC)，2017：1—12.

第 2 章　基于随机游走的前景提取

图像内容分析理解是一个主观过程，不同观察者认知的图像内容各不相同。由于前景是图像内容的主要载体，因此图像前景也因人而异。为了提取不同观察者认知的前景，前景提取常常在用户交互的指导下，结合图像低层特征构建提取模型。

最简单的前景提取技术是依据图像亮度/颜色的相似性，对像素进行二分类处理，即"魔术棒"技术。该技术假设前、背景亮度/颜色存在显著差异，利用前景像素亮度/颜色的内聚性建立模型。该前景提取模型在人机交互的指导下，分析未标注像素与标注像素的亮度或者颜色相似性，计算满足相似性的像素集合，该集合即为图像前景。"魔术棒"技术对卡通图像可有效地提取前景，对自然图像的前景提取结果敏感于以下因素：

（1）图像前景亮度/颜色分布的一致性。"魔术棒"技术仅仅根据亮度/颜色的相似性对像素进行分类处理。在自然图像中，前景常常由多个视觉区域构成，区域内像素亮度/颜色具有高度的相似性，而区域间亮度/颜色存在较大差异。区域间亮度/颜色差异恶化了前景亮度/颜色的相似程度，降低了前景提取质量。

（2）阈值大小。"魔术棒"技术运用固定阈值逐像素判断是否属于前景，不适当的阈值会对前景提取质量带来负面影响。若阈值过大，则会导致部分背景像素被划分为前景，形成错误分割；若阈值过小，则会导致部分前景像素被划分为背景，呈现漏分割现象。

（3）人机交互量。自然图像的前景常常由多个视觉区域构成，如花朵一般由花托、花冠和花蕊等部件构成。为了提高复杂前景的提取效果，人们常常采用多点标注前景种子像素，标注的种子像素必须来源于前景的各个视觉区域，每个视觉区域标注的像素个数取决于该区域亮度/颜色分布的一致性。如果区域内亮度/颜色具有紧凑性，则该区域内标注一个像素即可；反之，应标注多个像素。

为了弥补固定阈值对前景提取的负面影响，学者们通过增加背景种子像素的标注，依据前、背景亮度/颜色的相似性和差异性，结合随机游走，提出了基于随机游走的前景提取模型。该模型将前景亮度/颜色的内聚性问题转化为未标注像素与前、背景种子像素的最大概率问题，根据最大概率实现未标注像素的分类识别，弥补了不适当的阈值对图像前景提取的负面影响。基于随机游走的前景提取继承了"魔术棒"技术的优点，即前景亮度/颜色的内聚性，同时嵌入了前、背景亮度/颜色的差异性，具有以下优点：

（1）在前景提取过程中允许用户实时交互和增加前、背景信息，用以引导和控制前景提取质量，弥补了"魔术棒"技术的种子标注独立于前景提取的不足。

（2）前景提取方法操作简单。为了控制前景提取质量，该方法只需要用户在图像前、背景中标注种子像素，不需要额外的专业图像处理技术。同时，该方法具有优良的数学基础，运算成本较小，因此，在人工成本和系统运算成本上均有较好表现。

（3）基于随机游走的前景提取模型对前景弱边界具有良好的像素级定位精度。

2.1　随机游走模型

自然界中存在着以无规则的不可预知的规律移动的实体对象，研究人员将这种不稳定的移动现象描述为随机游走。1905 年，Karl Pearson 通过经典的醉汉行走将问题引出。1926 年，Albert Einstein 首次以数学语言进行描述归纳，构建了随机游走问题的雏形。2004 年，Grady 首次将随机游走模型应用于解决图像分割这一实际问题。

2.1.1　直线随机游走

游走者在一条直线上随机运动可模拟为直线随机游走，即一维随机游走。该模型假设游走者在一条直线上运动，单位时间内以一定概率向相邻节点运动一个单位，即只能停留在直线上的整数点，到达下一节点后，再以当前节点为起始点重复上述随机游走过程，由节点序列构成的游走路线即为一次随机游走过程。

假设在 t 时刻，游走者位于直线上的一点 i，后继相邻 $t+1$ 时刻游走者的状态存在以下三种情况：

（1）依概率 $p_{i,i-1}$ 游走到前一个节点 $i-1$。

（2）依概率 $p_{i,i+1}$ 游走到后一个节点 $i+1$。

（3）依概率 $p_{i,i}=1-p_{i,i-1}-p_{i,i+1}$ 停留在节点 i 处。

假设游走者在游走方向选择上是无记忆的，在每个节点上的游走方向是独立过程，那么上述三种情况发生的概率之和为 1。若从当前节点出发向前后节点游走的概率相等，即有 $p_{i,i-1}=p_{i,i+1}=0.5$，则该过程称为简单随机游走。

图 2-1(a) 为直线上的随机游走示意图，游走者的游走转移可视为一个马尔可夫过程，其状态空间为 $S=\{\cdots,\ i-1,\ i,\ i+1,\ \cdots\}$，$p_{i,j}$ 为从状态 i 到状态 j 的转移概率。

当向各方向的位置移动为独立过程时，三种转移状态的概率之和为 1。在无边值条件下，节点将在任意时刻保持上述三种状态，且节点的一步转移概率非负并具有归一化特征。然而，现实中节点间的无休止转移往往是无意义的，因此，通常引入边值条件使得节点间的转移达到稳态。如果游走者移动到直线上的某一个节点后停止移动，则该节点称为游走过程的吸收壁，该过程称为带吸收壁的随机游走。吸收壁处游动者的移动状态为吸收状态，具有带吸收壁的随机游走可以看作是带有一个吸收状态的马尔可夫过程，如图 2-1(b) 所示，其状态空间为 $S=\{\cdots,\ i-1,\ i,\ i+1,\ \cdots,\ N\}$。在状态空间 S 中，节点 N 称为吸收壁，集合 $S-\{N\}$ 中任意节点均为非吸收状态。游走者从任一非吸收状态出发，经过有限步的移动均能到达吸收壁 N。

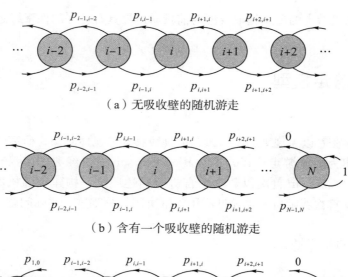

（a）无吸收壁的随机游走

（b）含有一个吸收壁的随机游走

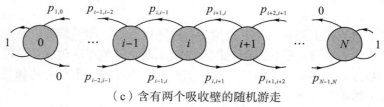

（c）含有两个吸收壁的随机游走

图 2-1　直线随机游走

如果在游走过程中，游走者在到达端点后被吸收，则随机游走过程结束。在游走过程中游走者经历的节点集 $S=\{\cdots,\ i-1,\ i,\ i+1,\ \cdots,\ N\}$ 中，节点 $S-\{0,\ N\}$ 为非吸收节点，节点 0 和 N 称为吸收壁。由于该游走过程具有两个吸收壁，故称为含有两个吸收壁的随机游走，如图 2-1(c)所示。在该过程中，游走者从任一非吸收状态出发经过有限步的移动可到达吸收壁 0 或者 N 中的一个。

在含有两个吸收壁的随机游走过程中，游走者从任一非吸收状态出发经过有限步运动，最终以正概率到达某一吸收壁。设 $S=\{0,\ \cdots,\ i-1,\ i,\ i+1,\ \cdots,\ N\}$ 为随机游走节点集合，其中 $\{0,\ N\}$ 为吸收壁，节点 0 为起点，N 为终点。若游走者位于节点 0，由于该节点为吸收壁，游走者不可能到达终点，那么从起点到达终点的概率为 0；若游走者位于节点 N，此时游走者已经到达终点，那么到达终点的概率为 1；$S-\{0,\ N\}$ 为非吸收状态，从任一非吸收状态出发均可以正概率到达终点。

综上所述，游走者从任一节点 $i\in S$ 出发移动到终点 N 的概率 $p(i)$ 为

$$p(i)=\begin{cases}0, & i=0\\ 1, & i=N\\ p(i)=\dfrac{p(i-1)+p(i+1)}{2}, & i\in S-\{0,N\}\end{cases} \tag{2-1}$$

游走者从节点 i 出发游走到终点 N 的概率 $p(i)$ 可模拟为如图 2-2 所示的电路。该电路电源电势为 1，由 N 个相同电阻 R 的级联构成，图中 0 位置为接地。

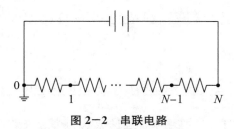

图 2-2　串联电路

根据基尔霍夫定律及欧姆定律可知，图 2-2 中各个节点处的电势如下：

(1) 节点 0 处接地，电势为 $\varepsilon(0)=0$。该点电势等价于游走者从起点到达终点的概率 $p(0)=0$。

(2) 节点 N 与电源正极相连，故该点电势为 $\varepsilon(N)=1$。该点电势等于游走者从起点到达终点的概率 $p(N)=1$。

(3) 在级联电路中，级联支路的电流处处相等。图 2-2 中的电流 I 为

$$I = \frac{\varepsilon(i)-\varepsilon(i-1)}{R} = \frac{\varepsilon(i+1)-\varepsilon(i)}{R}, \ i=1,2,\cdots,N \qquad (2-2)$$

节点 i 的电势 $\varepsilon(i)$ 为

$$\varepsilon(i) = 0.5\varepsilon(i-1)+0.5\varepsilon(i+1), \ i=1,2,\cdots,N \qquad (2-3)$$

节点 i 的电势相当于游走者从任一非吸收状态出发游走到终点的概率。

通过类比不难发现，游走者从节点 i 出发游走到终点 N 的概率问题可转化为电路中的电势求解问题。

2.1.2　平面随机游走

平面随机游走是指游走者在二维平面上进行随机移动，相对于直线上的随机游走，游走者在非吸收状态时具有更多的游走方向，如上、下、左、右，甚至更多。因此，平面上的随机游走拥有更复杂的表现形式。

通过类比直线随机游走与电路的相似性，发现直线上的随机游走问题可以转化为电路问题进行求解，那么，对于平面上的随机游走是否也能以电路方式进行表达呢？以经典的巷道问题（图 2-3）为例，图 2-3(a) 表示逃逸者所在的逃跑巷道图，图中 E 表示逃逸巷道，P 表示拦截者，圆点表示巷道边界。巷道中的逃逸者期望在与拦截者相遇前，选取路径实现逃逸巷道的最大概率，从而提高逃跑成功率。首先假设逃逸者从图中任意非边界点位置 $x=(a,b)$ 出发，向前、后、左、右四个方向的逃逸概率相等，即从点 x 出发到达其 4-邻域 $(a+1,b)$，$(a-1,b)$，$(a,b+1)$，$(a,b-1)$ 的概率相等，并且约定在逃逸过程中，如果逃逸者到达巷道边界，则此轮逃逸结束。通过类比直线随机游走模型，不难得到对任意点的概率为

$$p(a,b) = \frac{p(a+1,b)+p(a-1,b)+p(a,b+1)+p(a,b-1)}{4}$$

概率 $p(a,b)$ 与巷道同构的电路图中电压 $v(a,b)$ 有相同形式（假设电路中的电阻值均为 R）：

$$\frac{v(a+1,b)-v(a,b)}{R}+\frac{v(a-1,b)-v(a,b)}{R}+\frac{v(a,b+1)-v(a,b)}{R}+$$

$$\frac{v(a,b-1)-v(a,b)}{R}=0$$

$$\Rightarrow v(a,b)=\frac{v(a+1,b)+v(a-1,b)+v(a,b+1)+v(a,b-1)}{4}$$

当逃逸者位于 E，P 时，分别意味着逃逸成功与逃逸失败，故此概率分别为 1 和 0。因此，在同构电路图中，接入电压值为 1 V 的电源，使得电路中各点处电压位于 $[0,1]$ 区间，电路图如图 2-3(b) 所示。

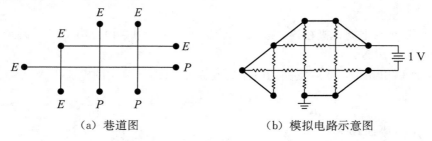

(a) 巷道图   (b) 模拟电路示意图

图 2-3　巷道逃逸与电路模拟示意

为了简化表示平面随机游走的节点及其游走权重，将二维随机游走表示为加权无向图 $G(V,E,w)$，如图 2-4(a) 所示。顶点集合 V 表示平面网格的游走节点，集合 E 表示相邻节点所构成的边集合，边 e_{ij} 的权重 w_{ij} 表示随机游走者从点 v_i 到 v_j 的转移概率，该权重刻画了游走者的偏好。通常情况下，w_{ij} 值越大，游走者选择此条路径的概率越大。

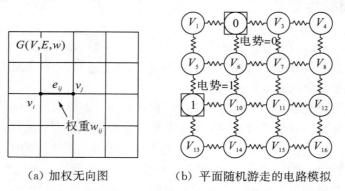

(a) 加权无向图   (b) 平面随机游走的电路模拟

图 2-4　加权无向图及电路模拟

巷道逃逸中，当逃逸者位于边界点处时，逃逸过程终止。在平面随机游走中，巷道边界点对应于吸收壁，即在吸收壁处游走者停止游走，对于含吸收壁的平面随机游走过程，吸收壁可看作加权无向图 $G(V,E,w)$ 中的起点和终点。从任意非吸收状态出发到达终点的概率可以模拟电阻网络的节点电势，如图 2-4(b) 所示。该电阻网络中各个节点对应于游走过程的节点，相当于 $G(V,E,w)$ 的顶点集合 V，两节点之间的电导为相邻节点之间的游走概率，等价于 $G(V,E,w)$ 的边权重，起点与电源负极相连，该点电势为 0，游走者从起点到达终点的概率 $p(0)=0$；终点与电源正极相连，该点电势为 1，游走者到达终点的概率为 1，从任意一个非吸收状态出发到达终点的概率可以转化为求解稳态下各节点的电势。

2.1.3　调和函数

随机游走问题可模拟成电路问题，但是复杂电路问题的求解难度依然很高，特别是在节点数量较大、电路结构复杂的情况下，计算量剧增。为了解决求解问题，首先将平面随机游走的节点对应于坐标系网格点，并给出如下定义：

定义 2-1　对于给定的网格平面，N 为该网格平面中所有节点的集合，如果子集 O 与 S 满足如下条件：

(1) $O \cap S \neq \varnothing$；

(2) O 中任意点的 $4-$邻域点均在集合 N 中；

(3) S 中任意点的 $4-$邻域点，至少有一个在 O 中。

则有 $N = O \cup S$。对于集合 N 中的任意两点 A，B，若子集 O 中至少存在一组点序列使得点 A 到点 B 可达，则称集合 O 中的点是集合 N 的内点，集合 S 中的点是集合 N 的边界点。

定义 2-2　对于集合 O 中的任意点 (a,b)，若满足：

$$f(a,b) = \frac{f(a+1,b) + f(a-1,b) + f(a,b+1) + f(a,b-1)}{4}$$

则称函数 $f(\cdot)$ 是集合 O 上的调和函数。

直线上的随机游走的转移概率函数 $p(\cdot)$ 满足调和函数的特点，即 $p(\cdot)$ 具有调和性，并于边界处取得最大值或最小值。在平面随机游走中，转移概率函数或相应电路的各点电压也都具有调和性，且在边界处取得最大值或最小值。

2.2　随机游走算法

根据随机游走路径，游走算法大致可分为直线和平面两种算法。

2.2.1　直线随机游走算法

在含有两个吸收壁的随机游走过程中，假设无停留、无记忆的游走过程中，从当前节点出发向前、后节点等概率游走。设 $S = \{0, 1, 2, 3, 4\}$ 为随机游走节点集合，其中 $\{0, 4\}$ 为吸收壁，如图 $2-5$ 所示。

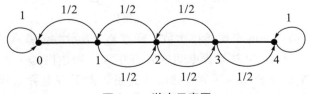

图 2-5　游走示意图

如果游走者位于节点 0，游走者不可能到达终点，那么从起点到达终点的转移概率为 0；如果游走者位于节点 4，游走者已经到达终点，那么到达终点的概率为 1；$S-\{0，4\}$ 为非吸收状态，从任一非吸收状态出发均可以正概率到达。在游走模型中，当游走者处于位置 1，2，3 时，将会以等概率 1/2 向左或者向右走，直到到达吸收壁 0 或者 4 才停止游走。游走的转移矩阵如图 2-6 所示。

$$
\begin{array}{c}
\begin{array}{ccccc} 0 & 1 & 2 & 3 & 4 \end{array} \\
\begin{array}{c} 0 \\ 1 \\ 2 \\ 3 \\ 4 \end{array}
\begin{bmatrix}
1 & 0 & 0 & 0 & 0 \\
1/2 & 0 & 1/2 & 0 & 0 \\
0 & 1/2 & 0 & 1/2 & 0 \\
0 & 0 & 1/2 & 0 & 1/2 \\
0 & 0 & 0 & 0 & 1
\end{bmatrix}
\end{array}
\longrightarrow
\begin{array}{c}
\begin{array}{ccccc} 0 & 4 & 1 & 2 & 3 \end{array} \\
\begin{array}{c} 0 \\ 4 \\ 1 \\ 2 \\ 3 \end{array}
\begin{bmatrix}
1 & 0 & 0 & 0 & 0 \\
0 & 1 & 0 & 0 & 0 \\
1/2 & 0 & 0 & 1/2 & 0 \\
0 & 0 & 1/2 & 0 & 1/2 \\
0 & 1/2 & 0 & 1/2 & 0
\end{bmatrix}
\end{array}
$$

转移矩阵　　　　　　　　　　　　转移矩阵的标准形式

图 2-6　转移矩阵及其标准形式

该转移矩阵具有如式（2-4）所示的标准形式，记为 P：

$$P = \begin{bmatrix} I & 0 \\ R & Q \end{bmatrix} \qquad (2-4)$$

其中，I 为单位矩阵，0 表示零矩阵，R 为内部节点到吸收壁的转移概率矩阵，Q 为内部节点之间的转移概率矩阵。马尔可夫链的基础矩阵 N 为

$$N = (E - Q)^{-1} \qquad (2-5)$$

基础矩阵描述内部节点间的转移特性，元素 N_{ij} 表示从内部点 i 到达内部点 j 转移次数的期望，即平均转移次数。矩阵 N 的每一行元素之和表示一非吸收状态节点在被吸收前的平均转移次数。设吸收概率矩阵 B 为从任意内部节点出发到达各吸收壁的概率矩阵，则有

$$B = NR \qquad (2-6)$$

在含有吸收壁的直线随机游走中，为求得内部节点到达吸收壁的概率，首先构建标准转移矩阵 P，然后利用内部节点间的转移矩阵 Q，建立基础矩阵 N，最后利用式（2-6）求得吸收概率矩阵 B。

矩阵 I 和 0 体现了吸收壁到各节点的转移情况，当转移概率为 0 时，表示此对节点非直接可达；当转移概率为 1 时，表示吸收状态，游走者不再移动。矩阵 R 和 Q 表示内部节点间的转移情况，可以发现当某对节点间的转移概率大于 0 时，表明游走者可以在此对节点间游走。根据式（2-5）建立基础矩阵 N：

$$N = (E - Q)^{-1} = \begin{bmatrix} 3/2 & 1 & 1/2 \\ 1 & 2 & 1 \\ 1/2 & 1 & 3/2 \end{bmatrix}$$

N 中各元素表示节点间的平均转移次数，元素 N_{11} 表示游走者从节点 1 出发回到节点 1 平均转移 3/2 步。由于 Q 为内部节点间的转移矩阵，表达内部节点间的转移关系，因此，由 Q 所构建的 N 也仅表示内部节点的运动关系。由于游走者从非吸收状态出发经过有限步游走后总可以到达吸收状态，所以矩阵 N 中每行元素之和表示该行所对应的内部

节点在到达吸收状态前的平均转移次数。用 t 表示元素值均为 1 的列向量，则有

$$Nt = \begin{bmatrix} 3/2 & 1 & 1/2 \\ 1 & 2 & 1 \\ 1/2 & 1 & 3/2 \end{bmatrix} \begin{bmatrix} 1 \\ 1 \\ 1 \end{bmatrix} = \begin{bmatrix} 3 \\ 4 \\ 3 \end{bmatrix}$$

矩阵 Nt 第二行元素（即 N 中第二行元素之和）的实际意义为游走者从节点 2 出发，在到达吸收壁之前的平均转移步数：$1+2+1=4$。

由式（2-6）可得游走者从内部节点到达各吸收壁的概率，矩阵元素 B_{21} 表示游走者从内部节点 2 出发到达吸收壁 0 的概率为 $1/2$。

$$B = NR = \begin{bmatrix} 3/2 & 1 & 1/2 \\ 1 & 2 & 1 \\ 1/2 & 1 & 3/2 \end{bmatrix} \begin{bmatrix} 1/2 & 0 \\ 0 & 0 \\ 0 & 1/2 \end{bmatrix} = \begin{matrix} 1 \\ 2 \\ 3 \end{matrix} \begin{matrix} 0 & 4 \\ \end{matrix}\begin{bmatrix} 3/4 & 1/4 \\ 1/2 & 1/2 \\ 1/4 & 3/4 \end{bmatrix}$$

2.2.2　平面随机游走算法

平面随机游走的节点及路径可简化为平面网格表示，边 e_{ij} 的权重 w_{ij} 刻画了从节点 v_i 向节点 v_j 移动的可能性，且可根据具体情境，指定吸收壁位置（即边界位置）及相应边界值，如图 2-7 所示。

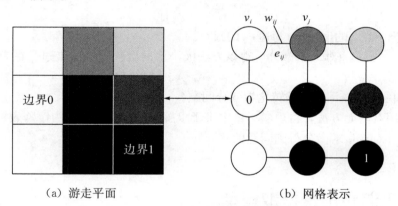

（a）游走平面　　　　　　　　　　　（b）网格表示

图 2-7　游走平面及网格表示

在包含吸收壁（边界点）的平面随机游走过程中，从任意非吸收状态出发到达终点的概率可以转化为求解稳态下电路中各节点的电势。在一定的边界条件下，联合狄利克雷（Dirichlet）问题与随机游走过程的首达概率问题具有相同解，即求解首达概率问题可以转化为求解 Dirichlet 问题。

一般的 Dirichlet 问题可以描述为

$$\begin{cases} -\nabla^2 u = f, & \text{在区域 } \Omega \text{ 内部} \\ u = \Gamma, & \text{在边界处} \end{cases} \qquad (2-7)$$

式中，u 是待求解函数，f 为已知函数，Γ 为边界条件。形如式（2-7）的方程称为 Possion 方程。

当 $f \equiv 0$ 时，式（2-7）为 Laplace 方程 $\nabla^2 u = 0$。

式（2—7）的 Dirichlet 问题可转化为变分问题 $H[\boldsymbol{u}]$。$H[\boldsymbol{u}]$ 为

$$H[\boldsymbol{u}] = \min\int\left(\frac{1}{2}\mid\nabla\boldsymbol{u}\mid^2 - f\boldsymbol{u}\right)\mathrm{d}\Omega \qquad (2-8)$$

Doyle 通过比较平面随机游走和电阻网络，发现区域内部的各点处处调和，故待求解函数 $\boldsymbol{u}$ 为调和函数，而全体调和函数均满足 Laplace 方程，即

$$\nabla^2\boldsymbol{u} = \frac{\partial^2\boldsymbol{u}}{\partial^2 x} + \frac{\partial^2\boldsymbol{u}}{\partial^2 y} = 0 \qquad (2-9)$$

Dirichlet 问题可转化为

$$D[\boldsymbol{u}] = \min(d[\boldsymbol{u}]) = \min\left(\frac{1}{2}\int_\Omega\mid\nabla\boldsymbol{u}\mid^2\mathrm{d}\Omega\right) \qquad (2-10)$$

在现实场景中，获得满足边界条件的坐标函数列是非常困难的，因此，古典变分法在应用上有很大的局限性。为解决上述变分问题，学者们引入有限元方法（Finite Element Method），将式（2—10）中的 $d[\boldsymbol{u}]$ 转化为矩阵表示：

$$d[\boldsymbol{x}] = \frac{1}{2}\boldsymbol{x}^\mathrm{T}\boldsymbol{L}\boldsymbol{x} \qquad (2-11)$$

式中，矩阵 $\boldsymbol{x}$ 中的元素值对应函数 $\boldsymbol{u}$ 值，$\boldsymbol{L}$ 为 Laplace 矩阵。在本章中，对应平面随机游走加权无向图 $G(V, E, w)$ 的矩阵 $\boldsymbol{L}$ 的构造方法如下：

$$L_{ij} = \begin{cases} dg_i, & i = j \\ -w_{ij}, & v_i, v_j \text{ 相邻} \\ 0, & \text{其他} \end{cases} \qquad (2-12)$$

式中，dg_i 为节点 i 的度，w_{ij} 为边 e_{ij} 的权重。

为求解 x，$d[\boldsymbol{x}]$ 对 x 求微分可得该方法极小值的解。随机游走过程的首达概率具体求解如下：

（1）将联合 Dirichlet 问题转化为变分问题。

（2）利用有限元方法，将现实场景中难于求解的变分问题转换为矩阵表示。

（3）通过对变量求微分得到问题的解。

2.3　随机游走前景提取模型

为了弥补固定阈值对前景提取的负面影响，学者们在"魔术棒"技术的基础上增加标注背景种子像素，依据前、背景亮度/颜色的相似性和两者的差异，将前景亮度/颜色内聚性问题转化为未标注像素与前、背景种子像素的最大概率问题，根据最大概率实现未标注像素的分类识别。图像像素表示随机游走模型的各个节点，相邻像素的视觉相似性表示节点间的转移概率。结合边值问题将图像像素的视觉相似转化为随机游走的转移概率矩阵，依据最大概率准则获得目标对象。该算法作为经典的交互式图像分割算法，以用户标记的方式获得种子点，通过计算未标记节点到种子的首达概率实现前景提取。通常情况下，经过多次的人工交互，最终能够准确地提取目标对象。

随机游走模型首先将待处理图像转化为加权无向图 $G(V, E, w)$，其中权值 w 表

示相邻节点间游走的难易程度。当 w 较大时，表明游走者经过此边向相邻节点移动的可能性较大，反之亦然。

在图像前景提取中，相邻像素之间的权函数可以表示图像像素亮度/颜色的相似性，结合用户指定的种子点，建立并求解游走的首达概率矩阵，最后根据未标记点对种子点的隶属度，实现前景提取。图 2-8 为含种子点的带权图，w 为边的权重，S 为用户指定的种子点，图中给出了 S_1，S_2，S_3 三个种子点，其中 S_1，S_3 为背景种子像素，S_2 为前景种子像素。

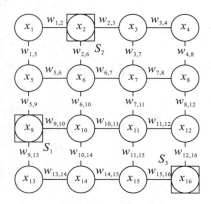

(a) 待处理图像及种子点   (b) 包含种子点的游走网格图

图 2-8 含种子点的带权图

2.3.1 权函数

根据前、背景的视觉特征，同一视觉区域像素间具有较高的相似度和连续性；不同区域间像素差异较大，例如在目标对象边缘处，存在较大的亮度跃变。边权重是相邻像素间相似性直观的数值化表示。工程上常用高斯权函数表示像素点间的差异性，定义如下：

$$w_{ij} = \exp\left(-\beta \left(\boldsymbol{u}_i - \boldsymbol{u}_j\right)^2\right) \tag{2-13}$$

式中，$\boldsymbol{u}_i$，$\boldsymbol{u}_j$ 分别为节点 v_i，v_j 处的灰度值。当以式（2-13）定义权函数时，灰度差异是指导权值变换的决定因素，当邻域像素的灰度差异较小时，权重 w_{ij} 值较大，游走者选择此边作为游走路线的概率较大；当邻域像素的灰度差异较大时，权重 w_{ij} 值较小，游走者沿此边移动的概率较小。

除了灰度特征，空间位置信息也常被引入权函数的定义中，式（2-14）给出了结合灰度信息和空间位置信息的权函数。其中，β 为自由度参数，表示灰度信息和空间位置信息在权函数中的权重，通过调节 β 参数可以改变各参量在权函数中所占比例，用以满足不同分割目标的需求：

$$w_{ij} = \exp\left(-\sqrt{\beta \left|\boldsymbol{u}_i + \boldsymbol{u}_j\right|^2 + \left|\boldsymbol{h}_i + \boldsymbol{h}_j\right|^2}\right) \tag{2-14}$$

2.3.2 前景提取

变分问题和有限元方法的引入为联合 Dirichlet 问题的求解提供了理论支撑和基本思路。在基于随机游走的前景提取中，联合 Dirichlet 问题的边值条件以用户人工标定种子点的方式给出。在求解未标记点首达概率的过程中，根据有无标记将图 G 中的节点分为标记点集合 V_M 和未标记点集合 V_U，式(2-10)中的 Laplace 矩阵可被分解为

$$L = \begin{bmatrix} L_M & B \\ B^{\mathrm{T}} & L_U \end{bmatrix} \tag{2-15}$$

对 x 做同样分解，式(2-11)可表示为

$$d[x_U] = \frac{1}{2}\begin{bmatrix} x_M^{\mathrm{T}} & x_U^{\mathrm{T}} \end{bmatrix}\begin{bmatrix} L_M & B \\ B^{\mathrm{T}} & L_U \end{bmatrix}\begin{bmatrix} x_M \\ x_U \end{bmatrix}$$

$$= \frac{1}{2}(x_M^{\mathrm{T}}L_M x_M + 2x_U^{\mathrm{T}}B^{\mathrm{T}}x_M + x_U^{\mathrm{T}}L_U x_u) \tag{2-16}$$

式中，x_U，x_M 分别为未标记点和种子点的电势。$d[x_U]$ 对 x_U 求微分，可得该方法极小值的解：

$$L_U x_U = -B^{\mathrm{T}}x_M \tag{2-17}$$

节点 v_i 到种子像素 s 的首达概率表示为 x_i^s，所有种子点的标签定义一个函数：$Q(v_j) = s$，$\forall v_j \in V_M$，$0 < s \leqslant K$（K 为种子点数），并构造标签矩阵 $|V_M| \times 1$：

$$m_j^s = \begin{cases} 1, Q(v_j) = s \\ 0, Q(v_j) \neq s \end{cases} \tag{2-18}$$

对每个标签 s，联合 Dirichlet 问题的概率值可以通过求解式（2-17）得到：

$$L_U x^s = -Bm^s \tag{2-19}$$

在求得任意未标记节点 v_U 到达所有种子点的概率后，利用式（2-20）获取最大概率，并用种子点标签标记该节点，从而达到前景提取的目的，即

$$S = \max\{x^1, x^2, \cdots, x^s\} \tag{2-20}$$

在如图 2-9 所示的带权图中进行随机游走，假设种子点 S_1，S_2，S_3 分别隶属 3 个不同标签，分别求得未标记节点到达 3 个种子点的首达概率，如图 2-9(a)(b)(c)所示。对于任意未标记节点，以最大概率值所对应的种子点标签对此未标记节点分类，其分割结果示意图如图 2-9（d）所示。现实场景中，一个标签下通常包含多个种子节点，通过指定前、背景标签，即可实现前景提取的目的。

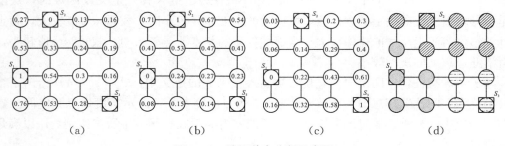

图 2-9　随机游走分割示意图

2.4　前景提取结果及分析

基于随机游走的前景提取具有便捷交互、权函数定义灵活及计算高效等优点，随机游

走算法能够较好地处理边界缺失时分割中的弱边缘问题。图 2－10 给出了随机游走算法对弱边缘响应的示例，其中前景种子点和背景种子点分别用蓝、绿色进行标记。图 2－10（b）表示随机游走的分割结果，图 2－10（c）表示图像各点对背景种子的归属度分布。从分割结果和归属度分布可知该算法能够较好地处理小区域偏置、辨别边界缺失，特别适用于对比度低、病灶与周围组织亮度平缓的医学图像对象提取。

 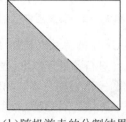 

（a）种子点　　　　　（b）随机游走的分割结果　　　　（c）归属度分布

图 2－10　随机游走的弱边缘响应

图 2－11 是随机游走算法对自然场景图像和医学图像的分割实例。图 2－11（a）为简单场景图像，目标对象和背景内部梯度变化不明显，且纹理较少，随机游走算法能够有效实现对目标对象的分割。图 2－11（b）树冠中包含大量纹理形成的伪边缘，随机游走算法能够避免分割残片，因此可以相对较好地分割出树冠区域。图 2－11（c）（d）为医学图像，前者为肺结节图像，对象边缘灰度变化不明显，且相邻组织间的对比度低；后者为心脏图像，区域间对比度高，但存在大量弱边缘。实验结果表明，随机游走算法能够处理包含伪边缘和区域对比度较低的图像。

  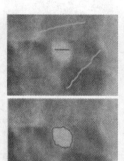 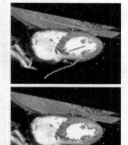

（a）简单纹理　　　　（b）复杂纹理　　　　　（c）结节图　　　　　（d）心脏图

图 2－11　随机游走图像分割

图 2－12 为噪声图像分割实例，对待分割图像添加不同程度的椒盐噪声，该噪声是一种随机出现的黑白点。图 2－12（b）为原图分割，图 2－12（c）（d）分别是在原图基础上添加标准差为 0.05 和 0.1 的椒盐噪声图像的分割结果。对比图 2－12（b）的无噪声图像和图 2－12（d）的含噪声图像，可以发现后者在荷花的右上角部分存在轻微过分割现象，但从整体上看，随机游走算法能够有效实现噪声图像分割。

(a)种子点　　　　　(b)原始图像　　　　　(c)椒盐噪声 0.05　　　　(d)椒盐噪声 0.1

图 2−12　噪声图像分割

图 2−13 比较了随机游走算法和 Grabcut 算法对自然场景图像和医学图像的前景提取效果。一般情况下，在进行提取前首先对图像进行预处理以保证实验效果，本书利用传统的全变分平滑对图像进行预处理，并将处理后的图像作为提取算法的输入。随机游走方法与 Grabcut 方法都是经典的基于图论的交互式前景提取算法，对 Grabcut 算法的分析参见本书第 4 章。

自然场景图像中通常包含丰富纹理，对于如图 2−13（a）(e)(i) 所示的简单图像，两种算法均能取得较好的分割效果。对于图 2−13（b)(f)(j)，Grabcut 算法初始框中的部分背景未出现在初始框外，导致部分背景被误分为前景。图 2−13（c)(g)(k) 的前、背景中均包含丰富的纹理，且在蝴蝶翅膀处存在弱边缘，两种算法均存在轻微的定位偏差，但总体效果较好。图 2−13（d)(h)(l) 为算法对肺结节的提取效果，前、背景之间对比度较低，同时前景与背景的过渡极为平缓，导致部分边缘缺失，使得 Grabcut 方法分割曲线定位于病灶内部。由于基于随机游走的前景提取算法能够较好地处理小区域偏置、辨别边界缺失，所以前景提取效果相对理想。两种算法的前景提取测评见表 2−1。

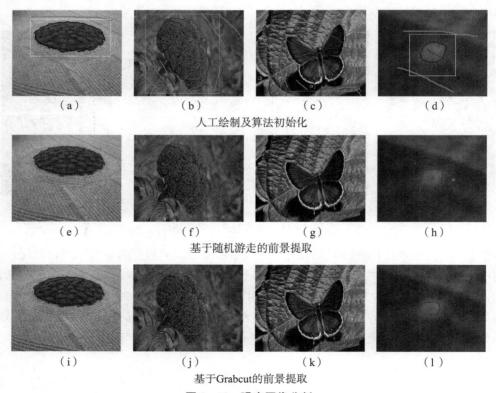

（a）　　　　　（b）　　　　　（c）　　　　　（d）

人工绘制及算法初始化

（e）　　　　　（f）　　　　　（g）　　　　　（h）

基于随机游走的前景提取

（i）　　　　　（j）　　　　　（k）　　　　　（l）

基于Grabcut的前景提取

图 2−13　噪声图像分割

表 2－1　两种算法的前景提取测评

表 2－1　两种算法的前景提取测评

测评	随机游走				Grabcut			
	图2－13 (a)	图2－13 (b)	图2－13 (c)	图2－13 (d)	图2－13 (a)	图2－13 (b)	图2－13 (c)	图2－13 (d)
precision	0.972	0.980	1.000	1.000	0.996	0.993	0.934	0.617
recall	1.000	0.987	0.990	0.876	0.958	0.966	0.940	0.981
F-measure	0.986	0.983	0.995	0.934	0.977	0.979	0.937	0.758
IOU	0.972	0.967	0.990	0.876	0.954	0.959	0.882	0.610

2.5　小结与展望

本章主要阐述了依据图像前景像素亮度/颜色相似性的系列前景提取算法。其中，"魔术棒"技术是最经典的基于人机交互的前景提取技术，它根据前景像素亮度/颜色具有相似性，在人机交互的前景像素指导下分析未标注像素与标注像素的亮度或颜色相似性，计算出一组相似性满足给定阈值的像素集合，该集合就是图像前景。"魔术棒"技术假设图像中前、背景像素亮度/颜色存在显著差异，仅仅利用前景像素亮度/颜色的相似性建立提取模型，该模型简单、易于理解，但忽略了前、背景像素亮度/颜色的相似性，导致前景提取结果不理想。同时，该技术的提取结果依赖于阈值选取，若阈值过大，则导致部分前景划分为背景；反之，部分背景划分为前景。然而，现实中图像内容千变万化，同一阈值难以提取所有图像中的前景。

为了弥补阈值对前景提取的负面影响，学者们增加了背景像素标注，依据像素亮度/颜色的相似性，并引入随机游走，提出了基于随机游走的前景提取模型。该模型将前景像素亮度/颜色在阈值范围内的相似性转化为未标注像素跳跃到前、背景标注像素的概率计算，依据最大概率准则实现未标注像素的分类识别。

2.5.1　小结

随机游走前景提取方法是一种基于图论的交互式算法。通过用户指定种子点的标签、数量及位置，借助物理电路及狄利克雷问题，得到非种子点到达种子点的首达概率矩阵，并根据最大概率准则实现对前景提取的目标。

具体包括以下内容：

（1）随机游走与电阻网络。分析在不同维度下，随机游走者在含吸收壁的路径图中，从任意非吸收状态到达吸收壁的转移概率，并类比电阻网络，讨论转移概率与节点电势间的关系。

（2）随机游走理论。结合实例，给出不同平面维度下随机游走转移概率矩阵的数学表示及推导过程。

（3）随机游走前景提取模型。介绍并分析若干权函数的定义方法，给出矩阵构造方法及算法流程。

2.5.2 展望

本章对随机游走分割模型进行了介绍，通过类比离散电势理论为随机游走算法的求解提供基本思路和理论基础。根据游走模型的性质，任意一非标记节点必与一种子点连通，因此能够在一定程度上避免分割残片的问题，且模型中首达概率矩阵仅需一次计算即可求得，无须迭代，分割效率高。当前仍需解决的问题及研究趋势如下：

（1）模型本质上是基于图论的算法，以像素点为计算单位，因此，随着图像中像素点个数的增加，分割速度会逐步降低。为减少算法的时间开销，研究人员将聚类及超像素等方法与随机游走结合，根据不同前景特征设定适宜的合并规则，从而降低像素数量对效率的影响。

（2）种子点的选取会对算法精度产生影响，而高质量的种子点选取要求操作人员有熟练的技巧或相关知识，这无疑增加了人工成本。因此，自适应种子点选取、种子点分布优化以及多标签等方法成为当下的研究热点。

参考文献

［1］ Doyle P G, Snell J L. Random walks and electric networks［J］. American Mathematical Monthly, 1987, 94(2): 202−205.

［2］ 刘宪高. 变分法中的拟凸性和部分正则性［J］. 数学年刊, 1990, 1(4): 37−45.

［3］ 叶庆凯, 郑应平. 变分法及其应用［M］. 北京: 国防工业出版社, 1991.

［4］ Mattiussi C. The Finite volume, finite element, and finite difference methods as numerical methods for physical field problems［J］. Advances in Imaging Electron Physics, 2001, 113(1): 1−146.

［5］ 王生楠. 有限元素法中的变分原理基础［M］. 西安: 西北工业大学出版社, 2005.

［6］ Grady L. Random walks for image segmentation［J］. IEEE Transactions on Pattern Analysis Machine Intelligence, 2006, 28(11): 1768−1783.

［7］ Angel O, Hutchcroft T, Nachmiasl A. Unimodular hyperbolic triangulations: circle packing and random walk［J］. Inventiones mathematicae, 2016, 206(1): 229−268.

［8］ Andrews S, Hamarneh G, Saad A. Fast random walker with priors using precomputation for interactive medical image segmentation［J］. Medical Image Computing and Computer-Assisted Intervention, 2010, 6363: 9−16.

［9］ Rother C. GrabCut: Interactive foreground extraction using iterated graph cuts［J］. Proceedings of Siggraph, 2004, 23(3): 309−314.

［10］ 李艳灵, 李刚. 图论及其在图像处理中的应用［M］. 北京: 清华大学出版社, 2014.

［11］ Gao J, Chen G, Lin W. An effective retinal blood vessel segmentation by using automatic random walks based on centerline extraction［J］. Biomed Research International, 2020(9): 1−11.

［12］ Jarner S F, Tweedie R L. Convergence rates and moments of Markov chains associated with the mean of Dirichlet processes［J］. Stochastic Processes Their Applications, 2001, 101(2): 257−271.

［13］ Telcs A. Random walks on graphs, electric networks and fractals［J］. Probability Theory Related

Fields，1989，82(3)：435−449.

[14] Brindha D，Nagarajan N. An efficient automatic segmentation of spinal cord in MRI images using interactive random walker (RW) with artificial bee colony (ABC) algorithm [J]. Multimedia Tools and Applications，2020，79(5−6)：3623−3644.

[15] Jamrozik W. Modified random walker segmentation method of welding arc thermograms for welding process diagnostics [J]. International Journal of Materials & Product Technology，2015，51(3)：281−295.

[16] Stevenson G N，Collins S L，Ding J. 3-D Ultrasound segmentation of the placenta using the random walker algorithm：Reliability and Agreement [J]. Ultrasound in Medicine and Biology，2015，41(12)：3182−3193.

[17] 张鸿庆，王鸣. 有限元的数学理论 [M]. 北京：科学出版社，1991.

[18] Cheng M M，Zhang G X. Connectedness of random walk segmentation [J]. IEEE Transactions on Pattern Analysis，2011，33(1)：200−202.

[19] Wang H，Shen J，Yin J. Adaptive nonlocal random walks for image superpixel segmentation [J]. IEEE Transactions on Circuits and Systems for Video Technology，2020，30(3)：822−834.

[20] 袁驷. 介绍一个常微分方程边值问题求解通用程序——COLSYS [J]. 计算力学学报，1990，7(2)：104−105.

[21] Russell C. Joint optimization of segmentation and appearance models GrabCut Given an image and a bounding box [C]. 2009 IEEE 12th International Conference on Computer Vision，2009：755−762.

[22] Pian Z，Gao L，Li G. An image segmentation algorithm based on structure tensor and random walk [J]. Journal of Northeastern University，2009，30(8)：1095−1098.

[23] 宋艳涛，纪则轩，孙权森. 基于图像片马尔科夫随机场的脑 MR 图像分割算法 [J]. 自动化学报，2014，40(8)：1754−1763.

[24] Kang X，Zhu L，Ming A. Dynamic random walk for superpixel segmentation [J]. IEEE Transactions on Image Processing，2020，29：3871−3884.

[25] Li M，Gao H，Zuo F. A continuous random walk model with explicit coherence regularization for image segmentation [J]. IEEE Transactions on Image Processing，2019，28(4)：1759−1772.

[26] 周莉莉，姜枫. 图像分割方法综述研究 [J]. 计算机应用研究，2017，34(7)：1921−1928.

[27] Dong X，Shen J，Shao L. Sub-markov random walk for image segmentation [J]. IEEE Transactions on Image Processing，2016，25(2)：516−527.

[28] Han S，Tao W，Wang D. Image segmentation based on GrabCut framework integrating multiscale nonlinear structure tensor [J]. IEEE Transactions on Image Processing，2009，18 (10)：2289−2302.

[29] Meila M，Shi J B. Learning segmentation with random walk [J]. Neural Information Processing Systems，2001，13 (8)：1−7.

[30] 王春瑶，陈俊周，李炜. 超像素分割算法研究综述 [J]. 计算机应用研究，2014，31(1)：6−12.

[31] Andrews N V，Manikandan M，Paranthaman M. Super pixel using random walk segmentation [J]. Indian Journal of Science Technology，2018，11(18)：1−7.

[32] Choi H，Baraniuk R G. Multiscale image segmentation using wavelet-domain hidden Markovmodels [J]. Journal of Tianjin University，2001，10(9)：1309−1321.

[33] Tabb M，Ahuja N. Multiscale image segmentation by integrated edge and region detection [J]. IEEE Transactions on Image Processing，1997，6(5)：642−655.

[34] 闫成新，桑农，张天序. 基于图论的图象分割研究进展 [J]. 计算机工程与应用，2006 (5)：

15—18.

[35] Taddy M A，Kottas A. Markov switching Dirichlet process mixture regression ［J］. Bayesian Analysis，2009，4(4)：793—815.

[36] Bouman C A，Shapiro M. A multiscale random field model for Bayesian image segmentation ［J］. IEEE Transactions on Image Processing，1994，3(2)：162—177.

[37] Guo L，Zhang Y，Zhang Z. An improved random walk segmentation on the lung nodules ［J］. 生物数学学报（英文版），2013，1(6)：105—120.

[38] 陆文端. 微分方程中的变分方法 ［M］. 成都：四川大学出版社，1995.

[39] Maier F，Wimmer A，Fritz D. Automatic liver segmentation using the random walker algorithm ［M］. Berlin：Springer Berlin Heidelberg，2008.

[40] Kanas V G，Zacharaki E I，Dermatas E. Combining outlier detection with random walker for automatic brain tumor segmentation ［M］. Berlin：Springer Berlin Heidelberg，2012.

[41] George K，Harrison A P，Dakai J. Pathological pulmonary lobe segmentation from CT images using progressive holistically nested neural networks and random walker ［C］. Deep Learning in Medical Image Analysis and Multimodal Learning for Clinical Decision Support，2017：195—203.

[42] Nachmias A. Planar Maps，Random Walks and Circle Packing：Ecole D'ete De Probabilites De Saint-Flour Xlviii-2018 ［M］. Heidelberg：Springer International Publishing Ag，2020.

第3章 基于活动轮廓的前景提取

在自然界中任意实体对象的几何度量（面积、体积）均是有限的，学者们根据前景几何度量的有限性，在前景外接邻域内标注了一条封闭曲线，并演化该曲线直至前景轮廓处，即基于活动轮廓的前景提取。

基于活动轮廓的前景提取模型的基本思想：假设前景轮廓是在连续光滑曲线的前提下对人为标注的初始封闭曲线进行演化，结合前景轮廓或区域特性建立前景提取能量泛函。该模型具有以下几个特点：

（1）基于活动轮廓的前景提取能量泛函虽然是建立在连续空间中，但图像常常表示为离散的网格，这使得任意时刻的演化曲线均处于网格，能量泛函的数值计算简单，前景提取精度较高。

（2）活动轮廓模型可自动处理封闭曲线的几何拓扑结构变化。

（3）该模型假设前景轮廓是一条光滑闭曲线，结合曲线演化理论，使初始闭曲线动态逼近前景轮廓，这保证了轮廓曲线的封闭性和光滑性。

（4）基于活动轮廓的前景提取模型有利于融合前景面积和轮廓周长来驱使曲线演化。

3.1 前景轮廓表示

由于自然界中任意物体的几何度量均是有限的，所以图像中任意前景在视觉上均表现为封闭曲线围成的区域，该封闭曲线即为前景轮廓。在计算机工程上，前景轮廓的表示方式大致可分为参数的显式表示和水平集的隐式表示。

3.1.1 轮廓参数表示

自然界中物体的形状千变万化，其轮廓曲线难以采用圆、椭圆和矩形等规则图形及其组合来表示。对此，学者们常常借助参数将二维平面上的前景轮廓定义为一维到二维实数域的映射 $C(p)$：$\mathbf{R} \rightarrow \mathbf{R}^2$，其中 p 为参数，曲线上任意点的位置可表示为

$$C(p) = \begin{cases} x(p), \\ y(p) \end{cases} \quad p \in \mathbf{R} \tag{3-1}$$

曲线上任意点 $C(p)$ 在平面上的位置可以看成矢量，该点切线方向可表示 $C(p)$ 对 p 的变化速度，即

$$C_p(p) = \frac{\mathrm{d}C(p)}{\mathrm{d}p} = \left(\frac{\mathrm{d}x(p)}{\mathrm{d}p}, \frac{\mathrm{d}y(p)}{\mathrm{d}p} \right) = (x_p(p), y_p(p)) \qquad (3-2)$$

导数 $C_p(p)$ 又称为切矢量 $\boldsymbol{T} = C_p(p)$，该矢量的模为

$$|C_p(p)| = \sqrt{x_p^2(p) + y_p^2(p)}$$

根据曲线切矢量与法矢量的关系，曲线上任意点的法矢量为

$$\boldsymbol{N} = (-y_p(p), x_p(p))$$

曲线弧长定义为从点 $C(p)|_a = (x(a), y(a))$ 到点 $C(p)|_p = (x(p), y(p))$ 经过的路径长度，计算如下：

$$s(p) = \int_a^p \sqrt{x_p^2(\tau) + y_p^2(\tau)} \, \mathrm{d}\tau \qquad (3-3)$$

由变上限积分的导数可知，弧长的变化速度为切矢量的模：

$$\frac{\mathrm{d}s}{\mathrm{d}p} = \sqrt{x_p^2(p) + y_p^2(p)} = |C_p|$$

曲线曲率（curvature）就是曲线上某点切线方向角对弧长的转动率。在几何上，通常运用曲率描述曲线偏离直线的程度。曲线上某点的曲率越大，表明该点邻域偏离直线较远，其曲线在该点处越弯，相应曲线的光滑程度较差；反之，曲线越平坦，其光滑性越好。以如图 3-1 所示的曲线为例，曲线上点 M 沿曲线移动到点 M'，任意点移动方向为该点切线方向。设点 M 的切线方向角度为 α，点 M' 的切线方向角度为 $\alpha + \Delta\alpha$，即从点 M 到点 M' 切线方向角度偏转了 $\Delta\alpha = \alpha + \Delta\alpha - \alpha$，移动的路程为 $|\Delta s| = \widehat{MM'}$，那么单位路程上切线方向的角度变化表示为 $|\Delta\alpha / \Delta s|$。令点 M' 沿曲线趋近于点 M，即 $|\Delta s| \to 0$，则曲线在点 M 处的曲率为

$$\kappa = \lim_{\Delta s \to 0} \left| \frac{\Delta\alpha}{\Delta s} \right| \qquad (3-4)$$

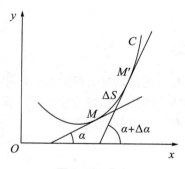

图 3-1　曲率

根据 $\lim\limits_{\Delta s \to 0} |\Delta\alpha / \Delta s| = \mathrm{d}\alpha / \mathrm{d}s$，则曲率为

$$\kappa(s) = \frac{\mathrm{d}\alpha}{\mathrm{d}s} \qquad (3-5)$$

由式（3-5）可知曲率 $\kappa(s)$ 表示曲线上任意点切矢量随弧长的变化速率。设曲线上的弧长为 s 的点的单位切矢量 $\boldsymbol{T}(s)$ 和法矢量 $\boldsymbol{N}(s)$ 分别为

$$\begin{cases} \boldsymbol{T}(s) = (\cos\alpha, \sin\alpha) \\ \boldsymbol{N}(s) = (-\sin\alpha, \cos\alpha) \end{cases}$$

式中，α 为该点切矢量与 x 轴的夹角。设曲线上点沿曲线移动到弧长 $s + \Delta s$ 时，该点切矢量的变化率为

$$T_s = \frac{T(s + \Delta s) - T(s)}{\Delta s} \cong \left(-\frac{\Delta \alpha}{\Delta s}\sin\alpha, \frac{\Delta \alpha}{\Delta s}\cos\alpha \right)$$

$$= \frac{\Delta \alpha}{\Delta s}(-\sin\alpha, \cos\alpha) = \frac{\Delta \alpha}{\Delta s}N(s) \tag{3-6}$$

当 $\Delta s \to 0$ 时，可得

$$T_s = \kappa(s)N(s) \tag{3-7}$$

由式（3-7）可知曲线上任意点的曲率可表示为该点切矢量的旋转角速度。

同理，曲线上任意点法矢量的变化率为

$$N_s = \frac{N(s + \Delta s) - N(s)}{\Delta s} \cong \left(-\cos\alpha\,\frac{\Delta \alpha}{\Delta s}, -\sin\alpha\,\frac{\Delta \alpha}{\Delta s} \right)$$

$$= -\frac{\Delta \alpha}{\Delta s}(\cos\alpha, \sin\alpha) = -\frac{\Delta \alpha}{\Delta s}T(s)$$

当 $\Delta s \to 0$ 时，可得

$$N_s = \kappa(s)T(s) \tag{3-8}$$

式（3-8）表明曲率也是法矢量的旋转角速度。规定曲线上的点在沿曲线移动的过程中，若其法线逆时针方向旋转，则该点曲率为正值；反之，为负值。

为了计算曲线的曲率，首先计算曲线方程对其弧长的一阶导数：

$$\frac{\mathrm{d}C(p)}{\mathrm{d}s} = C_s(p) = (x_p, y_p)\frac{\mathrm{d}p}{\mathrm{d}s} = \frac{1}{\sqrt{x_p^2 + y_p^2}}(x_p, y_p) = T$$

其次，计算其二阶导数：

$$C_{ss}(p) = \frac{\mathrm{d}C_s(p)}{\mathrm{d}p}\frac{\mathrm{d}p}{\mathrm{d}s} = \frac{x_p y_{pp} - x_{pp}y_p}{\sqrt{(x_p^2 + y_p^2)^3}}(-y_p, x_p)\frac{\mathrm{d}p}{\mathrm{d}s}$$

$$= \frac{x_p y_{pp} - x_{pp}y_p}{\sqrt{(x_p^2 + y_p^2)^3}} \frac{1}{\sqrt{x_p^2 + y_p^2}}(-y_p, x_p)$$

$$= \frac{x_p y_{pp} - x_{pp}y_p}{\sqrt{(x_p^2 + y_p^2)^3}}N$$

由式（3-7）可知参数方程曲线的曲率为

$$\kappa = \frac{1}{\sqrt{(x_p^2 + y_p^2)^3}}(x_p y_{pp} - x_{pp}y_p) \tag{3-9}$$

在 xOy 坐标系中，曲线上任意点单位法矢量 $N = (n_1, n_2) = (-\sin\alpha, \cos\alpha)$，弧长增量 $\mathrm{d}s = \mathrm{d}x\cos\alpha + \mathrm{d}y\sin\alpha$，法线偏导数 $\left(\dfrac{\partial n_1}{\partial x}, \dfrac{\partial n_2}{\partial y} \right)$ 为

$$\begin{cases} \dfrac{\partial n_1}{\partial x} = \dfrac{\partial n_1}{\partial \alpha}\dfrac{\partial \alpha}{\partial s}\dfrac{\partial s}{\partial x} = -\cos\alpha \cdot \kappa \cdot \dfrac{\partial s}{\partial x} \\[3mm] \dfrac{\partial n_2}{\partial y} = \dfrac{\partial n_1}{\partial \alpha}\dfrac{\partial \alpha}{\partial s}\dfrac{\partial s}{\partial y} = \sin\alpha \cdot \kappa \cdot \dfrac{\partial s}{\partial y} \end{cases}$$

可知 $\left(\dfrac{\partial s}{\partial x}, \dfrac{\partial s}{\partial y} \right) = (\cos\alpha, -\sin\alpha)$，则 $\left(\dfrac{\partial n_1}{\partial x}, \dfrac{\partial n_2}{\partial y} \right) = (-\kappa\cos^2\theta, -\kappa\sin^2\theta)$，从而可得到曲率的另一种表示：

$$\kappa = -\left(\frac{\partial n_1}{\partial x} + \frac{\partial n_2}{\partial y} \right) = -\operatorname{div}(\boldsymbol{N}) \qquad (3-10)$$

由式（3-10）可知曲率可表示为单位法矢量的散度。

如果曲线以弧长为参数表示，则曲线弧长的变化速度为 $\mathrm{d}C/\mathrm{d}s = |\boldsymbol{C}_s| = 1$，曲线的切矢量 $\boldsymbol{T}$ 恒为单位长度，记为

$$\boldsymbol{T} := \boldsymbol{C}_s, \qquad |\boldsymbol{T}| \equiv 1 \qquad (3-11)$$

曲线上任意两点之间的弧长为

$$s(p) = \int_a^p \sqrt{x_p^2(\tau) + y_p^2(\tau)}\, \mathrm{d}\tau = \int_{s(a)}^{s(p)} 1 \mathrm{d}s$$

由于切矢量 $\boldsymbol{C}_s$ 为单位矢量，即

$$|\langle \boldsymbol{C}_s, \boldsymbol{C}_s \rangle| = \|\boldsymbol{C}_s\|^2 = 1$$

对 s 求导数，得 $\langle \boldsymbol{C}_s, \boldsymbol{C}_{ss} \rangle = 0$，可知矢量 $\boldsymbol{C}_{ss}$ 与切矢量 $\boldsymbol{C}_s$ 正交。

在计算机工程上，曲线上任意点的法矢量 $\boldsymbol{N}$ 通常定义为在右手坐标系下旋转切矢量 $\boldsymbol{T}$ 的单位矢量，法、切矢量正交。由 $\langle \boldsymbol{C}_s, \boldsymbol{C}_{ss} \rangle = 0$ 可知矢量 $\boldsymbol{C}_{ss}$ 与 $\boldsymbol{N}$ 共线，即

$$\boldsymbol{C}_{ss} = \kappa \boldsymbol{N} \qquad (3-12)$$

当 $\boldsymbol{C}_{ss}$ 与 $\boldsymbol{N}$ 方向相同时，κ 为正值；当 $\boldsymbol{C}_{ss}$ 与 $\boldsymbol{N}$ 方向相反时，κ 为负值。

曲线在平面上平移或旋转时，其弧长和曲率不随平移或旋转发生变化，根据这一性质，前景轮廓常常是以弧长为参数的方程。

3.1.2　轮廓水平集表示

以弧长为参数表示的前景轮廓虽然可有效地描述轮廓平移和旋转，但失效于描述轮廓的几何拓扑形变（分裂和合并）。自然界中一些物体的形状随着时间的推移会发生拓扑结构变形，如蜡烛的火苗随着环境变化，其外形除了形状变化，还可能分裂为多个小型火苗，此时其火苗轮廓需要多个封闭曲线才能准确地表示。由于弧长参数具有连续性，所以它难以描述火苗轮廓拓扑结构随时间的不确定性。

三维物体在平面上的投影的轮廓呈现为一条封闭曲线。平面上的曲线 $C(x, y) = \{(x, y) \mid y = f(x)\}$ 可以表示为曲面函数 $z = y - f(x)$ 与平面 $z = const$ 的交线，即曲线上的点可表示为

$$C(x, y) = \{(x, y) \mid \varphi(x, y) = y - f(x) = const\} \qquad (3-13)$$

图 3-2 左侧不同半径的同心圆可表示为三维坐标系 xyz 的圆锥曲面 $z = \varphi(x, y) = 30 - x^2 - y^2$ 与一系列平面 $z = a$ 的交集。换言之，在一个给定的圆锥曲面上，通过上下平移平面，平面与圆锥曲面的交线形成了不同半径的同心圆。如果平面函数值从小到大变化，那么同心圆的半径不断减小，直至圆消失。所有同心圆的内部点满足 $\varphi(x, y) < a$，外部点满足 $\varphi(x, y) > a$，圆上的点满足 $\varphi(x, y) = a$。在工程上常常将平面 $z = a$ 设为水平面（$z = 0$），它与曲面 $z = \varphi(x, y)$ 的截集，即 $C(x, y) = \{(x, y) \mid \varphi(x, y) = 0\}$ 称为水平集曲线。也就是说，曲线 $C(x, y)$ 是所有满足方程 $z = \varphi(x, y) = 0$ 的点集合，此时 $\varphi(x, y)$ 称为曲线 C 的嵌入函数。前景轮廓水平集表示的基本思想是将二维闭曲线隐式地表示为一个三维曲面函数 $z = \varphi(x, y)$ 与水平面的交集，即 $\varphi(x, y) = 0$。

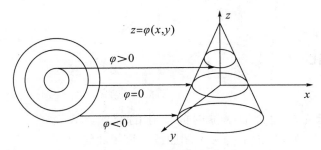

图 3-2　曲线的三维表示

在水平集表示的曲线 $C(x, y) = \{(x, y) \mid \varphi(x, y) = 0\}$ 上任意点沿其切线方向 $\boldsymbol{T} = (\cos\alpha, \sin\alpha)$ 的导数为

$$\frac{\mathrm{d}\varphi(x, y)}{\mathrm{d}\boldsymbol{T}} = 0$$

$$\frac{\partial\varphi(x, y)}{\partial x}\cos\alpha + \frac{\partial\varphi(x, y)}{\partial y}\sin\alpha = 0$$

$$\left(\frac{\partial\varphi}{\partial x}, \frac{\partial\varphi}{\partial y}\right) \cdot (\cos\alpha, \sin\alpha) = 0$$

$$\nabla\varphi(x, y) \cdot \boldsymbol{T} = 0$$

由向量点集的定义可知，嵌入函数 $\varphi(x, y)$ 的梯度矢量 $\nabla\boldsymbol{\varphi}(x, y)$ 与曲线切矢量垂直。根据曲线的切矢量正交于其法矢量，水平集表示的曲线的单位法矢量为

$$\boldsymbol{N} = \pm\frac{\nabla\boldsymbol{\varphi}}{|\nabla\boldsymbol{\varphi}|} \tag{3-14}$$

根据嵌入函数 $z = \varphi(x, y)$ 与曲线 $C(x, y) = \{(x, y) \mid \varphi(x, y) = 0\}$ 之间的关系，本书做如下约定：

(1) 若点 (x, y) 位于封闭曲线 $C(x, y)$ 外部，则 $\varphi(x, y) > 0$。

(2) 若点 (x, y) 位于封闭曲线 $C(x, y)$ 内部，则 $\varphi(x, y) < 0$。

(3) 若点 (x, y) 位于封闭曲线 $C(x, y)$ 上，则 $\varphi(x, y) = 0$。

在上述约定下，水平集表示曲线的单位内法矢量应取负号，即 $\boldsymbol{N} = -\nabla\boldsymbol{\varphi}/|\nabla\boldsymbol{\varphi}|$。由式 (3-10) 可知，水平集表示的曲线的曲率为

$$\kappa = -\operatorname{div}(\boldsymbol{N}) = \operatorname{div}\left(\frac{\nabla\boldsymbol{\varphi}}{|\nabla\boldsymbol{\varphi}|}\right)$$

$$= \operatorname{div}\left(\frac{\varphi_x}{\sqrt{\varphi_x^2 + \varphi_y^2}}, \frac{\varphi_y}{\sqrt{\varphi_x^2 + \varphi_y^2}}\right)$$

$$= \frac{1}{\sqrt{(\varphi_x^2 + \varphi_y^2)^3}}(\varphi_{xx}\varphi_y^2 - 2\varphi_x\varphi_y\varphi_{xy} + \varphi_{yy}\varphi_x^2) \tag{3-15}$$

3.2　曲线演化

曲线演化是指光滑闭合曲线随时间变化的形状。假设 $C(p)=(x(p),y(p))$ 为平面上的一条闭曲线，该闭曲线上任意点随时间变化形成一簇闭曲线 $C(p,t)=\{(x(p,t),y(p,t))|t>0\}$。在该曲线簇中，曲线上点移动的速度可表示为该点沿曲线的切线方向和法线方向（如图 3－3 所示）的速率加权和，即

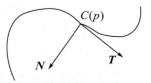

图 3－3　曲线的切线和法线

$$\begin{cases} \dfrac{\partial C(p,t)}{\partial t}=V=\alpha(p,t)\boldsymbol{T}+\beta(p,t)\boldsymbol{N} \\ C(p,0)=C(p) \end{cases} \tag{3-16}$$

式中，$\alpha(p,t)$ 和 $\beta(p,t)$ 分别表示曲线上 p 点沿切线和法线方向的运动速率。

3.2.1　参数方程的曲线演化

假设以弧长为参数的曲线 $C(s)$ 上任意点在平面上的位置可表示为函数 $y=f(x)$，该曲线上任意点在平面上的位置可表示为 $C(s)=(x,y)=(x,f(x))$。曲线上任意点的切矢量为 $\boldsymbol{C}_x=(1,f_x)$，其单位切矢量和法矢量分别为 $\boldsymbol{T}=(1,f_x)/\sqrt{1+f_x^2}$ 和 $\boldsymbol{N}=(-f_x,1)/\sqrt{1+f_x^2}$。任意点 $C(s)=(x,y)$ 随时间的变化量可表示为

$$\begin{cases} \dfrac{\mathrm{d}y}{\mathrm{d}t}=\alpha\dfrac{f_x}{\sqrt{1+f_x^2}}+\beta\dfrac{1}{\sqrt{1+f_x^2}} \\ \dfrac{\mathrm{d}x}{\mathrm{d}t}=\alpha\dfrac{1}{\sqrt{1+f_x^2}}+\beta\dfrac{-f_x}{\sqrt{1+f_x^2}} \end{cases} \tag{3-17}$$

式中，α 和 β 分别表示曲线上任意点沿其切线和法线方向的变化速率。曲线 $y=f(x)$ 随时间变化形成曲线簇 $y=f(x,t)$，根据曲线演化的定义，可得

$$\frac{\mathrm{d}y}{\mathrm{d}t}=\frac{\partial f}{\partial x}\frac{\mathrm{d}x}{\mathrm{d}t}+\frac{\partial f}{\partial t}=f_x\frac{\mathrm{d}x}{\mathrm{d}t}+f_t$$

结合式（3－17），曲线随时间的变化 f_t 可简化为

$$f_t=\frac{\mathrm{d}y}{\mathrm{d}t}-f_x\frac{\mathrm{d}x}{\mathrm{d}t}=\alpha\frac{f_x}{\sqrt{1+f_x^2}}+\beta\frac{1}{\sqrt{1+f_x^2}}-\alpha\frac{f_x}{\sqrt{1+f_x^2}}+\beta\frac{f_x^2}{\sqrt{1+f_x^2}}$$

$$=\beta\frac{1+f_x^2}{\sqrt{1+f_x^2}}=\beta\sqrt{1+f_x^2}$$

由上式可知，曲线拓扑结构随时间的变化只与曲线上任意点沿法线方向的移动速率有关，而与切线方向的移动速率无关。换言之，曲线上任意点切线方向的移动不改变曲线拓扑结构。因此，曲线演化仅考虑任意点沿法线方向的运动，式（3－16）可简化为如下的偏

微分方程：

$$\begin{cases} \dfrac{\partial C(p,t)}{\partial t} = \beta(p,t)\boldsymbol{N} \\ C(p,0) = C(p) \end{cases} \tag{3-18}$$

3.2.2　水平集曲线演化

平面上的封闭曲线也可以表示为 $C(x,y) = \{(x,y)\,|\,\varphi(x,y)=0\}$，该曲线可以看作由嵌入函数 $\varphi(x,y)=0$ 的点集构成，称为水平集函数。随时间变化的曲线簇可表示不同时刻的水平集函数 $\varphi(x,y,t)=0$。

图 3-4 描述了水平集函数演化及曲线 $C(x,y)$ 的拓扑结构变化。图 3-4(a)和(b)分别表示在 t_0，t_1 时刻嵌入函数 $z=\varphi(x,y,t)$ 和水平面 $z=0$ 的交线与曲线 $C(x,y,t)$ 之间的对应关系。从 t_0 到 t_1 时刻，曲线 $C(x,y,t_0)$ 从一个封闭曲线分裂成两个互不相交的封闭曲线，曲线的拓扑结构发生了变化；但对应的嵌入函数 $z=\varphi(x,y,t)$ 仅仅发生了上下移动。这表明了曲线的水平集表示可通过不断更新嵌入函数，使得曲线的几何拓扑结构发生形变。

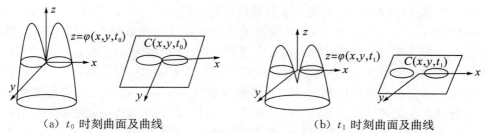

（a）t_0 时刻曲面及曲线　　　　　　　（b）t_1 时刻曲面及曲线

图 3-4　水平集函数演化示意图

水平集表示的封闭曲线 $C(x,y) = \{(x,y)\,|\,\varphi(x,y)=0\}$ 随时间变化形成的曲线簇可以表示为

$$C((x,y),t) = \{(x,y)\,|\,\varphi(x,y,t) = 0\}$$

曲线上任意点随时间的变化率为

$$\frac{\partial C((x,y),t)}{\partial t} = \frac{\mathrm{d}}{\mathrm{d}t}\varphi(x,y,t) = \frac{\partial \varphi}{\partial t} + \frac{\partial \varphi}{\partial x}\frac{\partial x}{\partial t} + \frac{\partial \varphi}{\partial y}\frac{\partial y}{\partial t} = \frac{\partial \varphi}{\partial t} + \left(\frac{\partial \varphi}{\partial x},\frac{\partial \varphi}{\partial y}\right) \cdot \left(\frac{\partial x}{\partial t},\frac{\partial y}{\partial t}\right) = 0$$

曲线上任意点位置移动的速度为 $\left(\dfrac{\partial x}{\partial t},\dfrac{\partial y}{\partial t}\right) = V(x,y,t)$，可得

$$\begin{aligned} \frac{\partial \varphi}{\partial t} &= -\left(\frac{\partial \varphi}{\partial x},\frac{\partial \varphi}{\partial y}\right) \cdot V = -\nabla\varphi \cdot V \\ &= -\nabla\varphi \cdot V \frac{|\nabla\varphi|}{|\nabla\varphi|} = |\nabla\varphi|\left(-\frac{\nabla\varphi}{|\nabla\varphi|}\right) \cdot V \\ &= |\nabla\varphi|\,\boldsymbol{N} \cdot V = \beta|\nabla\varphi| \end{aligned} \tag{3-19}$$

式中，$\beta = V \cdot \boldsymbol{N}$ 是法线方向的运动速率。

由式（3-19）可知，水平集函数表示的曲线将曲线演化转化为嵌入函数演化。为了保证所表示曲线演化过程中数值计算的准确性，其嵌入函数的构造应注意以下方面：

（1）适当形式的嵌入函数。对于给定的初始曲线，其嵌入函数的选择不是唯一的，比如平面上的圆形曲线对应的嵌入函数可以为圆柱、圆锥或球面函数。同时在演化过程中，相邻时刻嵌入函数的变化可能存在局部震荡而形成误差，若长时间地演化，则积累误差可能导致嵌入函数失去光滑性。为了弥补这一缺陷，在数值计算过程中，常常用平面上点 (x,y) 到曲线 C 的符号距离函数表示嵌入函数，其任意时刻曲线 $C((x,y),t)$ 对应的嵌入函数 $\varphi(x,y,t)$ 为

$$\varphi(x,y,t)=sign((x,y),C((x,y),t))\cdot dist((x,y),C((x,y),t))$$

式中，函数 $dist((x,y),C((x,y),t))$ 表示 t 时刻平面上点到闭曲线的距离，$sign((x,y),C((x,y),t))$ 表示 t 时刻平面上点与闭曲线的位置关系。若点位于闭曲线内，则 $sign(x,y,C((x,y),t))=1$；若点位于闭曲线外，则 $sign(x,y,C((x,y),t))=-1$；若点位于闭曲线上，则其值为 0。其定义如下：

$$sign((x,y),C((x,y),t))=\begin{cases}+1, & (x,y)\in \text{inside}(C((x,y),t))\\0, & (x,y)\in C((x,y),t)\\-1, & (x,y)\in \text{outside}(C((x,y),t))\end{cases}$$

符号距离函数虽然解决了嵌入函数多样性的问题，但仍存在以下不足：

①在曲线演化过程中嵌入函数的计算量较大，这是由于任意时刻嵌入函数的计算需要两步：在一个确定区域 Ω 内，首先分析区域内任意点嵌入函数的正负号，然后计算距离。如果闭曲线 $C((x,y),t)$ 是简单规则构成的闭合曲线（圆或矩形），则点到这类曲线的距离计算相对较为简单。如果计算平面上点到任意形状的闭曲线的距离，则必须先计算该点到曲线上任意点的距离，然后求出其中的最小值，计算成本相对较高。

②嵌入函数经过一段时间演化后，由于局部震荡导致嵌入函数失去了处处光滑的特性，甚至符号的变化导致失去了符号距离特性。因此，在演化过程中，每隔一定时间需重新初始化嵌入函数，使其保持特有的性质。重新初始化虽然保证了嵌入函数的稳定性和收敛性，但计算成本较高。

为了提高演化效率，学者们常常采用简化的符号距离函数来表示嵌入函数，该函数仅仅给出了区域内任意点与闭曲线的位置关系。除了闭曲线上的点，其他点到闭曲线的距离均为常数。该函数定义为

$$\varphi(x,y)=\begin{cases}+\rho, & (x,y)\in \text{inside}(C(x,y))\\0, & (x,y)\in C(x,y)\\-\rho, & (x,y)\in \text{outside}(C(x,y))\end{cases}$$

根据水平集曲线 $\varphi(x,y)=0$ 的法矢量与梯度矢量共线，而其切矢量垂直于梯度矢量，在由水平集曲线的切矢量和法矢量构成的局部坐标系中，嵌入函数 $\varphi(x,y)$ 的梯度可表示为

$$\nabla\varphi(x,y)=(\varphi_T,\varphi_N)=(0,\varphi_N)$$

设水平集上一点 (x,y) 沿法矢量方向变化 $\Delta\eta$，其函数 $\varphi(x,y)$ 的变化量为 $\Delta\varphi(x,y)$。由于 $\varphi(x,y)$ 是距离函数，所以 $\Delta\varphi(x,y)$ 等于距离的变化量 Δd，也等于法矢量方向上坐标的变化量 $\Delta\eta$，即

$$|\Delta\varphi(x,y)|=|\Delta d|=|\Delta\eta|$$

可得

$$|\nabla\varphi(x,y)| = \lim_{\Delta\eta\to 0}\frac{|\Delta\varphi(x,y)|}{|\Delta\eta|} = 1$$

可见，简化的符号距离函数具有 $|\nabla\varphi|\equiv 1$，这意味着 $\varphi(x,y)$ 的变化率处处是均匀的，有利于在数值计算过程中保持稳定。

（2）嵌入函数的光滑性。由式（3−19）可知，水平集曲线演化一方面要计算嵌入函数的梯度 $|\nabla\varphi|$，其梯度敏感微小变化；另一方面，为了确保曲线演化的收敛性，常常要求嵌入函数曲面上各点依曲率移动，这就要求该函数的一阶、二阶导数处处存在。

轮廓曲线的水平集函数表示将平面上闭曲线演化形成的曲线簇问题转化为嵌入函数随时间变化的微分方程问题。在计算机工程上，连续可导函数的微分方程计算转化为离散网格形式。水平集函数随时间的演化的离散计算首先将演化时间离散化，其时间离散化的采样步长为 Δt，其次将 t 时刻水平集函数 $\varphi(x,y,t)$ 离散网格化，其离散间隔为 h（在图像处理领域常常设 $h=1$）。n 时刻水平集函数 $\varphi(x,y,t)$ 被离散化为 $\varphi(ih,jh,n\Delta t)$（缩写为 φ_{ij}^{n}），那么水平集函数的演化方程（3−19）可以离散化为

$$\frac{\varphi_{ij}^{n+1}-\varphi_{ij}^{n}}{\Delta t} = \beta_{ij}^{n}|\nabla_{ij}\varphi_{ij}^{n}| \qquad (3-20)$$

式中，β_{ij}^{n} 表示网格点 (i,j) 在 n 时刻沿其法线方向移动的速率。式（3−20）常常运用离散数据的有限差分法求解，其一阶中心、前向差分和后向差分定义如下：

$$\begin{cases}\varphi_x^0 = \dfrac{\varphi_{i+1,j}-\varphi_{i-1,j}}{2h} \\[2mm] \varphi_x^+ = \dfrac{\varphi_{i+1,j}-\varphi_{i,j}}{h} \\[2mm] \varphi_x^- = \dfrac{\varphi_{i,j}-\varphi_{i-1,j}}{h}\end{cases}, \quad \begin{cases}\varphi_y^0 = \dfrac{\varphi_{i,j+1}-\varphi_{i,j-1}}{2h} \\[2mm] \varphi_y^+ = \dfrac{\varphi_{i,j+1}-\varphi_{i,j}}{h} \\[2mm] \varphi_y^- = \dfrac{\varphi_{i,j}-\varphi_{i,j-1}}{h}\end{cases}$$

则式（3−20）可改写为

$$\varphi_{ij}^{n+1} = \varphi^n + \Delta t\left[\max(\beta_{ij}^n,0)\nabla^+ + \min(\beta_{ij}^n,0)\nabla^-\right] \qquad (3-21)$$

式中，∇^+ 和 ∇^- 可分别表示如下：

$$\begin{cases}\nabla^+ = \left[\max(\varphi_x^-,0)^2 + \min(\varphi_x^+,0)^2 + \max(\varphi_y^-,0)^2 + \min(\varphi_y^+,0)^2\right]^{1/2} \\[2mm] \nabla^- = \left[\max(\varphi_x^+,0)^2 + \min(\varphi_x^-,0)^2 + \max(\varphi_y^+,0)^2 + \min(\varphi_y^-,0)^2\right]^{1/2}\end{cases}$$

为了使水平集函数离散计算逼近连续演化，水平集函数任意点时间采样步长 Δt 需满足 CFL（Courant-Friedrichs-Levy）条件：函数上任意点在 Δt 时间移动的距离不超过平面网格间隔，即 $F\Delta t\leqslant h$，此处 F 表示点移动的速度。CFL 条件仅给出了时间采样间隔的上限。给定时刻水平集函数的有限差分法代替其微分，虽然计算简单，但其精度敏感于离散间隔 h。为了获得较高的计算精度，学者们常常对水平集函数进行多项式插值（Hamilton-Jacobi ENO），使其计算精度可达到离散间隔的二阶或三阶，其水平集函数的三阶 Hamilton-Jacobi ENO 在光滑区域可达到五阶精度。

曲线演化使得封闭曲线所围区域形状变化。根据曲线表示方式，曲线演化可分为参数方程的曲线演化和水平集曲线演化。后者相对于前者具有以下特点：

（1）如果水平集函数任意点运动的速度 F 是连续光滑的，则水平集函数在任意时刻均为有效函数。同时随着时间的变化，函数拓扑结构自然地发生变化，比如分裂和合并。这一特性使得该方法在多目标分割中具有广泛的应用。

55

（2）水平集函数以一种隐式方式表示了平面闭合曲线，利用连续函数的偏微分方程求解闭曲线演化，从而回避了曲线演化计算过程中的点跟踪问题。

（3）在演化过程中，水平集函数时刻保持其光滑性，因此，水平集曲线演化易于运用有限差分法进行离散逼近。

3.3　曲线演化速率

依据曲线表示方式，曲线演化可分为参数方程的曲线演化和水平集曲线演化。两者具有相同之处，即曲线演化的本质是曲线上任意点以某一速度沿其法线方向运动，使得闭曲线所围区域的形状随时间而变化。在二维平面上，曲线演化过程可以描述为一条光滑闭合曲线沿着其法线方向运动形成曲线簇的过程。该过程可表示为时间的偏微分方程：

$$\frac{\partial C}{\partial t} = F\boldsymbol{N} \tag{3-22}$$

式中，F 表示曲线上点的运动速率，运动速率可分为恒速率和变速率两种情况；$\boldsymbol{N}$ 表示任意时刻曲线上任意点的单位法向矢量，它决定了曲线上点的运动方向。如果某时刻曲线上存在一点或曲线段的法矢量指向闭曲线内部，则该点或曲线段在下一时刻向内部收缩；倘若后续时间它们的法矢量均指向闭曲线内部，则该点或曲线段继续向内部收缩，直至闭曲线分裂为两条或多条闭曲线。若某时刻曲线上一点或曲线段的法矢量指向闭曲线外部，则该点或曲线段向外膨胀；倘若后续时间其法矢量均指向闭曲线外部，则该点或曲线段继续向外部膨胀可导致两条或多条闭曲线存在重叠区域，将多条闭曲线合并成一条闭曲线。图 3-5 给出了曲线上部分点的移动方向和速率，图中各点箭头方向为移动方向，即法矢量。

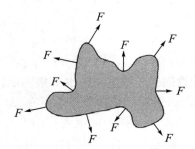

图 3-5　曲线演化方向和速率

3.3.1　恒速率演化

在曲线演化过程中，常常假设曲线上任意点的移动速率是已知的。如果曲线上任意点的移动速率相等，即 $F = const$，那么曲线演化即为常值演化。其演化方程可简化为

$$\frac{\partial C}{\partial t} = const \cdot \boldsymbol{N}$$

该方程常常采用"标注质点"法进行计算。"标注质点"法是在一条连续光滑的曲线上标注足够多的离散点，计算每个离散点的法矢量，并将所有点沿其法矢量移动相同的距离得到新的位置，逐点连接实现曲线形状更新。

图 3-6（a）所示连续曲线是由两条直线段构成的，其函数表达式为

$$y(x) = \begin{cases} 0.5 + x, & 0 \leqslant x \leqslant 0.5 \\ 0.5 - x, & 0.5 < x \leqslant 1 \end{cases}$$

当 $0 < x < 0.5$ 时，对应的左侧直线段 $dy/dx = 1$，该直线段上任意点的单位法矢量为 $\boldsymbol{N} = (\sqrt{2}/2, -\sqrt{2}/2)$；当 $0.5 < x < 1$ 时，对应的右侧直线段 $dy/dx = -1$，右侧直线段上任意点的单位法矢量为 $\boldsymbol{N} = (-\sqrt{2}/2, -\sqrt{2}/2)$；而在 $x = 0.5$ 处，该曲线连续且不可导。运用"标注质点"法分析该连续曲线的演化过程，假设该曲线上任意点移动的速率恒为单位距离。当 $0 < x < 0.5$ 时，对应的直线段上各点向右下移动单位距离；当 $0.5 < x < 1$ 时，对应的直线段上各点向左下移动单位距离。逐点连接各点，形成新的曲线，如图 3-6（b）所示。然而曲线上任意点以恒定速率移动的结果应为图 3-6（c），演化结果与图 3-6（c）存在较大差异，主要原因是曲线演化的前提是任意时刻的曲线处处可导，而该连续曲线函数在 $x = 0.5$ 处，其左、右导数分别为 +1 和 −1。若分别沿其左、右导数计算的法矢量方向移动，则该点将分裂为两点，导致出现如图 3-6（b）所示的现象。

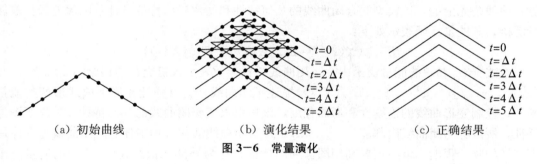

（a）初始曲线　　　　　　（b）演化结果　　　　　　（c）正确结果

图 3-6　常量演化

3.3.2　曲率演化

曲线曲率表达了曲线偏离直线的程度，曲率越大，曲线的弯曲程度越大。如果曲线上任意点沿法线方向依据曲率移动，则弯曲部分的点移动速率较大，平坦部分的点移动速率较小。曲线上任意点依据曲率运动，使得各点曲率处处近似相等，从而将任意形状的闭曲线演化为一个圆，直至消失。曲率驱动的曲线演化方程可表示为

$$\frac{\partial C}{\partial t} = \kappa \boldsymbol{N}$$

曲率演化的本质是使用曲线的单位法矢量和曲率等几何属性来刻画闭曲线形变。由于曲线上任意点的曲率各不相同，所以曲线上各点移动的速率也不相同，曲率演化是曲线上点的变速移动。

在计算机工程上，曲线上点的运动速率分为常值和曲率。在常值演化中，曲线上各点运动速率相同，一段时间后更新的曲线可能会出现断裂或尖点。根据曲率演化，曲线上弯曲部分运动快，而平坦部分运动慢，一段时间后将封闭曲线演化成一个圆。图 3-7 表示

了两种速率对同一曲线的演化过程，常值演化曲线在演化过程中发生了分裂，而曲率演化过程中曲线未分裂，并且最终演化为一个圆。

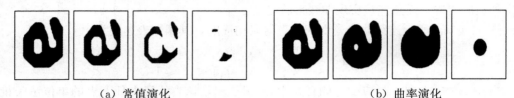

（a）常值演化　　　　　　　　　　　（b）曲率演化

图 3-7　曲线演化过程

3.4　参数活动轮廓模型

1987 年，Kass 等人提出了经典的基于参数活动轮廓的图像前景提取——Snake 模型。该模型中，任意光滑闭曲线在自身弹性作用下，结合图像局部特征，逼近前景轮廓而停止演化。假设任意语义对象在图像论域中占据的区域是连通而封闭的，且该区域的轮廓（边界）曲线是光滑的，该模型联合闭曲线的几何特性和图像局部特征设计了图像前景提取能量泛函，其能量泛函表示如下：

$$E_{Snake}(\boldsymbol{X}(s)) = E_{int}(\boldsymbol{X}(s)) + E_{ext}(\boldsymbol{X}(s)) \tag{3-23}$$

在式（3-23）的能量泛函中，运用曲线弧长参数表示人机交互的初始闭曲线 $\boldsymbol{X}(s) = [x(s)，y(s)]，s \in [0，1]$。$E_{int}(\boldsymbol{X}(s))$描述了闭曲线在自身弹性作用下曲线形变的能量函数，控制变形曲线的连续性和弯曲程度，该项仅仅依赖闭曲线的几何特性，独立于图像特征，所以称为闭曲线内部能量。$E_{ext}(\boldsymbol{X}(s))$表示曲线演化过程中任意时刻曲线与图像局部特征的吻合程度，该项主要利用图像局部特征，称为外部能量。式（3-23）的能量泛函有机结合了曲线演化和前景轮廓，调和了前景轮廓和图像局部特征之间的矛盾，将前景形状的几何特性、前景轮廓的图像数据表示融合到曲线形变的能量泛函中，使得曲线在内外能量的作用下收敛于前景轮廓。

3.4.1　Snake 模型的能量泛函

Snake 模型需要在前景轮廓外围设置一条封闭曲线，该封闭曲线形成的内部区域主要由前景和部分背景像素构成，而外部均由背景像素填充。模型的能量泛函由两部分组成：内部能量和外部能量。其内部能量可表示为

$$E_{int}(\boldsymbol{X}(s)) = \int_0^1 \frac{1}{2} [\alpha(s)(\boldsymbol{X}'(s))^2 + \beta(s)(\boldsymbol{X}''(S))^2] ds$$

该能量由曲线的一阶和二阶导数项构成。其中，一阶导数为闭曲线的弹性能量，闭曲线的弹性能量越小，闭曲线的周长及所围区域的面积就越小，该项可保证曲线在内部或外部能量作用下保持连续性；二阶导数表征了曲线上任意点的曲率，其能量大小决定了曲线的弯曲程度，二阶导数的值越小，闭曲线的形状越趋于圆形，该项保证了曲线演化过程中

的光滑性。$\alpha(s)$ 和 $\beta(s)$ 为正常数，$\alpha(s)$ 控制演化过程中曲线的连续性，$\beta(s)$ 控制曲线的弯曲程度。当 $\alpha(s)=0$ 时，演化的曲线簇中可能存在不连续曲线；当 $\beta(s)=0$ 时，曲线簇中存在具有角点或不可导点的曲线。$\alpha(s)=0$ 或 $\beta(s)=0$ 都会使初始曲线演化过程存在非光滑曲线，导致曲线演化失败或者出现奇异的结果。

式（3−23）中的外部能量 $E_{\mathrm{ext}}(\boldsymbol{X}(s))$ 利用图像的局部特征驱使初始闭曲线在演化过程中收敛于前景轮廓，在图像工程中该项也称为图像能量。图像能量表示变形曲线与前景轮廓的吻合程度。

在灰度和彩色图像中，前景是由一个或多个区域根据某规则构成的语义对象，区域内的亮度/颜色具有较大的相似性，而区域间存在显著差异，这些差异在局部表现为图像边缘。前景轮廓是由边缘构成的封闭曲线，前景轮廓和图像边缘在像素级别上具有相同之处，即邻域像素亮度/颜色的突变。

图像在采集、传输和存储过程中易受到噪声的攻击，噪声和图像纹理加剧了邻域像素亮度/颜色的变化，从而形成伪边缘。如果直接运用图像整体梯度作为图像能量，则伪边缘会使前景提取质量较差。为了抑制噪声和纹理的负面影响，常常对图像进行高斯平滑预处理，能在一定程度去除伪边缘对前景提取的负面影响。Snake 模型对论域为 Ω 的图像 $\boldsymbol{u}(x,y)$ 的外部能量通常设计了以下四种形式：

$$\begin{cases} E_{\mathrm{ext}}^1(\boldsymbol{X}(s)) = \iint_\Omega \boldsymbol{u}(x,y)\mathrm{d}x\mathrm{d}y \\ E_{\mathrm{ext}}^2(\boldsymbol{X}(s)) = \iint_\Omega -|\nabla \boldsymbol{u}(x,y)|^2\mathrm{d}x\mathrm{d}y \\ E_{\mathrm{ext}}^3(\boldsymbol{X}(s)) = \iint_\Omega -|\nabla G_\sigma(x,y)*\boldsymbol{u}(x,y)|^2\mathrm{d}x\mathrm{d}y \\ E_{\mathrm{ext}}^4(\boldsymbol{X}(s)) = \iint_\Omega \nabla G_\sigma(x,y)*\boldsymbol{u}(x,y)\mathrm{d}x\mathrm{d}y \end{cases} \quad (3-24)$$

式中，∇ 表示梯度算子，$*$ 表示卷积算子，$G_\sigma(x,y)$ 表示方差为 σ 的高斯核函数，其中方差 σ 的大小决定了高斯函数的平滑能力。方差越大，平滑感受野范围越大，平滑能力就越强。式(3−24)表示的不同图像能量计算代码见程序 3−1。

程序 3−1　图像外部能量计算

```
BOOL ImageEnergy(double * lpData, int Width, int Height, double * Energy, double * Energyx, double *
Energyy, double sigma, int model){ Memset(Energy, 0, sizeof(double) * Width * Height);
    Memset(Energyx, 0, sizeof(double) * Width * Height);
    Memset(Energyy, 0, sizeof(double) * Width * Height);
    if(model==1)memcpy(Energy, lpData, sizeof(double) * Width * Height);
    if( model==2){ GaussianSmooth(lpData, Width, Height, sigma);//见程序 3−3
    CenterGradient(lpData, Energy , Energyx, Energyy, Width, Height, 1); //见程序 3−2}
    if( model)=3){ GaussianSmooth(lpData, Width, Height, sigma);//见程序 3−3
    CenterGradient(lpData, Energy , Energyx, Energyy, Width, Height, 0); //见程序 3−2
    }return FUN _ OK;}
```

式（3−24）表示的外部能量 $E_{\mathrm{ext}}^1(\boldsymbol{X}(s))$ 仅仅利用了图像亮度信息约束变形曲线，该能量函数主要适应于边缘图像的前景提取。对于灰度图像或彩色图像，图像处理工程中常常假设前景轮廓处邻域像素的亮度/颜色存在突然变化，所以在 Snake 模式中采用图像梯度限制曲线形变，如 $E_{\text{ext}}^2(\boldsymbol{X}(s))$，$E_{\text{ext}}^3(\boldsymbol{X}(s))$ 和 $E_{\text{ext}}^4(\boldsymbol{X}(s))$。其中，$E_{\text{ext}}^2(\boldsymbol{X}(s))$ 直接运用图像梯度幅度约束曲线演化，该外部能量项对二值图像的前景提取有效，但对灰度和彩色图像的前景提取效果较差。在图像处理领域，梯度常常采用中心差分计算，其计算代码见程序 3-2。

程序 3-2　梯度计算（中心差分）

```
BOOL CenterGradient (double * Data, double * gradient, double * gradientx, double * gradienty, int
Width, int Height, int model){
int Temi, Temj;
memset(gradientx, 0, sizeof(double) * Width * Height);
memset(gradienty, 0, sizeof(double) * Width * Height);
memset(gradient, 0, sizeof(double) * Width * Height);
for(Temi=0;Temi<Height;Temi++)//水平方向一阶差分
  for(Temj=1;Temj<Width-1;Temj++)
gradientx[Temi * Width+Temj]=0.5 * (Data[Temi * Width+Temj+1]-Data[Temi * Width+Temj-
1]);
        for(Temj=0;Temj<Width;Temj++)//竖直方向一阶差分
            for(Temi=1;Temi<Height-1;Temi++)
gradienty[Temi * Width+Temj]=0.5 * (Data[(Temi+1) * Width+Temj]-Data[(Temi-1) * Width+
Temj]);
    if(model>=1)/ * 梯度归一化 * / { double Template=0;
        for(Temi=0;Temi<Height;Temi++)for(Temj=0;Temj<Width;Temj++){
    TempData=sqrt(gradientx[Temi * Width+Temj] * gradientx[Temi * Width+Temj]+gradient
        [Temi * Width+Temj] * gradienty[Temi * Width+Temj]);
        gradient[Temi * Width+Temj]=TempData;
  if(TempData==0)
    gradientx[Temi * Width+Temj]=gradienty[Temi * Width+Temj]=0;
  else { gradientx[Temi * Width+Temj]/=TempData;
    gradienty[Temi * Width+Temj]/=TempData; } } }
  if(model>=2)/ * 模为 1 的梯度散度 * / {
            memset(Data, 0, sizeof(double) * Width * Height);
      for(Temi=1;Temi<Height-1;Temi++)
  for(Temj=1;Temj<Width-1;Temj++)
Data[Temi * Width+Temj]=0.5 * (gradientx[Temi * Width+Temj+1]-gradientx[Temi * Width+
Temj-1]+gradienty[(Temi+1) * Width+Temj]-gradienty[(Temi-1) * Width+Temj]); }
return FUN _ OK;}
```

灰度图像和彩色图像表示的内容含有大量纹理信息，并且在图像采集、传播和存储过程中易受到噪声攻击，噪声和纹理加速了像素亮度/颜色的变化，使得局部梯度最大值的位置发生改变。为了抑制噪声和纹理对图像梯度的负面影响，常常对图像进行高斯平滑，将平滑后的图像梯度作为外部能量。图像高斯平滑的计算代码见程序 3-3，其中高斯函数的离散计算见程序 3-4。图像的高斯平滑虽然在一定程度上去除了纹理和噪声对边缘的影响，但也模糊了图像边缘信息，使得曲线收敛于前景轮廓邻域而定位精度降低。$E_{\text{ext}}^2(\boldsymbol{X}(s))$ 和 $E_{\text{ext}}^3(\boldsymbol{X}(s))$ 仅考虑了图像梯度幅度对曲线演化的约束，而忽略了梯度的方向信息。$E_{\text{ext}}^4(\boldsymbol{X}(s))$ 运用图像梯度矢量作为外部能量，充分考虑了高斯平滑后图像像素亮度/颜色的变化方向。

程序 3—3 图像高斯平滑

```
BOOL GaussianSmooth(double * lpData, LONG Width, LONG Height, double sigma){
    int y, x, i, nWindowSize, nHalfLen; //高斯滤波器的数组长度,窗口长度的1/2
    double * pdKernel, dDotMul, dWeightSum; double * pdTmp=new double[Width * Height];
    nHalfLen=nWindowSize / 2;MakeGauss(sigma, &pdKernel, &nWindowSize);//程序 3—4
    for(y=0; y<Height; y++){/ * 平滑各行 * /
        for(x=0; x<Width; x++){ dDotMul=0;dWeightSum=0;
    for(i=(-nHalfLen); i<=nHalfLen; i++){
    if((i+x)>=0 && (i+x)< Width){
        dDotMul+=(double)lpData[y * Width+(i+x)] * pdKernel[nHalfLen+i];
            dWeightSum+=pdKernel[nHalfLen+i];}}
            pdTmp[y * Width+x]=dDotMul/dWeightSum ;}}
    for(x=0; x<Width; x++){/ * 平滑各列 * /for(y=0; y<Height; y++){
        dDotMul=0;dWeightSum=0;
        for(i=(-nHalfLen); i<=nHalfLen; i++){
        if( (i+y)>=0 && (i+y)< Height ){
        dDotMul+=(double)pdTmp[(y+i) * Width+x] * pdKernel[nHalfLen+i];
        dWeightSum+=pdKernel[nHalfLen+i];}}
        lpData[y * Width+x]=(double)(int)dDotMul/dWeightSum ;}}
        delete[]pdKernel;pdKernel=NULL ; delete[]pdTmp;pdTmp=NULL;
    return FUN _ OK;}
```

程序 3—4 高斯函数的离散计算

```
BOOL MakeGauss(double sigma, double * * pdKernel, int * pnWindowSize) {
double dSum=0; * pnWindowSize=1+2 * ceil(3 * sigma);
double dDis, dValue, PI=3.14159;
int i, nCenter; nCenter=( * pnWindowSize)/ 2;
* pdKernel=new double [ * pnWindowSize];
for(i=0; i< ( * pnWindowSize); i++) {
    dDis=(double)(i-nCenter);
    dValue=exp(-(1/2) * dDis * dDis/(sigma * sigma))/ (sqrt(2 * PI * sigma);
    * pdKernel) [i] =dValue ; dSum+=dValue;}
for(i=0; i<( * pnWindowSize); i++)  / * 归一化处理 * /
    pdKernel) [i] /=dSum;}
    return FUN _ OK;}
```

式（3—23）的能量泛函最小化过程实质上是在曲线内部能量和外部能量的作用下，使初始曲线不断收缩直至前景轮廓。根据变分原理（见附录 A），式（3—23）的最小化 $\boldsymbol{X}(s)$ 满足如下欧拉方程：

$$\alpha \boldsymbol{X}''(s) - \beta \boldsymbol{X}^{(4)}(s) - \nabla E_{\text{ext}} = 0 \qquad (3-25)$$

式（3—25）中 $\alpha \boldsymbol{X}''(s) - \beta \boldsymbol{X}^{(4)}(s)$ 控制曲线的拉伸和弯曲，∇E_{ext} 驱使曲线收敛于前景轮廓目标。引入时间参数 t 将初始曲线 $\boldsymbol{X}(s)$ 演化看作时间的函数簇 $\boldsymbol{X}(s, t)$，则式（3—25）可表示梯度下降流：

$$\frac{\partial \boldsymbol{X}(s,t)}{\partial t} = \alpha \boldsymbol{X}''(s,t) - \beta \boldsymbol{X}^{(4)}(s,t) - \nabla E_{\text{ext}} \qquad (3-26)$$

3.4.2　Snake 模型的离散计算

Snake 模型刻画了论域内连续光滑闭曲线的形变规律，而计算机中数字图像像素亮度/颜色值常常表示为序列离散数据，对此，学者们相继提出了贪婪算法、动态规划法、有限元法和有限差分法等对图像前景提取能量泛函进行数值优化计算。在这些方法中，有限差分法因收敛速度较快和存储成本较低，被广泛用于曲线演化的数值计算。该方法首先将初始闭曲线进行空间域离散，其空间采样间隔为 h，同时初始闭曲线随时间演化的曲线簇进行时间域的采样，其采样间隔为 Δt。利用"标注质点"法计算任意时刻曲线上每一个点的位置，在 $t=k\Delta t$ 时刻的曲线 $\boldsymbol{X}(s,t)$ 为 $\boldsymbol{X}_i^k=(x_i^k,y_i^k)=(x(h_i,k\Delta t),y(h_i,k\Delta t)$，$i=1,2,\cdots$。根据有限差分法，$\boldsymbol{X}_s(s,t)$，$\boldsymbol{X}_{ss}(s,t)$，$\boldsymbol{X}_t(s,t)$ 可离散计算如下：

$$
\begin{cases}
\boldsymbol{X}_s(s,t)=\dfrac{\partial \boldsymbol{X}(s,t)}{\partial s}=\dfrac{\boldsymbol{X}_{i+1}-\boldsymbol{X}_i}{h}\\[2mm]
\boldsymbol{X}_{ss}(s,t)=\dfrac{\partial \boldsymbol{X}^2(s,t)}{\partial s^2}=\dfrac{\boldsymbol{X}_{i+1}-2\boldsymbol{X}_i+\boldsymbol{X}_{i-1}}{h^2}\\[2mm]
\boldsymbol{X}_t(s,t)=\dfrac{\partial \boldsymbol{X}(s,t)}{\partial t}=\dfrac{\boldsymbol{X}_i^{k+1}-\boldsymbol{X}_i^k}{\Delta t}
\end{cases}
$$

式（3-26）可离散化为

$$
\frac{\boldsymbol{X}_i^{k+1}-\boldsymbol{X}_i^k}{\Delta t}=\frac{\alpha_{i+1}(\boldsymbol{X}_{i+1}^{k+1}-\boldsymbol{X}_{i+1}^{k+1})-\alpha_i(\boldsymbol{X}_i^{k+1}-\boldsymbol{X}_{i-1}^{k+1})}{h^2}-\nabla E_{ext}\,\boldsymbol{X}_i^{k-1}-
$$

$$
\frac{\beta_{i-1}(\boldsymbol{X}_{i-2}^{k+1}-2\boldsymbol{X}_{i-1}^{k+1}+\boldsymbol{X}_i^k)-2\beta_i(\boldsymbol{X}_{i-1}^{k+1}-2\boldsymbol{X}_i^{k+1}+\boldsymbol{X}_{i+1}^{k+1})+\beta_{i+1}(\boldsymbol{X}_i^{k+1}-2\boldsymbol{X}_{i+1}^{k+1}+\boldsymbol{X}_{i+2}^{k+1})}{h^4}
$$

式中，$\alpha_i=\alpha h_i$，$\beta_i=\beta h_i$。

工程上，式（3-26）中 α 和 β 通常设置为常量。为了简化，设 $F_{ext}=-\nabla E_{ext}$，$a=-\beta/h^4$，$b=4\beta/h^4+\alpha/h^2$，$c=-6\beta/h^4-2\alpha/h^2$，式（3-26）梯度下降流可离散化为

$$
\begin{cases}
\dfrac{\boldsymbol{X}^{k+1}-\boldsymbol{X}^k}{\Delta t}=\boldsymbol{M}\boldsymbol{X}^{k+1}+F_{ext}\boldsymbol{X}^k\\[2mm]
F_{ext}=(F_x,F_y)=\left(-\dfrac{\partial E_{ext}}{\partial x},-\dfrac{\partial E_{ext}}{\partial y}\right)
\end{cases}
\tag{3-27}
$$

式中，

$$
\boldsymbol{M}=\begin{bmatrix}
c & b & a & 0 & 0 & 0 & a & b\\
b & c & b & a & 0 & 0 & 0 & a\\
a & b & c & b & a & 0 & 0 & 0\\
0 & a & b & c & b & a & 0 & 0\\
0 & 0 & a & b & c & b & a & 0\\
0 & 0 & 0 & a & b & c & b & a\\
a & 0 & 0 & 0 & a & b & c & b\\
b & a & 0 & 0 & 0 & a & b & c
\end{bmatrix}
$$

式（3-27）中的 $\boldsymbol{X}^{k+1}$ 可由 $\boldsymbol{X}^k$ 更新为

$$X^{k+1} = (I - \Delta t M)^{-1}(X^k + \Delta t F_{\text{ext}} X^k) \qquad (3-28)$$

式（3-28）中的 I 为单位矩阵，由于 $I - \Delta t M$ 为带宽矩阵，$(I - \Delta t M)^{-1}$ 可运用矩阵 LU 分解计算得到。当相邻时刻曲线距离小于给定阈值时，式(3-28)停止迭代。

3.4.3　改进的 Snake 模型

基于 Snake 模型的前景提取算法假设在图像论域中任意语义对象占据的区域是连通而封闭的，且对象轮廓曲线处处光滑，联合闭曲线的几何特性和图像局部特征设计图像前景提取能量泛函。该泛函既承载了曲线形变，又融合了图像低层特征，调和了前景轮廓和图像局部特征之间的矛盾。能量泛函的数值计算常常运用"标注质点"法，该方法的曲线演化效果敏感于初始曲线。为了提高前景提取质量，初始闭曲线必须毗邻前景轮廓，这一要求限制了 Snake 模型的广泛应用。这主要是因为它一方面增加了人机交互量，另一方面初始闭曲线捕获范围小，不能收敛于凹形轮廓。针对这些问题，学者们分别从 Snake 模型的内部能量和外部能量提出了相应的改进措施。

3.4.3.1　改进的内部能量

在经典的 Snake 模型中，曲线上任意点独立移动导致计算成本增加。为了减少计算时间，Menet 等人提出了闭曲线的分段拟合表示方法。该方法首先将闭曲线表示为多段 B 样条函数，在每个 B 样条函数上采样一个控制点；其次将每个控制点运用"标注质点"法进行位置更新，控制点的曲线位置变化由控制点的更新位置和 B 样条函数产生，实现了函数的移动代替曲线的逐点移动，减少了计算时间；最后连接 B 样条函数上的点形成新的闭曲线，由于相邻时刻的时间间隔较小，新的闭曲线不会影响原始闭曲线的形状变化。该方法对光滑连续闭曲线演化有效。对于多边形闭曲线，如果运用 B 样条函数进行逼近，则误差较大，同时样条函数控制点较多，演化计算成本仍然很高。

基于 Snake 模型的前景提取能量泛函优化问题常常运用梯度下降算法，其梯度流方程为式（3-26）。该算法在单一初始闭曲线下，能量泛函的最优解易于陷入局部最优，导致曲线收敛于真实前景轮廓外围。对此，Cham 等人提出了两条初始闭曲线同时演化的方法。该方法分别在前景轮廓的内部和外部设置了一条初始闭曲线，在内、外能量的作用下同时演化内、外曲线，直至两条曲线重叠程度达到允许范围。该方法虽然在一定程度上解决了能量泛函的最优解陷入局部最优的问题，但计算成本成倍增加。

3.4.3.2　改进的外部能量

基于 Snake 模型的前景提取能量泛函常常以图像梯度为变量构造高斯势能力，并将高斯势能力作为曲线演化的外部能量，控制初始闭曲线收敛于前景轮廓。然而，以图像梯度为变量的高斯势能力作用范围较小，不能有效控制闭曲线收敛于凹形轮廓。为了提取凹形轮廓的前景，学者们从不同角度出发，设计了不同的外部能量。

在经典的 Snake 模型中，图像像素梯度仅仅作用于闭曲线上对应点的位置更新，使该点要么向闭曲线内部移动，要么向闭曲线外部移动。曲线任意点的单向移动难以收敛于凹形轮廓。对此，学者们分析气球在外力作用下的表面形变，将图像梯度对闭曲线形变的贡献比作气球表面的外力。根据外力对气球膨胀和收缩的物理特性设计了曲线演化的气球力，并结合图像梯度的高斯势能力构造外部能量。该能量既考虑了图像梯度对曲线上点的作用效果，又考虑了对闭曲线的整体效应。气球力的定义为

$$n(s) = \frac{1}{\sqrt{(\partial x/\partial s)^2 + (\partial y/\partial s)^2}} \left(\frac{\partial y}{\partial s}, -\frac{\partial x}{\partial s} \right)$$

$n(s)$为曲线的单位外法矢量，随曲线的演化不断变化。联合高斯势能力构造的外部能量可表示为

$$F_{ext} = k_1 n(s) - k_2 \frac{\nabla E_{ext}^m}{|\nabla E_{ext}^m|}, \quad m = 3, 4$$

在外部能量的作用下，曲线演化的梯度下降流为

$$\frac{\partial X(s,t)}{\partial t} = \alpha X''(s,t) - \beta X^{(4)}(s,t) + k_1 n(s) - k_2 \frac{\nabla E_{ext}^m}{|\nabla E_{ext}^m|}, \quad m = 3, 4$$

式中，k_1，k_2分别为气球力和高斯势能力的权重系数。当$k_1 > 0$时，曲线上任意点沿其外法线方向移动，使得闭曲线膨胀；当$k_1 < 0$时，曲线上任意点沿其内法线方向移动，使得闭曲线收缩。为保证初始曲线在演化过程不会越过边缘，k_1和k_2必须满足$|k_1| < |k_2|$。该外力能量扩大了高斯势能力的捕获范围，但气球力权重系数需人为设定。

图像高斯势能力敏感于噪声和纹理，这使得能量泛函易陷入局部最优。在经典的 Snake 模型中，虽然运用高斯平滑去除了噪声和纹理对能量泛函最优解的负面影响，但图像高斯平滑也模糊了边缘，导致高斯势能力不能准确描述前景轮廓位置。对此，学者们运用图像任意像素点到前景轮廓的距离设计了距离势能力，并将距离势能力作为曲线演化的外部能量代替经典 Snake 模型的高斯势能力。图像上任意像素点的距离势能力为

$$P_d(x,y) = -\omega_d \exp(-d^2(x,y))$$

式中，ω_d为权重系数；$d(x,y)$为像素点(x,y)到边缘的距离。当像素点到边缘的距离较小时，距离势能力的绝对值较大，反之较小。距离势能力促使初始闭曲线任意点向其最近边缘移动。在距离势能力的外部能量作用下，曲线演化的梯度下降流为

$$\frac{\partial X(s,t)}{\partial t} = \alpha X''(s,t) - \beta X^{(4)}(s,t) - \nabla P_d(X(s))$$

该外部能量可有效将闭曲线上任意点吸收到最近边缘上，避免了气球力的弱边缘泄露的问题。但图像距离势能力需要计算任意像素到边缘曲线的距离，点到曲线的距离定义为点到曲线上所有点的最短欧式距离。由于图像像素及其边缘图均为网格表示，两者的采样点数较多，所以图像距离势能力的计算成本较高。

为了减少图像距离势能力的计算时间，学者们利用距离映射设计了图像动态距离力，图像动态距离力定义为闭曲线任意点沿其法线方向到图像边缘间的符号距离力。相对于距离势能，动态距离力不需要计算图像所有像素到闭曲线的距离。给定曲线上点 p 的动态距离力定义为

$$P_D(p) = \omega_d \frac{d(p)}{d_{max}} N(p)$$

式中，ω_d为权重系数；$N(p)$为闭曲线在点 p 单位内法矢量；$d(p)$为沿其法线方向到图像边缘的距离；d_{max}限定闭曲线在点 p 沿其法线方向到图像边缘的最大距离，d_{max}取值越大，图像动态距离力计算时间越长，反之，计算时间越短。在动态距离力作用下，曲线演

化的梯度下降流为

$$\frac{\partial \boldsymbol{X}(s,t)}{\partial t} = \alpha \boldsymbol{X}''(s,t) - \beta \boldsymbol{X}^{(4)}(s,t) - \nabla P_D(\boldsymbol{X}(s))$$

为了扩大 Snake 模型外部能量捕获范围，学者们在 Snake 模型中引入梯度向量流 $V(x, y) = (v_1(x, y), v_2(x, y))$，用其代替 Snake 模型中的外部力 F_{ext} 作为新的外力。该外力可通过解决下列能量泛函的最小值得到：

$$\varepsilon = \iint \lambda \left[\left(\frac{\partial v_1}{\partial x} \right)^2 + \left(\frac{\partial v_1}{\partial y} \right)^2 + \left(\frac{\partial v_2}{\partial x} \right)^2 + \left(\frac{\partial v_2}{\partial y} \right)^2 \right] + |\nabla f|^2 |V - f| \, \mathrm{d}x \mathrm{d}y$$

式中，λ 为调节系数，f 为图像 $\boldsymbol{u}(x, y)$ 的边缘图。边缘图具有以下三个基本特征：

（1）边缘图梯度 ∇f 为指向图像 $\boldsymbol{u}(x, y)$ 边缘的法向量，该特征使得初始曲线收敛在图像边缘处。

（2）若边缘图 f 在某点的值较大，则该点位于图像边缘邻域。结合特征（1），将 Snake 模型的外部能量作用范围限制在图像边缘邻域，这一特性放松了初始曲线毗邻于前景轮廓的条件。

（3）图像平滑区域像素对应边缘图 f 的值为 0。该特征使得图像平滑区的曲线演化失去移动方向。

在曲线演化过程中，当曲线上的点位于图像边缘时，能量泛函 ε 的最小值取决于上式中的第二项，此时能量泛函的最小化位于边缘处 $V = \nabla f$，这导致曲线外部能量驱使曲线收敛于边缘。当位于图像平滑区时，$|\nabla f| \approx 0$，能量泛函 ε 的最小值取决于上式中的第一项，将图像的梯度信息扩散到平滑区。根据变分法理论，能量泛函 ε 对应的欧拉方程如下：

$$\begin{cases} \lambda \nabla^2 v_1 - (v_1 - f_x)(f_x^2 + f_y^2) = 0 \\ \lambda \nabla^2 v_2 - (v_2 - f_y)(f_x^2 + f_y^2) = 0 \end{cases}$$

式中，$\nabla^2 v_1$ 和 $\nabla^2 v_2$ 为拉普拉斯扩散项；$(v_1 - f_x)(f_x^2 + f_y^2)$ 和 $(v_2 - f_y)(f_x^2 + f_y^2)$ 为数据项。引入时间参数 t，欧拉方程对应的微分方程为

$$\begin{cases} \dfrac{\partial v_1(x,y,t)}{\partial t} = \lambda \nabla^2 v_1(x,y,t) - [v_1(x,y,t) - f_x(x,y)][f_x^2(x,y) + f_y^2(x,y)] \\ \dfrac{\partial v_2(x,y,t)}{\partial t} = \lambda \nabla^2 v_2(x,y,t) - [v_2(x,y,t) - f_y(x,y)][f_x^2(x,y) + f_y^2(x,y)] \end{cases}$$

梯度向量流代替高斯势能力作为外部能量，其曲线演化的梯度下降流为

$$\frac{\partial \boldsymbol{X}(s,t)}{\partial t} = \alpha \boldsymbol{X}''(s,t) - \beta \boldsymbol{X}^{(4)}(s,t) + V(s,t)$$

梯度向量流将图像的梯度信息扩散到平滑区，弥补了高斯势能力在图像平滑区的无方向性，扩展了外部能量的作用范围，放松了前景提取的初始闭曲线条件，相对于距离势能力和动态距离力，提高了初始曲线收敛效率。

3.4.4　参数活动轮廓模型的局限性

Snake 模型的前景提取能量泛函求解常常运用"标注质点"法更新闭曲线上的任意点位置，从而实现闭曲线演化。该前景提取模型存在以下缺陷：

（1）前景提取结果敏感于初始曲线的位置和几何特性。前景提取能量泛函由曲线内部

能量和外部能量组成，其中曲线内部能量由曲线的一阶和二阶导数构成，曲线的一阶导数控制闭曲线的弹性，使初始闭曲线随时间演化为圆形直至一个点；二阶导数保证了曲线演化过程中的光滑性。曲线外部能量主要由包含图像梯度信息的高斯势能力构成，驱使闭曲线收敛于图像边缘。然而图像任意像素的高斯势能力作用范围较小，这要求初始闭曲线毗邻于前景轮廓。

（2）前景提取结果敏感于图像噪声和纹理。噪声和纹理加速了图像像素亮度/颜色变化，增大了图像平滑区像素梯度，恶化了外部能量在平滑区的作用效果。为了抑制噪声和纹理对外部能量作用效果的负面影响，学者们常常对图像进行高斯平滑处理。高斯平滑虽然在一定程度上抑制了噪声和纹理对图像高斯势能力的影响，改善了图像高斯势能力的作用效果，但高斯平滑也模糊了图像边缘，导致初始闭曲线收敛于前景轮廓邻域。

（3）前景提取模型能量泛函优化常常运用梯度下降算法进行迭代计算，计算成本较高，且易使能量泛函陷入局部极小值。

（4）在 Snake 模型中，初始闭曲线常常表示为弧长为参数的方程。该表示方法难以描述前景轮廓的高度动态性和拓扑结构的不确定性。换言之，弧长为参数的曲线方程不能处理曲线拓扑结构变化，如分裂与合并。

3.5　基于边缘的几何活动轮廓模型

以弧长为参数的曲线表示虽然可有效描述曲线的平移和旋转，但失效于描述曲线的几何拓扑形变。为了高效表示曲线演化过程中的拓扑形变，学者们利用三维曲面与水平面的交集表示闭曲线，结合图像边缘特征构建了基于图像边缘的几何活动轮廓模型。该模型假设前景在图像论域中占据的区域是连通而封闭的，且前景轮廓曲线处处光滑，联合水平集的曲率和图像前景区域几何测度（周长和面积）的有界性设计了前景提取的能量泛函，该能量泛函可表示为

$$E_{\text{levelset}}(\varphi) = \alpha E_{\text{int}}(\varphi) + \beta E_{\text{ext}}(\varphi) \qquad (3-29)$$

式中，$E_{\text{int}}(\varphi)$ 表示水平集演化的内部能量函数，φ 为水平集函数。在演化过程中，水平集表示的闭曲线可能会失去光滑性，甚至发生分裂或合并，导致对应的距离函数失去其固有特性。对此，演化一定时间后水平集函数需要更新其距离函数，但更新距离函数需要重新计算图像任意像素到曲线的距离和符号，计算成本较高。为了解决这个问题，学者们提出了水平集正则化方法，即 $|\nabla\varphi(x，y)| = 1$。水平集正则化使其在演化过程中保持近似的符号距离函数。水平集正则化在图像域 Ω 中演化的内部能量函数为

$$E_{\text{int}}(\varphi) = \frac{1}{2}\int_{\Omega} (|\nabla\varphi(x,y)| - 1)^2 \mathrm{d}x\mathrm{d}y \qquad (3-30)$$

当梯度 $|\nabla\varphi(x，y)|$ 较大时，该能量函数值较大，最小化内部能量函数可驱使水平集趋于平滑，且保证了水平集梯度 $|\nabla\varphi(x，y)| = 1$。

式（3-29）中 $E_{\text{ext}}(\varphi)$ 为水平集演化的外部能量，驱使水平集逼近前景轮廓。外部能量常常利用前景轮廓的周长和面积设计相应的能量函数，为了运用水平集计算前景轮廓的

周长和面积，引入了 Heaviside 函数：

$$H(\varphi) = \begin{cases} 1, & \varphi \geqslant 0 \\ 0, & \varphi < 0 \end{cases}$$

水平集曲线内部和外部区域的面积分别为

$$S_{\text{inside}} = \int_\Omega 1 - H(\varphi)\mathrm{d}\Omega = \int_\Omega H(-\varphi)\mathrm{d}\Omega, \quad S_{\text{outside}} = \int_\Omega H(\varphi)\mathrm{d}\Omega$$

Dirac 函数 $\hat{\delta}(\varphi)$ 定义为 Heaviside 函数在法线方向上的导数：

$$\hat{\delta}(x) = \nabla H(\varphi(x)) \cdot N = H'(\varphi(x)) \cdot \nabla\varphi \cdot \frac{\nabla\varphi}{|\nabla\varphi|} = H'(\varphi(x)) \cdot |\nabla\varphi| = \delta(\varphi) \cdot |\nabla\varphi|$$

式中，$\delta(\varphi) = H'(\varphi)$。运用 Dirac 函数可计算水平集曲线的周长：

$$L(\varphi) = \int_\Omega |\nabla H(\varphi)|\mathrm{d}\Omega = \int_\Omega \delta(\varphi)|\nabla\varphi|\mathrm{d}\Omega$$

严格地说，Dirac 函数只是 Heaviside 函数的广义导数，在工程应用中必须对它们进行正则化。正则化的 Heaviside 函数和 Dirac 函数在工程上一般存在以下两种形式：

$$H_{1,\varepsilon}(x) = \frac{1}{2}\left(1 + \frac{2}{\pi}\arctan\frac{x}{\varepsilon}\right)$$

$$\delta_{1,\varepsilon}(x) = H'_{1,\varepsilon}(x) = \frac{1}{\pi}\frac{\varepsilon}{\varepsilon^2 + x^2}$$

$$H_{2,\varepsilon}(x) = \begin{cases} 0, & x < -\varepsilon \\ \frac{1}{2}\left(1 + \frac{x}{\varepsilon} + \frac{1}{\pi}\sin\frac{\pi x}{\varepsilon}\right), & |x| < \varepsilon \\ 1, & x > \varepsilon \end{cases}$$

$$\delta_{2,\varepsilon}(x) = \begin{cases} 0, & |x| > \varepsilon \\ \frac{1}{2\varepsilon}\left(1 + \cos\frac{\pi x}{\varepsilon}\right), & |x| < \varepsilon \end{cases}$$

正则化 Dirac 函数（$\varepsilon = 1.5$）的生成见程序 3－5。

程序 3－5　正则化 Dirac 函数的生成

```
Dirac(double * Data,double sigma,int Width,int Height){
    int Temi,Temj; double pi=3.14;
    for (Temi=0;Temi<Height;Temi++){
    for (Temj=0;Temj<Width;Temj++){
    if (Data[Temi * Width+Temj]<=sigma && Data[Temi * Width+Temj]>=-sigma)
    Data[Temi * Width+Temj]=(0.5/sigma) * (1+cos((pi * Data[Temi * Width+Temj])/sigma));
    elseData[Temi * Width+Temj]=0;}}
    return FUN_OK;}
```

3.5.1　前景提取模型

从像素亮度/颜色变化来看，前、背景间的分界线和图像边缘均可表示为以图像梯度为变量的函数——边缘指示函数。然而，图像中的噪声和纹理加速了像素亮度/颜色的变化而形成伪边缘，伪边缘对边缘指示函数产生负面影响。对此，学者们常常对图像 u_0 进

行高斯平滑，在一定程度上抑制了噪声和纹理引起的亮度/颜色变化。图像高斯平滑的边缘指示函数定义为

$$g(\boldsymbol{u}_0) = \frac{1}{1 + |\nabla G_\sigma * \boldsymbol{u}_0|} \qquad (3-31)$$

在图像视觉区域内像素亮度/颜色变化缓慢，经高斯平滑后该区域像素梯度幅度趋于 0，式（3-31）表示的边缘指示函数值接近于 1；对于前景轮廓，由于其邻域像素亮度/颜色常常存在较大差异，梯度幅度较大，所以边缘指示函数接近于 0。

联合水平集函数和边缘指示函数，将前景在图像论域 Ω 中的周长 $L(\boldsymbol{u}_0, \varphi)$ 和面积 $S(\boldsymbol{u}_0, \varphi)$ 分别表示为

$$L(\boldsymbol{u}_0, \varphi) = \int_\Omega g(\boldsymbol{u}_0)\delta(\varphi)|\nabla\varphi|\mathrm{d}\Omega, \quad S(\boldsymbol{u}_0, \varphi) = \int_\Omega g(\boldsymbol{u}_0)H(-\varphi)\mathrm{d}\Omega$$

在水平集演化过程中，当水平集曲线与前景轮廓重叠时停止演化，水平集曲线的周长和面积趋近于稳定，因此，曲线演化的外部能量可表示为前景周长和面积的函数。外部能量定义为

$$E_{\text{ext}}(\boldsymbol{u}_0, \varphi) = \lambda L(\boldsymbol{u}_0, \varphi) + \nu S(\boldsymbol{u}_0, \varphi)$$

$$= \lambda \int_\Omega g(\boldsymbol{u}_0)\delta(\varphi)|\nabla\varphi|\mathrm{d}x\mathrm{d}y + \nu \int_\Omega g(\boldsymbol{u}_0)H(-\varphi)\mathrm{d}x\mathrm{d}y \qquad (3-32)$$

式中，λ 和 ν 分别表示周长和面积在外部能量中的权重。

整合水平集演化的内部能量和外部能量，基于边缘的几何活动轮廓模型能量泛函为

$$E_{\text{Li}}(\boldsymbol{u}_0, \varphi) = E_{\text{ext}}(\boldsymbol{u}_0, \varphi) + \mu E_{\text{int}}(\varphi)$$

$$= \lambda \int_\Omega g(\boldsymbol{u}_0)\delta(\varphi)|\nabla\varphi|\mathrm{d}\Omega + \nu \int_\Omega g(\boldsymbol{u}_0)H(-\varphi)\mathrm{d}\Omega + \frac{\mu}{2}\int_\Omega (|\nabla\varphi|-1)^2\mathrm{d}\Omega$$

$$(3-33)$$

式（3-33）的最优解可利用变分法得到

$$\frac{\partial E_{\text{Li}}(\boldsymbol{u}_0, \varphi)}{\partial\varphi} = -\mu\left[\Delta\varphi - \text{div}\left(\frac{\nabla\varphi}{|\nabla\varphi|}\right)\right] - \lambda\delta(\varphi)\text{div}\left[g(\boldsymbol{u}_0)\frac{\nabla\varphi}{|\nabla\varphi|}\right] - \nu g(\boldsymbol{u}_0)\delta(\varphi)$$

根据隐函数求导法则可知，水平集函数对时间的偏导数 $\partial\varphi/\partial t = -\partial E_{\text{Li}}(\boldsymbol{u}_0, \varphi)/\partial\varphi$。在曲线演化过程中，水平集函数随时间的变化率为

$$\frac{\partial\varphi}{\partial t} = -\frac{\partial E(\boldsymbol{u}_0, \varphi)}{\partial\varphi}$$

$$= \mu\left[\Delta\varphi - \text{div}\left(\frac{\nabla\varphi}{|\nabla\varphi|}\right)\right] + \lambda\delta(\varphi)\text{div}\left[g(\boldsymbol{u}_0)\frac{\nabla\varphi}{|\nabla\varphi|}\right] + \nu g(\boldsymbol{u}_0)\delta(\varphi) \qquad (3-34)$$

由式（3-15）可知

$$\text{div}\left[g(\boldsymbol{u}_0)\frac{\nabla\varphi}{|\nabla\varphi|}\right] = g(\boldsymbol{u}_0)\text{div}\left(\frac{\nabla\varphi}{|\nabla\varphi|}\right) = \kappa g(\boldsymbol{u}_0)$$

式（3-34）可以简化为

$$\frac{\partial\varphi}{\partial t} = \mu(\Delta\varphi - \kappa) + \lambda\kappa\delta(\varphi) + \nu g(\boldsymbol{u}_0)\delta(\varphi)$$

3.5.2 离散计算

基于边缘的几何活动轮廓模型刻画了连续论域内水平集函数在自身的曲率和图像边缘

指示函数驱使下的形变过程。数字图像像素亮度/颜色值常常表示为序列离散数据，图像边缘指示函数的计算见程序 3-6。

程序 3-6　图像边缘指示函数的计算

```
EdgeFunction(double * lpData, int Width, int Height, double * EdgeData, double sigma){
    int Temi;double a;
    double * Ix=new double[Width * Height];
    double * Iy=new double[Width * Height];
    GaussianSmooth(lpData, Width, Height, sigma);//算法 3-2
    CenterGradient(lpData, Ix, Iy, Width, Height, 0);//算法 3-3
    for(Temi=0;Temi<Width * Height;Temi++){
        a=(Ix[Temi] * Ix[Temi]+Iy[Temi] * Iy[Temi])
        if(a<0.01)a=0.01;EdgeData[Temi]=1.0/(1+a);}
        delete[]Ix;delete[]Iy;
        return FUN _ OK;}
```

水平集在图像域表示为离散网格。m 时刻水平集在网格点 (i, j) 上记为 $\varphi_{i,j}^m$，相邻时刻的时间间隔为 Δt，运用前向差分法计算水平集函数随时间的变化率 $\partial\varphi/\partial t$，则式 (3-34) 可离散化为

$$\frac{\varphi_{i,j}^{m+1}-\varphi_{i,j}^m}{\Delta t}=\mu\left[\Delta\varphi_{i,j}^m-\mathrm{div}\left(\frac{\nabla\varphi_{i,j}^m}{|\nabla\varphi_{i,j}^m|}\right)\right]+\lambda\delta_{1,\epsilon}\varphi_{i,j}^m g_{i,j}\mathrm{div}\left(\frac{\nabla\varphi_{i,j}^m}{|\nabla\varphi_{i,j}^m|}\right)+\nu g_{i,j}\delta_{1,\epsilon}\varphi_{i,j}^m$$

$m+1$ 时刻水平集在网格点 (i, j) 上可更新为

$$\varphi_{i,j}^{m+1}=\varphi_{i,j}^m+\Delta t\left\{\mu\left[\Delta\varphi_{i,j}^m-\mathrm{div}\left(\frac{\nabla\varphi_{i,j}^m}{|\nabla\varphi_{i,j}^m|}\right)\right]+\right.$$

$$\left.\lambda\delta_{1,\epsilon}\varphi_{i,j}^m g_{i,j}\mathrm{div}\left(\frac{\nabla\varphi_{i,j}^m}{|\nabla\varphi_{i,j}^m|}\right)+\nu g_{i,j}\delta_{1,\epsilon}\varphi_{i,j}^m\right\} \tag{3-35}$$

水平集函数 φ^{m+1} 的更新计算见程序 3-7。式 (3-35) 中散度项中的偏导数采取中心差分计算，其二阶偏导数为

$$\begin{cases}\varphi_{xx}^0=\dfrac{1}{2}\left[(\varphi_x^0)_{i+1,j}-(\varphi_x^0)_{i-1,j}\right]\\[2mm]\varphi_{xy}^0=\dfrac{1}{2}\left[(\varphi_x^0)_{i,j+1}-(\varphi_y^0)_{i,j-1}\right]\\[2mm]\varphi_{yy}^0=\dfrac{1}{2}\left[(\varphi_y^0)_{i,j+1}-(\varphi_y^0)_{i,j-1}\right]\end{cases}$$

$\Delta\varphi=\varphi_{xx}+\varphi_{yy}$ 为水平集函数的 Laplace 算子，该算子的计算见程序 3-8。

程序 3-7　水平集函数的更新

```
Evolution(double * u, double * g, int lambda, double mu, double alf, double epsilon, int delt, int Height, int Width){
    int Temi, Temj;
    double * distribute=new double[Height * Width];
    double * vx=new double[Height * Width];
    double * vy=new double[Height * Width];
    double * ux=new double[Height * Width];
    double * uy=new double[Height * Width];
    double * diracU=new double[Height * Width];
```

```
    double * del=new double[Height * Width];
    double weightedLengthTerm, weightedAreaTerm, penalizingTerm;
    CenterGradient(g, vx, vy, Width, Height, 0);   //计算水平集一阶差分,算法 3-3
    memcpy(diracU, u, sizeof(double) * Width * Height);
    Dirac(diracU, epsilon, Width, Height);//近似计算 Dirac 函数,算法 3-5
    memcpy(distribute, u, sizeof(double) * Width * Height);
    CenterGradient(distribute, ux, uy, Width, Height, 2); //计算散度,算法 3-2
    Discrete _ Lap(u, del, Height, Width);//计算水平集 Laplace,算法 3-8
    for (Temi=0; Temi<Height; Temi++)
    for (Temj=0; Temj<Width; Temj++){
    weightedLengthTerm=lambda * diracU[Temi * Width+Temj] * (vx[Temi * Width+Temj]
        * ux[Temi * Width+Temj]+vy[Temi * Width+Temj] * uy[Temi * Width+Temj]
            +g[Temi * Width+Temj] * distribute[Temi * Width+Temj]);//长度增量
    weightedAreaTerm=alf * diracU[Temi * Width+Temj] * g[Temi * Width+Temj];//面积增量
penalizingTerm=mu * (del[Temi * Width+Temj]-distribute[Temi * Width+Temj]);//正则项增量
u[Temi * Width+Temj]+=delt * (weightedLengthTerm+weightedAreaTerm+penalizingTerm); }
delete[ ]vx; delete[ ]vy; delete[ ]ux; delete[ ]uy;
delete[ ]diracU; delete[ ]del;
    delete[ ]distribute;
    return FUN _ OK; }
```

程序 3-8   水平集函数的 Laplace 算子

```
BOOL Discrete _ Lap(double * lpData, double * tempData, int Height, int Width){
    int Temi, Temj;
    memset(tempData, 0, sizeof(double) * Height * Width);
    for(Temi=1; Temi<Height-1; Temi++)for(Temj=1; Temj<Width-1; Temj++)
            tempData[Temi * Width+Temj]=(lpData[(Temi+1) * Width+Temj]
            +lpData[(Temi-1) * Width+Temj]+lpData[Temi * Width+Temj-1]+
        lpData[Temi * Width+Temj+1])-lpData[Temi * Width+Temj] * 4; return FUN _ OK; }
```

　　基于边缘的几何活动轮廓模型是将初始闭曲线在内部能量和外部能量的共同作用下收敛于前景轮廓。为了检测曲线是否收敛于前景轮廓,学者们常常需要判断相邻时刻曲线的几何特性(面积)差异是否在容许范围内。如果差异在容许范围内,则停止演化;反之,曲线继续演化。该算法的计算流程如下:

　　(1) 在图像中标注一条毗邻前景轮廓的封闭曲线,并将其表示为水平集 φ^0。

　　(2) 计算图像边缘指示函数。

　　(3) 计算曲线曲率,结合图像边缘指示函数更新水平集。

　　(4) 判断水平集是否收敛,若收敛,则演化停止;反之,返回(3)。

　　基于边缘的水平集演化计算见程序 3-9。

程序 3-9   基于边缘的水平集演化

```
LiSegmentation(BYTE * lpData, LONG Width, LONG Height, int a[4]){
    double sigma=1. 6;    double epsilon=1. 5;   int Temi, Temj, timestep=5;
    double mu=0. 2/timestep; int lambda=5;    double alf=1. 5;
    double * TempData=new double[Width * Height];
    double * initData=new double[Width * Height];
    double * EdgeEnergyData=new double[Width * Height];
```

```
for(Temi=0;Temi<Height * Width;Temi++)   TempData[Temi]=1.0 * lpData[Temi];
ImageLSF(initData,Width,Height,a);//初始化水平集函数
EdgeFunction(TempData,Width,Height,EdgeEnergyData,sigma);//边缘指示函数,见程序 3-6
for(Temi=1;Temi<2500;Temi++)
Evolution(initData,EdgeEnergyData,lambda,mu,alf,epsilon,timestep,Height,Width);//水平集更
新,见程序 3-7
CurveAndObject(initData,Height,Width,lpBmpPalett,0);前景显示
SegEvaluate(initData,Width,Height);//提取质量评价
delete[]TempData;delete[]initData; delete[]EdgeEnergyData; return FUN _ OK;}
```

3.6　基于区域的几何活动轮廓模型

在基于边缘的几何活动轮廓模型中,曲线演化的外部能量主要表示为图像的边缘指示函数。该函数虽然可有效表征图像前景轮廓在像素级别上的特性,但它敏感于图像纹理和噪声,这使得曲线演化收敛于前景轮廓附近。为了提高外部能量对纹理和噪声的鲁棒性,学者们运用 Mumford-Shah 模型对图像进行分段平滑处理。该模型将前景区域表示为闭曲线 C 在图像 $u_0(x,y)$ 论域 Ω 中所围的区域,图像分段平滑函数 $u(x,y)$ 可表示为以下能量泛函的最小值:

$$E_{MS}(u,C) = \mu length(C) + \lambda \int_{\Omega} |\nabla u(x,y)|^2 \mathrm{d}\Omega + \nu \int_{\Omega/C} [u(x,y) - u_0(x,y)]^2 \mathrm{d}\Omega$$

$$(3-36)$$

式中, μ , λ , ν 均是正参数,第一项 $length(C)$ 表示闭曲线 C 的一维测度,用来约束闭曲线收敛于区域边界;第二项保证了闭曲线的光滑性,控制函数 $u(x,y)$ 的分段平滑性;第三项表示分段平滑函数 $u(x,y)$ 逼近图像 $u_0(x,y)$ 的程度。Mumford-Shah 模型计算成本较高,在实际应用中常常将图像分段平滑函数 $u(x,y)$ 表示为

$$u(x,y) = \begin{cases} c_1, (x,y) \in \text{inside } C \\ c_2, (x,y) \in \text{outside } C \end{cases}$$

式(3-36)中的第二项为 0,Mumford-Shah 模型能量泛函可简化为

$$E_{MS}(u,C) = \mu length(C) + \nu \int_{\Omega_1} [u_0(x,y) - c_1]^2 \mathrm{d}\Omega + \nu \int_{\Omega_2} [u_0(x,y) - c_2]^2 \mathrm{d}\Omega$$

$$(3-37)$$

式中, Ω_1 和 Ω_2 分别表示闭曲线的内部和外部区域。

3.6.1　CV 模型

CV 模型是简化 Mumford-Shah 模型的前景提取,在 CV 模型中用水平集函数 $\varphi(x,y)$ 来代替 Mumford-Shah 模型中的闭曲线 C ,且设定图像论域 Ω 内任意点到闭曲线的距离符号为:若点 (x,y) 位于闭曲线内部,则水平集函数 $\varphi(x,y)>0$;若点 (x,y) 位于闭曲线外部,则水平集函数 $\varphi(x,y)<0$;若点 (x,y) 位于闭曲线上,则水平集函

数 $\varphi(x,y)=0$。该闭曲线将图像像素划分为两类：一类是位于曲线内部的像素，另一类是位于曲线外部的像素。该模型将两类像素统计特性逼近其亮度/颜色分布，逼近误差作为水平集函数 $\varphi(x,y)$ 演化的外部能量。CV 模型的能量泛函为

$$E_{CV}(m_1,m_2,\varphi(x,y)) = \mu\int_{\Omega}\delta_{\varepsilon}(\varphi(x,y))|\nabla\varphi(x,y)|\mathrm{d}\Omega +$$
$$\lambda_1\int_{\Omega}|\boldsymbol{u}_0(x,y)-m_1|H_{\varepsilon}(\varphi(x,y))\mathrm{d}\Omega +$$
$$\lambda_2\int_{\Omega}|\boldsymbol{u}_0(x,y)-m_2|[1-H_{\varepsilon}(\varphi(x,y))]\mathrm{d}\Omega \qquad (3-38)$$

采用迭代算法计算式（3-38）的最优解。在计算过程中，由于水平集函数 $\varphi(x,y)$ 的更新，图像位于闭曲线 $\varphi(x,y)=0$ 内外部的像素发生变化。闭曲线内外部的像素亮度/颜色分布的统计特性 m_1 和 m_2 分别计算如下：

$$\begin{cases} m_1 = \dfrac{\displaystyle\int_{\Omega}\boldsymbol{u}_0(x,y)H(\varphi(x,y))\mathrm{d}\Omega}{\displaystyle\int_{\Omega}H(\varphi(x,y))\mathrm{d}\Omega} \\[6mm] m_2 = \dfrac{\displaystyle\int_{\Omega}\boldsymbol{u}_0(x,y)[1-H(\varphi(x,y))]\mathrm{d}\Omega}{\displaystyle\int_{\Omega}[1-H(\varphi(x,y))]\mathrm{d}\Omega} \end{cases}$$

根据隐函数求导法则，可知水平集函数对时间的偏导数 $\partial\varphi/\partial t = -\partial E_{CV}(m_1,m_2,\varphi)/\partial\varphi$。在曲线演化过程中，水平集随时间的变化率为

$$\frac{\partial\varphi(x,y,t)}{\partial t} = \mu\mathrm{div}\left(\frac{\nabla\varphi(x,y,t)}{|\nabla\varphi(x,y,t)|}\right) - \delta(\varphi(x,y,t)\cdot$$
$$\{\lambda_1[\boldsymbol{u}_0(x,y)-m_1]^2 - \lambda_2[\boldsymbol{u}_0(x,y)-m_2]^2\} \qquad (3-39)$$

式中，$\mathrm{div}(\nabla\varphi(x,y,t)/|\nabla\varphi(x,y,t)|)$ 是水平集曲线的曲率，m_1 和 m_2 在相邻时刻需重新计算。基于 CV 模型的前景提取流程如下：

（1）在图像中标注一条毗邻于前景轮廓的封闭曲线，并将其表示为水平集 φ^0。

（2）计算图像在封闭曲线内外区域像素亮度/颜色的统计特性。

（3）计算水平集曲线上任意点在 Δt 时间内的变化量，并更新水平集函数。

（4）判断水平集是否收敛，若收敛，则演化停止；反之，返回（2）。

3.6.2　改进的 CV 模型

基于 CV 的前景提取模型利用了前、背景亮度/颜色的统计特性差异构建曲线演化的外部能量，抑制了噪声对图像边缘指示函数的负面影响。该模型对纹理简单的图像前景提取效果较好，但对复杂纹理图像提取效果较差，主要原因如下：

（1）纹理缩小了前、背景统计特性差异，使得水平集曲线不能有效地收敛于前景轮廓。

（2）前景统计特性刻画了前景亮度/颜色的整体信息，不能表示前景各区域的局部差异，限制了演化的像素级别定位。

为了提高 CV 模型的外部能量对曲线演化像素级别定位的贡献，Tsai 和 Yezzi 等人用

前、背景亮度/颜色分布的分段常数逼近代替其统计特性，提出图像分段逼近（Piece-Smooth，PS）模型。PS 模型在一定程度上抑制了纹理对前、背景亮度/颜色分布表示的负面影响，改善了传统 CV 模型的前景提取质量，但图像分段逼近计算量较大，难以在实际中应用。

CV 模型根据图像前、背景亮度/颜色分布的统计差异设计了曲线演化的外部能量函数。由外部能量可见，该模型只能实现图像的两相语义分割。对于图像中多个语义对象的分割，最简单的思路是人为标注多条初始曲线，并设计相应的能量泛函，逐条演化初始曲线提取各个语义对象。但每增加一条初始曲线，计算能量泛函的复杂性就会大大增加。为了减少多相分割的计算成本，Tsai 提出了层级分割模型。该模型运用 CV 模型从图像中提取一个语义对象，然后分析图像中去除该语义对象的剩余部分是否存在其他的语义对象，如果存在，对剩余部分运用 CV 模型进行提取。重复上述过程，直至所有对象全部提取为止。该模型将多相分割转化为逐相分割，计算复杂。为了进一步降低多相分割的计算时间，Brox 提出了多步分裂合并方法。该方法首先根据一条初始曲线运用 CV 模型对图像进行两相预分割，其次将分割结果作为初始曲线，并重建 CV 模型的能量泛函实现二次分割，最后对相似的区域进行合并。

3.6.3　CV 模型的局限性

基于 CV 的前景提取模型一方面运用水平集代替了曲线参数表示，有效地实现了曲线演化的拓扑结构变形；另一方面利用前、背景亮度/颜色的统计特性差异构建曲线演化的外部能量，抑制了纹理和噪声对图像边缘指示函数的负面影响。但该模型仍存在以下不足：

（1）基于 CV 的前景提取结果虽然对噪声具有一定的抑制能力，但敏感于初始曲线。

（2）该模型的能量泛函侧重于前、背景亮度/颜色的整体差异性，未考虑前景轮廓邻域像素的差异，使得初始曲线收敛于前景轮廓邻域，定位精度较低。

（3）CV 模型能量泛函的外部能量依赖于具体曲线，因此在演化过程中需要不断对水平集函数进行初始化，以便提高外部能量函数的准确性。

（4）CV 模型依据前景亮度/颜色的统计特性设计外部能量函数。若对结构复杂的前景运用其统计特性描述所有区域的亮度/颜色分布，使各个视觉区域存在误差，则前景各视觉区域的误差积累可能大于前背景间的统计差异，导致前景提取效果较差。

3.7　实验结果及分析

基于活动轮廓的前景提取模型的基本思想是假设前景轮廓是连续光滑的曲线，结合前景轮廓或区域特性建立前景提取能量泛函，运用曲线演化理论计算能量泛函的最优值，实现前景提取。根据演化曲线表示方法，活动轮廓可分为参数活动轮廓和几何活动轮廓。

基于参数活动轮廓的模型（Snake）对人机交互的初始闭曲线进行演化，充分结合图像特征提取前景。然而，该模型仍存在以下缺陷：

（1）对人机交互质量要求较高。该模型的外部能量为图像高斯势能力，高斯势能力搜索范围较小，故要求初始曲线毗邻于前景轮廓。

（2）前景提取结果敏感于初始曲线。初始曲线上任意点在其自身弹性和图像高斯势能力的作用下更新位置。曲线上点的自身弹性和图像高斯势能力搜索范围较小，导致结果依赖于初始曲线。

（3）参数活动轮廓难以处理在演化过程中曲线的拓扑结构变化。

（4）该模型的能量泛函是非凸的，曲线演化结果易收敛到局部极值点。

为了弥补参数活动轮廓的不足，学者们引入水平集函数，提出了几何活动轮廓模型。该模型将平面上曲线沿法向矢量的移动转化为水平集函数演化，解决了演化过程中曲线的拓扑结构变化问题。

根据图像前景轮廓和亮度/颜色的统计特性，几何活动轮廓模型大致可分为基于图像边缘和区域的活动轮廓模型。前者的代表模型为 Li 模型（Li model），该模型运用图像边缘指示函数作为图像外部能量，联合水平集曲率设计了水平集演化能量泛函。图像纹理和噪声加速了像素亮度/颜色变化，导致图像边缘指示函数不能有效刻画前景轮廓的像素级别特性，这使得 Li 模型对纹理丰富或含噪声的图像前景提取结果不理想。为了抑制噪声对 Li 模型外部能量的负面影响，常常对图像进行高斯平滑处理。高斯平滑在一定程度上抑制了噪声对图像边缘指示函数的负面影响，但是也模糊了前景轮廓。

基于图像区域的几何活动轮廓模型（CV model）根据图像前、背景亮度/颜色的统计特性差异构建曲线演化的外部能量，抑制了纹理和噪声对外部能量的负面影响。由于前、背景统计特性侧重于整体信息，未考虑前景轮廓邻域像素的差异，所以初始曲线收敛于前景轮廓邻域。

为了测试基于几何活动轮廓模型的前景提取效果，对 DSB300 的部分图像进行前景提取。对于简单图像，Li 和 CV 模型提取结果在视觉上与人工绘制相近，如图 3-8（a）所示。该图像中前景和背景分界线明确，且图像边缘主要位于前景轮廓处，图像边缘和初始曲线曲率促使曲线收敛于前景轮廓；该图像的前、背景区域亮度/颜色差异较大，使得 CV 模型能较好地分割前景。

对于纹理丰富的图像，如图 3-8（b）（c）所示，两个模型的提取效果均不理想。由于高斯平滑模糊了图像边缘，所以 Li 模型的定位精度较低。图像纹理使得前、背景像素亮度/颜色的统计均值不能有效表示其亮度/颜色分布，同时缩小了前、背景统计特性的差异，降低了 CV 模型的前景提取质量。两个模型对多个对象的提取也不理想，如图 3-8（d）（e）所示。图 3-8 的前景提取测度见表 3-1。

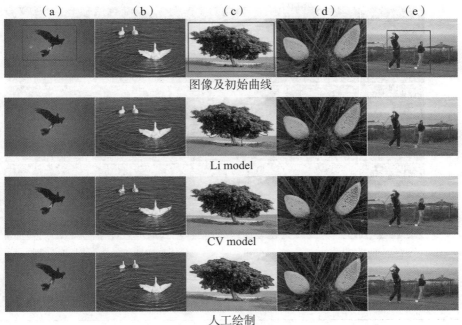

图 3-8　基于活动轮廓的前景提取结果

表 3-1　图 3-8 的前景提取测度

方法	测度	图 3-8 (a)	图 3-8 (b)	图 3-8 (c)	图 3-8 (d)	图 3-8 (e)
		480×320	508×321	320×221	600×392	480×320
Li model	precision	0.991	0.880	0.930	0.927	0.413
	recall	0.884	0.707	0.873	0.857	0.768
	F-measure	0.934	0.784	0.900	0.890	0.537
CV model	precision	0.891	0.717	0.927	0.889	0.223
	recall	0.932	0.963	0.871	0.922	0.859
	F-measure	0.911	0.822	0.898	0.905	0.354

　　噪声是影响图像质量的常见因素，为了测试 Li 和 CV 模型对噪声的鲁棒性，对一幅简单图像加上不同程度的高斯噪声，在相同初始曲线下运用 Li 和 CV 模型提取前景，其中无噪声图像、峰值信噪比分别为 20.25 dB 和 15.54 dB 的前景提取结果如图 3-9 所示。

　　Li 和 CV 模型对无噪声图像提取结果的视觉差异较小，可认为它们具有相同的提取效果。Li 模型对图像进行了高斯平滑，去除了部分噪声对图像边缘的影响，降低了噪声对前景提取的负面影响。CV 模型将前、背景区域分别表示为亮度/颜色的统计特性，以前、背景亮度/颜色的统计特性差异为曲线演化的外部能量，其统计特性对高斯噪声不敏感，因此，CV 模型对噪声图像的前景提取效果优于 Li 模型。但相对于人工分割，前景提取质量仍然不理想。Li 和 CV 模型对这些图像的前景提取测度见表 3-2。由表 3-2 可见，Li 和 CV 模型随着 PSNR 的增加，前景提取质量下降。

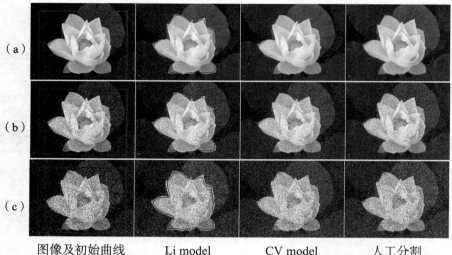

	图像及初始曲线	Li model	CV model	人工分割
（a）				
（b）				
（c）				

图 3—9 含噪图像的前景提取结果

表 3—2 含噪图像的前景提取测度

PSNR(dB)	Li model			CV model		
	precision	recall	F-measure	precision	recall	F-measure
without noise	0.985	0.953	0.968	1.0	0.983	0.992
22.70	0.997	0.916	0.955	1.0	0.974	0.987
21.23	0.996	0.927	0.957	1.0	0.970	0.985
20.25	0.992	0.920	0.955	1.0	0.968	0.985
18.85	0.992	0.917	0.953	0.963	0.941	0.952
17.07	0.955	0.922	0.938	0.942	0.936	0.939
15.54	0.925	0.841	0.881	0.871	0.911	0.891
14.78	0.858	0.927	0.891	0.831	0.891	0.859
12.69	0.625	0.961	0.758	0.758	0.818	0.787
12.13	0.637	0.953	0.763	0.718	0.769	0.743

3.8 小结与展望

自然界中任意语义对象均有有限的几何测度。学者们利用前景几何度量的有限性，在前景的外接邻域内标注一条封闭的光滑曲线，结合前景轮廓或区域特性，构建了基于活动轮廓的前景提取模型。根据闭曲线表示方法，活动轮廓可分为参数活动轮廓和几何活动轮廓。在参数活动轮廓模型中，轮廓曲线常常表示为弧长参数方程，该方程可有效、唯一地描述平面上任意曲线,但难以处理演化过程中曲线的拓扑结构变化,比如分裂和合并。为了弥补参数活动轮廓的不足,学者们提出了几何活动轮廓模型。该模型将平面上曲线表示曲面函数和水平面的交集——水平集,并将平面上曲线沿法向矢量的移动转化为曲面函数演化,解决了曲线演化过程的拓扑结构变化问题。

依据图像前景特征,图像前景提取模型可分为基于图像边缘和区域的几何活动轮廓模型。基于图像边缘的几何活动轮廓模型以边缘指示函数作为图像外部能量,联合水平集曲率设计了水平集演化能量泛函。图像纹理和噪声导致图像边缘指示函数不能有效地刻画前景轮廓,为了抑制噪声对外部能量的负面影响,学者们根据图像前、背景亮度/颜色的统计特性差异构建曲线演化的外部能量,提出了区域的几何活动轮廓模型。该模型抑制了纹理和噪声对外部能量的负面影响,但该外部能量侧重于前、背景整体信息,忽略了前景轮廓邻域像素的差异,导致初始曲线收敛于前景轮廓邻域。

3.8.1 小结

本章以曲线演化为主线,深入分析了基于活动轮廓模型的前景提取基本原理,详细地阐述了前景轮廓曲线表示方式、曲线演化本质、图像前景像素级别的特性及其提取模型。

(1) 曲线表示。本章重点介绍了前景轮廓的两种表示方式,即弧长参数的显式表示和水平集的隐式表示,并分析了不同表示方式在演化过程中的优缺点。

(2) 曲线演化。本章分析了曲线演化的共性,比较了曲线上任意点恒速演化与曲率演化的差异。

(3) 图像前景的低层特征。根据图像前景视觉效应,本章介绍了两种前景表示方法:一是根据图像前景在视觉上呈现一条封闭曲线——前景轮廓,利用前景轮廓邻域像素亮度/颜色差异设计边缘指示函数,该函数侧重于前、背景的局部差异;二是根据前、背景亮度/颜色的统计差异构建曲线演化的外部能量,该能量函数侧重于前、背景整体差异。

(4) 前景提取模型。根据曲线表示方法,结合前景的低层特征,介绍了参数活动轮廓模型和几何活动轮廓模型。

3.8.2 展望

基于活动轮廓的前景提取方法是利用曲线演化理论,结合图像的边缘和区域特征建立前景提取能量泛函,能量函数最优解为图像前景。该模型可实现前景轮廓像素级别的定位,但仍存在以下问题需要进一步研究:

(1) 基于活动轮廓及其改进的前景提取模型都是对初始曲线进行演化,其结果敏感于初始曲线。当初始曲线毗邻于前景轮廓时,前景提取质量较好;反之,质量较差。如何有效地标注毗邻于前景轮廓的初始曲线有待进一步研究。

(2) 现有模型假设图像前、背景存在显著差异,这一假设在所有图像中并不成立。

(3) 能量泛函的数值求解。基于活动轮廓的前景提取能量泛函的最小值本质上是求解随时间变化的偏微分方程,不少研究工作都集中在偏微分方程数值的求解方案上。为了提高精度,本章提出了用高阶非线性偏微分方程,比如四阶偏微分方程来求解演化曲线的曲率。高阶偏微分方程的数值求解仍是一个研究难点。

（4）活动轮廓与其他技术的结合。

参考文献

［1］ Yeo S Y，Xie X H，Sazonov I，et al. Segmentation of biomedical Images Using Active Contour Model with Robust Image Feature and Shape prior［J］. International Journal for Numerical Methods in Biomedical Engineering，2013，30：232－248.

［2］ Wang L，Hua G，Xue J R，et al. Joint segmentation and Recognition of Categorized Objects from Noisy Web Image Collection［J］. IEEE Transactions on Image Processing，2014，23(9)：4070－4086.

［3］ Shen J B，Du Y F，Li X L. Interactive Segmentation Using Constrained Laplacian Optimization［J］. IEEE Transactions on Circuits and Systems for Video Technology，2014，24(7)：1086－1099.

［4］ 王相海，方玲玲. 活动轮廓模型的图像分割方法综述［J］. 模式识别与人工智能，2013，26(8)：751－760.

［5］ 张永平，郑南宁，赵荣椿. 基于变分的图像分割算法［J］. 中国科学，2002，32(1)：133－144.

［6］ 丁畅，尹清波，鲁明羽. 数字图像处理中的偏微分方程方法综述［J］. 计算机科学，2013，40(11A)：341－346.

［7］ Caselles V，Kimmel R，Sapiro G. Geodesic active contours［J］. International Journal of Computer Vision，1997，22(1)：61－79.

［8］ 陈立潮，牛玉梅，潘理虎. Snake 模型的研究进展［J］. 计算机应用研究，2014，31(7)：1931－1936.

［9］ Cohen L，Cohen I. Finite-element methods for active contour models and balloons for 2-D and 3-D images［J］. IEEE Transactions on Pattern Analysis and Machine Intelligence，1993，15(11)：1131－1147.

［10］ Vese L，Osher S. Image denoising and decomposition with total variation minimization and oscillatory functions［J］. Journal of Mathematical Image and Vision，2004，20：7－18.

［11］ Khan M W. A Survey：Image Segmentation Techniques［J］. International Journal of Future Computer and Communication，2014，3(2)：89－93.

［12］ Kass M，Witkin A，Terzopoulos D. Snakes，active contour model［J］. International Journal of Computer Vision，1988，1(4)：321－331.

［13］ Chan T F，Vese L. Active contours without edges［J］. IEEE Transactions on Image Processing，2001，10(2)：266－277.

［14］ Tsai A，Yezzi A，Willsky A S. Curve Evolution Implementation of the Mumford—Shah Functional for Image Segmentation，Denoising，Interpolation，and Magnification［J］. IEEE Transactions on Image Processing，2001，10(8)：1169－1186.

［15］ 王元全，汤敏，王平安. Snake 模型与深度凹陷区域的分割［J］. 计算机研究与发展，2005，42(7)：1179－1184.

［16］ Zhu G P，Zhang S Q，Zeng Q H. Gradient vector flow active contours with prior directional information［J］. Pattern Recognition Letters，2010，31(9)：845－856.

［17］ Amini A A，Weymouth T E，Jain R C. Using dynamic programming for solving variational problems in vision［J］. IEEE Transactions on Pattern Analysis and Machine Intelligence，1990，12(9)：855－867.

［18］ Ji L L，Yan H. Attractable snakes based on the greedy algorithm for contour extraction［J］. Pattern Recognition，2002，35(4)：791－806.

［19］ Menet S，Saint-Marc P，Medioni G. Active contour models：Overview，implementation and applications［C］. 1990 IEEE International Conference on Systems，Man and Cybernetics. Los Angeles，CA：IEEE，1990：194－199.

［20］ Thord A，Gunnar L，Reiner L，et al. Modified Gradient Search for Level Set Based Image Segmentation［J］. IEEE Transactions on Image Processing，2013，22(2)：621－630.

［21］ Li C，Xu C，Gui C，et al. Level Set Evolution without Re-initialization：A New Variational Formulation［C］. In Proceeding of the 2005 IEEE Computer Society Conference eon Computer Vision and Pattern Recognition (CVPR'05)，2005：430－436.

［22］ Yang X，Gao X B，Tao D C，et al. Improving Level Set Method for Fast Auroral Oval Segmentation ［J］. IEEE Transactions on Image Processing，2014，23(7)：2854－2865.

［23］ Mumford D，Shah J. Optimal approximations of piecewise smooth functions and associated variational problems［J］. Communications on Pure and Applied Mathematics，1989，42：577－685.

［24］ Vese L，Chan T. A multiphase level set framework for image segmentation using the Mumford and Shah Model［J］. International Journal of Computer Vision，2002，50(3)：271－293.

［25］ Li C，Kao C. Implicit Active Contours Driven by Local Binary Fitting Energy［C］. Proceedings of IEEE Conference on Computer Vision and Pattern recognition，2007：1－7.

［26］ Amarapur B，Kulkarni P K. External force for deformable models in medical image segmentation：a survey［J］. Signal Image Process，2011，2(2)：82－101.

［27］ Neuenschwander W，Fua P，Szekely G. Making snakes converge from minimal initialization［C］. Proceedings of the 12th IAPR International Conference on Pattern Recognition，1994：613－615.

［28］ Xu C Y，Prince J L. Snakes，shapes and gradient vector flow［J］. IEEE Transactions on Image Process，1998，17(3)：359－369.

［29］ Xu C Y，Prince J L. Generalized gradient vector flow external forces for active contours［J］. Signal Processing，1998，71(2)：131－139.

［30］ Li C M，Liu J D，Fox M D. Segmentation of edge preserving gradient vector flow：an approach toward automatically initializing and splitting of snakes［C］. Proceedings of the 2005 IEEE Computer Society Conference on Computer Vision and Pattern Recognition. Piscataway：IEEE，2005：162－167.

［31］ Ning J F，Wu C K，Liu S D. NGVF：an improved external force field for active contour model［J］. Pattern Recognition Letters，2007，28(1)：58－63.

［32］ Wang Y Q，Liu L X，Zhang H. Image segmentation using active contours with normally biased GVF external force［J］. Signal Processing Letters，2010，17(10)：875－878.

［33］ Qin L M，Zhu C，Zhao Y. Generalized gradient vector flow for snakes：new observations，analysis，and improvement［J］. IEEE Transactions on Circuits and Systems for Video Technology，2013，23(5)：883－897.

［34］ Cham T J，Cipolla R. Stereo coupled active contours［C］. 1997 IEEE Computer Society Conference on Computer Vision and Pattern Recognition. San Juan：IEEE，1997：1094－1099.

［35］ Velasco F A，Marroquin J L. Growing snakes：active contours for complex active contours［J］. Pattern Recognition，2003，36(2)：475－482.

［36］ Williams D J，Shah M. A fast algorithm for active contours and curvature estimation［J］. CVGIP：Image Understanding，1992，55(1)：14－26.

［37］ Sachdeva J，Kumar V，Gupta I. A novel content-based active contour model for brain tumor segmentation［J］. Magnetic Resonance Imaging，2012，30(5)：694－715.

［38］ 吴春俐，张宪林，聂荣，等. 基于小波变换的改进 DDGVF 医学图分割算法［J］. 东北大学学报（自

然科学版），2014，35(6)：790－794.

[39] Dagher I，Tom K E. Water Balloons：A hybrid watershed balloon snake segmentation [J]. Image and Vision Computing，2008，26(7)：905－912.

[40] Estrada F J，Jepson A D. Benchmarking Image Segmentation Algorithms [J]. International Journal of Computer Vision，2009，85(2)：167－181.

[41] Khadidos A，Sanchez V，Li C T. Active contours based on weighted gradient vector flow and balloon forces for medical image segmentation [C]. 2014 IEEE International Conference on Image Processing. Paris：IEEE，2014：902－906.

[42] 胡学刚，汤宏静. 一种改进的 NGVF Snake 模型 [J]. 西南大学学报(自然科学版)，2014，4(36)：139－145.

[43] Aubert G，Pierre K. Mathematical problems in image processing：partial differential equations and the calculus of variations [M]. New York：Springer-Verlag，2006：69－72.

[44] 宁纪锋，吴成柯，姜光. 梯度向量流的各向异性扩散分析 [J]. 软件学报，2010，21(4)：612－619.

[45] Liu G Q，Zhou Z H，Zhong H Q. Gradient descent with adaptive momentum for active contour models [J]. IET Computer Vision，2014，8(4)：287－298.

[46] Cheng J Y，Sun X Y. Medical image segmentation with improved gradient vector flow [J]. Research Journal of Applied Sciences，Engineering and Technology，2012，20：3951－3957.

[47] Yu Z Y，Bajaj C. Normalized Gradient Vector Diffusion and Image Segmentation [C]. Proceedings of the 7th European Conference on Computer Vision. Heidelberg，Germany：Springer-Verlag，2002：517－530.

[48] He Y，Luo Y P，Hu D C. Semi-automatic initialization of gradient vector flow snakes [J]. Journal of Electronic Imaging，2006，15(4)：6－8.

[49] 王元全，贾云得. 梯度矢量流 Snake 模型临界点剖析 [J]. 软件学报，2006，17(9)：1915－1921.

[50] 崔颖，江成顺. 无约束图像分割模型的快速数值算法 [J]. 小型微型计算机系统，2012，33(2)：267－270.

[51] Zhang J M，Sun Z T，Xiu P Y. Image Segmentation Based on Graph Theory Algorithm Simulation Research [J]. Computer Simulation，2011，28(12)：268－271.

[52] 王继策，吴成茂. 基于全散度的变分 CV 模型及其分割算法 [J]. 计算机科学，2015，42(4)：306－310.

[53] 于广婷. 基于水平集的图像分割方法研究 [D]. 成都：西南交通大学，2014.

[54] 潘改，高立群，赵爽. 基于局部熵的主动轮廓模型 [J]. 中国图象图形学报，2013，18(1)：78－85.

[55] Caselles V，Kimmel R，Sapiro G. Geodesic active contour [C]. International Conference on Computer Vision (ICCV)，1995：694－699.

[56] Sher S J，Fedkiw R P. Level set methods and dynamic implicit surfaces [M]. New York：Springer-verlag，2003：41－45.

[57] 潘改，高立群. 改进的参数活动轮廓模型 [J]. 华南理工大学学报（自然科学版），2013，41(9)：40－45.

[58] Zhang K，Zhang L，Song H. Active contours with selective local or global segmentation：A new formulation and level set method [J]. Image & Vision Computing，2010，28(4)：668－676.

[59] Li D Y，Li W F，Liao Q M. Active contours driven by local and global probability Distributions [J]. Journal of visual communication and image representation，2013，24：522－533.

[60] Paragios N，Mellina O G，Ramesh V. Gradient vector flow fast geometric active contours [J]. IEEE Transactions on Pattern Analysis and Machine Intelligence，2004，26(3)：402－407.

［61］ 潘改，高立群，张萍. 融合 C-V 和 GVF 的测地线活动轮廓模型 ［J］. 东北大学学报（自然科学版），2013，34(2)：166－169.

［62］ Cao G，Li Y，Liu Y. Automatic change detection in high-resolution remote-sensing images by means of level set evolution and support vector machine classification ［J］. International Journal of Remote Sensing，2014，35(16)：6255－6270.

［63］ 时华良，李维国. 基于局部与全局拟合的活动轮廓模型 ［J］. 计算机工程，2012，38(18)：203－206.

［64］ 白雪飞，王文剑. 自适应初始轮廓的 Chan-Vese 模型图像分割方法 ［J］. 计算机科学与探索，2013，7(12)：1115－1124.

［65］ Gao G，Wen C，Wang H. Fast Multi-region Image Segmentation Using Statistical Active Contours ［J］. IEEE Signal Processing Letters，2017，24(4)：417－421.

［66］ Li Q，Liu Q，Lei L. An Improved Method Based on CV and Snake Model for Ultrasound Image Segmentation ［C］. Seventh International Conference on Image and Graphics. IEEE，2013：160－163.

［67］ Li C M，Kao C. Minimization of region-scalable fitting energy for image segmentation ［J］. IEEE Transactions on Image processing，2008，17(10)：1940－1949.

［68］ He C J，Wang Y，Chen Q. Active contours driven by local Gaussian distribution fitting energy ［J］. Signal Processing，2012，92(2)：587－600.

［69］ Wang L，He L，Mishra A. Activa contours driven by local Gaussian distribution fitting energy ［J］，Signal Processing，2009，89：2435－2447.

［70］ 王小芳. 基于活动轮廓模型的图像分割算法研究 ［D］. 长沙：中南大学，2011.

［71］ 冯玉玲. 基于偏微分方程的图像分割 ［D］. 重庆：重庆大学，2011.

［72］ Osher S，Sethian J A. Fronts propagating with curvature-dependent speed：Algorithms based on Hamilton-Jacobi formulations ［J］. Journal of Computational Physics，1988，79(1)：12－49.

［73］ Zhao H K，Chan T，Merriman B，et al. A variational level set approach to multiphase Motion ［J］. Journal of Computational Physics，1996，127：179－195.

第4章 基于图论的前景提取

前景常常是指用户关注的实体对象，该对象被感知为空间相邻的多个视觉区域。视觉区域在像素级别上表现为：区域内像素具有一致性，区域间亮度/颜色常常存在显著差异，也可能存在缓慢变化。

学者们根据前景视觉区域在像素级别上的表现，借助人机交互在图像中标注少许前、背景区域，分析标注区域像素的亮度/颜色分布，设计前景和背景模式，结合图像亮度/颜色的视觉感知分析构建前景提取的图模型。基于图论的前景提取模型具有以下优点：

(1) 该模型将图像的二分类问题转化为图分割问题。

(2) 前景提取图的边既描述了图像像素的空间近邻性、亮度/颜色的相似性，又刻画了图像像素的语义隶属度。

(3) 前景提取能量泛函采用图论的最大流/最小割算法进行优化，计算精度较高。

(4) 最大流/最小割算法具有多种优化处理，计算具有高效性。

4.1 前景提取图模型

人眼能快速地从图像中辨识任意语义对象，这些对象通常都表现为一定形状和区域亮度/颜色分布的有机整体。然而，数字图像中语义对象常常借助像素点阵表现出来，由于像素点具有离散性和局部性，所以直接观察像素点阵很难提取其语义对象。为了模拟人眼对图像像素亮度/颜色的视觉感知，学者们分析了人眼对图像像素亮度/颜色的感知效应，根据视觉近邻性和亮度/颜色相似性，将图像像素点阵表示为点阵加权图。图中节点表示像素亮度/颜色的视觉感知；边刻画了像素的近邻性，且边权重描述了两像素的亮度/颜色相似性。图像点阵加权图将图像像素的近邻性和亮度/颜色的视觉相似性转化为加权图，描述了图像像素的低层视觉关系。图像前、背景亮度/颜色视觉效果常常将亮度/颜色看作随机样本，运用统计方法分析亮度/颜色分布，建立前、背景亮度/颜色分布模型。在点阵图中嵌入前、背景亮度/颜色分布模型节点，结合图像低层特征和前、背景亮度/颜色分布，构建前景提取图模型，将图像的前、背景分割问题转化为图割问题。

4.1.1 图像点阵图表示

为了描述人眼对图像像素亮度/颜色的视觉相似性和像素间的视觉近邻性，人们常常

将一幅分辨率为 $M \times N$ 的图像 $\boldsymbol{u}_0$ 表示为一个点阵加权图 $G = (V，E，W)$。加权图由节点集、边集和边权重集三个子集构成，其中节点集 $V = \{v_1，\cdots，v_i，v_j，\cdots\}$ 表示图像的所有像素，该集合基数为图像像素个数，每个节点与图像像素一一对应。节点权重不仅可以表示像素亮度或颜色，还可以表示人眼对光谱的视觉效应，如饱和度和色度。

边集 $E = \{(v_1，v_2)，\cdots，(v_i，v_j)，\cdots\}$ 模拟了人眼视觉感受野，刻画了像素视觉近邻性。在点阵加权图中，若两个节点间没有直接相连的边，则表明图像中对应像素点不满足视觉空间近邻原则；若两个节点间存在一条直接相连的边，则表示对应像素在视觉感受野范围内。边集的基数与感受野和图像像素个数有关，对于给定的图像，感受野越大，边集的基数就越大。在给定感受野的条件下，图像像素个数越多，基数就越大。

边权重集 $W = \{\omega_{1,2}，\cdots，\omega_{i,j}，\cdots\}$ 表示图像像素对的亮度/颜色视觉相似度。一幅图像的像素点阵及其加权图如图 4-1 所示。图 4-1（c）中黑色的圆点表示图像像素点，与像素点连接的边数表示人眼关注像素点借助余光可观察的像素个数。结点 $i，j$ 的边权重 $\omega_{i,j}$ 常常表征像素亮度/颜色的相似性。两像素亮度/颜色相似性越大，则权重越大；反之，则权重越小。

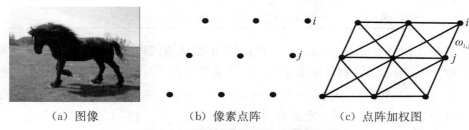

（a）图像　　　　　（b）像素点阵　　　　（c）点阵加权图

图 4-1　图像的像素点阵及其加权图

为了刻画图像像素间的视觉感知效果，常常计算像素间的亮度/颜色差异。对于灰度图像，由于像素仅仅表征场景在该处的亮度大小，图像亮度一般看作标量，其差异可简化为亮度值的绝对差值或相对差值。前者是人眼对亮度的绝对对比度，后者是图像亮度的相对对比度。对于彩色图像，其像素表示了场景在该处的颜色，在图像显示时一般表示为 RGB 颜色模式；图像颜色的视觉效果分析通常采用视觉颜色模式（HSV）。RGB 和 HSV 颜色模式分别从不同应用角度描述了彩色图像，两种颜色模型间的转化在第 8 章进行了详细说明。

无论采用何种颜色模式，彩色图像的像素颜色均可视为矢量。矢量间差异计算常常依据需求而定：如果强调矢量模差异，则使用欧氏距离进行计算；如果侧重于矢量的方向，则采用矢量点集计算方向夹角。在前景提取中，常常运用欧氏距离计算彩色图像的颜色差异。为了模拟人眼对亮度/颜色的视觉感知效应，运用负指数函数来表示人眼对亮度/颜色差异的视觉效应。当像素间亮度/颜色相近时，对应节点间的边权重较大；反之，边权重趋于零。结合人眼的空间近邻性，点阵加权图中节点对 $(i，j)$ 的边权重可定义为

$$\omega_{i,j} = \frac{1}{dis(i,j)}\left[1 + \gamma \exp\left(-\frac{\|u_i - u_j\|_2^2}{\lambda}\right)\right] \tag{4-1}$$

式中，$dis(i，j)$ 表示像素 $i，j$ 的空间距离。常数 γ 调节视觉颜色与视野大小的权重，当 $\gamma = 0$ 时，权重 $\omega_{i,j}$ 仅表示像素 $i，j$ 的空间近邻程度；当 $\gamma \to \infty$ 时，权重 $\omega_{i,j}$ 表示像素 $i，j$ 的亮度/颜色视觉效果。点阵加权图的各边权重计算代码见程序 4-1。

程序 4-1　边权重计算

```
BOOL CalcEdgeWeights(double * img, double * leftW, double * upleftW, double * upW, double *
uprightW, double beta, double gamma, int Width, int Height, int dimension){
/* beta 计算,程序 4-2*/const double gamma;DivSqrt2=gamma / sqrt(2.0f); int i,j,k;
double r, * color=new double[dimension]; for (i=0; i<Height; i++)for (j=0; j<Width; j++){for
(k=0; k<dimension; k++) color[k]=img[dimension * (i * Width+j)+k];
    if (j-1 >=0){ /* left */ r=0;
        for(k=0; k<dimension; k++)r+=pow( (color[k]−img[dimension * (i * Width+j−1)+
k]),2);
        leftW[i * Width+j]=gamma * exp(−beta * r); }
    else leftW[i * Width+j]=0;if (i-1 >=0 && j-1 >=0){ /* upleft */r=0;
    for(k=0;k<dimension; k++)r+=pow( (color[k]−img[dimension * ((i−1) * Width+j−1)+k]),2);
        upleftW[i * Width+j]=gammaDivSqrt2 * exp(−beta * r); }
    else upleftW[i * Width+j]=0; if (i-1 >=0){ /* up */r=0;
    for(k=0; k<dimension; k++)r+=pow( (color[k]−img[dimension * ((i−1) * Width+j)+k]),2);
        upW[i * Width+j]=gamma * exp(−beta * r); }
    else upW[i * Width+j]=0; if (j+1<Width && i-1 >=0){ /* upright */ r=0;
    for(k=0; k< dimension; k++)r+=pow(color[k]−img[dimension * ((i−1) * Width+j+1)+k]),2);
        uprightW[i * Width+j]=gammaDivSqrt2 * exp(−beta * r); }
    else uprightW[i * Width+j]=0; } delete[]color;return FUN _ OK;}
```

　　自然场景光谱能量范围一般较大，导致图像的取值范围较大。如果采用欧式距离计算像素间亮度/颜色的差异，则灰度图像的差异取值范围为 $[0, 255]$，彩色图像的差异取值范围为 $[0, \sqrt{3} \times 255]$。由于图像区域内像素亮度/颜色差异较小，而区域间存在显著差异，为了确保边权重在不同差异间进行适当切换，在式（4-1）中引入了常数 λ，该常数定义为图像中所有像素对亮度/颜色差异的平均值：

$$\lambda = \frac{\sum_{(i,j)\in E} \|u_i - u_j\|_2^2}{\|E\|}$$

式中，$\|E\|$ 表示边集基数。

　　数字图像在计算机中表示为点阵，然而前景轮廓或图像边缘曲线是连续的。连续曲线在无向图中称为道路，闭曲线称为圈。为了使点阵无向图中的道路或圈可以有效地模拟前景轮廓曲线的几何连续性，在连续曲线离散化过程中，节点相连的边数越多越可有效减少前景轮廓曲线离散化的几何伪影，但计算量却成倍增加。假设以 8 邻域像素为分析基元，图像中不同位置（角点、图像边界和内部区域）的邻域像素大致可分为以下三种情况：

　　（1）如果像素位于图像边界角点处，该像素有 3 个邻域像素，则对应节点的连接边数为 3，如图 4-2（a）所示。

　　（2）如果像素位于图像边界而非角点处，该像素有 5 个邻域像素，则对应节点的连接边数为 5，如图 4-2（b）所示。

　　（3）如果像素位于图像内部，该像素有 8 个邻域像素，则对应节点的连接边数为 8，如图 4-2（c）所示。

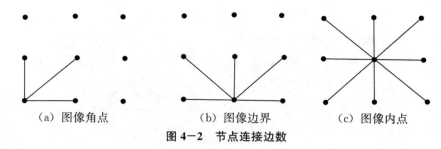

（a）图像角点　　　　　　　（b）图像边界　　　　　（c）图像内点
图 4－2　节点连接边数

图像处理中常常采用 8 邻域，分辨率为 $M \times N$ 图像的对应点阵加权图的边集基数为
$$\|\boldsymbol{E}\| = 4M \times N - 3(M + N) + 2$$
图像中所有像素对亮度/颜色差异的平均值计算代码见程序 4－2。

程序 4－2　图像亮度/颜色差异的平均值计算

```
double CalcBeta(const double * img, int Width, int Height, int dimension)//计算常数 λ
{double beta=0;double * color=new double[dimension];
    for (int i=0; i<Height;++i){ for (int j=0; j<Width;++j){
    for( k=0; k<dimension; k++)color[k]=img[dimension * (i * Width+j)+k];
  if (j > 0)for( k=0; k<dimension; k++)
    beta+=(color[k]−img[dimension * (i * Width+j−1)+k]) * (color[k]−img[dimension * (i *
Width+j−1)+k]);
  if (j > 0 && i > 0)for(int k=0; k<dimension; k++)
    beta+=(color[k]−img[dimension * ((i−1) * Width+j−1)+k]) * (color[k]−img[dimension * ((i −1)
* Width+j−1)+k]);
  if (i > 0)for( k=0; k<dimension; k++)
    beta+=(color[k]−img[dimension * ((i−1) * Width+j)+k]) * (color[k]−img[dimension *
((i−1) * Width+j)+k]);
  if (i > 0 && j<Width−1)for( k=0; k<dimension; k++)
    beta+=(color[k]−img[dimension * ((i−1) * Width+j+1)+k]) * (color[k]−img[dimension * ((i
−1) * Width+j+1)+k]); }}
    if(beta<=std::numeric _ limits<double>::epsilon())beta=0;
    else beta=1.0 / (2 * beta/(4 * Height * Width−3 * Height−3 * Width+2));
    delete[]color; return beta;}
```

4.1.2　前景提取图表示

图像中前、背景亮度/颜色分布常常存在显著性差异，学者们将其分布表示为节点，并将其嵌入图像点阵图中，分析任意像素与前、背景节点之间的关系，构建前景提取图，如图 4－3 所示。图 4－3（b）中前景和背景分布模式分别为 $\boldsymbol{M}_F$ 和 $\boldsymbol{M}_B$，虚线的边权重表示图像像素属于前景和背景的概率，该概率常常用于衡量像素与前景和背景亮度/颜色分布模式的匹配测度。匹配测度可计算如下：
$$\begin{cases} \omega_{i,F} = P(u_i | \boldsymbol{M}_F) \\ \omega_{i,B} = P(u_i | \boldsymbol{M}_B) \end{cases} \tag{4-2}$$

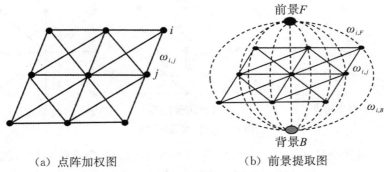

(a) 点阵加权图　　　　　(b) 前景提取图

图 4-3　前景提取图表示

　　前景提取图是模拟人眼对图像像素的近邻性、亮度/颜色的视觉相似性，结合前、背景亮度/颜色的分布模式，对图像像素赋予语义标签的模型。在该图中，节点不仅表示图像像素的低层特性，如像素亮度/颜色，还表征了前景或背景的亮度/颜色分布模式。图中边权重由两部分构成：一部分描述了像素间的视觉近邻性和亮度/颜色的视觉相似性，另一部分表示像素属于前景或背景的可能性。前景提取图的构建代码见程序 4-3。

程序 4-3　前景提取图的构建

```
BOOL ConstructGraph(GCGraph<double> &graph, double * img, BYTE * mask, BYTE * compIdxs,
GMM * bgdGMM, GMM * fgdGMM, double gamma, double beta, double * leftW, double * upleftW,
double * upW, double * uprightW, int Width, int Height, int dimension){
int i,j,k,lamda=450; double * color=new double[dimension]; int vtxCount=Height * Width;
int edgeCount=2 * (4 * Height * Width-3 * (Height+Width)+2);//计算边集基数
graph.create(vtxCount,edgeCount);//构造节点集和边集
for(i=0;i<Height;i++)for(j=0;j<Width;j++){
    int vtxIdx=graph.addVtx();
    for(k=0; k<dimension; k++)color[k]=img[dimension * (i * Width+j)+k];
    double fromSource,toSink; //像素到前景、背景的边
    if (mask[i * Width+j]==GC_PR_BGD || mask[i * Width+j]==GC_PR_FGD){
        fromSource=-log(Compute1(bgdGMM, color, dimension));
        toSink=-log(Compute1(fgdGMM, color, dimension)); }
    else if (mask[i * Width+j]==GC_BGD){fromSource=0;toSink=lamda;}
        else { fromSource=lamda; toSink=0;}
        graph.addTermWeights( vtxIdx,fromSource,toSink );//图像像素点阵边
    if (j > 0){ / * left * /
        double w=leftW[i * Width+j]; graph.addEdges( vtxIdx,vtxIdx-1,w,w ); }
    if (i > 0 && j > 0){ / * upleft * /
        double w=upleftW[i * Width+j]; graph.addEdges( vtxIdx,vtxIdx-1-Width,w,w ); }
    if (i > 0){ / * up * /
        double w=upW[i * Width+j];graph.addEdges( vtxIdx,vtxIdx-Width,w,w );}
    if (j+1<Width && i-1 >=0){/ * upright * /
        double w=uprightW[i * Width+j];graph.addEdges( vtxIdx,vtxIdx-Width+1,w,w ); }}
        delete[]color; return FUN_OK;}
```

4.2　前景模式

图像前景是体现图像内容的主要对象之一，不同观察者由于自身的先验知识或兴趣不同，对一幅图像内容的理解也不相同，所以图像前景因人而异。为了有助于用户在图像中提取其关注的语义对象，观察者常常在图像中标注其感兴趣对象的部分像素。假设标注像素的亮度/颜色来自同一总体（前景或背景）的随机样本，运用统计学理论分析、标注像素的亮度/颜色分布，并建立前景和背景模式。根据统计分析方法，图像前景和背景亮度/颜色分布模式大致可分为带参数和无参数模式。带参数模式假设前景或背景任意区域像素的亮度/颜色服从高斯分布，并将各个区域的高斯分布线性组合，建立前、背景亮度/颜色分布的高斯混合模型。无参数模式常常是直接统计分析标注像素的亮度/颜色分布，如局部直方图。

4.2.1　局部直方图模式

假设用户标注的所有像素均来自同一对象（前景或背景），那么标注像素的亮度/颜色分布可简单地表示为局部直方图（Local Histogram），它是随机样本统计频率的具体应用。

如果把灰度图像的亮度看作相互独立的随机样本，其直方图表示各个亮度等级在该图像中出现的频率，具体计算如下：

$$p(u_k) = \frac{n_k}{m} \tag{4-3}$$

式中，n_k 表示亮度等级 u_k 在图像中出现的次数，m 为图像像素的总数。

用户标注像素的亮度直方图仅仅将图像像素总数替换为标注像素集的基数，将亮度等级 u_k 出现的次数更换为标注像素集中出现的次数即可。由于用户标注的像素仅仅是图像的部分像素，所以对应直方图常常称为局部直方图。用户标注像素亮度直方图的计算见程序 4-4。

程序 4-4　采样像素集的局部直方图

```
Histogram(BYTE * lpData, double * pixelnumber, int Number){
for (Temi=0;Temi<256;Temi++)pixelnumber[Temi]=0; //初始化
for( Temi=0;Temi<Number;Temi++)pixelnumber[lpData[Temi]]++;//计算次数
for(Temi=0;Temi<256;Temi++)pixelnumber[Temi]/=1.0 * Number;//计算频率
return FUN _ OK;}
```

灰度图像中像素取值仅仅表示亮度信息，该图像的亮度等级只有 256 级，因此灰度图像中标注像素直方图的计算比较简单。然而彩色图像表示的颜色多达 256^3 种，每个颜色等级在图像中出现的频率较小，导致不同对象颜色分布差异较小。为了提高不同对象颜色直方图的差异性，学者们结合人眼对颜色的分辨率，将 RGB 颜色模式转化为伪彩色，对伪彩色进行统计分析，建立对象的颜色分布模式。前、背景局部直方图具有以下性质：

（1）局部直方图是标注像素亮度/颜色分布的一维信息，只能反映标注像素的亮度/颜色信息，而不能表示位置信息。

（2）局部直方图与标注像素之间的关系是一对多的映射关系，即一个标注像素集合存在唯一的局部直方图与之对应，反之可表示不同标注像素集合的亮度/颜色分布。

局部直方图表示的前、背景模式的准确性依赖于用户标注数量，标注像素数量越多，模式的准确性越高。同时，该模型忽略了标注像素的视觉相似性，不利于表示视觉特性。

4.2.2　高斯混合模式

图像中任意前景都是由一个或几个视觉区域构成的，区域内像素亮度/颜色在视觉上呈现相似性，其亮度/颜色可看作是来自同一总体的随机样本。假设每个视觉区域的像素个数为无穷大，且每个像素的亮度/颜色都是独立的，依据概率论的中心极限定理，大量的相互独立、服从同一分布的随机变量总体服从高斯分布，因此，图像视觉区域像素的颜色可描述为高斯分布。

设某图像的前景由 N 个视觉区域构成，其中第 m 个视觉区域存在 N_m 个像素，每个像素的颜色（RGB 或 HSV）表示为 $\boldsymbol{u}_i^m = (\boldsymbol{u}_{i,1}^m, \boldsymbol{u}_{i,2}^m, \boldsymbol{u}_{i,3}^m)^{\mathrm{T}}$，$i = 1, 2, \cdots, N_m$，那么该视觉区域的颜色分布密度函数为

$$G^m(\boldsymbol{\mu}_m, \boldsymbol{\Sigma}_m, \boldsymbol{u}_i^m) = \frac{1}{\sqrt{(2\pi)^3 \det(\boldsymbol{\Sigma}_m)}} \exp\left[-\frac{1}{2}(\boldsymbol{u}_i^m - \boldsymbol{\mu}_m)^{\mathrm{T}} \boldsymbol{\Sigma}_m^{-1}(\boldsymbol{u}_i^m - \boldsymbol{\mu}_m)\right] \quad (4-4)$$

式中，$\boldsymbol{\mu}_m$ 和 $\boldsymbol{\Sigma}_m$ 分别表示第 m 个视觉区域像素颜色的均值向量和协方差阵。根据数理统计，$\boldsymbol{\mu}_m$ 和 $\boldsymbol{\Sigma}_m$ 可运用最大似然估计方法得到。

设第 m 个视觉区域的像素颜色服从高斯分布，其分布参数为 $\boldsymbol{\theta} = (\boldsymbol{\mu}_m, \boldsymbol{\Sigma}_m)$，独立同分布的像素颜色样本集 $D = \{u_1^m, u_2^m, \cdots, u_{N_m}^m\}$ 的联合分布函数为

$$p(D \mid \boldsymbol{\theta}) = p(u_1^m, u_2^m, \cdots, u_{N_m}^m \mid \boldsymbol{\theta}) = \prod_{i=1}^{N_m} p(\boldsymbol{u}_i^m \mid \boldsymbol{\theta})$$

在数理统计中，联合分布函数 $p(D \mid \boldsymbol{\theta})$ 称为相对于样本 D 的参数似然函数：

$$\ell(\boldsymbol{\theta}) = \prod_{i=1}^{N_m} p(\boldsymbol{u}_i^m \mid \boldsymbol{\theta})$$

参数 $\boldsymbol{\theta}$ 的估计可以表示为

$$\hat{\boldsymbol{\theta}} = \underset{\boldsymbol{\theta}}{\mathrm{argmax}}\{\ell(\boldsymbol{\theta})\} = \underset{\boldsymbol{\theta}}{\mathrm{argmax}}\left\{\prod_{i=1}^{N_m} p(\boldsymbol{u}_i^m \mid \boldsymbol{\theta})\right\}$$

为了简化计算，常常引入对数似然函数 $f(\boldsymbol{\theta}) = \ln[\ell(\boldsymbol{\theta})]$：

$$f(\boldsymbol{\theta}) = \underset{\boldsymbol{\theta}}{\mathrm{argmax}}\{\ln[\ell(\boldsymbol{\theta})]\} = \underset{\boldsymbol{\theta}}{\mathrm{argmax}}\left\{\ln\left[\prod_{i=1}^{N_m} p(\boldsymbol{u}_i^m \mid \boldsymbol{\theta})\right]\right\}$$

最大估计量应为偏微分方程的解：

$$\frac{\partial \ln[\ell(\boldsymbol{\theta})]}{\partial \boldsymbol{\theta}} = \sum_{i=1}^{N_m} \frac{\partial \ln[p(\boldsymbol{u}_i^m \mid \boldsymbol{\theta})]}{\partial \boldsymbol{\theta}} = 0$$

最大估计量 $\hat{\boldsymbol{\theta}} = (\hat{\boldsymbol{\mu}}_m, \hat{\boldsymbol{\Sigma}}_m)$ 为偏微分方程解向量：

$$\begin{cases} \hat{\boldsymbol{\mu}}_m = \dfrac{1}{N_m} \displaystyle\sum_{i=1}^{N_m} \boldsymbol{u}_i^m = \bar{\boldsymbol{u}}^m \\[4mm] \hat{\boldsymbol{\Sigma}}_m = \dfrac{1}{N_m} \displaystyle\sum_{i=1}^{N_m} (\boldsymbol{u}_i^m - \bar{\boldsymbol{u}}^m)(\boldsymbol{u}_i^m - \bar{\boldsymbol{u}}^m)^{\mathrm{T}} \end{cases}$$

第 m 个视觉区域的颜色均值向量可表示为

$$\bar{\boldsymbol{u}}^m = \frac{1}{N_m} \sum_{i=1}^{N_m} \boldsymbol{u}_i^m = (\bar{u}_1^m, \bar{u}_2^m, \bar{u}_3^m)^{\mathrm{T}}$$

该视觉区域的离差矩阵定义为

$$\boldsymbol{S}^m = \sum_{i=1}^{N_m} (\boldsymbol{u}_i^m - \bar{\boldsymbol{u}}^m)(\boldsymbol{u}_i^m - \bar{\boldsymbol{u}}^m)^{\mathrm{T}} = \sum_{i=1}^{N_m} \begin{bmatrix} u_{i,1}^m - \bar{u}_1^m \\ u_{i,2}^m - \bar{u}_2^m \\ u_{i,3}^m - \bar{u}_3^m \end{bmatrix} (u_{i,1}^m - \bar{u}_1^m \quad u_{i,2}^m - \bar{u}_2^m \quad u_{i,3}^m - \bar{u}_3^m)$$

$$= \sum_{i=1}^{N_m} \begin{bmatrix} (u_{i,1}^m - \bar{u}_1^m)^2 & (u_{i,1}^m - \bar{u}_1^m)(u_{i,2}^m - \bar{u}_2^m) & (u_{i,1}^m - \bar{u}_1^m)(u_{i,3}^m - \bar{u}_3^m) \\ (u_{i,2}^m - \bar{u}_2^m)(u_{i,1}^m - \bar{u}_1^m) & (u_{i,2}^m - \bar{u}_2^m)^2 & (u_{i,2}^m - \bar{u}_2^m)(u_{i,3}^m - \bar{u}_3^m) \\ (u_{i,3}^m - \bar{u}_3^m)(u_{i,1}^m - \bar{u}_1^m) & (u_{i,3}^m - \bar{u}_3^m)(u_{i,2}^m - \bar{u}_2^m) & (u_{i,3}^m - \bar{u}_3^m)^2 \end{bmatrix}$$

协差矩阵为

$$\boldsymbol{V}^m = \frac{1}{N_m} \boldsymbol{S}^m = \frac{1}{N_m} \sum_{i=1}^{N_m} (\boldsymbol{u}_i^m - \bar{\boldsymbol{u}}^m)(\boldsymbol{u}_i^m - \bar{\boldsymbol{u}}^m)^{\mathrm{T}}$$

$$= \frac{1}{N_m} \sum_{i=1}^{N_m} \left[\boldsymbol{u}_i^m (\boldsymbol{u}_i^m)^{\mathrm{T}} - \boldsymbol{u}_i^m (\bar{\boldsymbol{u}}^m)^{\mathrm{T}} - \bar{\boldsymbol{u}}^m (\boldsymbol{u}_i^m)^{\mathrm{T}} + \bar{\boldsymbol{u}}^m (\bar{\boldsymbol{u}}^m)^{\mathrm{T}} \right]$$

$$= \frac{1}{N_m} \sum_{i=1}^{N_m} \boldsymbol{u}_i^m (\boldsymbol{u}_i^m)^{\mathrm{T}} - \bar{\boldsymbol{u}}^m (\bar{\boldsymbol{u}}^m)^{\mathrm{T}}$$

上式第一项 $\dfrac{1}{N_m} \displaystyle\sum_{i=1}^{N_m} \boldsymbol{u}_i^m (\boldsymbol{u}_i^m)^{\mathrm{T}}$ 为像素二阶原点矩阵：

$$\boldsymbol{X}_2^m = \frac{1}{N_m} \sum_{i=1}^{N_m} \boldsymbol{u}_i^m (\bar{\boldsymbol{u}}^m)^{\mathrm{T}} = \frac{1}{N_m} \sum_{i=1}^{N_m} (u_{i,1}^m \quad u_{i,2}^m \quad u_{i,3}^m)^{\mathrm{T}} (u_{i,1}^m \quad u_{i,2}^m \quad u_{i,3}^m)$$

$$= \frac{1}{N_m} \sum_{i=1}^{N_m} \begin{bmatrix} (u_{i,1}^m)^2 & u_{i,1}^m u_{i,2}^m & u_{i,1}^m u_{i,3}^m \\ u_{i,2}^m u_{i,1}^m & (u_{i,2}^m)^2 & u_{i,2}^m u_{i,3}^m \\ u_{i,3}^m u_{i,1}^m & u_{i,3}^m u_{i,2}^m & (u_{i,3}^m)^2 \end{bmatrix}$$

协差矩阵可以简化为

$$\boldsymbol{V}^m = \boldsymbol{X}_2^m - \bar{\boldsymbol{u}}^m (\bar{\boldsymbol{u}}^m)^{\mathrm{T}}$$

运用最大似然法估计某对象中第 m 个视觉区域颜色分布的高斯参数为 $\boldsymbol{\mu}_m = \bar{\boldsymbol{u}}^m$，$\boldsymbol{\Sigma}_m = \boldsymbol{V}^m$，则 $\boldsymbol{\mu}_m$ 和 $\boldsymbol{\Sigma}_m$ 的估计量具有以下性质：

（1）$E(\bar{\boldsymbol{u}}^m) = \boldsymbol{\mu}_m$，即 $\bar{\boldsymbol{u}}^m$ 是 $\boldsymbol{\mu}_m$ 的无偏估计。

（2）由于 $E(\boldsymbol{V}^m) = \dfrac{N_m - 1}{N_m} \boldsymbol{\Sigma}_m \neq \boldsymbol{\Sigma}_m$，所以 $\boldsymbol{V}^m$ 不是 $\boldsymbol{\Sigma}_m$ 的无偏估计，而 $E\left(\dfrac{\boldsymbol{S}^m}{N_m - 1}\right) =$

$$E\left(\frac{N_m \boldsymbol{V}^m}{N_m-1}\right) = \boldsymbol{\Sigma}_m，即\frac{\boldsymbol{S}^m}{N_m-1}为\boldsymbol{\Sigma}_m的无偏估计。$$

（3）$\bar{u}^m$ 和 $\boldsymbol{V}^m$ 分别是 $\boldsymbol{\mu}_m$ 和 $\boldsymbol{\Sigma}_m$ 的有效估计。

（4）$\bar{u}^m$ 和 $\boldsymbol{V}^m \left(或 \dfrac{\boldsymbol{S}_m}{N_m-1}\right)$ 分别是 $\boldsymbol{\mu}_m$ 和 $\boldsymbol{\Sigma}_m$ 的一致估计。

视觉区域内像素均值向量和协方差阵在前、背景颜色统计分析中具有十分重要的作用，并存在以下结论：

（1）$\bar{u}^m$ 和 $\boldsymbol{V}^m$ 相互独立。

（2）$\boldsymbol{V}^m$ 正定的充要条件是 $N_m > 3$。这一条件常常自动满足，因为构成前景的任意视觉区域像素个数远远大于 3。

视觉区域协方差阵行列式和逆矩阵的具体计算见程序 4-5。

程序 4-5　协方差阵的行列式和逆矩阵

```
BOOL InverseCov _ Det(double * cov, double& det){ double * inversecov=new double[9];
    det=cov[0] * ( cov[4] * cov[8]−cov[5] * cov[7])− cov[1] * (cov[3] * cov[8]−
        cov[5] * cov[6])+cov[2] * (cov[3] * cov[7]−cov[4] * cov[6]);
if (det<=std::numeric _ limits<double>::epsilon()){
    cov[0]+=0.01; cov[4]+=0.01;cov[8]+=0.01;
        det=cov[0] * ( cov[4] * cov[8]−cov[5] * cov[7])− cov[1] *
            (cov[3] * cov[8]−cov[5] * cov[6])+cov[2] * (cov[3] * cov[7]−cov[4] * cov[6]);}
    inversecov[0]=(cov[4] * cov[8]−cov[5] * cov[7])/det; //计算协方差的逆矩阵
    inversecov[1]=−(cov[3] * cov[8]−cov[5] * cov[6])/det;
    inversecov[2]=(cov[3] * cov[7]−cov[4] * cov[6])/det;
    inversecov[3]=−(cov[1] * cov[8]−cov[2] * cov[7])/det;
    inversecov[4]=(cov[0] * cov[8]−cov[2] * cov[6])/det;
    inversecov[5]=−(cov[0] * cov[7]−cov[1] * cov[6])/det;
    inversecov[6]=(cov[1] * cov[5]−cov[2] * cov[4])/det;
    inversecov[7]=−(cov[0] * cov[5]−cov[2] * cov[3])/det;
    inversecov[8]=(cov[0] * cov[4]−cov[1] * cov[3])/det;
    memcpy(cov, inversecov, sizeof(double) * 9);delete[ ]inversecov;return FUN _ OK;}
```

若图像前景由 N 个视觉区域构成，且每个视觉区域的颜色服从高斯分布，那么前景的颜色分布可表示为 N 个高斯函数的加权和，即高斯混合模型：

$$\boldsymbol{M}_F = \sum_{m=1}^{N} \pi_m G^m(\boldsymbol{\mu}_m, \boldsymbol{\Sigma}_m, \boldsymbol{u}_i^m) \tag{4-5}$$

式中，π_m 表示第 m 个区域相对于前景的面积比值。

图像前景任意区域的面积、均值向量和协方差阵的计算代码见程序 4-6。

程序 4-6　参数估计

```
BOOL Learned _ Gaussianparameter(double * lpData, int width, int * Tempid, double * parameter, int
&cluster){/ * parameter 参数构成:[0]图像维度[1]协方差阵行列式[2-4]R、G、B 值的均值[5-13]协
方差阵元素 * /
    memset(parameter,0, sizeof(double) * 14 * cluster);int Temi, Temj, Temk;
    double * cov=new double[9];memset(cov,0, sizeof(double) * 9);//设置初值
    for(Temi=0;Temi<width;Temi++){ parameter[14 * Tempid[Temi]]+=1;//区域面积计算
    parameter[14 * Tempid[Temi]+2]+=lpData[3 * Temi] * 255;//计算均值向量
```

```
parameter[14 * Tempid[Temi]+3]+=lpData[3 * Temi+1] * 255;
parameter[14 * Tempid[Temi]+4]+=lpData[3 * Temi+2] * 255; //计算协方差阵
parameter[14 * Tempid[Temi]+5]+=lpData[3 * Temi] * lpData[3 * Temi] * 255 * 255;
parameter[14 * Tempid[Temi]+6]+=lpData[3 * Temi] * lpData[3 * Temi+1] * 255 * 255;
parameter[14 * Tempid[Temi]+7]+=lpData[3 * Temi] * lpData[3 * Temi+2] * 255 * 255;
parameter[14 * Tempid[Temi]+8]=parameter[14 * Tempid[Temi]+6];
parameter[14 * Tempid[Temi]+9]+=lpData[3 * Temi+1] * lpData[3 * Temi+1] * 255 * 255;
parameter[14 * Tempid[Temi]+10]+=lpData[3 * Temi+1] * lpData[3 * Temi+2] * 255 * 255;
parameter[14 * Tempid[Temi]+11]=parameter[14 * Tempid[Temi]+7];
parameter[14 * Tempid[Temi]+12]=parameter[14 * Tempid[Temi]+10];
parameter[14 * Tempid[Temi]+13]+=lpData[3 * Temi+2] * lpData[3 * Temi+2] * 255 * 255; }
for(Temj=0;Temj<cluster;Temj++){double det=0;
parameter[14 * Temj+2]/=parameter[14 * Temj];
parameter[14 * Temj+3]/=parameter[14 * Temj];
parameter[14 * Temj+4]/=parameter[14 * Temj];
for(Temi=0;Temi<3;Temi++) for(Temk=0;Temk<3;Temk++)
cov[3 * Temi+Temk]=parameter[14 * Temj+5+3 * Temi+Temk]/parameter[14 * Temj]-
                    parameter[14 * Temj+2+Temi] * parameter[14 * Temj+2+Temk];
InverseCov _ Det(cov,det); //计算协方差阵的逆矩阵和行列式值
for(Temi=0;Temi<9;Temi++)   parameter[14 * Temj+Temi+5]=cov[Temi];
parameter[14 * Temj]/=(1.0 * width);   parameter[14 * Temj+1]=det; }
delete[]cov;   return FUN _ OK;}
```

实际中我们并不知道图像前景有几个视觉区域以及视觉区域中包含哪些像素。为了解决这个问题，工程上常常假设已知前景的视觉区域个数，结合视觉区域颜色相似性，运用 K-means 算法对前景进行视觉区域划分。K-means 算法根据像素颜色相似性原则将前景像素聚类为 K 类（视觉区域个数），分析前景像素颜色与各个视觉区域的相似性，按最大相似度原则对前景像素进行视觉区域划分，更新视觉区域均值，重复上述过程直到各个视觉区域均值稳定。利用 K-means 算法划分前景视觉区域的计算代码见程序 4-7，其具体算法如下：

（1）从前景像素集中随机选取 K 个像素颜色作为各个区域的初始均值。

（2）运用欧氏距离分析每个像素与 K 区域均值的相似度，并将像素划分为相似度较高的区域。

（3）更新区域均值。

（4）迭代（2）和（3），直至相邻两次的所有区域均值相等或小于指定阈值。

程序 4-7　基于 K-means 的视觉区域分割

```
BOOL K _ Means(double * TempData,double * initseed/ * 区域初始均值 * /,int Width,int
dimension,int clusters/ * 区域个数 * /,int * flagData/ * 区域标号 * /,int * number){
int Temk,Temi,Temj,positonflag; double sum,dist,oldsum=3.0 * Width;
double * positionData=new double[dimension];  double * oldseed=new double[dimension * clusters];
double * sumseed=new double[dimension * clusters];
for (Temk=0; Temk<50; Temk++){ dist=Width * 1.0; sum=0;
    memcpy(oldseed,initseed,sizeof(double) * dimension * clusters);
    memset(sumseed,0,sizeof(double) * dimension * clusters);
    memset(number,0,sizeof(int) * clusters);
for (Temi=0; Temi<Width; Temi++){for (Temj=0; Temj<dimension; Temj++)
```

```
        positionData[Temj]=TempData[dimension * Temi+Temj];
        positonflag=ClusterPoint(positionData, oldseed, dimension, clusters, &dist);
            sum+=dist; flagData[Temi]=positonflag; number[positonflag]+=1;
        for (Temj=0; Temj<dimension; Temj++)
            sumseed[positonflag * dimension+Temj]+=positionData[Temj]; }
for (Temi=0; Temi<clusters; Temi++)   if (number[Temi]!=0)
for (Temj=0; Temj<dimension; Temj++)
initseed[Temi * dimension+Temj]=sumseed[Temi * dimension+Temj]/ number[Temi];
if (fabs(oldsum-sum)> 0.001)   oldsum=sum;
else break;} delete[ ]sumseed, positionData, oldseed; return FUN _ OK;}
```

由于 K-means 算法运用均值表示视觉区域，所以对视觉区域颜色球状分布聚类效果较好，但仍存在以下问题：

（1）该算法收敛于局部最优。初始均值与运行效率密切相关，如果随机选取初始均值，则有可能导致迭代次数较大或者陷入某个局部最优状态。

（2）结果敏感于异常数据。

（3）该算法必须事先知道构成对象的视觉区域个数。

基于 K-means 的前景视觉区域分割算法中，视觉区域个数常常需要人为预先设定，其分割效果取决于参数 K。如果 K 较小，则视觉区域的像素存在奇异像素；反之，则细分为多个视觉区域。为了消除不适当的视觉区域个数对 K-means 算法的负面影响，我们分析了视觉区域亮度/颜色分布的内聚性和视觉区域间的差异性，内聚性和差异性使得亮度/颜色直方图形状呈多模态。比如，图像中前景由两个区域构成：黑灰色区域和灰白色区域，其亮度直方图波形如图 4-4 所示。该图像对应的直方图形状表现为两个波峰：一个波峰对应黑灰色区域，另一个波峰对应灰白色区域。两个波峰间的谷点为视觉区域分割的最佳亮度值。

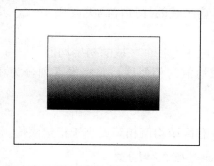

（a）亮度渐变对象　　　　　　　　（b）直方图波形

图 4-4　亮度直方图波形

实际上图像前景的视觉区域常常存在纹理，这使得前景亮度直方图 $h(z)$ 呈现许多局部波峰。为了去除局部波峰，同时保护直方图的整体形状，工程上常常对直方图进行中值滤波得到 $\tilde{h}_s(z)$，结合波谷点邻域处 $\tilde{h}_s(z)$ 一阶导数的符号变化检测谷点：

$$v_m = \begin{cases} \dfrac{z_i+z_j}{2}, & \delta(\tilde{h}_s(z_i))<0, \delta(\tilde{h}_s(z_j))>0, \delta(\tilde{h}_s(z_l))=0, l \in \{i+1,\cdots,j-1\} \\ z_m, & \delta(\tilde{h}_s(z_{m-1}))<0, \delta(\tilde{h}_s(z_{m+1}))>0 \end{cases}$$

式中，$\delta(\cdot)$ 表示导数的离散运算，即差分运算。

设检测波谷对应的亮度序列 $v = \{v_0, \cdots, v_{m-1}, v_m, \cdots, v_K\}$，前景像素亮度取值范围被划分为 K 段，每一段对应直方图的一个波峰，该波峰对应的像素应属于同一视觉区域。对于 RGB 颜色模式图像，像素亮度 $z = 0.299R + 0.587B + 0.114B$。第 m 个视觉区域像素亮度取值范围应为 $[v_{m-1}, v_m)$。该区域相对于对象面积的比值 π_m、颜色分布的均值向量 $\bar{\boldsymbol{u}}^m$ 和二阶原点矩阵 $\boldsymbol{X}_2^m$ 可简化计算为

$$\pi_m = \sum_{z_i = \nu_{m-1}}^{\nu_m - 1} h(z_i), \quad \bar{\boldsymbol{u}}^m = \frac{1}{\pi_m} \sum_{z_i = \nu_{m-1}}^{\nu_m - 1} h(z_i)\, \boldsymbol{u}_i,$$

$$\boldsymbol{X}_2^m = \frac{1}{\pi_m} \sum_{z_i = \nu_{m-1}}^{\nu_m - 1} h(z_i)\, \boldsymbol{u}_i\, \boldsymbol{u}_i^{\mathrm{T}}$$

该视觉区域颜色分布的高斯参数为 $\boldsymbol{\mu}_m = \bar{\boldsymbol{u}}^m$，$\boldsymbol{\Sigma}_m = \boldsymbol{X}_2^m - \bar{\boldsymbol{u}}^m (\bar{\boldsymbol{u}}^m)^{\mathrm{T}}$。

4.3　权重计算

在工程上，图像中前景和背景模式并非已知，常常需要用户标注部分像素作为前景和背景模式学习或者模式参数估计，这些标注的像素都是人为确定它们属于前景还是背景，因此，标注的图像像素与前景和背景模式之间的连接权重常常设定为常数 k。设 $k = 500$，这使得标注像素在前景提取过程中不会被错误地划分。图像中未标注的像素集称为不确定集合，该集合中像素与前景和背景模式的权重计算取决于前景和背景模式。

4.3.1　条件概率

用户标注的前景和背景像素亮度/颜色分布可描述为两个局部直方图，即 $\boldsymbol{M}_F^H$ 和 $\boldsymbol{M}_B^H$。集合 T_U 中的每个像素 $\boldsymbol{u}_i$ 可看作独立随机样本，则像素 $\boldsymbol{u}_i$ 的亮度/颜色与前景和背景亮度/颜色分布模式的匹配测度 $p(\boldsymbol{u}_i | \boldsymbol{M}_F^H)$ 和 $p(\boldsymbol{u}_i | \boldsymbol{M}_B^H)$ 可在相应的局部直方图中查值得到。

用户标注的前景和背景亮度/颜色分布分别表示为高斯混合模式 $\boldsymbol{M}_F^G$ 和 $\boldsymbol{M}_B^G$，像素 $\boldsymbol{u}_i$ 的亮度/颜色与前景和背景亮度/颜色分布模式的匹配测度 $p(\boldsymbol{u}_i | \boldsymbol{M}_F^G)$ 和 $p(\boldsymbol{u}_i | \boldsymbol{M}_B^G)$ 分别计算如下：

$$\begin{cases} p(\boldsymbol{u}_i | \boldsymbol{M}_F^G) = \displaystyle\sum_{m=1}^{N_F} \pi_m G_F^m(\boldsymbol{\mu}_m, \boldsymbol{\Sigma}_m, \boldsymbol{u}_i) \\[2mm] p(\boldsymbol{u}_i | \boldsymbol{M}_B^G) = \displaystyle\sum_{m=1}^{N_B} \pi_m G_B^m(\boldsymbol{\mu}_m, \boldsymbol{\Sigma}_m, \boldsymbol{u}_i) \end{cases}$$

式中，N_F 和 N_B 分别表示图像前景和背景包含的视觉区域个数，G_F^m 和 G_B^m 分别表示前景和背景中第 m 个视觉区域亮度/颜色分布函数。

工程上采用条件概率的负对数表示未标注像素 $\boldsymbol{u}_i$ 与前景或背景节点的边权重：

$$\begin{cases} \omega_{i,F} = -\ln p(\pmb{u}_i \mid \pmb{M}_F) \\ \omega_{i,B} = -\ln p(\pmb{u}_i \mid \pmb{M}_B) \end{cases} \tag{4-6}$$

当未标注像素 $\pmb{u}_i$ 位于前景时，如果该像素与前景亮度/颜色分布的匹配测度大于背景，则 $\omega_{i,F} < \omega_{i,B}$；反之，则 $\omega_{i,F} > \omega_{i,B}$。对于标注像素 $\pmb{u}_i$，若来自前景，则人为赋予 $\omega_{i,F}=500$ 且 $\omega_{i,B}=0$；若来自背景，则人为赋予 $\omega_{i,F}=0$ 且 $\omega_{i,B}=500$。

4.3.2　信息互熵

条件概率计算简单，易于理解，但独立对待像素，未考虑邻域像素的相关性。实际上图像像素并非独立，它们在视觉上常常具有较高的相似性。学者们常常将未标注像素及其较小邻域作为分析单元。由于分析单元内任意像素颜色具有较高的视觉相似性，所以分析单元内的像素被认为是来自同一总体的随机样本。在此基础上，将分析单元与前、背景的匹配测度转化为衡量两个分布间的差异。

在概率论或信息论中，随机分布差异常常表示为相对熵，工程上相对熵又称为 KL 散度（Kullback-Leible 散度）。KL 散度广泛应用于各个领域：在信息论中，学者们常常利用 KL 散度衡量根据样本估计的总体分布拟合真实总体分布的信息损耗；在编码系统中，KL 散度常常用来评价一种编码方案的优劣，即根据已知分布的编码方案对另一分布的样本进行编码，计算其平均所需的额外比特数；在机器学习领域，KL 散度主要用来度量模式间样本分布的差异性。一些学者将 KL 散度称为 KL 距离，但事实上，KL 散度并不满足距离性质，如对称性和三角不等性。

在前景提取中，图像前景和背景亮度/颜色分布常常表示为局部直方图和高斯混合模式，其中局部直方图是像素亮度/颜色的离散分布，高斯混合模式是像素亮度/颜色的连续分布密度函数。KL 散度对离散和连续分布的计算各不相同，假设图像前景亮度/颜色分布为局部直方图 $\pmb{M}_F^H$，未标注像素分析单元直方图为 $H(\pmb{u})$，该分析单元与前景的 KL 散度计算如下：

$$D_{\mathrm{KL}}(H(\pmb{u}) \| \pmb{M}_F^H) = H(\pmb{u}) \ln \frac{H(\pmb{u})}{\pmb{M}_F^H} = H(\pmb{u})\ln H(\pmb{u}) - H(\pmb{u})\ln \pmb{M}_F^H$$

KL 散度是非对称性的，即 $D_{\mathrm{KL}}(H(\pmb{u})\|\pmb{M}_F^H) \neq D_{\mathrm{KL}}(\pmb{M}_F^H\|H(\pmb{u}))$。工程上，分析单元与前景的相似测度计算如下：

$$sim = \frac{1}{2}\big[D_{\mathrm{KL}}(H(\pmb{u})\|\pmb{M}_F^H) + D_{\mathrm{KL}}(\pmb{M}_F^H\|H(\pmb{u}))\big]$$

同理可计算分析单元与背景的相似度。未标注像素 $\pmb{u}_i$ 节点与前景或背景节点的边权重为

$$\begin{cases} \omega_{i,F} = \frac{1}{2}\big[D_{\mathrm{KL}}(H(\pmb{u})\|\pmb{M}_F^H) + D_{\mathrm{KL}}(\pmb{M}_F^H\|H(\pmb{u}))\big] \\ \omega_{i,B} = \frac{1}{2}\big[D_{\mathrm{KL}}(H(\pmb{u})\|\pmb{M}_B^H) + D_{\mathrm{KL}}(\pmb{M}_B^H\|H(\pmb{u}))\big] \end{cases} \tag{4-7}$$

如果前、背景亮度/颜色分布表示为高斯混合模式，假设前景的第 m 个视觉区域颜色分布服从高斯分布 $G^m = N(\pmb{u} \mid \pmb{\mu}_m, \pmb{\Sigma}_m)$。为了便于计算 KL 散度，分析单元的颜色分布也服从高斯分布，即 $G(\pmb{u}) = G(\pmb{u}\mid\pmb{\mu}, \pmb{\Sigma})$。假设分析单元内像素的个数大于等于 3，其分析

单元的高斯分布参数 $\boldsymbol{\mu}$，$\boldsymbol{\Sigma}$ 可运用最大似然法估计得到。分析单元的颜色分布与前景的第 m 个区域颜色分布的相似性 sim 可表示为两个高斯分布的 KL 散度，具体计算如下：

$$sim = \frac{1}{2}\big[D_{\mathrm{KL}}(G(\boldsymbol{u})\|G^m) + D_{\mathrm{KL}}(G^m\|G(\boldsymbol{u}))\big]$$

式中，

$$D_{\mathrm{KL}}(G(\boldsymbol{u})\|G^m) = G(\boldsymbol{u})\ln\frac{G(\boldsymbol{u})}{G^m} = E_{G(\boldsymbol{u})}\{\ln G(\boldsymbol{u}) - \ln G^m\}$$

设

$$E_{G(\boldsymbol{u})}\{\ln G(\boldsymbol{u}) - G(\boldsymbol{u})\ln G^m\}$$
$$= \frac{1}{2}E_{G(\boldsymbol{u})}\{-\ln|\boldsymbol{\Sigma}| - (\boldsymbol{u}-\boldsymbol{\mu})^{\mathrm{T}}\boldsymbol{\Sigma}^{-1}(\boldsymbol{u}-\boldsymbol{\mu}) + \ln|\boldsymbol{\Sigma}_m| + (\boldsymbol{u}-\boldsymbol{\mu}_m)^{\mathrm{T}}\boldsymbol{\Sigma}_m^{-1}(\boldsymbol{u}-\boldsymbol{\mu}_m)\}$$
$$= \frac{1}{2}\ln\frac{|\boldsymbol{\Sigma}_m|}{|\boldsymbol{\Sigma}|} + \frac{1}{2}E_{G(\boldsymbol{u})}\{-(\boldsymbol{u}-\boldsymbol{\mu})^{\mathrm{T}}\boldsymbol{\Sigma}^{-1}(\boldsymbol{u}-\boldsymbol{\mu}) + (\boldsymbol{u}-\boldsymbol{\mu}_m)^{\mathrm{T}}\boldsymbol{\Sigma}_m^{-1}(\boldsymbol{u}-\boldsymbol{\mu}_m)\}$$

上式中的第二项可简化为

$$E_{G(\boldsymbol{u})}\{-(\boldsymbol{u}-\boldsymbol{\mu})^{\mathrm{T}}\boldsymbol{\Sigma}^{-1}(\boldsymbol{u}-\boldsymbol{\mu}) + (\boldsymbol{u}-\boldsymbol{\mu}_m)^{\mathrm{T}}\boldsymbol{\Sigma}_m^{-1}(\boldsymbol{u}-\boldsymbol{\mu}_m)\}$$
$$= E_{G(\boldsymbol{u})}\{-\mathrm{tr}[\boldsymbol{\Sigma}^{-1}(\boldsymbol{u}-\boldsymbol{\mu})(\boldsymbol{z}-\boldsymbol{\mu})^{\mathrm{T}}]\} + E_{G(\boldsymbol{u})}\{\mathrm{tr}[\boldsymbol{\Sigma}_m^{-1}(\boldsymbol{u}-\boldsymbol{\mu}_m)(\boldsymbol{u}-\boldsymbol{\mu}_m)^{\mathrm{T}}]\}$$
$$= -\mathrm{tr}\{\boldsymbol{\Sigma}^{-1}E_{G(\boldsymbol{u})}[(\boldsymbol{u}-\boldsymbol{\mu})(\boldsymbol{z}-\boldsymbol{\mu})^{\mathrm{T}}]\} + \mathrm{tr}\{\boldsymbol{\Sigma}_m^{-1}E_{G(\boldsymbol{u})}[(\boldsymbol{u}-\boldsymbol{\mu}_m)(\boldsymbol{u}-\boldsymbol{\mu}_m)^{\mathrm{T}}]\}$$
$$= -\mathrm{tr}(\boldsymbol{\Sigma}^{-1}\boldsymbol{\Sigma}) + \mathrm{tr}[\boldsymbol{\Sigma}_m^{-1}E_{G(\boldsymbol{u})}(\boldsymbol{\Sigma} + \boldsymbol{u}\boldsymbol{u}^{\mathrm{T}} - \boldsymbol{\mu}_m\boldsymbol{u}^{\mathrm{T}} - \boldsymbol{u}\boldsymbol{\mu}_m^{\mathrm{T}} + \boldsymbol{\mu}_m\boldsymbol{\mu}_m^{\mathrm{T}})]$$
$$= -3 + \mathrm{tr}[\boldsymbol{\Sigma}_m^{-1}(\boldsymbol{\Sigma} + \boldsymbol{\mu}\boldsymbol{\mu}^{\mathrm{T}} - \boldsymbol{\mu}_m\boldsymbol{\mu}^{\mathrm{T}} - \boldsymbol{\mu}\boldsymbol{\mu}_m^{\mathrm{T}} + \boldsymbol{\mu}_m\boldsymbol{\mu}_m^{\mathrm{T}})]$$
$$= -3 + \mathrm{tr}(\boldsymbol{\Sigma}_m^{-1}\boldsymbol{\Sigma}) + \mathrm{tr}(\boldsymbol{\mu}\boldsymbol{\Sigma}_m^{-1}\boldsymbol{\mu}^{\mathrm{T}} - 2\boldsymbol{\mu}\boldsymbol{\Sigma}_m^{-1}\boldsymbol{\mu}_m^{\mathrm{T}} + \boldsymbol{\mu}_m\boldsymbol{\Sigma}_m^{-1}\boldsymbol{\mu}_m^{\mathrm{T}})$$
$$= -3 + \mathrm{tr}[\boldsymbol{\Sigma}_m^{-1}\boldsymbol{\Sigma}] + \mathrm{tr}(\boldsymbol{\mu}_m-\boldsymbol{\mu})\boldsymbol{\Sigma}_m^{-1}(\boldsymbol{\mu}_m-\boldsymbol{\mu})^{\mathrm{T}}$$

则有

$$D_{\mathrm{KL}}(G(\boldsymbol{u})\|G^m)$$
$$= \frac{1}{2}\left\{\ln\frac{|\boldsymbol{\Sigma}_m|}{|\boldsymbol{\Sigma}|} - 3 + \mathrm{tr}(\boldsymbol{\Sigma}_m^{-1}\boldsymbol{\Sigma}) + \mathrm{tr}[(\boldsymbol{\mu}_m-\boldsymbol{\mu})\boldsymbol{\Sigma}_m^{-1}(\boldsymbol{\mu}_m-\boldsymbol{\mu})^{\mathrm{T}}]\right\}$$
$$= \frac{1}{2}\ln\frac{|\boldsymbol{\Sigma}_m|}{|\boldsymbol{\Sigma}|} + \frac{1}{2}\mathrm{tr}(\boldsymbol{\Sigma}_m^{-1}\boldsymbol{\Sigma}) + \frac{1}{2}\mathrm{tr}[(\boldsymbol{\mu}_m-\boldsymbol{\mu})\boldsymbol{\Sigma}_m^{-1}(\boldsymbol{\mu}_m-\boldsymbol{\mu})^{\mathrm{T}}] - \frac{3}{2} \qquad (4-8)$$

同理可计算 $D_{\mathrm{KL}}(G^m\|p(\boldsymbol{u}))$。

两个高斯分布的 KL 散度的计算代码见程序 4-8。

程序 4-8　高斯分布的 KL 散度

```
double KLDivergence _ Gaussions(double * parameter1, double * parameter2){
/ * parameter1 和 parameter2 分别表示两个高斯分布参数,其参数构成:[0]图像维度[1]协方差矩阵行
列式[2-4]R、G、B 值的均值[5-13]协方差矩阵元素 * /
int Temi, Temk;
double * cov=new double[9];
memset(cov, 0, sizeof(double) * 9);
for(Temi=0; Temi<9; Temi++)cov[Temi]=parameter1[Temi+5];
double det=0;
InverseCov _ Det(cov, det);//求出 Gaussian2 的逆矩阵,见程序 4-5
double logValue=log2(parameter2[1]/ parameter1[1]); //计算式(4-8)第一项
    //计算式(4-8)第二项
double trace=cov[0] * parameter1[5]+cov[1] * parameter1[8]+cov[2] * parameter1[11]+
        cov[3] * parameter1[6]+cov[4] * parameter1[9]+cov[5] * parameter1[12]+
        cov[6] * parameter1[7]+cov[7] * parameter1[10]+cov[8] * parameter1[13];
double a=parameter2[2]-parameter1[2];double b=parameter2[3]-parameter1[3];
```

```
double c=parameter2[4]−parameter1[4];
    //计算式(4−8)第三项
double multiValue=a * (cov[0] * a+cov[3] * b+cov[6] * c)+b * (cov[1] * a+cov[4] * b+
                cov[7] * c)+c * (cov[2] * a+cov[5] * b+cov[8] * c);
    return logValue+trace+multiValue; }
```

图像中未标注像素u_i节点与前、背景节点的边权重可表示为该像素分析单元与前、背景高斯分布相似度的加权和：

$$\begin{cases} \omega_{i,F} = \sum_{m=1}^{K_F} \frac{\pi_m}{2} \big[D_{\mathrm{KL}}(G(\boldsymbol{u}_i) \parallel G_F^m) + D_{\mathrm{KL}}(G_F^m \parallel G(\boldsymbol{u}_i)) \big] \\ \omega_{i,B} = \sum_{m=1}^{K_B} \frac{\pi_m}{2} \big[D_{\mathrm{KL}}(G(\boldsymbol{u}_i) \parallel G_B^m) + D_{\mathrm{KL}}(G_B^m \parallel G(\boldsymbol{u}_i)) \big] \end{cases} \tag{4-9a}$$

也可表示为该像素分析单元与前、背景的最小 KL 距离：

$$\begin{cases} \omega_{i,F} = \min \left\{ \frac{1}{2} \big[D_{\mathrm{KL}}(G(\boldsymbol{u}_i) \parallel G_F^m) + D_{\mathrm{KL}}(G_F^m \parallel G(\boldsymbol{u}_i)) \big] \right\}, m = 1,2,\cdots,K_F \\ \omega_{i,B} = \min \left\{ \frac{1}{2} \big[D_{\mathrm{KL}}(G(\boldsymbol{u}_i) \parallel G_B^m) + D_{\mathrm{KL}}(G_B^m \parallel G(\boldsymbol{u}_i)) \big] \right\}, m = 1,2,\cdots,K_B \end{cases}$$

$$\tag{4-9b}$$

4.4　图割理论

前景提取图的节点和边表示图像像素的视觉信息和语义信息，图中节点集合由图像像素亮度/颜色、前景亮度/颜色分布模式M_F和背景亮度/颜色分布模式M_B等组成。像素亮度/颜色节点表示图像像素光谱在人眼的视觉感知信息；节点M_F表示用户在图像中感兴趣对象的亮度/颜色分布模式，该节点表示的模式具有语义性；M_B刻画图像中背景亮度/颜色分布模式，一般情况下，节点M_B没有确切的语义意义。

图中边权重分为两类：一是连接节点均来自图像像素点阵，其边权重模拟了图像像素亮度/颜色的低层视觉效应，权重$\omega_{i,j}$描述了图像邻域像素的相似性，称为相似权重。图像中空间近邻的亮度/颜色差异较小的像素，人眼常常将它们视为整体，对应节点的边权重较大；反之，人眼将它们视为来自不同区域的像素，认为它们毗邻于分界线，其边权重较小。二是连接节点分别为图像像素点和前景（背景）模式，这些边刻画了图像像素与前景（背景）亮度/颜色分布的测度。如果像素在视觉上来自前景的可能性大于背景，那么该像素属于前景的概率大于背景。在图中该节点与前景的边权重$\omega_{i,F}$大于背景的边权重$\omega_{i,B}$。

前景提取实质上是将图像像素进行二类标签，即每个像素要么标签为前景F，要么标签为背景B，二者必居其一。标记为前景或背景的像素集合应该满足以下条件：

（1）图像前景或背景常常被感知为由空间相邻的几个视觉区域构成的，视觉区域内像素亮度/颜色变化缓慢，而视觉区域间亮度/颜色存在显著差异。在前景提取图中，前景或背景内节点连接的边权重较大，前、背景间的边权重较小。前景和背景分割问题可转化为前景提取图的删边问题，阐述为如下最小问题：

$$cut_1(F,B) = \sum_{i \in F} \sum_{j \in B} \omega_{i,j}$$

（2）从前景提取结果来看，每个像素要么属于背景，要么属于前景。在前景提取图中，如果像素的亮度/颜色在视觉上来自前景，那么图中对应节点与前景连接的边权重大于与背景连接的边权重，即 $\omega_{i,F} < \omega_{i,B}$，此时只需要删除节点与背景连接的边即可；反之，删除节点与前景连接的边。由上述可知，这一删边问题可阐述为如下最小问题：

$$cut_2(F,B) = \sum_{i \in T_U} (\omega_{i,F} + \omega_{i,B})$$

综合前、背景像素在前景提取图中满足的两个条件，图像前景提取问题可转化为前景提取图的最小化割集问题，其能量泛函表示为

$$
\begin{aligned}
cut(F,B) &= cut_1(F,B) + cut_2(F,B) \\
&= \sum_{i \in F} \sum_{j \in B} \omega_{i,j} + \sum_{i \in T_U} (\omega_{i,F} + \omega_{i,B})
\end{aligned}
\tag{4-10}
$$

设在前景提取图 $G(V, E, W)$ 中，前景模式 F 和背景模式 B 分别为源点和汇点。若存在边集 E' 为 E 的子集，将 G 分为两个子图 G_F 和 G_B，节点集 V 被划分为两个节点子集 V_F 和 V_B，其中 $F \in V_F$ 和 $B \in V_B$，且节点子集满足以下性质：

（1）完备性，即 $V_F \cup V_B = V$。

（2）无交集，即 $V_F \cap V_B = \varnothing$，其中 $\varnothing$ 表示空集。

此时 E' 为图 G 的割集。割集 E' 具有以下两个性质：

（1）若把割集中所有的边从图 $G = (V, E, W)$ 中删除，则不存在从 F 到 B 的道路，即删边子图 $G' = (V, E-E', W')$ 不连通。

（2）若把割集的部分边 $E'' \subset E'$ 从图 $G = (V, E, W)$ 中删除，则至少存在一条从 F 到 B 的道路，即删边子图 $G'' = (V, E-E'', W'')$ 仍连通。

由割集的性质可知，割集是从源点 F 到汇点 B 的必经之路，割集中所有的边权重之和称为图的割集容量，记为 $cut(V_F, V_B)$。一个无向加权图 $G = (V, E, W)$ 存在很多割集，其中容量最小的割集称为该图的最小割。

4.4.1 网络流

连通网络可表示为一个连通赋权有向图 $D(V, E, C)$，其中 V 是网络节点集合，E 是边集合，C 是边容量集合。在节点集合 V 中，其入度为零的节点称为源点，出度为零的节点称为汇点，既非源又非汇的节点称为中间节点。边集合 E 中，任意边 $e(i, j) \in E$ 上的权重称为该边的最大容量，记为 $c_{ij} \in C$，其权重表示网络中传送某种物质或信息时，边 $e(i, j)$ 所能输送的最大承载量。

设在有向图 $D(V, E, C)$ 中，源点和汇点分别为 v_s 和 v_t。若存在非空集合 $E' \subset E$，在有向图 D 中删除 E' 中所有边，删边子图的连通分支为 2，连通分支分为 D_1 和 D_2。有向图 D 中的节点集合 V 被划分为两个节点集合 S，$\bar{S}$，使其满足 $S \cup \bar{S} = V$ 和 $S \cap \bar{S} = \varnothing$，并且 $v_s \in S$，$v_t \in \bar{S}$。若非空集合 E' 满足以下两个性质，则称 E' 为有向图 D 的割集，记

为 $E' = (S, \overline{S})$：

（1）若从有向图 D 中删除 E' 中所有边，则删边子图 $(V, E - E')$ 是不连通的，在该子图中不存在从 v_s 到达 v_t 的有向道路。

（2）若从有向图 D 中删除 $E'' \subset E'$ 中所有边，则删边子图 $(V, E - E'')$ 仍连通，在该子图中存在从 v_s 到达 v_t 的有向道路。

由此可知，割集是从源点 v_s 到达汇点 v_t 的必经之路。割集的所有边权重之和称为割集容量，记为 $C(S, \overline{S})$。在连通网络图中，从源点到汇点的道路称为网络流，网络流中任意节点对 $\langle u, v \rangle$ 的可行流量可表示为函数 $f(u, v)$：$V \times V \to R$，节点对 $\langle u, v \rangle$ 的可行流量大小 $f(u, v)$ 满足以下性质：

（1）容量限制。网络中任意边的可行流量不能超过其最大容量。换言之，节点对 $\langle u, v \rangle$ 边的最大可行流量为其边的最大容量，即 $f(u, v) \leqslant c_{uv}$。

（2）斜对称。网络中节点对 $\langle u, v \rangle$ 边中，从 u 流向 v 的流量必须等于从 v 流向 u 的流量，即 $f(u, v) = -f(v, u)$。

（3）流守恒。网络中除了 $u = v_s$ 或 $u = v_t$，其他节点对 u 上要求流入量和流出量保持平衡，即 $\sum_{w \in V} f(u, w) = 0$。

网络中从源点流向汇点的最大流可转化为满足以下条件的最大化 f_{v_s, v_t}：

$$\begin{cases} f(v_s, V) - f(V, v_s) = f_{v_s, v_t} \\ f(v_t, V) - f(V, v_t) = -f_{v_s, v_t} \\ f(u, V) - f(V, u) = 0, u \in V - \{v_s, v_t\} \\ 0 \leqslant f(u, v) \leqslant c_{uv} \end{cases}$$

式中，$f(u, V)$ 表示从中间节点 u 流向其他节点的流量之和，$f(V, u)$ 表示流入中间节点 u 的流量之和。

4.4.2 最大流最小割定理

有向图 $D(V, E, C)$ 的割集是从源点 v_s 到达汇点 v_t 的必经之路。若从有向图 D 中删除割集中所有边，则删边子图由 $D_1(V_1, E_1, C_1)$ 和 $D_2(V_2, E_2, C_2)$ 构成，D_1 和 D_2 均为连通有向图。从 D_1 节点集合 V_1 到 D_2 节点集合 V_2 的割边流量 $f(V_1, V_2)$ 为

$$f(V_1, V_2) = \sum_{i \in V_1, j \in V_2} f(i, j)$$

定理 4-1 在网络 $D(V, E, C)$ 中，该图的割集 $E' = C(S, \overline{S})$，若存在从源点 v_s 到达汇点 v_t 的一个可行流，其流量为 f，则可行流的流量 f 等于正、负向割边的流量之差。

证明：设 V_1 和 V_2 是网络中的两个节点集合，$f(V_1, V_2)$ 表示从 V_1 中的一个节点指向 V_2 中的一个节点的所有边的流量和，只需证明 $f = f(S, \overline{S}) - f(\overline{S}, S)$ 即可。

如果 $V_1 \cap V_2 = \varnothing$，将 V_2 划分为两个集合 V_{21}，V_{22}，那么有 $f(V_1, V_2) = f(V_1, V_{21} \cup V_{22}) = f(V_1, V_{21}) + f(V_1, V_{22})$ 成立。

根据网络流的特点，如果 v 既不是源点也不是汇点，则流入该节点的流量等于流出

该节点的流量，即

$$f(v, S \cup \overline{S}) - f(S \cup \overline{S}, v) = 0$$

如果 v 是源点，则

$$f(v, S \cup \overline{S}) - f(S \cup \overline{S}, v) = f$$

对于 S 中的所有节点，上式均成立，则

$$f(S, S \cup \overline{S}) - f(S \cup \overline{S}, S) = f$$

又因为

$$\begin{aligned}
&f(S, S \cup \overline{S}) - f(S \cup \overline{S}, S) \\
&= [f(S,S) + f(\overline{S} \cup S)] - [f(S,S) + f(S \cup \overline{S})] \\
&= f(S, \overline{S}) - f(\overline{S}, S)
\end{aligned}$$

所以 $f = f(S, \overline{S}) - f(\overline{S}, S)$，定理成立。

推论 4-1　在网络 $D(V, E, C)$ 中，该图的割集 $E' = C(S, \overline{S})$，若存在从源点 v_s 到达汇点 v_t 的一个可行流，则网络中的最大流不超过任何割容量。

定理 4-2　在网络 $D(V, E, C)$ 中，该图的割集 $E' = C(S, \overline{S})$，若存在从源点 v_s 到达汇点 v_t 的一个可行流，其流量为 f，且流量 f 等于 E' 的割容量，则 f 是一个最大流，而 E' 是一个最小割。

反证：假设割 $E' = C(S, \overline{S})$ 的容量为 c，且 f 的流量也为 c，任意流的流量为 c_1，根据流量不超过割的容量，有 $c_1 \leqslant c$，所以 f 是最大流。假设存在另外的任意割 $E_1' = C(S_1, \overline{S}_1)$，其容量为 c_1，根据流量不超过割的容量，所以有 $c_1 \geqslant c$，故 E' 是最小割，证毕。

定理 4-2 是网络流理论的重要定理，即最大流/最小割定理。该定理为有向图最小割的求解奠定了理论基础。

4.4.3　最大流算法

设在连通网络图 $D(V, E, C)$ 中存在一条从源点 v_s 到达汇点 v_t 的道路 μ，规定从 v_s 到 v_t 的方向为道路 μ 的方向。道路上与 μ 方向一致的边称为前向边，记作 μ^-；反之，称为后向边，记作 μ^+。假设 f 是一个可行流，且节点 i 指向 j 的流量为 f_{ij}，如果前向边的非负流量小于容量，或后向边的流量大于 0 且不超过其容量，即

$$\begin{cases} 0 \leqslant f_{ij} < c_{ij}, & (v_i, v_j) \in \mu^+ \\ 0 < f_{ij} \leqslant C_{ij}, & (v_i, v_j) \in \mu^- \end{cases}$$

则称 μ 为从 v_s 到 v_t 关于 f 的可增广道路。

根据可行流和可增广道路之间的关系，Ford 和 Fulkerson 提出了从 D 图中寻找到最大流算法——Ford-Fulkerson 标号法。该算法旨在寻求已有可行流的可增广道路，若可增广道路存在，则将已有可行流更新为更大流量的可行流，重复这个过程，直到不存在可增广道路为止。Ford-Fulkerson 标号法可分两步操作：一是标号，即通过标号来寻找可增广道路；二是更新，在已有可行流上添加可增广道路构成新的可行流，并更新可行流流量。

A. 标号

（1）对连通网络图 $D(V, E, C)$ 中任意边 $e = (x, y) \in E$，置 $f(x, y) = 0$，并将源点 v_s 标为 $(s^+, +\infty)$。

（2）如果节点 x 已标号，则依据以下规则对未标号的邻接节点 y 进行标号：

①如果 $f(x, y) < c(x, y)$，令 $\delta_y = \min\{c(x, y) - f(x, y), \delta_x\}$，则节点 y 标为 (x^+, δ_y)，其中 x^+ 表示上一个节点，δ_y 表示从上个标号节点到当前标号节点允许的最大调整量，若该节点的调整量不限，可标记为 $+\infty$。

②如果 $c(x, y) = f(x, y)$，表明节点 x 到 y 的边至多可以增加 δ_y 的流量，以提高整个网络的流量，则不对节点 y 进行标号。

③如果 $f(y, x) > 0$，令 $\delta_y = \min\{f(y, x), \delta_x\}$，则给 y 标号 (x^-, δ_y)，其中 x^- 表示上一个节点，δ_y 表示从上个标号节点到当前标号节点允许的最大调整量，若该节点的调整量不限，可标记为 $+\infty$。

④如果 $f(y, x) = 0$，表明从节点 y 到 x 的边至多可以减少 δ_y 的流量，以提高整个网络的流量，则不对节点 y 进行标号。

（3）不断地重复步骤（2）直至：

①如果汇点被标号，说明在连通网络图 $D(V, E, C)$ 中存在一条从源点 v_s 到达汇点 v_t 的可增广道路，则转向更新。

②如果汇点未被标号，同时不存在其他可以标号的节点，则可增广道路寻找结束，此时获得的可行流的流量即为该图从源点 v_s 出发的最大流。这说明连通网络图 $D(V, E, C)$ 中不存在一条从源点 v_s 到达汇点 v_t 的可增广道路。

B. 更新

（1）令 $u = v_t$。

（2）若 u 的标号为 (v^+, δ_t)，则 $f(v, u) = f(v, u) + \delta_t$；若 u 的标号为 (v^-, δ_t)，则 $f(u, v) = f(u, v) - \delta_t$。

（3）若 $u = v_s$，去掉全部标号并回到步骤 A；否则，令 $u = v$，返回（2）。

在 opencv 中已经有图的构建和最大流算法源码，本书在此基础上添加了中文注释。由于在 opencv 的头文件 gcgraph.h 中图类声明和定义都使用了模板类，所以成员函数也放在头文件中，避免编译时出现错误。因此，在程序 4—9 中，有关分配节点和边内存、添加空节点、添加图像像素点阵边、添加划分边、最大流函数和判断节点属于前景还是背景等成员函数均放在一起。

程序 4—9 opencv 中 gcgraph.h 源码

```
#include <vector>
using namespace std;
#define MIN(a,b)(((a)<(b))?(a):(b))
typedef unsigned char uchar;
template <class TWeight>
class GCGraph
{
public:
    GCGraph();
    GCGraph(unsigned int vtxCount, unsigned int edgeCount);
    ~GCGraph();
    void create(unsigned int vtxCount, unsigned int edgeCount); //分配节点和边内存
    int addVtx(); //添加空节点
    void addEdges(int i, int j, TWeight w, TWeight revw); //添加图像像素点阵边
    void addTermWeights(int i, TWeight sourceW, TWeight sinkW); //添加划分边
```

```
    TWeight maxFlow(); //最大流函数
    BOOL inSourceSegment(int i); //判断节点是否属于前景
private:
    class Vtx{ //节点类
    public:
    Vtx * next; / * 构建队列 * / int parent; int first; / * 首个相邻边 * /int ts; / * 时间戳 * /
    int dist; / * 到树根的距离 * / TWeight weight; uchar t; //节点标号, 0 为前景,1 为背景点};
class Edge{ //边类
    public:
        int dst; //边指向的节点
        int next; //该边的顶点的下一条边
        TWeight weight; //边的权重};
    std::vector<Vtx> vtcs; //存放所有的节点
    std::vector<Edge> edges; //存放所有的边
    TWeight flow; //图的流量};
template <class TWeight>
GCGraph<TWeight>::GCGraph(){/ * 构造函数 * /flow=0;}
template <class TWeight>
GCGraph<TWeight>::GCGraph(unsigned int vtxCount, unsigned int edgeCount)
    {create(vtxCount, edgeCount);}
template <class TWeight>
GCGraph<TWeight>::~GCGraph(){/ * 析构函数 * /}
template <class TWeight>
void GCGraph<TWeight>::create(unsigned int vtxCount, unsigned int edgeCount){
    vtcs.reserve(vtxCount)//构造节点数
    edges.reserve(edgeCount+2); //构造节点数
    flow=0;}
template <class TWeight>
int GCGraph<TWeight>::addVtx()/ * 添加一个空节点,返回前节点编号 * /{
    Vtx v;
    memset(&v, 0, sizeof(Vtx)); //申请节点内存空间并置 0
    vtcs.push _ back(v);
    return (int)vtcs.size()- 1; //返回当前节点的编号}
template <class TWeight>
void GCGraph<TWeight>::addEdges(int i, int j, TWeight w, TWeight revw)/ * 添加像素点阵边,i 为边
的始节点,j 为边的终节点,w 为正向弧权值,revw 为逆向弧权值 * /{
    assert(i >=0 && i<(int)vtcs.size());
    assert(j >=0 && j<(int)vtcs.size());
    assert(w >=0 && revw >=0);
    assert(i !=j);
    Edge fromI, toI; //正向弧:fromI,反向弧:toI
    fromI.dst=j; //正向弧指向节点 j
    fromI.next=vtcs[i].first; //每个节点所发出的像素点阵边
    fromI.weight=w; //正向弧的权值 w
    vtcs[i].first=(int)edges.size(); //修改节点 i 的第一个弧为当前正向弧
    edges.push _ back(fromI); //正向弧加入弧集合
    toI.dst=i;
    toI.next=vtcs[j].first;toI.weight=revw;
    vtcs[j].first=(int)edges.size();
    edges.push _ back(toI);}
```

```cpp
    template <class TWeight>
void GCGraph<TWeight>::addTermWeights(int i, TWeight sourceW, TWeight sinkW)
/* 添加划分边, i 为节点编号, sourceW 为正向弧权值, sinkW 为逆向弧权值 */{
    assert(i >=0 && i <(int)vtcs.size());
    TWeight dw=vtcs[i].weight;
    if(dw>0) sourceW+=dw;
    else sinkW −=dw;
    flow+=(sourceW<sinkW)? sourceW:sinkW;vtcs[i].weight=sourceW−sinkW;}
template <class TWeight>
TWeight GCGraph<TWeight>::maxFlow()/* 将图的节点分割为前景或背景,返回流量值 */{
    const int TERMINAL=−1, ORPHAN=−2;
    Vtx stub, * nilNode=&stub, * first=nilNode, * last=nilNode;//保存当前节点
    int curr_ts=0; //当前时间戳
    stub.next=nilNode; //初始化活动节点队列,首节点指向自己
    Vtx * vtxPtr=&vtcs[0]; //节点指针
    Edge * edgePtr=&edges[0]; //边指针
    vector<Vtx *> orphans; //孤立点集合
    for (int i=0; i<(int)vtcs.size(); i++)/* 初始化活动节点(active node)队列 */{
    Vtx * v=vtxPtr+I; v−>ts=0;
        if (v−>weight !=0)/* 当前节点 t−vaule(即流量)不为 0 */{
            last=last−>next=v; //入队,插入到队尾
            v−>dist=1; //路径长度记为 1
            v−>parent=TERMINAL; //标注其双亲为终端节点
            v−>t=v−>weight<0;}
        else v−>parent=0; //孤节点 }
    first=first−>next;last−>next=nilNode;nilNode−>next=0;
    for (;;)/* 按照搜索路径−>拆分为森林−>树的重构步骤运行 */{
        Vtx * v, * u; // v 表示当前元素, u 为其相邻元素
        int e0=−1,ei=0,ej=0;
        TWeight minWeight, weight; // 路径最小割(流量), weight 当前流量
        uchar vt; // 流向标识符,正向为 0,反向为 1
        while (first !=nilNode)//第一阶段: F 和 B 树的生长,找到一条 F−>B
        {v=first; // 取第一个元素存入 v,作为当前节点
            if (v−>parent)// v 非孤儿点
            {vt=v−>t; // 记录 v 的流向
            for (ei=v−>first; ei !=0; ei=edgePtr[ei].next)// 广度优先搜索
            {if (edgePtr[ei^vt].weight==0)continue;
                u=vtxPtr+edgePtr[ei].dst; // 取出邻接点 u
            if (!u−>parent)// 无父节点,即为孤儿点,v 接受 u 作为其子节点
            {u−>t=vt; // 设置节点 u 与 v 的流向相同
                u−>parent=ei ^ 1; // ei 的末尾取反
            u−>ts=v−>ts; // 更新时间戳
            u−>dist=v−>dist+1; // u 深度等于 v+1
        if (!u−>next)// u 不在队列中,入队,插入位置为队尾{
            u−>next=nilNode; // 修改下一元素指针指向
            last=last−>next=u; // 插入队尾} continue ;}
        if (u−>t !=vt)   {e0=ei ^ vt;break ;}
        if (u−>dist > v−>dist+1 && u−>ts <=v−>ts){ //重新分配父节点
            u−>parent=ei ^ 1; // 重新设置 u 的父节点为 v(编号 ei),记录为当前的弧
            u−>ts=v−>ts; // 更新 u 的时间戳与 v 相同
```

```
            u->dist=v->dist+1; // u 为 v 的子节点,路径长度加 1}}
    if (e0 > 0)break;} // exclude the vertex from the active list
            first=first->next; v->next=0;}
        if (e0 <=0)break;
//第二阶段: 流量统计与树的拆分,第一节: 查找路径中的最小权值
    minWeight=edgePtr[e0]. weight;
    assert(minWeight > 0);
    / * 遍历整条路径分两个方向进行,从当前节点开始,向前回溯 s 树,向后回溯 t 树
    2 次遍历, k=1: 回溯 s 树, k=0: 回溯 t 树 * /
    for (int k=1; k >=0; k--)//回溯的方法
    {for (v=vtxPtr+edgePtr[e0^k].dst;; v=vtxPtr+edgePtr[ei].dst){
        if ((ei=v->parent)< 0)break;
        weight=edgePtr[ei^k]. weight;
        minWeight=MIN(minWeight, weight);
        assert(minWeight > 0);}
        weight=fabs(v->weight); minWeight=MIN(minWeight, weight);
        assert(minWeight > 0);}
    / * 第二节:修改当前路径中的所有的 weight 权值 * /
    edgePtr[e0]. weight -=minWeight; //正向路径权值减少
    edgePtr[e0 ^ 1]. weight+=minWeight; //反向路径权值增加
    flow+=minWeight; //修改当前流量 k=1: source tree,k=0: destination tree
    for (int k=1; k >=0; k--){
        for (v=vtxPtr+edgePtr[e0^k].dst;; v=vtxPtr+edgePtr[ei].dst){
            if ((ei=v->parent)< 0)break;
            edgePtr[ei ^ (k ^ 1)]. weight+=minWeight;
            if ((edgePtr[ei^k]. weight -=minWeight)==0){
                orphans. push _ back(v);v->parent=ORPHAN;}}
        v->weight=v->weight+minWeight * (1-k * 2);
        if (v->weight==0){orphans. push _ back(v);v->parent=ORPHAN;}}
//第三阶段: 树的重构,寻找新的父节点,恢复搜索树//
curr _ ts++;while (!orphans.empty()){
Vtx * v=orphans.back(); //取一个孤儿
    orphans. pop _ back(); //删除栈顶元素,两步操作等价于出栈
    int d,minDist=INT _ MAX; e0=0; vt=v->t;
    //遍历当前节点的相邻点,ei 为当前弧的编号
    for (ei=v->first; ei !=0; ei=edgePtr[ei].next){
        if (edgePtr[ei ^ (vt ^ 1)]. weight==0)continue;
        u=vtxPtr+edgePtr[ei].dst;
        if (u->t !=vt || u->parent==0)   continue;
        for (d=0;;)/ * 计算当前点路径长度 * /{
            if (u->ts==curr _ ts){d+=u->dist;break;}
            ej=u->parent; d++;
            if (ej<0){if (ej==ORPHAN) d=INT _ MAX-1;
                else{u->ts=curr _ ts;u->dist=1;} break;}
            u=vtxPtr+edgePtr[ej].dst;}
        if (++d<INT _ MAX){if (d<minDist){minDist=d;e0=ei;} //更新距离
for (u=vtxPtr+edgePtr[ei].dst; u->ts !=curr _ ts; u=vtxPtr+edgePtr[u->parent].dst)
{u->ts=curr _ ts;u->dist=--d;}}}
    if ((v->parent=e0)> 0){v->ts=curr _ ts;v->dist=minDist;continue;}
    v->ts=0; / * no parent is found * /
```

```
            for (ei=v->first; ei !=0; ei=edgePtr[ei].next){
                u=vtxPtr+edgePtr[ei].dst;ej=u->parent;
                if (u->t !=vt || !ej)continue;
        if (edgePtr[ei ^ (vt ^ 1)].weight && !u->next){
                u->next=nilNode; last=last->next=u;}
        if (ej > 0 && vtxPtr+edgePtr[ej].dst==v){
                orphans.push _ back(u);u->parent=ORPHAN;}}}}
    return flow; / * 返回最大流量 * /}
template <class TWeight>
BOOL GCGraph<TWeight>::inSourceSegment(int i)/ * 判断节点是否是前景? 0 为前景,1 为背景 * /
{assert(i >=0 && i<(int)vtcs.size()); return vtcs[i].t==0;}
```

4.5　前景提取模型

为了满足任意用户从图像中提取其关注的前景，观察者常常在图像中标注其感兴趣对象的部分像素——前景模板。工程上前景模板常常表示为 $\bm{x} = \{x_1, \cdots, x_i, \cdots, x_N\}$，$x_i \in \{0, 1\}$。其中 0 表示该像素位于前景，1 表示该像素位于背景，N 表示图像的像素总数。

前景轮廓为前景和背景的分界线，由于分界线两侧的像素属于不同对象，其亮度/颜色存在显著差异。从前景轮廓角度出发，前景提取可表示为下列能量泛函的最小化问题：

$$V(\bm{x},\bm{u}) = \sum_{i=1}^{N} \sum_{j \in \Lambda_i} [x_i \neq x_j]\omega_{i,j}$$

$$= \sum_{i=1}^{N} \sum_{j \in \Lambda_i} \frac{[x_i \neq x_j]}{dis(i,j)}\left[1 + \gamma \exp\left(-\frac{\|\bm{u}_i - \bm{u}_j\|_2^2}{\lambda}\right)\right]$$

前景提取图不仅描述了像素间的视觉像素关系，还描述了像素与前、背景的相似度。如果图像中某像素位于前景，则 $\omega_{i,F} < \omega_{i,B}$；反之，$\omega_{i,F} > \omega_{i,B}$。从像素与前、背景间的关系来看，图像前景提取像可表示为下列能量泛函的最小化问题：

$$U(\bm{x},\bm{M},\bm{u}) = \sum_{i \in T_U} \omega_{i,F} + \omega_{i,B} = \sum_{i \in T_U} -\ln P(\bm{u}_i|\bm{M}_F) - \ln P(\bm{u}_i|\bm{M}_B)$$

$$= \sum_{i \in T_U} -\ln P(\bm{u}_i|\bm{M}[x_i = 0]) - \ln P(\bm{u}_i|\bm{M}[x_i = 1])$$

式中，$\bm{M}[x_i=0]$ 和 $\bm{M}[x_i=1]$ 分别表示前景和背景亮度/颜色分布参数。

图像前景提取是在视觉感知和观察者的先验知识的共同作用下，将图像像素集划分为前景和背景互不相交的子集。结合前景轮廓和前、背景的亮度/颜色分布，前景提取可表示为以下能量函数的最优问题：

$$S_{graph}(\bm{x},\bm{M},\bm{u}) = V(\bm{x},\bm{u}) + U(\bm{x},\bm{M},\bm{u})$$

$$= \sum_{i=1}^{N} \sum_{j \in \Lambda_i} [x_i \neq x_j]\omega_{i,j} + \sum -\ln P(\bm{u}_i|\bm{M}[x_i = 0]) - \ln P(\bm{u}_i|\bm{M}[x_i = 1])$$

$$= \sum_{i=1}^{N} \sum_{j \in \Lambda_i} \frac{[x_i \neq x_j]}{dis(i,j)} \Big[1 + \gamma \exp\Big(-\frac{\|\boldsymbol{u}_i - \boldsymbol{u}_j\|_2^2}{\lambda} \Big) \Big] -$$

$$\sum \ln P(\boldsymbol{u}_i \mid \boldsymbol{M}[x_i = 0]) + \ln P(\boldsymbol{u}_i \mid \boldsymbol{M}[x_i = 1]) \tag{4-11}$$

式（4-11）的最优解是将前景提取图分割为两个连通分支的最小割。工程上常常运用网络图的最大流算法计算该式的最优解 $\boldsymbol{x}^*$，其解中标号为 0 对应的像素构成了图像前景。

4.5.1　前景标注

图像前景是体现图像内容的主要对象之一，但不同观察者由于自身的先验知识或兴趣不同，对同一幅图像的内容理解各不相同，所以图像前景是因人而异的。例如，观察一匹马漫步在草地上的场景，如图 4-5 所示。如果观察者喜欢马，则认为该场景中的主要对象为马；若对绿色的草地感兴趣，则草地为该场景的关注对象。由于事先没有任何先验信息，观察者常常在图像中标注其喜欢的对象。目前，在图像中标注前景或背景的简单方法大致可分为两种：正确局部标注和奇异完备标注。

（a）正确局部标注　　　　　　　　　　　　（b）奇异完备标注

图 4-5　前景标注

（1）正确局部标注，即在前、背景内部标注部分像素。由于该标注方法得到的数据均来自同一对象，所以称为正确局部标注。但捕获的数据容量相对较少，如图 4-5（a）中标注的背景像素——灰色区域。该方法将图像像素划分为标注的前、背景像素和未标注像素集合 T_U，由于图像中标注像素的标号确定，图像前景提取能量泛函式（4-11）中的第二项中只需要计算未标注像素标号即可，式（4-11）可简写为

$$\boldsymbol{x}^* = \underset{\boldsymbol{x}}{\operatorname{argmin}} \{ S_{graph}(\boldsymbol{x}, \boldsymbol{M}, \boldsymbol{u}) \}$$

$$= \underset{\boldsymbol{x}}{\operatorname{argmin}} \{ V(\boldsymbol{x}, \boldsymbol{u}) + U(\boldsymbol{x}, \boldsymbol{M}, \boldsymbol{u}) \}$$

$$= \underset{\boldsymbol{x}}{\operatorname{argmin}} \Big\{ \sum_{i=1}^{N} \sum_{j \in \Lambda_i} \frac{[x_i \neq x_j]}{dis(i,j)} \Big[1 + \gamma \exp\Big(-\frac{\|\boldsymbol{u}_i - \boldsymbol{u}_j\|_2^2}{\lambda} \Big) \Big] -$$

$$\sum_{i \in T_U} \ln P(\boldsymbol{u}_i \mid \boldsymbol{M}[x_i = 0]) + \ln P(\boldsymbol{u}_i \mid \boldsymbol{M}[x_i = 1]) \Big\} \tag{4-12}$$

正确局部标注获得的数据均来自同一总体样本，在图像中标注的前、背景像素样本集中，不存在奇异样本。这为估计图像背景亮度/颜色总体分布参数提供了条件，同时在式（4-12）的最优过程中不需要更新图像前景和背景的亮度/颜色分布参数。由统计理论可知，其分布参数估计的有效性依赖于样本集容量。如果图像中标注了足够多的前、背景像素，则

前景和背景亮度/颜色分布参数估计的有效性就较高；反之，则不能有效地逼近前、背景亮度/颜色的真实分布。要提高前、背景亮度/颜色分布参数估计的有效性，最直接简单的方法是增加标注像素数量，但这大大增加了人机交互量，在实际中是不现实的。

（2）奇异完备标注。该标注方法仅需在前景外围标注一个外接图形（矩形、圆）。如图 4-5(b) 所示，用户利用矩形标注了场景中的马，其矩形外部区域的像素均来自背景，它包含了背景中的大部分像素。将矩形内部区域的像素认为来自前景，而矩形内边界邻域的部分背景像素被误作为前景。因此，该标注方法称为奇异完备标注。

奇异完备标注将图像像素划分为背景集合和前景集合。标注的背景像素集合是确定的且占据了图像背景的绝大部分，这些像素的亮度/颜色为有效估计图像背景亮度/颜色总体分布参数提供了条件；标注的前景像素集合 T_F 主要由两部分像素组成：一部分是少量的背景像素，另一部分是所有的前景像素。由于标注的背景像素集合是确定的，而前景像素集合中存在奇异像素，所以前景提取只需要进一步确定 T_F 中像素的标号。图像前景提取能量泛函式（4-11）的第二项中只需要计算 T_F 的标号即可，式（4-11）可简写为

$$
\begin{aligned}
\boldsymbol{x}^* &= \underset{\boldsymbol{x},\boldsymbol{M}}{\operatorname{argmin}}\{S_{graph}(\boldsymbol{x},\boldsymbol{M},\boldsymbol{u})\} \\
&= \underset{\boldsymbol{x},\boldsymbol{M}}{\operatorname{argmin}}\{V(\boldsymbol{x},\boldsymbol{u})+U(\boldsymbol{x},\boldsymbol{M},\boldsymbol{u})\} \\
&= \underset{\boldsymbol{x},\boldsymbol{M}}{\operatorname{argmin}}\{\sum_{i=1}^{N}\sum_{j\in\Lambda_i}\frac{[x_i\neq x_j]}{dis(i,j)}\Big[1+\gamma\exp\Big(-\frac{\|\boldsymbol{u}_i-\boldsymbol{u}_j\|_2^2}{\lambda}\Big)\Big]- \\
&\quad \sum_{i\in T_F}\ln P(\boldsymbol{u}_i\,|\,\boldsymbol{M}[x_i=0])+\ln P(\boldsymbol{u}_i\,|\,\boldsymbol{M}[x_i=1])\}
\end{aligned}
\tag{4-13}
$$

奇异完备标注方法是捕获图像中前、背景像素样本最多、最简单的方法，有助于提高参数估计的有效性。但是标注的前景像素集合中存在少量的背景像素，这些背景像素会对前景亮度/颜色总体分布参数估计的准确性造成负面影响。为了减少负面影响，学者们在求解能量泛函式（4-13）的最优解的过程中采用迭代算法，在迭代过程中交替更新集合 T_F 的亮度/颜色分布参数及其像素标号。

4.5.2　前景提取流程

前景提取是在图像的视觉感知和观察者对前景的先验知识共同作用下从图像中分离前景，因此，前景提取能量泛函由 $V(\boldsymbol{x},\boldsymbol{u})$ 和 $U(\boldsymbol{x},\boldsymbol{M},\boldsymbol{u})$ 两项构成。其中，$V(\boldsymbol{x},\boldsymbol{u})$ 表征了图像像素的感知特性对前景提取的贡献，该项能量取决于图像的低层特征，与前景的先验知识无关，因此该项在能量泛函优化过程中无须迭代计算；$U(\boldsymbol{x},\boldsymbol{M},\boldsymbol{u})$ 描述了图像像素的亮度/颜色与前景先验知识的匹配程度，其能量大小敏感于前景先验知识的正确性和鲁棒性。根据前、背景标注方法和前、背景亮度/颜色分布的不同表示方法，基于图论的前景提取模型大致可分为 GraphCut、OneCut 和 GrabCut。

正确局部标注方法标注的图像前、背景像素集中不存在奇异样本。这些像素亮度/颜色可表示图像前、背景的先验知识。如果前、背景像素亮度/颜色分布表示为局部直方图，则前景提取算法称为 GraphCut；如果前、背景像素亮度/颜色分布表示为高斯混合模型，则前景提取算法称为 OneCut。无论前、背景亮度/颜色分布采用何种表示方法，标注像素集中都不存在奇异样本，前景提取能量泛函优化过程中均不需要更新前、背景亮度/颜色

分布参数，前景提取能量泛函的最优解 x^* 仅运算一次即可。两种算法统称一次割算法。一次割算法见程序 4－10。

程序 4－10　一次割算法

```
EstimateSegmentation(GCGraph<double>& graph,BYTE * mask,int Width,int Height){
    int i,j; graph.maxFlow();//最大流算法 如程序 4－10
for (i=0; i<Height; i++)for (j=0; j<Width; j++){
        if (mask[i * Width+j]==GC_PR_FGD || mask[i * Width+j]==GC_PR_BGD){
        //一次割后,前景模板更新
            if(graph.inSourceSegment(i * Width+j))
                mask[i * Width+j]=GC_PR_FGD;
            else
                mask[i * Width+j]=GC_PR_BGD; } }
    return FUN_OK; }
```

奇异完备标注相对于正确局部标注人机交互量较少，该方法可捕获的图像中前、背景像素样本最多，这有利于在实践中提高前、背景亮度/颜色分布参数估计的有效性。该方法标注的前、背景亮度/颜色分布常常表示为高斯混合模式，该表示方式的前景提取算法称为 GrabCut。由于标注的前景像素集合中存在少量的背景像素，所以降低了前景分布参数的准确性。为了提高前景亮度/颜色总体分布参数估计准确性，学者们在求解能量泛函式（4－13）的最优解过程中采用迭代算法，在迭代过程中交替更新集合 T_F 的亮度/颜色分布参数及其像素标号。随着迭代次数的增加，前景中的背景像素减少，其前景亮度/颜色总体分布参数估计准确性逐渐提高。Grabcut 算法的具体代码见程序 4－11，其具体流程如下：

（1）初始化。初始化前景模板 x，借助人机交互将图像像素分为背景集合和前景集合 T_F，将背景区域的像素标记为 $x=1$，将前景区域的像素标记为 $x=0$。

（2）分析图像像素的低层视觉特性。计算能量泛函式（4－13）中的 $V(x，u)$ 项。

（3）统计估计前、背景亮度/颜色的总体分布参数 M。对于给定的前景模板 x，标注的前景像素 T_F 中存在部分背景，这导致前景亮度/颜色分布参数估计不满足最大似然估计法的前提条件。对此，工程上常常采用 EM 算法估计前、背景亮度/颜色的总体分布参数。

（4）分析像素亮度/颜色与前、背景的亮度/颜色分布相似测度，计算能量泛函式（4－13）中的 $U(x，M，u)$ 项，运用最大流算法极小化式（4－13）并更新 x。

（5）重复步骤（3）和（4），直到收敛。

程序 4－11　前景提取算法—高斯混合模型

```
BOOL GrapCut(double * tempData,BYTE * mask,int Width,int Height,int dimension,double gamma,int
iternumber){/ * mask 标注的前景或背景像素, dimension＝1 灰度图像; dimension＝3 彩色图像;
iternumber 迭代次数 * /
    int Temi,Temj,maskCount=0;   GMM fgdGMM,bgdGMM;
    const int modelSize=dimension/ * mean * /+dimension * dimension/ * covariance * /+1;
    fgdGMM.model=new double[modelSize * componentsCount];
    memset(fgdGMM.model,0,sizeof(double) * modelSize * componentsCount);
    fgdGMM.coefs=fgdGMM.model;
    fgdGMM.mean=fgdGMM.coefs+componentsCount;
```

```
    fgdGMM. cov=fgdGMM. mean+dimension * componentsCount;
    fgdGMM. sums=(double * * )new double * [componentsCount];
    fgdGMM. prods=(double * * )new double * * [componentsCount];
    fgdGMM. inverseCovs=(double * * )new double * * [componentsCount];
    bgdGMM. model=new double[modelSize * componentsCount];
    memset(bgdGMM. model, 0, sizeof(double) * modelSize * componentsCount);
    bgdGMM. coefs=bgdGMM. model;
    bgdGMM. mean=bgdGMM. coefs+componentsCount;
    bgdGMM. cov=bgdGMM. mean+dimension * componentsCount;
    bgdGMM. sums=(double * * )new double * [componentsCount];
    bgdGMM. prods=(double * * )new double * * [componentsCount];
    bgdGMM. inverseCovs=(double * * )new double * * [componentsCount];
for(Temi=0; Temi<componentsCount; Temi++){
    fgdGMM. prods[Temi]=(double * * )new double * [dimension];
    fgdGMM. inverseCovs[Temi]=(double * * )new double * [dimension];
    fgdGMM. sums[Temi]=new double[dimension];
    bgdGMM. prods[Temi]=(double * * )new double * [dimension];
    bgdGMM. inverseCovs[Temi]=(double * * )new double * [dimension];
    bgdGMM. sums[Temi]=new double[dimension];}
for(Temi=0; Temi<componentsCount; Temi++){
    for(Temj=0; Temj<dimension;Temj++){
        fgdGMM. prods[Temi][Temj]=new double[dimension];
        fgdGMM. inverseCovs[Temi][Temj]=new double[dimension];
        bgdGMM. prods[Temi][Temj]=new double[dimension];
        bgdGMM. inverseCovs[Temi][Temj]=new double[dimension];}}
maskCount=CountMaskFGD(mask, Width, Height);
K-means(tempData, mask, componentsCount, dimension, maskCount , &bgdGMM,
        &fgdGMM, Width, Height);//前景或背景像素聚类,见程序 4-7
        BYTE * compIdxs=new BYTE[Width * Height];
        memset(compIdxs, 0, sizeof(BYTE) * Width * Height);
double beta=CalcBeta(tempData, Width, Height, dimension);//计算平均值,见程序 4-2
    double * leftW=new double[Height * Width];
    double * upleftW=new double[Height * Width];
    double * upW=new double[Height * Width];
    double * uprightW=new double[Height * Width];
    memset(leftW, 0, sizeof(double) * Height * Width);
    memset(upleftW, 0, sizeof(double) * Height * Width);
    memset(upW, 0, sizeof(double) * Height * Width);
    memset(uprightW, 0, sizeof(double) * Height * Width);
    CalcWeights(tempData, leftW, upleftW, upW, uprightW, beta, gamma, Width, Height, dimension);
//计算边权重,见程序 4-1
for(Temi=0; Temi <iternumber;Temi++){ GCGraph<double> graph;
    AssignGMMsComponent (tempData, mask, &bgdGMM, &fgdGMM, compIdxs, Width, Height,
dimension);
    Learned _ Gaussianparameter (tempData, mask, &bgdGMM, &fgdGMM, compIdxs, Width, Height,
dimension); //高斯函数参数估计,见程序 4-5
    ConstructGraph(graph, tempData, mask, compIdxs, &bgdGMM, &fgdGMM, gamma, beta, leftW,
upleftW, upW, uprightW, Width, Height, dimension);//图构建,见程序 4-3
    EstimateSegmentation(graph, mask, Width, Height);//一次割,见程序 4-10
    maskCount=CountMaskFGD(mask, Width, Height);
```

```
    K-means ( tempData, mask, componentsCount, dimension, maskCount, &bgdGMM, &fgdGMM,
Width, Height); //前景或背景像素聚类,见程序4-7}
for(Temi=0;Temi<Width * Height;Temi++){
    if(mask[Temi]==GC _ PR _ BGD)mask[Temi]=GC _ BGD; }
for(Temi=0; Temi<componentsCount ; Temi++)/ * 释放内存 * /{
    for(Temj=0; Temj<dimension; Temj++){
delete[ ]fgdGMM. prods[Temi][Temj];delete[ ]fgdGMM. inverseCovs[Temi][Temj];
delete[ ]bgdGMM. prods[Temi][Temj];delete[ ]bgdGMM. inverseCovs[Temi][Temj]; }
    delete[ ]fgdGMM. prods[Temi];delete[ ]fgdGMM. inverseCovs[Temi];
    delete[ ]bgdGMM. prods[Temi];delete[ ]bgdGMM. inverseCovs[Temi];
    delete[ ]fgdGMM. sums[Temi];delete[ ]bgdGMM. sums[Temi];}
    delete[ ]fgdGMM. prods;delete[ ]fgdGMM. inverseCovs; delete[ ]bgdGMM. prods;
    delete[ ]bgdGMM. inverseCovs; delete[ ]fgdGMM. sums; delete[ ]bgdGMM. sums;
    delete[ ]fgdGMM. model;delete[ ]bgdGMM. model;delete[ ]compIdxs;delete[ ]upW;
    delete[ ]uprightW;delete[ ]leftW;delete[ ]upleftW; return FUN _ OK;}
```

4.5.3　前景提取模型分析

图像前景提取是在视觉感知和观察者的先验知识共同作用下,将图像像素集划分为前景和背景互不相交的子集。其图模型将图像前景提取问题转化为图割问题,该模型通过联合优化图像分割和前、背景亮度/颜色总体分布参数实现前景提取。

依据前、背景亮度/颜色总体分布的不同表示方法,目前基于图割(graphcut)模型的前景提取算法有 GraphCut、OneCut 和 GrabCut。三种算法的前景提取框架具有以下共性:

(1) 三种算法具有相同的前景提取图结构。

(2) 三种算法的前景提取能量泛函综合考虑了图像低层特征和前、背景先验知识对前景提取的贡献。图像低层特征提供了前景轮廓像素级别的定位精度,前、背景先验知识均表示为前、背景亮度/颜色分布。

(3) 能量泛函的求解均采用最大流算法。

GraphCut、OneCut 和 GrabCut 三种算法之间的区别主要表现在人机交互方式、前景和背景亮度/颜色总体分布表示、系统运行时间和前景提取效果等方面,见表4-1。

表 4-1　GraphCut、OneCut 和 GrabCut 的比较

提取算法	适合图像	标注	模式	迭代次数	优化方法
GraphCut	二值、灰度图像	正确局部标注	局部直方图	1	最大流算法
OneCut					
GrabCut	二值、灰度、彩色图像	奇异完备标注	高斯混合模式	多次	

在人机交互方式方面,OneCut 和 GraphCut 采用相同的交互方式——正确局部标注。在该交互方式下,前、背景亮度/颜色分布参数估计的样本集中不存在奇异样本,所以前

景提取能量泛函的求解过程中不需要更新前、背景亮度/颜色分布参数。但参数估计的有效性敏感于人机交互量，若标注的前、背景像素较多，则参数估计的有效性较高；反之，参数估计的有效性较低。GrabCut 采用奇异完备标注，该标注方法相对于正确局部标注交互量少，但标注的前景像素集中存在部分背景像素，这导致参数估计的样本存在奇异样本。为了去除奇异样本对参数估计的负面影响，常常采用 EM 算法。

在前景和背景亮度/颜色总体分布表示方面，GraphCut 采用标注像素的局部直方图表示前景和背景亮度/颜色总体分布，该表示方法计算简单，易于理解。但局部直方图根据像素亮度/颜色等级描述了标注像素的亮度/颜色分布，忽略了标注像素间的亮度/颜色视觉相似性，不能有效地描述观察者对前、背景亮度/颜色的先验知识。OneCut 和 GrabCut 算法对前、背景标注像素亮度/颜色分布表示为高斯混合模式，弥补了局部直方图的不足。

在系统运行时间方面，三种算法的系统运行时间主要取决于前景和背景亮度/颜色分布参数估计时间。OneCut 和 GraphCut 采用正确局部标注，前景和背景亮度/颜色分布参数一次估计可多次使用，因此前景提取能量泛函的优化仅仅采用一次最大流算法即可，同时局部直方图计算仅仅扫描标注像素一次，其运行成本相对较低。高斯混合模式中含有大量的参数，如视觉区域个数、面积比重、每个视觉区域像素分布的均值矢量和协方差。为了估计高斯混合模式参数，需要多次扫描标注的前、背景像素，计算成本较高，因此，在系统运行时间上 GraphCut 优于 OneCut。GrabCut 算法采用奇异完备标注，标注的前景像素 T_F 中存在部分背景，这导致前景模式参数估计的样本存在奇异样本。为了去除奇异样本对前景亮度/颜色分布参数估计的负面影响，学者采用多次迭代来提高参数估计准确率，致使系统运行时间较长。

在前景提取效果方面，前景提取效果不仅依赖于算法本身，还取决于使用的图像特征。GraphCut、OneCut 和 GrabCut 算法唯一不同的是前、背景亮度/颜色的总体分布表示方式。局部直方图和高斯混合模式均能正确描述卡通图像的前、背景亮度/颜色分布，但局部直方图敏感于图像纹理，所以对于具有纹理的自然图像，高斯混合模式优于局部直方图。OneCut 和 GrabCut 的前景提取效果优于 GraphCut。

在这三种算法中，虽然 GrabCut 算法运算成本较高，但它是人机交互量少的前景提取方法，因此该算法得到了广泛应用。相对于 GraphCut 算法，GrabCut 算法在以下方面进行了改进：

（1）前、背景亮度/颜色分布表示为高斯混合模式，取代了 GraphCut 算法的局部直方图，将灰度图像的前景提取扩展到彩色图像。

（2）降低了人机交互的数量和质量，同时提高了背景参数估计的有效性。

（3）在前景提取过程中，将图像分割和前、背景亮度/颜色分布参数估计有机结合在一个框架中，实现了前景提取和分布参数的联合优化。

相对于 GraphCut 和 OneCut，GrabCut 在人机交互和提取质量上虽然具有明显的优势，但其前景提取能量泛函也是以图像低层特征为变量，如边缘和区域亮度/颜色分布。图像中纹理在像素级别表现为亮度/颜色的微小变化，这些微小变化一方面会产生边缘特征提取的负面影响，另一方面会造成区域亮度/颜色分布的统计参数估计偏差。因此，GrabCut 提取的前景质量受限于区域纹理的复杂程度。在 GrabCut 中，前、背景亮度/颜色分布常常表示为固定个数的高斯函数加权和，但不合适的高斯函数个数降低了前、背景亮度/颜色分布的准确性。为了弥补其不足，学者们分别从图像特征和高斯混合模式角度对 GrabCut 算法进行了优化。

为了抑制纹理对前景提取的影响，学者们在 GrabCut 算法的基础上引入了超像素，提出了基于超像素的前景提取算法，即 SuperCut。图像超像素定义为由图像中空间位置相邻且像素的亮度、颜色、纹理等低层特征相似的像素点组成的分析基元。这些分析基元一定程度上降低了纹理对亮度/颜色差异性和统计分布的负面影响。图像超像素的具体原理和技术在附录 C 中进行了详细说明。

在 GrabCut 中，假设所有图像中前景和背景都是由固定个数的区域组成的，高斯混合模式忽略了不合适的高斯函数个数对前景提取的负面影响。对此，学者们对人机交互的前景和背景区域像素进行了自适应聚类，提出了 Improved GrabCut（ImGrabCut）算法。

4.6　前景提取结果及分析

为了测试 GrabCut 及其改进算法（SuperCut 和 ImGrabCut）对图像前景提取的有效性，分别对近似卡通图像采用相同的标注。SuperCut、ImGrabCut 和 GrabCut 算法的提取结果无显著差异，如图 4-6 所示。这主要是因为近似卡通图像具有以下性质：

（1）卡通图像中区域像素亮度/颜色近似恒值，区域间差异较大，亮度/颜色的变化形成强边缘，前景轮廓主要是由强边缘构成的。

（2）区域像素近似恒值，前景或背景的亮度/颜色分布紧凑，像素间相关系数较大。

（3）前景和背景间的颜色存在明显视觉差异，分布参数差异较大。

在系统运行时间方面，由于 SuperCut 在前景提取前增加了超像素处理，所以其提取成本比 GrabCut 高；在 ImGrabCut 中，高斯混合模式的修正增加了计算成本。

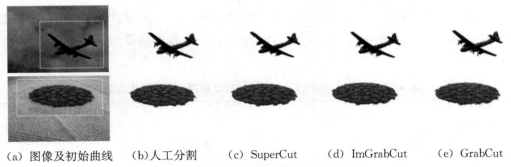

(a) 图像及初始曲线　　(b) 人工分割　　(c) SuperCut　　(d) ImGrabCut　　(e) GrabCut

图 4-6　近似卡通图像的前景提取结果

SuperCut、ImGrabCut 和 GrabCut 对复杂图像的前景提取结果如图 4-7 所示。从视觉上看，SuperCut 和 ImGrabCut 的提取结果优于 GrabCut，主要原因是这两种算法分别从不同角度扩展了 GrabCut 算法。SuperCut 根据邻域像素的相似性，运用超像素表示图像像素，一方面抑制了纹理对前景和背景亮度/颜色分布参数估计的负面影响，在一定程度上提升了参数估计精度；另一方面，由于超像素计算采用小邻域计算，保护了图像边缘信息。ImGrabCut 运用前、背景的亮度/颜色分布自适应估计其高斯混合模式的高斯函数个数，去除了 GrabCut 算法中固定高斯函数个数的负面影响。

|（a）图像及初始曲线|（b）人工分割|（c）SuperCut|（d）ImGrabCut|（e）GrabCut|

图 4-7　复杂图像的前景提取结果

相对于人工分割，三种算法在前景提取结果上也存在一些不足，原因如下：

（1）它们的前景提取能量泛函仅仅考虑原始图像低层特征，如像素亮度/颜色差异和统计分布，这些特征敏感于图像分析尺度。

（2）它们均是假设图像前景和背景的亮度/颜色存在显著差异。在现实中，图像前景亮度/颜色存在与背景差异较小的区域，降低了前、背景亮度/颜色分布的可区分性。

（3）高斯混合模式中各个区域的面积占比表示高斯函数的权重系数，以面积占比为权重导致小面积的前景提取质量较差，如纤细物体。

（4）它们的提取结果敏感于初始标注。当标注前景中包含的背景像素个数大于标注背景像素个数时，难以从标注的前景集合中去除背景像素。

GrabCut、SuperCut 和 ImGrabCut 对 CMU-Cornell iCoseg 和 BSD300 数据库的前景提取测评见表 4-2。由表 4-2 可见，SuperCut 算法前景提取效果优于 GrabCut 和 ImGrabCut。

表 4-2　CMU-Cornell iCoseg 和 BSD300 数据库的前景提取测评

前景提取算法	IOU			F-measures		
	min	mean	max	min	mean	max
The Berkeley segmentation database（BSD 300）						
GrabCut	0.279	0.518	0.925	0.312	0.582	0.930
ImGrabCut	0.303	0.536	0.940	0.354	0.626	0.937
SuperCut	0.353	0.596	0.955	0.403	0.631	0.945
The CMU-Cornell iCoseg database						
GrabCut	0.246	0.439	0.905	0.252	0.547	0.885

前景提取算法	IOU			F-measures		
	min	mean	max	min	mean	max
ImGrabCut	0.301	0.547	0.980	0.312	0.594	0.905
SuperCut	0.313	0.586	0.913	0.378	0.639	0.919

4.7　小结与展望

前景提取图模型以图像边缘和区域亮度/颜色分布等混合特征为基础,将前景提取转化为根据图像边缘和亮度/颜色分布的推理问题。该模型具有以下优点:

(1) 前景提取图模型有效地描述了图像的低层特征和视觉效应。前景提取图的节点除了有效地表示像素亮度/颜色和纹理信息,还表示了观察者的先验知识——前景和背景亮度/颜色的总体分布;该图的边既描述了图像像素的空间近邻性、亮度/颜色的相似性,又刻画了图像任意像素分别与前、背景亮度/颜色分布的测度。

(2) 前景提取能量泛函同时利用了图像边缘和区域亮度/颜色的分布信息,能量泛函优化采用图论的最大流算法,保证了能量函数的全局最优解。

4.7.1　小结

本章以前景提取图模型为主线,首先分析了前景提取图表示方法,阐述了前景提取图中节点的视觉意义及边描述的像素间视觉关系,重点说明了边权重计算的视觉依据;其次介绍了在不同标注方法下前景和背景模式设计的生物数学依据,运用数理统计估计前景和背景亮度/颜色总体分布参数,同时分析了像素与前、背景亮度/颜色分布的不同测度对前景提取的影响;最后介绍了网络的最大流和最小割,理论上证明了两者的关系,并运用网络的最大流算法分析计算前景提取的图分割问题,分析比较了现有前景提取图模型之间的相似性和差异性,总结了现有前景提取图模型的局限性。

本章概括了基于图论的前景提取基本步骤,即用户标注、前景提取图的构造、前景提取能量泛函的设计和最小割/最大流算法。

(1) 用户标注。为了提取不同用户感知的前景,学者们常常采用标注法指示部分前景和背景像素信息。目前标注方法大致分为正确局部标注和奇异完备标注,本章分析了不同标注方法的优缺点,不同用户标注下前景和背景亮度/颜色分布表示方法及其参数统计估计。

(2) 前景提取图的构造。该图描述了图像像素的低层视觉关系,将图像视觉效应转化为图表示。图中节点表示对应像素亮度/颜色的视觉感知;两节点间直接相连的边刻画了对应像素的近邻性,且边权重表示了亮度/颜色的相似性。前景和背景的语义性常常运用统计方法分析用户标注的前、背景像素的亮度/颜色分布,建立前景和背景亮度/颜色分布模式。在点阵加权无向图中增加前、背景模式节点，并分别与点阵加权无向图的节点连接，其边权刻画了图像像素属于前景和背景的概率，构建前景提取图模型。

（3）前景提取能量泛函的设计。基于图论的前景提取模型将图像分割和前、背景模式参数估计融为一体，以图像低层特征为变量，建立了前景提取能量泛函。

（4）最小割/最大流算法。主要介绍了 Ford-Fulkerson 的标号法。

在前景提取图模型的基础上，本章分析比较了 GraphCut、OneCut 和 GrabCut 算法的共性和差异性。相对于 GraphCut 和 OneCut，GrabCut 在人机交互和提取质量上虽然具有明显的优势，是一种比较有前途的交互式分割算法，具有较少的人机交互操作，并将灰度图像的前景提取推广到彩色图像的前景提取，但其前景提取能量泛函以图像低层特征为变量，这些特征敏感于区域纹理。为了弥补 GrabCut 的不足，学者们分别从图像特征和高斯混合模式角度对 GrabCut 算法进行了优化，并提出了 SuperCut 和 ImGrabCut 算法。

4.7.2　展望

本章重点阐述了基于图论前景提取的基本原理，笔者认为基于图论前景提取在以下几个方面有待继续研究：

（1）算法性能。目前基于图论的前景提取主要借助人机交互和图像的低层特征建立能量泛函，其提取结果依赖于人机交互和图像低层特征。为了提高算法的性能和效率，可从以下几个方面进行研究：

①前景先验信息局限性。现有前景先验信息表示一方面来源于已知前景的普通形状，另一方面来源于人工提供的形状模板。这些先验信息均不能以无监督方式挖掘任意用户关注的前景模式。

②目前的前景提取能量泛函建立在图像的局部低层特征、人眼亮度/颜色的相似性和近邻性的基础上，没有充分利用人眼的视觉特性和图像的全局属性。

③提高最大流计算精度，研究逼近界限的有效算法。

（2）算法实时性。基于图论的前景提取算法直接对图像像素进行分类划分，效率低下。目前常常采用图像超像素表示和图像多分辨率分析方法提高计算实时性，其图像超像素可以减少前景提取图的节点数，从而降低计算时间成本。多分辨率方法可以将计算复杂度降低到线性。

参考文献

[1] Yuri Y B, Lea G F. Graph Cuts and efficient N-D image segmentation [J]. International Journal of Computer Vision，2006，7(2)：109—131.

[2] Yuri Y B, Jolly M P. Interactive Graph Cuts for optimal boundary & region segmentation of objects in N-D images [C]. Proceedings of International Conference on Computer Vision，2001：105—112.

[3] Wang T, Yang J, Sen Q, et al. Global graph diffusion for interactive object extraction [J]. Information Sciences，2018，460—461：103—114.

[4] Maninis K K, Caelles S, Pont-Tuset J, et al. Deep Extreme Cut：From extreme points to object segmentation [C]. Computer Vision and Pattern Recognition (CVPR)，2018：1—10.

［5］　Tang M，Gorelick L，Veksler O，et al. GrabCut in One Cut ［C］. 2013 IEEE International Conference on Computer Vision，2013：1769－1776.

［6］　Rother C，Kolmogorov V，Blake A. GrabCut：Interactive foreground extraction using iterated graph cuts ［J］. ACM Transaction on Graph，2004，23(3)：309－314.

［7］　Wu S，Nakao M，Matsuda T. SuperCut：Superpixel based foreground extraction with loose bounding boxes in one cutting ［J］. IEEE Signal Process Letters，2017，24 (12)：1803－1807.

［8］　Chen D，Chen B，Mamic G，et al. Improved GrabCut segmentation via GMM optimisation ［C］. 2008 Digital Image Computing：Techniques and Applications，2008.

［9］　Zhe G，Li X，Huang H，et al. Deep learning-based image segmentation on multi-modal medical imaging ［J］. IEEE Transactions on Radiation and Plasma Medical Sciences，2019，3(2)：162－169.

［10］　Bampis C G，Maragos P，Bovik A C. Graph-Driven diffusion and random walk schemes for image segmentation ［J］. IEEE Transactions on Image Processing，2017，26 (1)：35－50.

［11］　Heimowitz A，Keller Y. Image segmentation via probabilistic graph matching ［J］. IEEE Transactions on Image Processing，2016，25 (10)：4743－4752.

［12］　于秀林，任雪松. 多元统计分析 ［M］. 北京：中国统计出版社，1999.

［13］　刘青阳. 非线性概率下的大数定律及相关问题 ［D］. 济南：山东大学，2019.

［14］　孟祥飞，王瑛，李超. 独立不同分布不确定变量中心极限定理证明及其应用 ［J］. 上海交通大学学报，2019，53(10)：1230－1237.

［15］　寇冰煜，张燕，马凤丽. 中心极限定理的应用 ［J］. 高师理科学刊，2019 (5)：53－56.

［16］　Alpert S，Galun M，Basri R，et al. Image segmentation by probabilistic bottom-up aggregation and cue integration ［J］. IEEE Transaction on Pattern Analysian and Machine Intelligence，2012，34(2)：315－327.

［17］　Boykov Y，Kolmogorov V. Computing geodesics and minimal surfaces via graph cuts ［C］. Proceedings of the Ninth IEEE International Conference on Computer Vision，2003：26－33.

［18］　Boykov Y，Veksler O，Zabih R. Fast approximate energy minimization via graph cuts ［J］. IEEE Transaction on Pattern Analysian and Machine Intelligence，2001，23(11)：1222－1239.

［19］　Carreira J，Sminchisescu C. Constrained parametric min-cuts for automatic object segmentation ［C］. 2010 IEEE Computer Society Conference on Computer Vision and Pattern Recognition，2010：3241－3248.

［20］　Carreira J，Sminchisescu C. CPMC：Automatic object segmentation using constrained parametric min-cuts ［J］. IEEE Transaction on Pattern Analysian and Machine Intelligence，2012，34 (7)：1312－1328.

［21］　Chen C，Freedman D，Lampert C H. Enforcing topological constraints in random field image segmentation ［C］. IEEE Computer Society Conference on Computer Vision and Pattern Recognition，2011：2089－2096.

［22］　Das P，Veksler O. Semiautomatic segmentation with compact shapre prior ［J］. Image and Vision Computing，2009，27(1)：206－219.

［23］　Egozi A，Keller Y，Guterman H. A probabilistic approach to spectral graph matching ［J］. IEEE Transaction on Pattern Analysian and Machine Intelligence，2013，35(1)：18－27.

［24］　Freedman D，Zhang T. Interactive graph cut based segmentation with shape priors ［C］. IEEE Computer Society Conference on Computer Vision and Pattern Recognition，2005：755－762.

［25］　Girshick R，Donahue J，Darrell T，et al. Rich feature hierarchies for accurate object detection and semantic segmentation ［C］. IEEE Computer Society Conference on Computer Vision and Pattern

Recognition，2014：580−587.

［26］ Goldberger J，Gordon S，Greenspan H. An efficient image similarity measure based on approximations of KL-divergence between two Gaussian mixtures ［C］. Proceedings of the Ninth IEEE International Conference on Computer Vision，2003：487−493.

［27］ Hariharan B，Arbeláez P，Girshick R，et al. Simultaneous detection and segmentation ［C］. European Conference on Computer Vision，2014：297−312.

［28］ Kuettel D，Ferrari V. Figure-ground segmentation by transferring window masks ［C］. IEEE Conference on Computer Vision & Pattern Recognition，2012：558−565.

［29］ Lempitsky V，Kohli P，Rother C，et al. Image segmentation with a bounding box prior ［C］. IEEE International Conference on Computer Vision，2009：277−284.

［30］ Leordeanu M，Hebert M. A spectral technique for correspondence problems using pairwise constraints ［C］. Tenth IEEE International Conference on Computer Vision，2005：1482−1489.

［31］ Levinshtein A，Stere A，Kutulakos K N，et al. TurboPixels：Fast superpixels using geometric flows ［J］. IEEE Transaction on Pattern Analysian and Machine Intelligence，2009，31(12)：2290−2297.

［32］ Li Y，Sun J，Tang C，et al. Lazy snapping ［J］. ACM Transaction on Graph，2004，23(3)：303−308.

［33］ Lombaert H，Sun Y，Grady L，et al. A multilevel banded graph cuts method for fast image segmentation ［C］. IEEE International Conference on Computer Vision，2005：259−265.

［34］ Oliva A，Torralba A. Modeling the shape of the scene：A holistic representation of the spatial envelope ［J］. International Journal of Computer Vision，2001，42(3)：145−175.

［35］ Rosenfeld A，Weinshall D. Extracting foreground masks towards object recognition ［C］. IEEE International Conference on Computer Vision，2011：1371−1378.

［36］ Septimus A，Keller Y，Bergel I. A spectral approach to intercarrier interference mitigation in OFDM systems ［J］. IEEE Transaction on Communications，2014，62(8)：2802−2811.

［37］ Slabaugh G，Unal G. Graph cuts segmentation using an elliptical shape prior ［C］. IEEE International Conference on Image Processing，2005：1222−1225.

［38］ Van de Sande K E A，Gevers T，Snoek C G M. Evaluating color descriptors for object and scene recognition ［J］. IEEE Transaction on Pattern Analysian and Machine Intelligence，2010，32(9)：1582−1596.

［39］ Veksler O. Star Shape Prior for Graph-Cut Image Segmentation ［C］. 10th European Conference on Computer Vision，2008：454−467.

［40］ Vincent L，Soille P. Watersheds in digital spaces：An efficient algorithm based on immersion simulations ［J］. IEEE Transaction on Pattern Analysian and Machine Intelligence，1991，13(6)：583−598.

［41］ Weiss Y，Freeman W T. On the optimality of solutions of the maxproduct belief-propagation algorithm in arbitrary graphs ［J］. IEEE Transactions on Information Theory，2001，47(2)：736−744.

［42］ Xu L，Li W，Schuurmans D. Fast normalized cut with linear constraints ［C］. IEEE Conference on Computer Vision & Pattern Recognition IEEE，2009：2866−2873.

［43］ Yang Q，Wang L，Ahuja N. A constant-space belief propagation algorithm for stereo matching ［C］. IEEE Computer Society Conference on Computer Vision and Pattern Recognition，2010：1458−1465.

［44］ Yu S X，Shi J. Segmentation given partial grouping constraints ［J］. IEEE Transaction on Pattern

Analysian and Machine Intelligence，2004，26(2)：173－183.

[45] Hu K，Zhang S，Zhao X. Context-based conditional random fields as recurrent neural networks for image labeling [J]. Multimedia Tools & Applications，2019，79 (1)：1－11.

[46] 桑农，闫成新，张天序. 基于图论的图像分割研究进展 [C]. 全国光电技术学术交流会，2004.

[47] 刘松涛，殷福亮. 基于图割的图像分割方法及其新进展 [J]. 自动化学报，2012，38(6)：911－922.

[48] 向日华，王润生. 一种基于高斯混合模型的距离图像分割算法 [J]. 软件学报，2003(7)：66－73.

[49] 张新峰，沈兰荪. 图像分割技术研究 [J]. 电路与系统学报，2004，9 (2)：94－101.

[50] 吕庆文，陈武凡. 基于互信息量的图像分割 [J]. 计算机学报，2006，29(2)：296－301.

[51] 韩守东，赵勇，陶文兵. 基于高斯超像素的快速 Graph Cuts 图像分割方法 [J]. 自动化学报，2011，37(1)：11－20.

[52] Everingham M，Van-Gool L，Williams C K I，et al. The PASCAL Visual Object Classes Challenge [J]. International Journal of Computer Vision (IJCV)，2010，88(2)：303－338.

[53] Felzenszwalb P，Huttenlocher D. Efficient graph-based image segmentation [J]. International Journal of Computer Vision (IJCV)，2004，59(2)：167－181.

[54] Gould T，Jim R，David C，et al. Multi-class segmentation with relative location prior [J]. International Journal of Computer Vision (IJCV)，2008，80(3)：300－316.

[55] Kwatra V，Schodl A，Essa I，et al. Graphcut textures：Image and video synthesis using graph cuts [J]. ACM Transactions on Graphics，2003，22(3)：277－286.

[56] Verevka O，Buchanan J W. Local k-means algorithm for color image quantization [C]. Graphics Interface，1995：128－135.

第5章 图像多尺度分解

在自然场景中,前景一般由几个部件构成,且部件表面常常是非光滑的。在可见光下,非光滑部件表面在图像中表现为像素亮度/颜色有规律的变化,这些变化体现为图像纹理。图像纹理导致低层特征提取的负面影响表现在以下方面:

(1)纹理破坏了前、背景视觉区域亮度/颜色分布的内聚性,使得相邻像素的相似度降低,导致随机游走的前景提取质量下降。

(2)纹理导致视觉区域间分界线邻域内像素发生缓慢变化,形成弱边缘或者视觉边缘。弱边缘和视觉边缘是基于边缘的活动轮廓模型的主要难点;纹理弱化了视觉区域间亮度和颜色的差异,减少了前景/背景像素统计特征的可区分度,导致基于区域的活动轮廓模型提取质量不理想。

无论场景多复杂,人脑都能准确而快速地辨识各个对象,在辨识过程中人脑对来自场景的视感觉特性进行分析处理,自适应地屏蔽区域纹理信息对场景认知的负面影响。由于视知觉对光强响应是非线性的,因此图像像素亮度/颜色的微小变化并不能形成视知觉差异,视知觉能自适应地选择辨识物体的有用信息而抛弃无用信息。大脑在先验信息的指导下,依据需要认知场景对象的性质,自适应地选择对象最佳尺度信息进行综合分析,进而理解场景内容。对不同尺度信息的提取可以模拟为观察者在离物体不同距离处观察物体所感知的信息。近距离观察时,观察者可以看到物体表面局部区域的任意微小变化,但不能辨识物体的整体形状及概貌。在远距离处,观察者能获取物体的整体或者构成部件的概貌,但不能捕获物体内部的局域信息。

为了提高自然图像的前景提取效果,学者们模仿视知觉对场景信息尺度的感知,结合图像平滑理论,对图像进行迭代平滑处理,获得一系列平滑图像。随着迭代次数的增加,平滑图像中区域内的纹理逐渐被抑制,区域间亮度/颜色差异显著。

5.1 图像平滑理论

场景中的对象在图像中可看作几个视觉区域的有机整体,构成对象的视觉区域个数因对象而异。视觉区域的亮度/颜色分布不仅取决于场景对象表面的物理特性,还随摄像角度和环境的变化而变化。对象轮廓可以认为是对象内不同视觉区域的部分边缘构成的封闭曲线,图像中亮度/颜色缓慢变化的纹理形成弱边缘,从而导致轮廓提取不理想。纹理破坏了邻域像素亮度/颜色的相似性,导致图像视觉区域分割效果较差,从而对视觉区域几何属性的测量造成负面影响。

　　为了改善对象轮廓提取和视觉区域几何属性测量，学者们常常对图像进行保边平滑处理，该处理技术在平滑纹理过程中保护图像边缘信息。从纹理结构出发，学者们设计了纹理结构基元，借助数学形态学的开闭运算模糊区域纹理并保护图像边缘。但其抑制区域纹理的能力取决于纹理结构基元尺寸，如果基元尺寸较小，则残余纹理较多；反之，去除了小尺度边缘。运用数学形态学对图像进行预处理虽然能保护图像边缘信息，但存在以下两个难点：

　　（1）纹理结构基元难以设计。自然场景中物体部件本身纹理复杂，同时环境的变化也会改变其纹理结构，这些因素使得学者们难以设计通用的纹理结构模板。

　　（2）纹理结构基元尺寸选择没有标准。

　　为了回避图像纹理结构基元设计的难点，学者们分析了自然图像与卡通图像的像素级别差异，将自然图像像素的亮度/颜色假设是在卡通图像的像素上增加了纹理。从像素亮度/颜色变化幅度角度出发，将论域为 Ω 的自然图像 $u_0(x, y)$ 表示为纹理图像 $v(x, y)$ 和平滑图像 $u(x, y)$ 两个部分之和：

$$u_0(x, y) = u(x, y) + v(x, y)$$

　　平滑图像 $u(x, y)$ 主要描述图像中各个视觉区域在空间上的分布，每个视觉区域像素亮度/颜色分布均匀，且变化幅度较小，极端情况下视觉区域内像素亮度/颜色等于恒值。该图像在数学上可表示为平面上的分段常值曲面函数，视觉上近似为卡通图像，如图 5-1（b）所示。

　　　　　　　（a）自然图像　　　　　　　　　　　　　（b）平滑图像

图 5-1　图像分解

　　平滑图像承载着自然图像中各个对象的主体信息，它相当于画家绘制场景的初步阶段性作品，即场景整体布局，在数学上可表示为平面上的分段常值曲面函数。为了衡量平滑图像逼近分段常值曲面函数的程度，常常分析平滑图像的梯度幅度在图像域内的整体大小，它可表示为

$$\iint_\Omega f(|\nabla u|)\,\mathrm{d}\Omega$$

式中，$f(|\nabla u|)$ 是以梯度幅度为变量的函数，在图像处理中称为扩散函数。

　　纹理图像 $v(x, y)$ 描述了自然图像中各个区域亮度/颜色的变化。由于图像像素亮度/颜色的取值范围是有限的，邻域像素变化幅度是有界的，所以在图像域内纹理图像的整体亮度/颜色满足下列不等式：

$$0 \leqslant \frac{1}{|\Omega|}\iint_\Omega [u(x,y) - u_0(x,y)]^2\,\mathrm{d}\Omega = v^2 \leqslant const$$

根据平滑图像像素亮度/颜色的变化和纹理图像像素的整体有界性，学者们提出了图像分解模型。该模型将图像分解为平滑图像和纹理图像，其平滑图像满足以下条件：

（1）平滑图像区域像素亮度/颜色近似为恒值。

（2）平滑图像能准确描述自然图像中对象的区域几何属性、轮廓和概貌。

图像分解可表示为带约束条件的优化问题：

$$\boldsymbol{u}^* = \underset{u}{\mathrm{argmin}} \iint_\Omega f(|\nabla \boldsymbol{u}|) \mathrm{d}\Omega$$

$$\mathrm{s.\,t.} \quad \iint_\Omega [\boldsymbol{u}(x,y) - \boldsymbol{u}_0(x,y)]^2 \mathrm{d}\Omega = |\Omega| v^2 \qquad (5-1)$$

运用最小二乘法，式（5-1）可表示为下列能量函数 $D(\boldsymbol{u}, \boldsymbol{u}_0)$ 的极值：

$$\boldsymbol{u}^*(x,y) = \underset{u}{\mathrm{argmin}} \{D(\boldsymbol{u}, \boldsymbol{u}_0)\}$$

$$= \underset{u}{\mathrm{argmin}} \left\{ \iint_\Omega f(|\nabla \boldsymbol{u}|) \mathrm{d}\Omega + \frac{\tau}{2} \iint_\Omega [\boldsymbol{u}(x,y) - \boldsymbol{u}_0(x,y)]^2 \mathrm{d}\Omega \right\} \qquad (5-2)$$

式中，τ 为拉格朗日常数。能量函数 $D(\boldsymbol{u}, \boldsymbol{u}_0)$ 可看作以平滑图像及其梯度幅度为变量的泛函，即

$$D(\boldsymbol{u}, \boldsymbol{u}_0) = \iint_\Omega f(|\nabla \boldsymbol{u}|) \mathrm{d}\Omega + \frac{\tau}{2} \iint_\Omega [\boldsymbol{u}(x,y) - \boldsymbol{u}_0(x,y)]^2 \mathrm{d}\Omega$$

$$= \iint_\Omega F\left(x, y, \boldsymbol{u}, \frac{\partial \boldsymbol{u}}{\partial x}, \frac{\partial \boldsymbol{u}}{\partial y}\right) \mathrm{d}\Omega = \iint_\Omega F(x, y, \boldsymbol{u}_0, \boldsymbol{u}, \boldsymbol{u}_x, \boldsymbol{u}_y) \mathrm{d}\Omega \qquad (5-3)$$

能量泛函的极小值等价于

$$F(x, y, \boldsymbol{u}_0, \boldsymbol{u}, \boldsymbol{u}_x, \boldsymbol{u}_y) = f(|\nabla \boldsymbol{u}|) + \frac{\tau}{2} [\boldsymbol{u}(x,y) - \boldsymbol{u}_0(x,y)]^2$$

根据泛函极值（见附录 A）的必要条件——欧拉-拉格朗日方程，可得

$$\partial F_u - \frac{\partial}{\partial x}\{F_p\} - \frac{\partial}{\partial y}\{F_q\} = 0$$

令

$$\begin{cases} p = \dfrac{\partial \boldsymbol{u}(x,y)}{\partial x} = \boldsymbol{u}_x \\ q = \dfrac{\partial \boldsymbol{u}(x,y)}{\partial y} = \boldsymbol{u}_y \end{cases}, \quad \sqrt{p^2 + q^2} = |\nabla \boldsymbol{u}|$$

则有

$$F_p = \frac{\partial}{\partial p} f(|\nabla \boldsymbol{u}|) = \frac{\partial}{\partial p} f(\sqrt{p^2 + q^2})$$

$$= \frac{p}{\sqrt{p^2 + q^2}} f'(\sqrt{p^2 + q^2}) = \frac{f'(|\nabla \boldsymbol{u}|)}{|\nabla \boldsymbol{u}|} \frac{\partial \boldsymbol{u}}{\partial x}$$

同理可得

$$F_q = \frac{f'(|\nabla \boldsymbol{u}|)}{|\nabla \boldsymbol{u}|} \frac{\partial \boldsymbol{u}}{\partial y}, \quad F_u = \tau(\boldsymbol{u} - \boldsymbol{u}_0)$$

欧拉-拉格朗日方程简化为

$$\tau(\boldsymbol{u} - \boldsymbol{u}_0) - \frac{\partial}{\partial x}\left(\frac{f'(|\nabla \boldsymbol{u}|)}{|\nabla \boldsymbol{u}|} \frac{\partial \boldsymbol{u}}{\partial x}\right) - \frac{\partial}{\partial y}\left(\frac{f'(|\nabla \boldsymbol{u}|)}{|\nabla \boldsymbol{u}|} \frac{\partial \boldsymbol{u}}{\partial y}\right) = 0$$

$$\tau(\boldsymbol{u}-\boldsymbol{u}_0)-\left(\frac{\partial}{\partial x},\frac{\partial}{\partial y}\right)\cdot\frac{f'(\mid\nabla\boldsymbol{u}\mid)}{\mid\nabla\boldsymbol{u}\mid}\left(\frac{\partial\boldsymbol{u}}{\partial x},\frac{\partial\boldsymbol{u}}{\partial y}\right)=0$$

$$\tau(\boldsymbol{u}-\boldsymbol{u}_0)-\operatorname{div}\left(\frac{f'(\mid\nabla\boldsymbol{u}\mid)}{\mid\nabla\boldsymbol{u}\mid}\,\nabla\boldsymbol{u}\right)=0 \tag{5-4}$$

由式(5-4)可知，平滑图像为

$$\boldsymbol{u}=\boldsymbol{u}_0+\frac{1}{\tau}\operatorname{div}\left(\frac{\nabla\boldsymbol{u}f'(\mid\nabla\boldsymbol{u}\mid)}{\mid\nabla\boldsymbol{u}\mid}\right)$$

平滑图像 $\boldsymbol{u}$ 相当于在原始图像 $\boldsymbol{u}_0$ 上叠加了散度项。为了进一步分析散度项在图像分解过程中的作用，令 $Z=f'(\mid\nabla\boldsymbol{u}\mid)/\mid\nabla\boldsymbol{u}\mid$，则 $f'(\mid\nabla\boldsymbol{u}\mid)/\mid\nabla\boldsymbol{u}\mid=f'(\sqrt{p^2+q^2})/\sqrt{p^2+q^2}$。根据复合函数求导规则，式(5-4)中的散度项可表示为

$$\begin{aligned}\rho&=\operatorname{div}\left(\frac{f'(\mid\nabla\boldsymbol{u}\mid)}{\mid\nabla\boldsymbol{u}\mid}\,\nabla\boldsymbol{u}\right)=\operatorname{div}(Z\cdot\nabla\boldsymbol{u})\\&=Z\cdot\operatorname{div}(\nabla\boldsymbol{u})+\nabla\boldsymbol{u}\cdot\nabla Z=Z(\boldsymbol{u}_{xx}+\boldsymbol{u}_{yy})+\nabla\boldsymbol{u}\cdot\nabla Z\\&=Z(\boldsymbol{u}_{xx}+\boldsymbol{u}_{yy})+(\boldsymbol{u}_x,\boldsymbol{u}_y)\cdot\left(\frac{\partial Z}{\partial x},\frac{\partial Z}{\partial y}\right)^{\mathrm{T}}\\&=Z(\boldsymbol{u}_{xx}+\boldsymbol{u}_{yy})+\frac{\partial Z}{\partial x}\boldsymbol{u}_x+\frac{\partial Z}{\partial y}\boldsymbol{u}_y\end{aligned}$$

由全微分知识可知：

$$\begin{cases}\dfrac{\partial Z}{\partial x}=\dfrac{\partial Z(\boldsymbol{u}_x,\boldsymbol{u}_y)}{\partial x}=\dfrac{\partial Z}{\partial\boldsymbol{u}_x}\boldsymbol{u}_{xx}+\dfrac{\partial Z}{\partial\boldsymbol{u}_y}\boldsymbol{u}_{yx}=\dfrac{\partial Z}{\partial p}\boldsymbol{u}_{xx}+\dfrac{\partial Z}{\partial q}\boldsymbol{u}_{yx}\\[2mm]\dfrac{\partial Z}{\partial y}=\dfrac{\partial Z(\boldsymbol{u}_x,\boldsymbol{u}_y)}{\partial y}=\dfrac{\partial Z}{\partial\boldsymbol{u}_x}\boldsymbol{u}_{xy}+\dfrac{\partial Z}{\partial\boldsymbol{u}_y}\boldsymbol{u}_{yy}=\dfrac{\partial Z}{\partial p}\boldsymbol{u}_{xy}+\dfrac{\partial Z}{\partial q}\boldsymbol{u}_{yy}\end{cases} \tag{5-5}$$

Z 对 p 的一阶微分 $\dfrac{\partial Z}{\partial p}$ 为

$$\begin{aligned}\frac{\partial Z}{\partial p}&=\frac{\partial}{\partial p}\left[\frac{f'(\sqrt{p^2+q^2})}{\sqrt{p^2+q^2}}\right]=\left[\frac{f''(\sqrt{p^2+q^2})}{p^2+q^2}-\frac{f'(\sqrt{p^2+q^2})}{\sqrt{(p^2+q^2)^3}}\right]p\\&=\left(\frac{f''(\mid\nabla\boldsymbol{u}\mid)}{\mid\nabla\boldsymbol{u}\mid^2}-\frac{f'(\mid\nabla\boldsymbol{u}\mid)}{\mid\nabla\boldsymbol{u}\mid^3}\right)\boldsymbol{u}_x\end{aligned}$$

同理可得 $\dfrac{\partial Z}{\partial q}=\left(\dfrac{f''(\mid\nabla\boldsymbol{u}\mid)}{\mid\nabla\boldsymbol{u}\mid^2}-\dfrac{f'(\mid\nabla\boldsymbol{u}\mid)}{\mid\nabla\boldsymbol{u}\mid^3}\right)\boldsymbol{u}_y$。

将 $\dfrac{\partial Z}{\partial p}$，$\dfrac{\partial Z}{\partial q}$ 代入式 (5-5)，得

$$\begin{cases}\dfrac{\partial Z}{\partial x}=\left(\dfrac{f''(\mid\nabla\boldsymbol{u}\mid)}{\mid\nabla\boldsymbol{u}\mid^2}-\dfrac{f'(\mid\nabla\boldsymbol{u}\mid)}{\mid\nabla\boldsymbol{u}\mid^3}\right)\cdot\boldsymbol{u}_x\cdot\boldsymbol{u}_{xx}+\left(\dfrac{f''(\mid\nabla\boldsymbol{u}\mid)}{\mid\nabla\boldsymbol{u}\mid^2}-\dfrac{f'(\mid\nabla\boldsymbol{u}\mid)}{\mid\nabla\boldsymbol{u}\mid^3}\right)\cdot\boldsymbol{u}_y\cdot\boldsymbol{u}_{yx}\\[2mm]\dfrac{\partial Z}{\partial y}=\left(\dfrac{f''(\mid\nabla\boldsymbol{u}\mid)}{\mid\nabla\boldsymbol{u}\mid^2}-\dfrac{f'(\mid\nabla\boldsymbol{u}\mid)}{\mid\nabla\boldsymbol{u}\mid^3}\right)\cdot\boldsymbol{u}_x\cdot\boldsymbol{u}_{xy}+\left(\dfrac{f''(\mid\nabla\boldsymbol{u}\mid)}{\mid\nabla\boldsymbol{u}\mid^2}-\dfrac{f'(\mid\nabla\boldsymbol{u}\mid)}{\mid\nabla\boldsymbol{u}\mid^3}\right)\cdot\boldsymbol{u}_y\cdot\boldsymbol{u}_{yy}\end{cases}$$

$$\tag{5-6}$$

将式 (5-6) 代入 $\rho=\operatorname{div}(\nabla\boldsymbol{u}f'(\mid\nabla\boldsymbol{u}\mid)/\mid\nabla\boldsymbol{u}\mid)$，可得

$$\rho=\frac{f'(\mid\nabla\boldsymbol{u}\mid)}{\mid\nabla\boldsymbol{u}\mid}(\boldsymbol{u}_{xx}+\boldsymbol{u}_{yy})+\left(\frac{f''(\mid\nabla\boldsymbol{u}\mid)}{\mid\nabla\boldsymbol{u}\mid^2}-\frac{f'(\mid\nabla\boldsymbol{u}\mid)}{\mid\nabla\boldsymbol{u}\mid^3}\right)(\boldsymbol{u}_x^2\cdot\boldsymbol{u}_{xx}+2\boldsymbol{u}_x\cdot\boldsymbol{u}_y\cdot\boldsymbol{u}_{xy}+\boldsymbol{u}_y^2\cdot\boldsymbol{u}_{yy})$$

$$\tag{5-7}$$

由式(5-4)可以看出，散度项决定图像平滑处理中的扩散性能，即各向同性或各向异性扩散。为了进一步分析该项的扩散性能，将表示图像的笛卡尔坐标系转换为图像局部结构坐标系（TON）。在 TON 坐标系中，N 表示法线方向，T 表示切线方向。图像局部结构信息可表示为局部区域内等位线的切线方向和法线方向，其沿等位线像素的亮度/颜色是相同的，如图 5-2 所示。

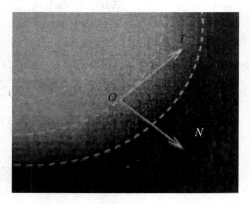

图 5-2　图像的局部结构示意图

笛卡尔坐标系变换为局部结构坐标系可表示为

$$\begin{bmatrix} N \\ T \end{bmatrix} = \frac{1}{|\nabla u|} \begin{bmatrix} u_x & u_y \\ -u_y & u_x \end{bmatrix} \cdot \begin{bmatrix} x \\ y \end{bmatrix}$$

平滑图像中任意像素沿切线方向的一阶导数为

$$u_T = \nabla u \cdot T = (u_x, u_y) \cdot \left(\frac{-u_y}{|\nabla u|}, \frac{u_x}{|\nabla u|} \right)$$

$$= u_x \cdot \frac{-u_y}{|\nabla u|} + u_y \cdot \frac{u_x}{|\nabla u|} = \frac{-u_x u_y}{|\nabla u|} + \frac{u_y u_x}{|\nabla u|} = 0$$

其二阶导数为

$$u_{TT} = \nabla u_T \cdot T = \nabla\left((u_x, u_y) \cdot \left(\frac{-u_y}{|\nabla u|}, \frac{u_x}{|\nabla u|} \right) \right) \cdot \left(\frac{-u_y}{|\nabla u|}, \frac{u_x}{|\nabla u|} \right)$$

$$= \frac{1}{|\nabla u|^2}(u_{xx} \cdot u_y^2 - 2u_x \cdot u_y \cdot u_{xy} + u_x^2 \cdot u_{yy})$$

沿法线方向的一阶导数为

$$u_N = \nabla u \cdot N = (u_x, u_y) \cdot \left(\frac{u_x}{|\nabla u|}, \frac{u_y}{|\nabla u|} \right) = \frac{1}{|\nabla u|}(u_x^2 + u_y^2)$$

其二阶导数为

$$u_{NN} = \nabla u_N \cdot N = \nabla\left((u_x, u_y) \cdot \left(\frac{u_x}{|\nabla u|}, \frac{u_y}{|\nabla u|} \right) \right) \cdot \left(\frac{u_x}{|\nabla u|}, \frac{u_y}{|\nabla u|} \right)$$

$$= \frac{1}{|\nabla u|^2}(u_{xx} \cdot u_x^2 + 2u_x \cdot u_y \cdot u_{xy} + u_y^2 \cdot u_{yy})$$

由上式可知

$$(u_{xx} \cdot u_x^2 + 2u_x \cdot u_y \cdot u_{xy} + u_y^2 \cdot u_{yy}) = |\nabla u|^2 u_{NN} \tag{5-8}$$

平滑图像在切线与法线方向上的二阶导数之和为

$$u_{NN} + u_{TT} = \frac{1}{|\nabla u|^2}(u_{xx} \cdot u_y^2 + u_{xx} \cdot u_x^2 + u_x^2 \cdot u_{yy} + u_y^2 \cdot u_{yy})$$

$$= \frac{(u_{xx} + u_{yy})(u_x^2 + u_y^2)}{u_x^2 + u_y^2} = u_{xx} + u_{yy} \tag{5-9}$$

将式（5-8）和（5-9）代入式（5-7），可得

$$\rho = \frac{f'(|\nabla u|)}{|\nabla u|}(u_{xx} + u_{yy}) + \Big(\frac{f''(|\nabla u|)}{|\nabla u|^2} - \frac{f'(|\nabla u|)}{|\nabla u|^3}\Big)(u_x^2 \cdot u_{xx} + 2u_x \cdot u_y \cdot u_{xy} + u_y^2 \cdot u_{yy})$$

$$= \frac{f'(|\nabla u|)}{|\nabla u|}(u_{TT} + u_{NN}) + \Big(\frac{f''(|\nabla u|)}{|\nabla u|^2} - \frac{f'(|\nabla u|)}{|\nabla u|^3}\Big)|\nabla u|^2 u_{NN}$$

$$= \frac{f'(|\nabla u|)}{|\nabla u|} u_{TT} + f''(|\nabla u|) u_{NN} \tag{5-10}$$

由式（5-10）可知，式（5-4）中的散度项可分解为图像局部结构的切、法线方向加权和：

$$\begin{cases} \rho_T = \dfrac{f'(|\nabla u|)}{|\nabla u|} \\ \rho_N = f''(|\nabla u|) \end{cases} \tag{5-11}$$

式（5-4）中的散度项表示为图像局部结构的切、法线方向的系数，一方面有利于分析扩散函数在图像平滑过程中的作用，即边缘保护、纹理平滑或者两者兼有；另一方面有利于在图像处理中根据用户要求设计扩散函数。

5.2　扩散函数

像素梯度幅度可简单描述为图像像素变化的快慢。当图像中某像素梯度幅度较小甚至趋于零时，表明该像素在邻域内亮度/颜色存在视觉上感知不到的微小波动，在视觉上该像素感知为位于图像平滑区域；当像素梯度幅度较大但不超过某一阈值时，说明像素相对于邻域内亮度/颜色存在视觉可感知的扰动，常常认为该像素位于图像纹理区域；当像素梯度幅度较大且超过阈值时，表明该像素亮度/颜色与邻域内像素存在视觉显著差异，通常把这样的像素认为是图像边缘。

为了在分解过程中去除区域纹理的同时保护边缘，常常希望扩散函数 $f(|\nabla u|)$ 沿局部结构信息的切、法线方向权重满足以下条件：

（1）如果像素位于图像平滑区域或者图像纹理区域，则该像素亮度/颜色相对于邻域变化较小，其梯度幅度 $|\nabla u| \to 0$。为了压缩该像素及其邻域内亮度/颜色的变化范围，式（5-4）中的散度项应沿切线和法线方向具有相同的权重：

$$\lim_{|\nabla u| \to 0} \rho_T = \lim_{|\nabla u| \to 0} \rho_N = \alpha > 0 \tag{5-12a}$$

切、法线方向的等权重相当于对该像素所在区域实行各向同性扩散，使得图像平滑区域像素亮度/颜色趋近于恒值。

（2）如果像素位于图像边缘，则该像素亮度/颜色相对于邻域存在显著变化，其梯度幅度 $|\nabla u| \to \infty$。为了保护图像边缘，式（5-4）中的散度项沿切线和法线方向的权重应为

$$\lim_{|\nabla \boldsymbol{u}| \to \infty} \rho_T = \beta > 0, \qquad \lim_{|\nabla \boldsymbol{u}| \to \infty} \rho_N = \gamma \leqslant 0 \qquad (5-12b)$$

该条件保证了边缘处执行各向异性扩散，即沿边缘切线方向 ρ_T 趋于常数。而在法线方向上，当 $\gamma = 0$ 时，表明散度项不能穿越边缘从而保护了边缘；当 $\gamma < 0$ 时，散度项沿法线方向逆向扩散增强了边缘。

5.2.1 ℓ^2 范数函数

由式(5-4)可知，图像分解模型的扩散函数应满足二阶可导。根据这一性质，最简单的扩散函数为梯度幅度的 ℓ^2 范数：

$$f(|\nabla \boldsymbol{u}|) = \frac{1}{2} |\nabla \boldsymbol{u}|^2 \qquad (5-13)$$

梯度幅度的 ℓ^2 范数在局部结构信息的切、法线方向上权重分别为

$$\begin{cases} \rho_T = \dfrac{f'(|\nabla \boldsymbol{u}|)}{|\nabla \boldsymbol{u}|} = 1 \\ \rho_N = f''(|\nabla \boldsymbol{u}|) = 1 \end{cases}$$

该函数扩散性能仅仅满足第一个条件，即式(5-12a)。在图像分解过程中对图像像素处处进行各向同性扩散，可有效地平滑图像纹理，但由于 ρ_N 处处大于 0，式(5-4)中的散度项沿法线方向穿越边缘，模糊了图像边缘。

5.2.2 ℓ^1 范数函数

ℓ^2 范数在法线方向的权重导致了边缘模糊。为了在图像分解过程中保护边缘信息，扩散函数在法线方向的权重应为零，因此，扩散函数可设计为梯度幅度的 ℓ^1 范数，定义为

$$f(|\nabla \boldsymbol{u}|) = |\nabla \boldsymbol{u}| \qquad (5-14)$$

该函数沿局部结构信息切线和法线方向的扩散系数分别为

$$\begin{cases} \rho_T = \dfrac{f'(|\nabla \boldsymbol{u}|)}{|\nabla \boldsymbol{u}|} = \dfrac{1}{|\nabla \boldsymbol{u}|} \\ \rho_N = f''(|\nabla \boldsymbol{u}|) = 0 \end{cases}$$

由于法线方向扩散系数 ρ_N 处处为 0，该函数在图像分解过程中执行单向扩散，这有利于保护图像边缘。切线方向的权重与梯度幅度成反比，易导致图像平滑区域内形成伪边缘。

5.2.3 "二次"函数

ℓ^2 范数的扩散性能等效于各向同性扩散，平滑效率较高，但法向扩散模糊了边缘；ℓ^1 范数的性能等效于各向异性扩散保护了边缘，但在平滑区易产生伪边缘效应。ℓ^2 和 ℓ^1 范数的扩散性能仅仅满足式(5-12a)或(5-12b)，而不能两者兼得。为了使扩散函数综合考虑两个条件，我们分析了 ℓ^2 和 ℓ^1 范数在不同区间的变化速度（图5-3），即 ℓ^2 范数变化速度随着 $|\nabla \boldsymbol{u}|$ 的增大而增加，而 ℓ^1 范数变化速度在整个论域内恒等于 1。当 $|\nabla \boldsymbol{u}| \leqslant 1$ 时，ℓ^2

范数变化速度小于 ℓ^1 范数；当 $|\nabla \boldsymbol{u}| > 1$ 时，ℓ^2 范数变化速度大于 ℓ^1 范数。

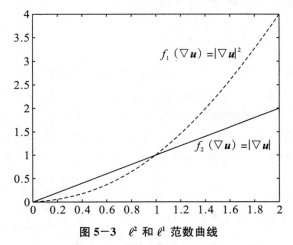

图 5-3　ℓ^2 和 ℓ^1 范数曲线

图像平滑区域内像素变化较慢，其像素梯度幅度较小甚至趋于零。为了快速去除该区域的纹理，扩散函数应近似为 ℓ^2 范数，在该区域实现各向同性扩散。图像边缘邻域像素亮度/颜色差异越大，像素梯度幅度越大，为了保护边缘，扩散函数应逼近 ℓ^1 范数。根据扩散函数分段近似为不同函数，设计了一个"二次"函数：

$$f(|\nabla \boldsymbol{u}|) = \frac{|\nabla \boldsymbol{u}|^2}{1 + |\nabla \boldsymbol{u}|^2} \tag{5-15}$$

该函数在切线方向和法线方向上的权重系数为

$$\begin{cases} \rho_T = 2(1 + |\nabla \boldsymbol{u}|^2)^{-1} \\ \rho_N = (2 - 6|\nabla \boldsymbol{u}|^2)(1 + |\nabla \boldsymbol{u}|^2)^{-3} \end{cases}$$

当 $\rho_N = (2 - 6|\nabla \boldsymbol{u}|^2)(1 + |\nabla \boldsymbol{u}|^2)^{-3} = 0$ 时，$|\nabla \boldsymbol{u}| = 0.577$，此梯度幅度值近似为边缘检测算子（Sobel 算子）的阈值。该函数对图像的平滑性能依据像素梯度幅度而改变，具体情况如下：

（1）当某像素位于图像平滑区域，即 $|\nabla \boldsymbol{u}| \to 0$ 时，该区域内"二次"函数沿局部结构切线和法线方向的扩散系数分别为

$$\begin{cases} \rho_T = \lim_{|\nabla \boldsymbol{u}| \to 0} \dfrac{2}{1 + |\nabla \boldsymbol{u}|^2} = 2 \\ \rho_N = \lim_{|\nabla \boldsymbol{u}| \to 0} \dfrac{2 - 6|\nabla \boldsymbol{u}|^2}{(1 + |\nabla \boldsymbol{u}|^2)^3} = 2 \end{cases}$$

由于 $\rho_T = \rho_N$，该函数在该区域内执行各向同性扩散。

（2）若像素位于纹理区域 $|\nabla \boldsymbol{u}| < 0.577$，由于 ρ_T 和 ρ_N 均大于 0，但 $\rho_T \neq \rho_N$，则该区域内的扩散性能近似各向同性，去除了图像区域纹理。

（3）若像素位于弱边缘 $|\nabla \boldsymbol{u}| > 0.577$，由于 $2 - 6|\nabla \boldsymbol{u}|^2 < 0$，则 $\rho_N < 0$，该函数沿弱边缘的法线方向逆向扩散，对图像弱边缘进行增强处理。

（4）若像素位于强边缘 $|\nabla \boldsymbol{u}| \to \infty$，此时扩散系数为

$$\begin{cases} \rho_T = \lim_{|\nabla \boldsymbol{u}| \to \infty} \dfrac{2}{1 + |\nabla \boldsymbol{u}|^2} = 0 \\ \rho_N = \lim_{|\nabla \boldsymbol{u}| \to \infty} \dfrac{2 - 6|\nabla \boldsymbol{u}|^2}{(1 + |\nabla \boldsymbol{u}|^2)^3} = 0 \end{cases}$$

由于法线方向的扩散系数 $\rho_N = 0$，所以保护了强边缘。

5.2.4 瑞丽函数

"二次"函数在图像分解过程中，根据图像像素梯度幅度与固定阈值之间的关系将图像划分为平滑区、纹理区、弱边缘和强边缘，并且平滑区和纹理区的像素执行近似各向同性扩散，对强、弱边缘邻域像素实现各向异性扩散。虽然去除了区域纹理、增强弱边缘和保护强边缘，但区域划分依赖于函数本身，而不能进行人为控制。为了方便用户控制图像不同区域的划分，结合 ℓ^2 和 ℓ^1 范数扩散性能，将瑞丽函数作为扩散函数：

$$f(|\nabla u|) = \frac{|\nabla u|}{\sigma^2} \exp\left(-\frac{|\nabla u|^2}{2\sigma^2}\right) \tag{5-16}$$

该函数沿切、法线方向的权重分别为

$$\begin{cases} \rho_T = \left(\frac{1}{\sigma^2|\nabla u|} - \frac{|\nabla u|}{\sigma^4}\right)\exp\left(-\frac{|\nabla u|^2}{2\sigma^2}\right) \\ \rho_N = \left(\frac{2}{\sigma^2|\nabla u|} - \frac{3|\nabla u|}{\sigma^4} + \frac{|\nabla u|^3}{\sigma^6}\right)\exp\left(-\frac{|\nabla u|^2}{2\sigma^2}\right) \end{cases}$$

当 $\rho_N = 0$ 时，由于 $\exp(\cdot) > 0$，所以只需计算：

$$\frac{2}{\sigma^2|\nabla u|} - \frac{3|\nabla u|}{\sigma^4} + \frac{|\nabla u|^3}{\sigma^6} = 0$$

$$\Rightarrow |\nabla u|^2 = \sigma^2 \quad \text{或} \quad |\nabla u|^2 = 2\sigma^2$$

根据瑞丽函数在法线方向的权重，将图像区域划分为 $|\nabla u|^2 < \sigma^2$、$\sigma^2 < |\nabla u|^2 < 2\sigma^2$、$|\nabla u|^2 > 2\sigma^2$ 和 $|\nabla u|^2 \to \infty$ 四个子区域。瑞丽函数对图像区域中各子区域的扩散性能如下：

(1) 当图像像素梯度幅度 $|\nabla u|^2 = \sigma^2$ 时，瑞丽函数对该像素局部结构信息切线和法线方向的扩散系数分别为

$$\begin{cases} \rho_T = \left(\frac{1}{\sigma^2|\nabla u|} - \frac{|\nabla u|}{\sigma^4}\right)\exp\left(-\frac{|\nabla u|^2}{2\sigma^2}\right)\Big|_{|\nabla u|^2 = \sigma^2} = 0 \\ \rho_N = \left(\frac{2}{\sigma^2|\nabla u|} - \frac{3|\nabla u|}{\sigma^4} + \frac{|\nabla u|^3}{\sigma^6}\right)\exp\left(-\frac{|\nabla u|^2}{2\sigma^2}\right)\Big|_{|\nabla u|^2 = \sigma^2} = 0 \end{cases}$$

此时，$\rho_T = \rho_N = 0$，这表明瑞丽函数对该像素不扩散，保留原始图像信息。

(2) 当像素梯度幅度 $|\nabla u|^2 = 2\sigma^2$ 时，瑞丽函数对该像素的切线和法线方向的扩散系数分别为

$$\begin{cases} \rho_T = \left(\frac{1}{\sigma^2|\nabla u|} - \frac{|\nabla u|}{\sigma^4}\right)\exp\left(-\frac{|\nabla u|^2}{2\sigma^2}\right)\Big|_{|\nabla u|^2 = 2\sigma^2} = \frac{\sqrt{2}}{2\sigma^3}\exp(-1) \\ \rho_N = \left(\frac{2}{\sigma^2|\nabla u|} - \frac{3|\nabla u|}{\sigma^4} + \frac{|\nabla u|^3}{\sigma^6}\right)\exp\left(-\frac{|\nabla u|^2}{2\sigma^2}\right)\Big|_{|\nabla u|^2 = 2\sigma^2} = 0 \end{cases}$$

这表明瑞丽函数在该处仅仅沿切线方向扩散，保护了边缘。

(3) 当像素梯度幅度 $|\nabla u|^2 < \sigma^2$ 时，瑞丽函数在切、法线方向上的权重均大于 0，即 $\rho_T > 0$，$\rho_N > 0$，但 $\rho_T \neq \rho_N$。瑞丽函数对该区域像素的扩散近似各向同性。

(4) 当 $\sigma^2 < |\nabla u|^2 < 2\sigma^2$ 时，瑞丽函数在法线方向上的权重小于 0，瑞丽函数在法线方向扩大了图像像素变化，从而增强了该区域的边缘信息。

（5）当像素梯度幅度 $|\nabla u|^2 > 2\sigma^2$ 时，瑞丽函数在法线方向上的权重大于 0，模糊了该区域的边缘信息。

（6）当像素位于强边缘，即像素梯度幅度 $|\nabla u|^2 \to \infty$ 时，该函数沿强边缘的切、法线方向的扩散系数分别为

$$\begin{cases} \rho_T = \lim\limits_{|\nabla u| \to \infty} \left(\dfrac{1}{\sigma^2 |\nabla u|} - \dfrac{|\nabla u|}{\sigma^4} \right) \exp\left(-\dfrac{|\nabla u|^2}{2\sigma^2} \right) = 0 \\ \rho_N = \lim\limits_{|\nabla u| \to \infty} \left(\dfrac{2}{\sigma^2 |\nabla u|} - \dfrac{3|\nabla u|}{\sigma^4} + \dfrac{|\nabla u|^3}{\sigma^6} \right) \exp\left(-\dfrac{|\nabla u|^2}{2\sigma^2} \right) = 0 \end{cases}$$

其法线方向的扩散系数 $\rho_N = 0$，保护了强边缘。

由以上讨论可知，瑞丽函数对图像执行分段处理，弥补了 ℓ^2 和 ℓ^1 范数在图像区域中的单一扩散性能。同时，瑞丽函数对图像区域的划分依赖于人为设定参数，弥补了"二次"函数的不足。

5.3　离散化运算

在工程实践中一般运用有限差分法计算图像梯度。为了使式（5−4）计算简单和表达形式紧凑，常常采用混合差分（前向、后向或中心差分）来计算该式中的散度项，即以目标像素 O 为中心点的 4 邻域计算差分邻域。考虑到图像区域是有限的，目标像素的邻域个数随其在图像中的位置而异：

（1）如果目标像素 O 位于图像的左上、左下、右上和右下 4 个角点处，则该像素的邻域有 2 个像素，此时采用前向或后向差分计算散度项。

（2）如果目标像素 O 位于图像的上、下、左和右 4 个边界上，则其邻域有 3 个像素，此时采用前向、后向或中心差分计算散度项。

（3）如果目标像素 O 位于图像的内部，则其邻域有 4 个像素，此时采用中心差分计算散度项。

不同位置像素邻域采样的代码见程序 5−1。

程序 5−1　邻域采样

```
FourNeighborsPixel(int horizon, int vertical, int * nodePos, LONG Width, LONG Height){
/* (horizon,vertical)目标像素在图像中的位置,nodePos[0]记录的邻域像素个数,nodePos[i],i=1,2,…
记录的邻域像素在图像中的位置 */
  if (vertical==0){if (horizon==0){ //左下角点 (0,0)
    nodePos[0]=2; nodePos[1]=1; nodePos[2]=Width;}
  else if (horizon==Width−1){//右下角点(0,Width−1)
    nodePos[0]=2;nodePos[1]=Width−2;nodePos[2]=2 * Width−1;}
    else{//下边界点
  nodePos[0]=3;nodePos[1]=horizon−1;
  nodePos[2]=horizon+1;nodePos[3]=Width+horizon; }}
        else if (vertical==Height−1){
            if (horizon==0){//左上角点(0,ImageHeight−1)
```

```
            nodePos[0]=2;nodePos[1]=Width * vertical+1;
            nodePos[2]=Width * (vertical−1); }
        else if (horizon==Width−1){//右上角点(ImageHeight−1,ImageWidth−1)
            nodePos[0]=2; nodePos[1]=Width * (vertical−1)+horizon;
            nodePos[2]=Width * vertical+horizon−1;}
        else{//上边界点
            nodePos[0]=3; nodePos[1]=Width * vertical+horizon−1;
            nodePos[2]=Width * vertical+horizon+1;
            nodePos[3]=Width * (vertical−1)+horizon;}}
    else{
        if (horizon==0){//左边界点
        nodePos[0]=3;nodePos[1]=ImageWidth * (vertical−1);
        nodePos[2]=ImageWidth * (vertical+1);
        nodePos[3]=ImageWidth * vertical+1;}
    else if (horizon==ImageWidth−1){//右边界点
        nodePos[0]=3; nodePos[1]=ImageWidth * (vertical−1)+horizon;
        nodePos[2]=ImageWidth * ( vertical+1)+horizon;
        nodePos[3]=ImageWidth * vertical+( horizon−1); }
    else{//内点
        nodePos[0]=4; nodePos[1]=ImageWidth * (vertical−1)+horizon;
        nodePos[2]=ImageWidth * (vertical+1)+horizon;
        nodePos[3]=ImageWidth * vertical+(horizon−1);
        nodePos[4]=ImageWidth * vertical+(horizon+1); } }return FUN _ OK; }
```

目标像素 O 为中心点的 4 邻域如图 5−4 所示，图中 $\Lambda = \{E, S, W, N\}$ 为邻域像素集，$\{e, s, w, n\}$ 为半点像素集。在数字图像中半点像素并不存在，仅仅是为了计算而人为假设的。设 $H(|\nabla u|)\nabla u = v = (v^1, v^2)$，其中 $H(|\nabla u|) = f'(|\nabla u|)/|\nabla u|$，那么式(5−4)的散度项可以离散为

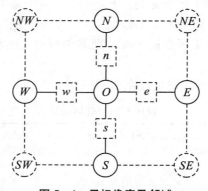

图 5−4   目标像素及邻域

$$\text{div}(\boldsymbol{v}) = \frac{\partial v^1}{\partial x} + \frac{\partial v^2}{\partial y} \simeq (v_e^1 - v_w^1) + (v_n^2 - v_s^2) \qquad (5-17)$$

式中，v_e^1 运用前向差分计算为

$$v_e^1 = H(|\nabla \boldsymbol{u}_e|)\left[\frac{\partial \boldsymbol{u}}{\partial x}\right]_e \simeq H(|\nabla \boldsymbol{u}_e|)(\boldsymbol{u}(E) - \boldsymbol{u}(O))$$

式中，

$$|\nabla \boldsymbol{u}_e| = \sqrt{[\partial \boldsymbol{u}/\partial x]_e^2 + [\partial \boldsymbol{u}/\partial y]_e^2}$$

$$\simeq \sqrt{(\boldsymbol{u}(E) - \boldsymbol{u}(O))^2 + \frac{1}{4}\left(\frac{\boldsymbol{u}(NE) + \boldsymbol{u}(N)}{2} - \frac{\boldsymbol{u}(SE) + \boldsymbol{u}(S)}{2}\right)^2}$$

e 为半点像素，运用线性插值可得 $\boldsymbol{u}_e = \dfrac{\boldsymbol{u}(E) + \boldsymbol{u}(O)}{2} \approx \boldsymbol{u}(E)$，而 $|\nabla \boldsymbol{u}_e| \simeq |\nabla \boldsymbol{u}_E|$，则有

$$v_e^1 \simeq H(|\nabla \boldsymbol{u}_E|)(\boldsymbol{u}(E) - \boldsymbol{u}(O))$$

同理，可以得到

$$\begin{cases} v_s^1 = H(|\nabla \boldsymbol{u}_s|)\left[\dfrac{\partial \boldsymbol{u}}{\partial x}\right]_s \simeq H(|\nabla \boldsymbol{u}_S|)(-\boldsymbol{u}(S) + \boldsymbol{u}(O)) \\[2mm] v_n^2 = H(|\nabla \boldsymbol{u}_n|)\left[\dfrac{\partial \boldsymbol{u}}{\partial x}\right]_n \simeq H(|\nabla \boldsymbol{u}_N|)(\boldsymbol{u}(N) - \boldsymbol{u}(O)) \\[2mm] v_w^2 = H(|\nabla \boldsymbol{u}_w|)\left[\dfrac{\partial \boldsymbol{u}}{\partial x}\right]_w \simeq H(|\nabla \boldsymbol{u}_W|)(-\boldsymbol{u}(W) + \boldsymbol{u}(O)) \end{cases}$$

将 v_e^1，v_w^1，v_n^2 和 v_s^2 代入式（5−17），得到

$$\mathrm{div}(\boldsymbol{v}) \simeq H(|\nabla \boldsymbol{u}_E|)(\boldsymbol{u}(E) - \boldsymbol{u}(O)) - H(|\nabla \boldsymbol{u}_S|)(-\boldsymbol{u}(S) + \boldsymbol{u}(O)) +$$
$$H(|\nabla \boldsymbol{u}_N|)(\boldsymbol{u}(N) - \boldsymbol{u}(O)) - H(|\nabla \boldsymbol{u}_W|)(-\boldsymbol{u}(W) + \boldsymbol{u}(O))$$
$$\simeq H(|\nabla \boldsymbol{u}_E|)\boldsymbol{u}(E) + H(|\nabla \boldsymbol{u}_S|)\boldsymbol{u}(S) + H(|\nabla \boldsymbol{u}_N|)\boldsymbol{u}(N) + H(|\nabla \boldsymbol{u}_W|)\boldsymbol{u}(W) -$$
$$(H(|\nabla \boldsymbol{u}_E|) + H(|\nabla \boldsymbol{u}_S|) + H(|\nabla \boldsymbol{u}_N|) + H(|\nabla \boldsymbol{u}_W|))\boldsymbol{u}(O)$$

设 $p \in \{E,\ S,\ W,\ N\}$，且 $\tilde{\omega}(p) = H(|\nabla \boldsymbol{u}_p|)$，上式可以简写为

$$\mathrm{div}(\boldsymbol{v}) = \sum_{p \in \Lambda} \tilde{\omega}(p)\boldsymbol{u}(p) - \sum_{p \in \Lambda} \tilde{\omega}(p)\boldsymbol{u}(O) \qquad (5-18)$$

将式（5−18）代入式（5−4），可得

$$\tau(\boldsymbol{u}(O) - \boldsymbol{u}_0(O)) - \left(\sum_{p \in \Lambda} \tilde{\omega}(p)\boldsymbol{u}(p) - \sum_{p \in \Lambda} \tilde{\omega}(p)\boldsymbol{u}(O)\right) = 0$$

$$\left(\tau + \sum_{p \in \Lambda} \tilde{\omega}(p)\right)\boldsymbol{u}(O) = \tau \boldsymbol{u}_0(O) + \sum_{p \in \Lambda} \tilde{\omega}(p)\boldsymbol{u}(p)$$

$$\boldsymbol{u}(O) = \frac{\tau}{\tau + \displaystyle\sum_{p \in \Lambda} \tilde{\omega}(p)}\boldsymbol{u}_0(O) + \sum_{p \in \Lambda} \frac{\tilde{\omega}(p)}{\tau + \displaystyle\sum_{p \in \Lambda} \tilde{\omega}(p)}\boldsymbol{u}(p) \qquad (5-19)$$

在实际计算过程中，平滑区域的像素差异较小，甚至出现 $|\nabla \boldsymbol{u}| = 0$ 的情况。为了避免可能出现计算错误，引入一个足够小的正数 ε 保证权重 $\tilde{\omega}(p)$ 的有效性，使得 $|\nabla \boldsymbol{u}| \approx |\nabla \boldsymbol{u}|_\varepsilon$，即

$$|\nabla \boldsymbol{u}|_\varepsilon = \begin{cases} |\nabla \boldsymbol{u}|, & |\nabla \boldsymbol{u}| \neq 0 \\[2mm] \sqrt{|\nabla \boldsymbol{u}|^2 + \varepsilon^2}, & |\nabla \boldsymbol{u}| = 0 \end{cases}$$

根据式（5−19），图像分解的具体过程如下：

（1）运用中心差分计算图像梯度幅度，见程序 5−2。

（2）计算邻域像素权重 $\tilde{\omega}(p)$ 并归一化处理，见程序 5−3。

（3）更新目标像素，见程序 5−4。

（4）遍历图像像素，对任意像素进行（2）和（3）处理，见程序 5−5。

程序 5−2 图像梯度幅度

```
EdgeFunction (double * lpData, int Width, int Height, double * EdgeData){
    int Temi; double a; double * Ix=new double[Width * Height];
    double * Iy=new double[Width * Height];
    CenterGradient (lpData, Ix, Iy, Width, Height, 0); //程序 3−3
    For (Temi=0; Temi<Width * Height; Temi++){
        EdgeData[Temi]=(Ix[Temi] * Ix[Temi]+Iy[Temi] * Iy[Temi]);
            delete[ ]Ix; delete[ ]Iy; return FUN _ OK;}
```

程序 5−3 归一化权重

```
TVFilterCoefficient(double * dpGrads, double * coefficient, int middle, int * nodePos, double
balanceParam, int model){//目标像素权重
    int Temi, neighornumber=nodePos[0]; double omigaSum=0.0;
    double * omiga=new double[neighornumber];
    for (Temi=0; Temi<neighornumber; Temi++){int temp=nodePos[Temi+1];
        if(model=0)/ * ℓ² 范数 * /  omiga[Temi]=1;
        if(model=1)/ * ℓ¹ 范数 * /  omiga[Temi]=1.0 / dpGrads[temp];
        if(model=2){ //"二次"函数
            omiga[Temi]=1.0 / (1+dpGrads[temp] * dpGrads[temp]);
            omiga[Temi]=1 * coefficient[Temi] * coefficient[Temi];}
        if(model=3){//瑞丽函数
            tempdata=exp(-dpGrads[temp] * dpGrads[temp]/(2 * sigma))/(sigma);
            omiga[Temi]=(tempdata * (1/dpGrads[temp]-dpGrads[temp]/sigma));}
    omigaSum+=omiga[Temi];}
    coefficient[0]=balanceParam / (balanceParam+omigaSum);
    for (Temi=1; Temi <=neighornumber; Temi++){
            coefficient[Temi]=omiga[Temi-1]/ (balanceParam+omigaSum);//归一化}
    delete[ ]omiga; return FUN _ OK;}
```

程序 5−4 像素更新

```
TVIteratorOutput(double * lpData, double * prePixel, int middle, int * nodePos, double * coefficient){
    double outputPixel=0.0;
    outputPixel+=coefficient[0] * lpData[middle];
    for (int iterator=1; iterator <=nodePos[0]; iterator++){//邻域像素
        int neighbor=nodePos[iterator];
        outputPixel+=prePixel[neighbor] * coefficient[iterator]; }
    return outputPixel;}
```

程序 5−5 平滑图像

```
TVFilter(double * lpData, double * prePixel, double * postPixel, double * dpGrads, LONG Width, LONG
Height, double balanceParam){
    int Temi, Temj; int nodePos[5]={0};
    for (Temi=0; Temi<Height; Temi++)
        for (Temj=0; Temj<Width; Temj++){
            FourNeighborsPixel(Temj, Temi, nodePos, Width, Height); //程序 5−1
            int middlenode=Temi * Width+Temj; //邻域中心像素点坐标
            double * coefficient=new double[nodePos[0]+1];
TVFilterCoefficient(dpGrads, coefficient, middlenode, nodePos, balanceParam);// 程序 5−3
postPixel[middlenode]=TVIteratorOutput(lpData, prePixel, middlenode, nodePos, coefficient);// 程序 5−4
        delete[ ]coefficient;} return FUN _ OK;}
```

5.3.1　平滑系数

由式(5-19)可知，平滑图像的目标像素 $u(O)$ 可看作 $u_0(O)$ 及其邻域像素 $u(p)$ 的加权和。其权重之和为

$$\frac{\tau}{\tau + \sum\limits_{p\in\Lambda}\tilde{\omega}(p)} + \frac{\sum\limits_{p\in\Lambda}\tilde{\omega}(p)}{\tau + \sum\limits_{p\in\Lambda}\tilde{\omega}(p)} = 1$$

由于所有权重之和为 1，图像分解可理解为基于内容的平滑处理，邻域像素权重依赖于扩散函数及其梯度。ℓ^2 范数、ℓ^1 范数、"二次"函数和瑞丽函数的邻域像素权重 $\tilde{\omega}(p)$ 分别为

$$\tilde{\omega}(p) = \begin{cases} 1, & f(|\nabla u|) = |\nabla u|^2 \\ |\nabla u(p)|^{-1}, & f(|\nabla u|) = |\nabla u| \\ 2(1+|\nabla u(p)|^2)^{-2}, & f(|\nabla u|) = |\nabla u|^2(1+|\nabla u|^2)^{-1} \\ \left(\dfrac{1}{\sigma^2|\nabla u|} - \dfrac{|\nabla u|}{\sigma^4}\right)\exp\left(-\dfrac{|\nabla u|^2}{2\sigma^2}\right), & f(|\nabla u|) = \dfrac{|\nabla u|}{\sigma^2}\exp\left(-\dfrac{|\nabla u|^2}{2\sigma^2}\right) \end{cases}$$

对于 ℓ^2 范数，邻域像素权重 $\tilde{\omega}(p)$ 与像素梯度无关。利用该函数对图像进行处理，其结果等效于均值滤波。对于 ℓ^1 范数、"二次"函数和瑞丽函数，邻域像素权重 $\tilde{\omega}(p)$ 取决于像素的梯度。如果像素的梯度较小，表明该像素与目标像素的亮度/颜色差异很小，则 $\tilde{\omega}(p)$ 取值较大，此时 $u(O)$ 近似等效于邻域像素的加权和，压缩了目标像素及其邻域像素的亮度/颜色变化。如果像素的梯度较大，表明该像素与目标像素的亮度/颜色存在显著差异，其目标像素可能位于边缘处，则 $\tilde{\omega}(p)$ 取值较小，$u(O)$ 主要取决于 $u_0(O)$，而邻域像素对其贡献较小，保护了边缘信息。

目标像素的权重与式（5-2）中的拉格朗日常数 τ 有关，传统算法中该权重常常设定为固定值。固定权重不能根据局部像素亮度/颜色变化自适应地调整。对此，学者们根据对象面积非零及其轮廓连续性，设计了目标像素权重的自适应选取，弥补了固定参数的不足。目标像素及其邻域存在下面几种情况：

（1）目标像素的所有邻域均位于目标像素所在区域内，如图 5-5（a）所示。在这种情况下，所有邻域像素的亮度/颜色相对于目标像素变化较小，目标及其邻域像素的梯度幅度变化不大，为了压缩像素亮度/颜色的变化范围，平滑图像的目标像素应为原始图像的目标像素及其邻域的均值。此时，目标像素权重 $\tau \approx \tilde{\omega}(p)$。

（2）邻域像素中存在 3 个像素 q 位于目标像素所在的区域，1 个像素 r 位于另一个区域。满足此条件的有 4 种情况，如图 5-5（b）所示。像素 q 的亮度/颜色相对于目标像素变化较小，其梯度幅度近似为目标像素梯度；像素 r 的亮度/颜色相对于目标像素变化较大，其梯度幅度较大，则 $\tilde{\omega}(r)$ 相对较小。为了保护边缘和压缩亮度/颜色变化，目标像素权重 $\tau \approx \tilde{\omega}(q)$，使得平滑图像 $u(O)$ 主要由 $u_0(O)$ 和邻域像素 $u(q)$ 决定。

（3）邻域像素中存在 2 个像素 q 位于目标像素所在的区域，2 个像素 r 位于另一个区域。满足此条件的有 6 种情况，如图 5-5（c）所示。像素 q 的梯度幅度近似为目标像素

梯度，为了保护边缘和压缩亮度/颜色变化，目标像素权重 $\tau \approx \tilde{\omega}(q)$。

（4）在图像中常常不存在单像素对象，同时假设对象轮廓不存在尖点，所以不存在 0 或 1 个邻域像素位于目标像素所在的区域，其他位于另一个区域。

根据对象面积非零及其轮廓连续性，目标像素权重应为

$$\tau = \beta \times medium \left\{ \frac{f'(\,|\,\nabla \boldsymbol{u}_0(O)\,|\,)}{|\,\nabla \boldsymbol{u}_0(O)\,|}, \tilde{\omega}(p), p \in \Lambda \right\}$$

式中，β 为常数。

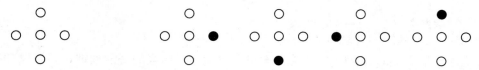

（a）所有邻域像素位于目标区域　　　　（b）3 个邻域像素位于目标区域

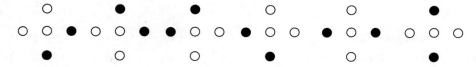

（c）2 个邻域像素位于目标区域

图 5-5　目标与邻域像素

5.3.2　迭代计算

运用固定点迭代算法计算平滑图像，其第 k 次迭代的平滑图像为

$$\boldsymbol{u}^k(i,j) = \frac{\tau}{\tau + \sum_{p \in \Lambda} \tilde{\omega}^{k-1}(p)} \boldsymbol{u}_0(i,j) + \sum_{p \in \Lambda} \frac{\tilde{\omega}^{k-1}(p)}{\tau + \sum_{p \in \Lambda} \tilde{\omega}^{k-1}(p)} \boldsymbol{u}^{k-1}(p) \qquad (5-20)$$

平滑图像 $\boldsymbol{u}^k$ 由 $\boldsymbol{u}^{k-1}$ 和 $\boldsymbol{u}_0$ 共同决定，这使得平滑图像一方面包含了原始图像 $\boldsymbol{u}_0$ 的特征，特别是不连续信息，如边缘和纹理等；另一方面包含了较少的纹理信息。除了 ℓ^2 范数，其他扩散函数（ℓ^1 范数、"二次"函数和瑞丽函数）对 $\boldsymbol{u}^{k-1}$ 的权重系数与梯度幅度近似成反比，使得 $\boldsymbol{u}^k$ 保留了 $\boldsymbol{u}^{k-1}$ 中的高梯度信息。

随着迭代次数的增加，图像 $\boldsymbol{u}_0$ 中的纹理逐渐被去除，图像纹理区域的像素亮度/颜色变化范围被压缩，同时其边缘信息被保留下来。不同的平滑图像可以看作在不同的感受野下对图像进行平滑处理。感受野较大的平滑处理保留了图像的整体概貌，感受野较小的平滑处理保留了图像的细节信息，其处理过程可以表示为

$$\boldsymbol{u}_0 = \boldsymbol{u}^{(0)} \xrightarrow{\boldsymbol{u}_0} \boldsymbol{u}^1 \xrightarrow{\boldsymbol{u}_0} \cdots \xrightarrow{\boldsymbol{u}_0} \boldsymbol{u}^{k-1} \xrightarrow{\boldsymbol{u}_0} \boldsymbol{u}^k \xrightarrow{\boldsymbol{u}_0} \cdots$$

迭代计算平滑图像的代码见程序 5-6。

程序 5-6　迭代计算平滑图像

```
TVSmoothness(double * lpData, double * TempData, LONG Width, LONG Height, double balanceParam){
    //lpData 表示原始图像；TempData 表示平滑图像
    int iterator;  //迭代次数
    double * postPixel=new double[Width * Height];
    double * edgeData=new double[Width * Height];
```

```
memset(postPixel, 0, sizeof(double) * Width * Height);
for(int i=0;i<iterator;i++){ //i 表示迭代次数
EdgeFunction (TempData, Width, Height, edgeData);//程序 5-2
TVFilter(lpData, TempData, postPixel, edgeData, Width, Height, balanceParam);//程序 5-5
memcpy(TempData, postPixel, sizeof(double) * Width * Height);}
delete[ ]postPixel; delete[ ]edgeData;return FUN _ OK;}
```

5.4　图像多尺度分解结果及分析

为了更好地分析和理解图像中各对象的概貌，学者们根据像素变化的快慢构建了图像分解的能量泛函，并运用固定点迭代算法最小化能量泛函。在能量泛函优化过程中，不同迭代次数的解对应于不同尺度的平滑图像，等效于图像在不同感受野的视觉效果。为了去除原始图像噪声或者纹理对图像对象认知的负面影响，学者们设计了 ℓ^2 范数。该函数在扩散过程中平等地对待各个像素，导致图像边缘模糊。当迭代次数较少时，能量泛函的解在一定程度上平滑了小尺度纹理信息，模糊了弱边缘。随着迭代次数的增加，大尺度纹理信息被去除，同时图像强边缘也存在模糊现象，在极端情况（迭代次数趋于无穷大）下，平滑图像的所有像素接近于恒值，原图像结构信息全部损失。为了在平滑过程中保护不同尺度的图像结构信息，学者们设计了单向扩散的 ℓ^1 范数。由于该函数在平滑过程中沿局部结构的切线方向扩散，而法线方向无扩散，因此保护了图像边缘信息。但随着迭代次数的增加，单向扩散一方面易导致区域过度平滑形成伪边缘；另一方面平滑效率低下，计算成本较高。

为了从局部到整体认知图像中的对象，要求图像分解必须同时满足以下条件：

（1）去除图像区域内的纹理，压缩区域像素亮度/颜色分布范围。

（2）保护图像局部结构信息，特别是图像边缘。

由理论分析可知，ℓ^2 和 ℓ^1 范数只能满足上述条件中的一个，而不能两者兼得。如果利用这两个函数对图像进行多尺度分解，则平滑图像的边缘和区域像素亮度/颜色分布具有以下性质：

（1）ℓ^2 范数的各向同性扩散有助于平滑图像区域纹理，使得平滑图像区域像素亮度/颜色紧密分布在某一亮度或颜色的周围，压缩了像素亮度/颜色的变化范围。但随着平滑尺度的增加，大尺度边缘被模糊。

（2）ℓ^1 范数的单向扩散有利于保护图像不同尺度的局部结构信息，同时在一定程度上去除了区域纹理。但随着平滑尺度的增加，易导致区域形成伪边缘。

5.4.1　分解过程分析

图像多尺度分解能量泛函常常运用固定点迭代法进行离散计算，该算法运用扩散函数根据中心像素及其邻域像素更新像素亮度/颜色。在初始迭代中，扩散函数感受野较小，平滑尺度较小，平滑图像主要承载着小尺度边缘和区域信息；随着迭代次数的增加，扩散函数感受野逐渐变大，平滑图像体现大尺度信息。

图像边缘和纹理在像素级别上均表现为亮度/颜色变化，学者们常常运用差分算子分析图像像素的亮度/颜色变化。如果某像素位于图像边缘，那么该像素的亮度/颜色相对于邻域像素存在显著差异，其梯度幅度相对较大；如果某像素位于图像纹理区域，那么该像素的亮度/颜色相对于邻域像素存在较小的差异，其梯度幅度较小。为了定量刻画图像像素亮度/颜色的变化快慢，学者们引入了阈值来判断亮度/颜色的变化速度。当像素梯度幅度大于阈值时，表明亮度/颜色突变；反之，表明缓慢变化。

为了更加直观地表示边缘和纹理，学者们根据边缘和纹理在图像像素级别上的共性和差异性，运用边缘检测算子将图像转化为边缘图。视觉上边缘图由不同粗细、长短的曲线和点构成，其粗细主要取决于对应像素的亮度/颜色相对于邻域的变化快慢，突然变化对应细曲线，而缓慢变化产生粗曲线。图像区域纹理在边缘图中表现为长度较小的曲线段或者面积较小的闭曲线，甚至为点。图 5-6（a）所示的盆栽图像主要由盆栽树、盆栽底座和背景构成。其中，盆栽树由成千上万的树叶组成，树叶部分亮度变化缓慢，盆栽树的轮廓主要通过外围树叶形成；盆栽背景趋于平滑；盆栽底座部分近似白色，并与周围区域像素的亮度/颜色发生突变。运用 Sobel 算子检测的边缘如图5-6（b）所示，由于图像盆栽树叶的像素亮度缓慢变化，且每片树叶的面积较小，所以在边缘图中对应区域几乎被点、短线段或面积较小的封闭曲线所填充；盆栽背景区域在视觉上趋于平滑，其像素亮度近似为恒值，背景在边缘图中表现为白色像素，不存在点和曲线；盆栽底座的亮度与周围存在显著差异，其边缘表现为细长的曲线。

（a）盆栽图像　　　　　　　　　　　　　　　　（b）边缘

图 5-6　图像及边缘

运用瑞丽函数对图 5-6（a）进行多尺度分解，不同迭代次数的平滑图像及其边缘如图 5-7 所示，其中第一行为平滑图像，第二行为运用 Sobel 算子检测的边缘图。当迭代20 次时，原始图像的小尺度纹理被瑞丽扩散函数逐渐平滑，其边缘图中短线段或小的封闭曲线相对于原始图像的边缘图较少。随着迭代次数的增加，平滑尺度逐渐增加，边缘图中的短线段渐渐减少。当迭代 400 次时，平滑图像的边缘图几乎不存在短线段或小的封闭曲线，这说明在分解过程中图像纹理渐渐地被平滑。由不同平滑图像的边缘可见，盆栽树轮廓没有随着迭代次数的增加而消失，这表明瑞丽扩散函数在迭代平滑过程中保护了图像边缘信息。

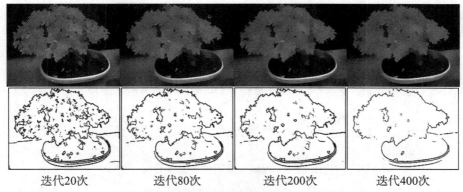

迭代20次　　　　　迭代80次　　　　　迭代200次　　　　　迭代400次

图 5-7　不同迭代次数的平滑图像及边缘

5.4.2　不同模型的比较

虽然图像的内容丰富多彩，但这些内容在图像中均表现为图像区域内亮度/颜色及其统计分布特性差异，无论是在图像区域内还是在区域间，相邻像素的亮度/颜色均存在不同程度的变化。从像素亮度/颜色的变化角度来看，自然场景图像大致可以分为卡通图像、弱边缘图像、纹理强边缘图像和纹理弱边缘图像。

（1）卡通图像。图像区域内像素亮度/颜色近似为恒值，相邻像素变化较小；区域间像素亮度/颜色变化较大，在视觉上存在显著差异。卡通图像的边缘图几乎都是由封闭曲线构成的，这些曲线都是图像像素亮度/颜色的突然变化形成的，所以常常称为强边缘。

（2）弱边缘图像。图像区域内像素亮度/颜色变化较小，区域间大部分像素变化较大。边缘图中存在少量的短线段或者周长较小的封闭曲线，大部分曲线对应图像不同区域的分界线，但分界线上存在局部断点而导致不封闭，这主要是由图像弱边缘引起的。

（3）纹理强边缘图像。在该类图像中，区域间分界线邻域处的像素亮度/颜色存在视觉上的显著差异，其梯度幅度较大，形成强边缘。然而由于自然实体表面或采集环境的变化，图像区域内像素亮度/颜色呈现某种规律的缓慢变化，该变化在图像处理领域常常称为纹理。纹理导致边缘图出现大量的点、线段和小面积封闭曲线。虽然存在大量的点和线段，但仍能从边缘图中分辨出对象轮廓。

（4）纹理弱边缘图像。这类图像不仅区域内像素亮度/颜色变化缓慢，而且区域间分界线邻域处也存在缓慢变化。边缘图几乎由线段和小面积的封闭曲线填充，无法从边缘图中分析对象的几何形状，也不能从中分辨各个对象及区域。

为了分析 ℓ^2 范数、ℓ^1 范数、"二次"函数和瑞丽函数等扩散函数对不同图像多尺度分解过程中的保边性和纹理平滑性，对近似卡通图像、弱边缘图像、纹理强边缘图像和纹理弱边缘图像分别运用不同扩散函数进行多尺度分解。

对近似卡通图像运用不同扩散函数进行多尺度分解，采用固定点迭代算法，进行 100 次迭代得到的平滑图像及其边缘如图 5-8 所示，图中第一行为平滑图像，第二行为平滑图像的边缘。

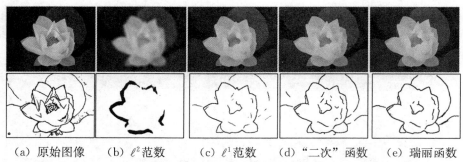

| (a) 原始图像 | (b) ℓ^2 范数 | (c) ℓ^1 范数 | (d) "二次" 函数 | (e) 瑞丽函数 |

图 5-8　近似卡通图像多尺度分解

卡通图像存在较少的纹理信息且区域间分界线明确，其边缘主要由几条细长封闭曲线构成。运用 ℓ^2 范数对其进行迭代计算，其平滑图像在视觉上呈现模糊现象，削弱了原始图像中区域间亮度的显著差异。平滑图像的边缘仅保留了一条莲花与背景间的分界线，相对于原始图像的边缘，该平滑图像的边缘曲线宽度较粗且呈现非连续现象。这主要是由于 ℓ^2 范数在平滑过程中对图像像素处处实现各向同性扩散，一方面减缓了莲花与背景分界线邻域像素亮度的变化速度，导致其边缘曲线加粗；另一方面平滑了莲花内部（如莲蓬和花瓣）区域间的像素亮度变化，导致莲花内部边缘信息丢失。运用 ℓ^1 范数对其进行迭代处理，平滑图像具有两方面特性：一是荷叶间亮度差异相对于原始图像减小，视觉上难以分辨出各个花瓣；二是莲蓬区域的亮度近似为恒值。图像边缘完整地保留了莲花与背景间的分界线，但荷花间的短线段以及莲蓬区域的点消失。这主要是由于 ℓ^1 范数在平滑过程中对图像像素处处执行各向异性扩散，使得平滑图像的边缘曲线宽度保持了原图像边缘宽度，但由于图像背景中存在弱边缘，各向异性扩散平滑了该区域，使得荷叶的边缘呈现断点。"二次"函数和瑞丽函数对其处理后，边缘图主要由封闭曲线构成，保留了荷叶边缘的连续性，弥补了 ℓ^1 范数的不足。相对于 ℓ^1 范数，"二次"函数和瑞丽函数具有增强弱边缘的能力，同时保护了强边缘。

在图 5-9（a）所示的弱边缘图像中，背景中存在少量的纹理信息。分别运用 ℓ^2 范数、ℓ^1 范数、"二次"函数和瑞丽函数对该图像进行多尺度分解，当迭代 160 次时平滑图像及其边缘如图 5-9 所示。ℓ^2 范数扩散得到的平滑图像在视觉上相对于原始图像较模糊，特别是荷花花瓣间亮度差异减少，导致在视觉上难以分辨出各个花瓣。同时，荷花与背景分界线邻域处像素亮度变化缓慢，背景区域纹理被平滑，使得该平滑图像的边缘包含比原始图像边缘更少的点和短线，并且 ℓ^2 范数的各向同性扩散模糊了荷花与背景的分界线，使得相互重叠的花瓣边缘消失。这说明 ℓ^2 范数在平滑过程中不仅平滑了荷花内部像素缓慢变化的弱边缘，而且磨损了图像强边缘，使荷花轮廓存在多处断点。

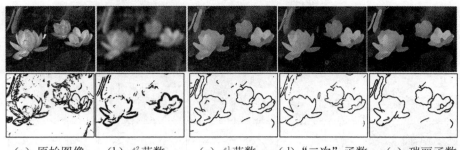

　（a）原始图像　　（b）ℓ^2范数　　（c）ℓ^1范数　　（d）"二次"函数　　（e）瑞丽函数

图 5−9　弱边缘图像多尺度分解

对图 5−9（a）分别运用 ℓ^1 范数、"二次"函数和瑞丽函数等进行迭代处理后，原始图像中荷花花瓣分界线邻域像素亮度差异较小，在迭代处理中缩小了这些像素亮度的差异，使得平滑图像中荷花花瓣呈现模糊，从视觉上难以从平滑图像中分辨出各个荷花花瓣，但它们得到的平滑图像在整体上保留了原始图像中荷花、背景等对象的视觉清晰度。ℓ^1 范数保留了原始图像中荷花与背景之间的亮度差异，而"二次"函数和瑞丽函数加剧了其差异。虽然"二次"函数和瑞丽函数对弱边缘具有增强作用，但是仅仅在像素梯度幅度高于某一阈值时，其增强效果才得以发挥。

在图 5−10（a）所示的图像中，前景由三只天鹅构成，而背景是水波。水波区域呈现规律变化，承载着丰富的纹理信息；天鹅表面均为白色，且内部存在局部阴影，如最前面的天鹅脚掌部分；天鹅与其周围水波亮度差异较大，两者之间的分界线明确。运用 ℓ^2 范数、ℓ^1 范数、"二次"函数和瑞丽函数对该图像进行多尺度分解，当迭代 220 次时平滑图像及其边缘如图 5−10 所示。

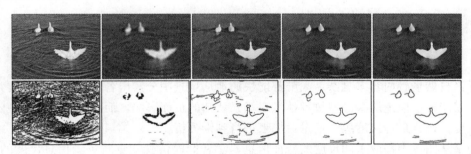

　（a）原始图像　　（b）ℓ^2范数　　（c）ℓ^1范数　　（d）"二次"函数　　（e）瑞丽函数

图 5−10　纹理强边缘图像多尺度分解

ℓ^2 范数的平滑图像在视觉上相对于原始图像较模糊，ℓ^1 范数、"二次"函数和瑞丽函数的平滑图像保留了原始图像中对象间的视觉清晰度。由于天鹅的表面均为白色，在原始图像中对应区域的亮度近似为恒值，所以 ℓ^2 范数、ℓ^1 范数、"二次"函数和瑞丽函数对该区域的亮度分布影响较小。ℓ^2 范数平滑的边缘图中水波纹边缘几乎全部消失，只保留了天鹅轮廓，但天鹅轮廓曲线存在不同程度的断裂。ℓ^1 范数、"二次"函数和瑞丽函数平滑的边缘图中完整地保留了天鹅的轮廓信息，去除了大部分水波纹边缘。

图 5−11（a）所示的图像描述了山羊在草地吃草的场景，该场景中只有山羊和草地两个对象，两个对象的亮度存在显著差异，但对象内部亮度均表现为一定规律变化，且变

化幅度相近。运用 ℓ^2 范数、ℓ^1 范数、"二次" 函数和瑞丽函数对其进行多尺度分解，当迭代 400 次时平滑图像及其边缘如图 5－11 所示。

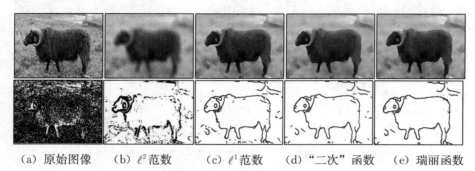

（a）原始图像　（b）ℓ^2 范数　（c）ℓ^1 范数　（d）"二次" 函数　（e）瑞丽函数

图 5－11　纹理弱边缘图像多尺度分解

从整体上看，4 幅平滑图像均保留了原始图像中山羊和草地的亮度差异。ℓ^2 范数的各向同性扩散平滑了山羊和草地的内部像素，在视觉上相对于原始图像较模糊；ℓ^1 范数、"二次" 函数和瑞丽函数的平滑图像保留了原始图像中对象间的视觉清晰度。从局部上看，ℓ^2 范数压缩了对象分界线邻域像素的变化幅度，使得平滑图像中山羊和草地的分界线模糊。ℓ^1 范数、"二次" 函数和瑞丽函数在迭代过程中对图像实行各向异性扩散，其平滑图像相对于 ℓ^2 范数存在局部马赛克现象，如山羊角。ℓ^2 范数平滑的边缘图中残余了部分点和短线，同时山羊轮廓出现不连续现象。ℓ^1 范数、"二次" 函数和瑞丽函数平滑的边缘图中完整地保留了山羊的轮廓信息，去除了大部分点和短线。

5.5　小结与展望

无论自然场景内容多复杂，人脑都能快速地从场景中分辨出各个对象，这主要是因为人脑不仅能自适应地屏蔽区域纹理信息对场景认知的负面影响，而且能自动调节视觉感知信息尺度，选择最佳尺度感知信息对场景进行判别分析。

为了从图像中提取不同尺度的特征信息，学者们模仿视知觉对场景信息尺度的感知，结合图像平滑理论，建立了图像保边平滑模型，设计了相应的能量泛函。在工程实践中运用固定点迭代算法离散计算能量泛函，在计算过程中获得一系列平滑图像，实现了图像多尺度分解。

5.5.1　小结

本章将自然场景图像大致分为卡通图像、弱边缘图像、纹理强边缘图像和纹理弱边缘图像。卡通图像区域内像素近似为恒值，区域间像素亮度/颜色存在视觉上的显著差异。弱边缘图像区域内像素变化较小而区域间变化较大，但区域分界线邻域处部分像素变化幅度较小导致弱边缘。纹理强边缘图像区域间分界线邻域像素变化较大，形成强边缘，区域内像素变化缓慢，表现为纹理。纹理弱边缘图像不仅区域内像素变化缓慢，而且区域间分界线邻域处也存在缓慢变化的像素。

根据图像边缘和区域像素分布特性，结合像素亮度/颜色变化，本章提出了图像保边多尺度分解模型，设计了相应的图像分解能量泛函。从图像结构信息出发，分析了多尺度分解的平滑机理，即在平滑过程中沿局部结构信息的切、法线方向扩散。在图像分解过程中，为了在保护图像边缘的同时去除纹理，本章分析比较了边缘邻域像素和平滑区像素亮度变化的差异，依据其差异分析总结了保边平滑应该满足的条件：

（1）图像平滑区域像素亮度变化缓慢，在分解过程中应对该区域像素实现各向同性扩散。

（2）在图像边缘邻域像素亮度突然变化，在分解过程中应执行各向异性扩散。

在上述保边平滑条件的基础上，本章分析了 ℓ^2 范数和 ℓ^1 范数等扩散函数对图像的平滑机理。ℓ^2 范数满足平滑条件（1），对图像像素处处实现各向同性扩散，所以其分解过程中模糊了图像边缘。ℓ^1 范数满足平滑条件（2），在分解过程中对图像像素处处执行单向扩散，该扩散函数虽然能保护图像边缘，但随着分解尺度的增加，平滑图像易产生伪边缘。

为了继承 ℓ^2 范数和 ℓ^1 范数的优点并弥补其不足，本章在放松平滑条件的基础上设计了"二次"函数和瑞丽函数，并从理论和实验两个方面验证了这两个函数兼容区域平滑和边缘保护性能。

5.5.2　展望

本章将像素梯度幅值和全变分理论有机结合，设计了保边平滑函数，提出了图像保边分解模型。在以下方面还需进一步研究：

（1）基于仿生视觉的图像分解模型。目前图像分解模型均是从像素变化快慢的角度出发，没有考虑其图像亮度/颜色分布的视觉效应。

（2）设计新的扩散函数并应用于图像多尺度分解模型中，其分解结果能有效保护图像边缘。

（3）图像分解的能量泛函求解常常采用梯度下降算法，该算法运算效率低下，需要设计新的计算方法，以便提高分解效率。

参考文献

［1］Badshah N，Chen K. Multigrid method for the Chan-Vese model in variational segmentation［J］. Communications in Computational Physics，2008，4(2)：294-316.

［2］Blomgren P，Chan T F. Color TV：total variation methods for restoration of vector-valued images［J］. IEEE Transactions on Image Processing，1998，7(3)：304-309.

［3］陆文端. 微分方程中的变分方法［M］. 北京：科学出版社，2003.

［4］Chan T F，Marquina A，Mulet P. High-order total variation based image restoration［J］. SIAM Journal on Scientific Computing，2000，22(2)：503-516.

［5］Bresson X，Chan T F. Fast dual minimization of the vectorial total variation norm and applications to color image processing［J］. Inverse Problems and Imaging，2008，2(4)：455-484.

［6］Brito-Loeza C，Chen K. Multigrid method for a modified curvature driven diffusion model for image inpainting [J]. Journal of computational mathematics, 2008, 26 (6): 856−875.

[7] Chan T F, Chen K E, Carter J L. Iterative methods for solving the dual formulation arising from image restoration [J]. Electronic Transactions on Numerical Analysis Etna, 2007, 26 (1): 299−311.

[8] Chan T F, Shen J. Image processing and analysis-variational, PDE, wavelet, and stochastic methods [M]. Philadelphia, PA: SIAM, 2005.

[9] Frohn-Schauf C, Henn S, Witsch K. Nonlinear multigrid methods for total variation image denoising [J]. Computing and Visualization in Science, 2004, 7(3−4): 199−206.

[10] Chumchob N, Chen K, Brito-Loeza C. A new variational model for removal of combined additive and multiplicative noise and a fast algorithm for its numerical approximation [J]. International Journal of Computer Mathematics, 2013, 90(1−2): 140−161.

[11] Zhang J, Chen K, Yu B. Efficient homotopy method for total variation image registration [C]. International Conference on Computer Sciences & Applications, IEEE Computer Society, 2013.

[12] Shi Y, Chang Q. Efficient algorithm for isotropic and anisotropic total variation deblurring and denoising [J]. Journal of Applied Mathematics, 2013: 1−14.

[13] Chen K, Tai X C. A nonlinear multigrid method for total variation minimization from image restoration [J]. SIAM Journal on Scientific Computing, 2007, 33(2): 115−138.

[14] Henn S, Witsch K. A multigrid approach for minimizing a nonlinear functional for digital image matching [J]. Computing, 2000, 64(4): 339−348.

[15] Lars Hömke. A multigrid method for anisotropic PDEs in elastic image registration [J]. Numerical Linear Algebra with Applications, 2006, 13(2−3): 215−229.

[16] Keeling S L, Haase G. Geometric multigrid for high-order regularizations of early vision problems [J]. Applied Mathematics & Computation, 2007, 184(2): 536−556.

[17] Lysacker M, Lundervold A, Tai X C. Noise removal using fourth-order partial differential equation with applications to medical magnetic resonance images in space and time [J]. IEEE Transactions on Image Processing, 2003, 12(12): 1579−1590.

[18] Marquina, Osher. Explicit algorithms for a new time dependent model based on level set motion for nonlinear deblurring and noise removal [J]. SIAM Journal on Scientific Computing, 2000, 22 (2): 387−405.

[19] Gisolf F, Malgoezar A, Baar T. Improving source camera identification using a simplified total variation based noise removal algorithm [J]. Digital Investigation, 2013, 10(3): 207−214.

[20] Hintermueller M, Langer A. Non-overlapping domain decomposition methods for dual total variation based image denoising [J]. SIAM Journal on Scientific Computing, 2015, 62(2): 456−481.

[21] Brook A, Kimmel R, Sochen N A. Variational restoration and edge detection for color Images [J]. Journal of Mathematical Imaging & Vision, 2003, 18(3): 247−268.

[22] Xu X, Zhang B. An improved geometric active contour model [J]. Journal of South China University of Technology, 2010, 26(4): 668−672, 678.

[23] Shekarforoush H. Noise suppression by removing singularities [J]. IEEE Transactions on Signal Processing, 2000, 48(7): 2175−2179.

[24] Hermann S, René W. TV-L1-based 3D medical image registration with the census cost function [C]. 6th Pacific-Rim Symposium on Image and Video Technology (PSIVT), Springer Berlin Heidelberg, 2014.

[25] Sapiro G, Ringach D L. Anisotropic diffusion of multivalued images with applications to color

filtering [J]. IEEE Transactions on Image Processing，1996，5(11)：1582—1586.

[26] Savage J，Chen K. An improved and accelerated non-linear multigrid method for total-variation denoising [J]. International Journal of Computer Mathematics，2005，82(8)：1001—1015.

[27] Fabiani P，Bendicho J，Bueno T，et al. Multidimensional radiative transfer with multilevel atoms. II. The non-linear multigrid method [J]. Astronomy & Astrophysics，1997，324(3)：161—176.

[28] Jung M，Resmerita E，Vese L A. Dual norm based iterative methods for image restoration [J]. Journal of Mathematical Imaging & Vision，2012，44(2)：128—149.

[29] Sochen N，Kimmel R，Malladi R. A general framework for low level vision [J]. IEEE Transactions on Image Processing，1998，7(3)：310—318.

[30] 钱伟新，王婉丽，祁双喜. 基于广义变分正则化的红外图像噪声抑制方法 [J]. 红外与激光工程，2014，43(1)：67—71.

[31] Cui G M，Feng H J，Xu Z H. Multi scale detail-preserving denoising method of infrared image via relative total variation [C]. ISPDI 2013-Fifth International Symposium on Photo-electronic Detection and Imaging，2013.

[32] Chambolle A，Levine S E，Lucier B J. An upwind finite-difference method for total variation-based image smoothing [J]. SIAM Journal on Imaging Sciences，2011，4(1)：277—299.

[33] Zeng X Y，Li S. An efficient adaptive total variation regularization for image denoising [C]. International Conference on Image & Graphics，IEEE，2013：55—59.

[34] Chen D，Zhang N. A fast first-order continuation total variation algorithm for image denoising [C]. International Conference on Graphic & Image Processing. International Society for Optics and Photonics，2013.

[35] Li F，Li Z，Pi L. Variable exponent functionals in image restoration [J]. Applied Mathematics and Computation，2010，216(3)：870—882.

[36] Dey N，Féraud L B，Zerubia J. A deconvolution method for confocal microscopy with total variation regularization [C]. Proceedings of the 2004 IEEE International Symposium on Biomedical Imaging：From Nano to Macro，Arlington，2004.

[37] Liu P，Huang F，Li G. Remote-sensing image denoising using partial differential equations and auxiliary images as Priors [J]. IEEE Geoscience & Remote Sensing Letters，2012，9（3）：358—362.

[38] Allard K，William. Total variation regularization for image denoising，II. Examples [J]. SIAM Journal on Imaging Sciences，2008，1(4)：400—417.

[39] Allard K，William. Total variation regularization for image denoising，III. Examples [J]. SIAM Journal on Imaging Sciences，2009，2(2)：532—568.

[40] 王生楠. 有限元素法中的变分原理基础 [M]. 西安：西北工业大学出版社，2005.

[41] Zhi Z，Shi B，Sun Y. Primal-dual method to smoothing TV-based model for image denoising [J]. Journal of Algorithms & Computational Technology，2016，10(4)：235—243.

[42] Jia Z G，Wei M. A new TV-Stokes model for image deblurring and denoising with fast algorithms [J]. SIAM Journal on Scientific Computing，2017，72(2)：522—541.

[43] Tang L M，Wang H K. Image denoising based on edge-directed enhancing diffusion model [C]. Second International Conference on Electric Information & Control Engineering，IEEE Computer Society，2012：780—784.

[44] Liu Q，Xiong B，Yang D. A generalized relative total variation method for image smoothing [J]. Multimedia Tools & Applications，2016，75(13)：7909—7930.

［45］ Yu X，Chen X，Chen W. Image smoothing algorithm for grooved cement concrete pavement based on unidirectional total variation and Curvelet transform ［C］. IEEE International Conference on Computer & Communications，IEEE，2017.

［46］ 刘宪高. 变分法与偏微分方程 ［M］. 北京：科学出版社，2016.

［47］ Vogel C R，Oman M E. Iterative methods for total variation denoising ［J］. SIAM Journal on Scientific Computing，1996，17(1)：227－238.

［48］ You Y L，Kaveh M. Fourth-Orderpartial differential equations for noise removal ［J］. IEEE Transactions on Image Processing，2000，9(10)：1723－1730.

［49］ He K，Wang D，Zhang X. Image segmentation using the level set and improved-variation smoothing ［J］. Computer Vision and Image Understanding，2016，152：29－40.

［50］ Dang T，Jamet O，Maitre H. An image segmentation technique based on edge-preserving smoothing filter and anisotropic diffusion ［C］. IEEE Southwest Symposium on Image Analysis & Interpretation，1994：1－5.

［51］ He K，Wang D，Zheng X. Image segmentation on adaptive edge-preserving smoothing ［J］. Journal of Electronic Imaging，2016，25(5)：1－15.

第6章　基于多尺度边缘的几何活动轮廓模型

为了去除给定尺度特征对几何活动轮廓模型的负面影响，本章结合图像分解建立了基于多尺度边缘的几何活动轮廓模型。该模型由图像分解、水平集曲线演化和尺度选择三部分组成。在图像分解部分，为了保护图像强边缘，增强弱边缘，本章分别运用 ℓ^1 范数、"二次"函数和瑞丽函数等对图像进行扩散处理，得到一系列不同平滑尺度的平滑图像。在水平集曲线演化部分，根据平滑图像边缘信息，运用水平集方法演化从图像中提取前景。本章分析了前景提取与边缘尺度之间的关系，依据分割结果设计了平滑尺度选择函数。

6.1　前景提取模型

大脑皮层常常将自然场景认知为适当尺度的语义意义，即人脑对场景的认知与观察距离有关：如果近距离观察场景，可捕获场景的小尺度信息；如果远距离观察场景，易于获取其整体概貌，但不能准确地分辨场景中对象间的分界线。为了捕获场景的适当信息，人们在观察场景时常常自动地调整观察距离。学者们模仿了人脑对远近距离对象的认知，提出了基于多尺度边缘的几何活动轮廓框架。该框架融合了图像多尺度分解和基于边缘的几何活动轮廓模型，不仅继承了传统几何活动轮廓模型在图像前景提取方面的优点，还综合考虑了不同尺度边缘对前景提取的贡献，实现了从适当尺度边缘中提取前景。该框架中图像多尺度分解依图像邻域像素的相似性进行平滑处理，得到一系列不同尺度的平滑图像。小尺度平滑图像包含大量的残余细节，模拟了近距离观察场景的视觉感知效应；大尺度平滑图像描绘场景中对象的整体概貌，模拟了远距离观察场景的视觉感知效应。几何活动轮廓模型在不同尺度边缘和曲线自身的弹性形变驱动下演化曲线并收敛到前景轮廓。对论域为 Ω 的图像 $u_0(x, y)$ 的前景提取能量泛函如下：

$$E_{\text{M-Li}}(u_0, \varphi) = \alpha D(u_0, u) + \beta S_{\text{Li}}(u, \varphi) \tag{6-1}$$

式中，$u(x, y)$ 为平滑图像；φ 表示水平集曲线，其具体定义已经在第3章进行了详细说明，在此不赘述。该能量泛函主要由两部分组成：图像多尺度分解的能量函数 $D(u_0, u)$ 和基于边缘的几何活动轮廓模型能量函数 $S_{\text{Li}}(u, \varphi)$。在图像多尺度分解过程中，随着图像分解尺度的增加，图像区域纹理逐渐被平滑，导致区域像素亮度/颜色变化缓慢，其函数 $D(u_0, u)$ 的能量值逐渐减小。对于任意尺度的平滑图像，运用曲线演化使初始水平集曲线逐渐收敛到前景轮廓，$S_{\text{Li}}(u, \varphi)$ 在曲线演化过程中逐渐变小。综上所述，基于多尺度边缘的活动轮廓模型可转化为以下能量泛函的最小化：

$$\varphi^* = \underset{\varphi}{\operatorname{argmin}}\{E_{\mathrm{M-Li}}(\boldsymbol{u}_0,\varphi)\}$$

$$= \underset{\varphi,\boldsymbol{u}}{\operatorname{argmin}}\{\alpha D(\boldsymbol{u}_0,\boldsymbol{u}) + \beta S_{\mathrm{Li}}(\boldsymbol{u},\varphi)\}$$

$$= \underset{\varphi,\boldsymbol{u}}{\operatorname{argmin}}\left\{\alpha\left[\frac{\tau}{2}\iint_\Omega (\boldsymbol{u}(x,y) - \boldsymbol{u}_0(x,y))^2 \mathrm{d}x\mathrm{d}y + \iint_\Omega f(|\nabla \boldsymbol{u}(x,y)|)\mathrm{d}x\mathrm{d}y\right] + \right.$$

$$\left. \beta\left[\lambda\iint_\Omega g(\boldsymbol{u})\delta(\varphi)|\nabla\varphi|\mathrm{d}x\mathrm{d}y + \nu\iint_\Omega g(\boldsymbol{u})H(-\varphi)\mathrm{d}x\mathrm{d}y + \frac{\mu}{2}\iint_\Omega |\nabla\varphi - 1|^2\mathrm{d}x\mathrm{d}y\right]\right\}$$

$$(6-2)$$

式中，α 和 β 为非负常数，它们分别控制图像多尺度分解能量 $D(\boldsymbol{u}_0,\boldsymbol{u})$ 和曲线演化能量 $S_{\mathrm{Li}}(\boldsymbol{u},\varphi)$ 对前景提取的贡献。当 $\alpha > 0$，$\beta = 0$ 时，式（6-2）为图像多尺度分解的能量泛函。当 $\alpha = 0$，$\beta > 0$ 时，式（6-2）等价于基于边缘的几何活动轮廓模型的前景提取能量泛函。

平滑图像的前、背景间在视觉上常常呈现明显的分界线——前景轮廓，其前景轮廓邻域像素的亮度/颜色存在显著差异。从相邻像素的亮度/颜色变化来看，前、背景间的分界线可表示为以图像梯度为变量的函数——边缘指示函数。$g(\boldsymbol{u})$ 为平滑图像边缘指标函数，它描述了平滑图像的边缘特征，该函数可定义为

$$g(\boldsymbol{u}) = \frac{1}{1 + |\nabla\boldsymbol{u}|} \qquad (6-3)$$

6.2　前景提取算法

式（6-2）的最优解不仅取决于平滑图像的亮度/颜色变化，还依赖于平滑尺度。小尺度平滑图像近似于原始图像，包含了大量的残余纹理，残余纹理使得能量泛函收敛于局部极小值。大尺度平滑图像使得能量泛函收敛于前景轮廓邻域处，但定位精度较差。在工程上，图像分解和平滑图像的前景提取同等重要，常常将式（6-2）中的 α 和 β 设置为 1。基于多尺度边缘的活动轮廓模型的能量泛函可简化为

$$\varphi^* = \underset{\varphi,\boldsymbol{u}}{\operatorname{argmin}}\{D(\boldsymbol{u}_0,\boldsymbol{u}) + S_{\mathrm{Li}}(\boldsymbol{u},\varphi)\}$$

$$= \underset{\varphi,\boldsymbol{u}}{\operatorname{argmin}}\left\{\frac{\tau}{2}\iint_\Omega (\boldsymbol{u}(x,y) - \boldsymbol{u}_0(x,y))^2 \mathrm{d}x\mathrm{d}y + \iint_\Omega f(|\nabla\boldsymbol{u}(x,y)|)\mathrm{d}x\mathrm{d}y + \right.$$

$$\left. \lambda\iint_\Omega g(\boldsymbol{u})\delta(\varphi)|\nabla\varphi|\mathrm{d}x\mathrm{d}y + \nu\iint_\Omega g(\boldsymbol{u})H(-\varphi)\mathrm{d}x\mathrm{d}y + \frac{\mu}{2}\iint_\Omega |\nabla\varphi - 1|^2\mathrm{d}x\mathrm{d}y\right\}$$

$$(6-4)$$

6.2.1　离散计算

在大脑皮层将自然场景认知为适当尺度的语义意义指导下，任意图像中均存在一个最佳尺度边缘，该边缘有利于从图像中提取用户指定对象。理论上图像平滑尺度是连续的，

工程上常常将连续尺度进行离散化。尺度离散化的前景提取可表示为

$$\varphi^* = \underset{\varphi}{\text{argmin}}\{E_{\text{M-Li}}(\boldsymbol{u}_0,\varphi)\} = \underset{\varphi}{\text{argmin}}\{D(\boldsymbol{u}_0,\boldsymbol{u}^k) + S_{\text{Li}}(\boldsymbol{u}^k,\varphi)\},\ k=0,1,\cdots$$

$$(6-5)$$

为了捕获适当尺度边缘，常常对图像进行从细到粗尺度的平滑处理，交替执行图像分解和平滑图像的前景提取。具体计算步骤如下：

（1）图像分解。

利用固定点迭代算法计算式（6-5）的 $D(\boldsymbol{u}_0,\boldsymbol{u}^k)$ 项，得到一系列平滑图像$\boldsymbol{u}^k$。此部分内容在第 5 章进行了详细的介绍，在此不赘述。

（2）平滑图像的前景提取。

平滑图像$\boldsymbol{u}^k$描述了某尺度下图像边缘和亮度/颜色分布。$\boldsymbol{u}^k$ 的前景提取是根据$\boldsymbol{u}^k$ 的边缘信息并联合φ_{k-1}^*，运用水平集方法计算φ_k^*。对于给定的平滑图像$\boldsymbol{u}^k$ 的前景提取能量泛函最小值，利用变分法可得

$$\frac{\partial E_{\text{M-Li}}(\boldsymbol{u}_0,\varphi)}{\partial\varphi} = \frac{\partial S_{\text{Li}}(\boldsymbol{u},\varphi)}{\partial\varphi}$$

$$= -\mu\left(\Delta\varphi - \nabla\cdot\frac{\nabla\varphi}{|\nabla\varphi|}\right) - \lambda\delta(\varphi)\nabla\cdot\left(g(\boldsymbol{u}^k)\frac{\nabla\varphi}{|\nabla\varphi|}\right) - \nu g(\boldsymbol{u}^k)\delta(\varphi)$$

$$(6-6)$$

根据隐函数求导法则，可知水平集函数随时间的变化量为

$$\frac{\partial\varphi}{\partial t} = -\frac{\partial S_{\text{Li}}(\boldsymbol{u},\varphi)}{\partial\varphi}$$

$$= \mu\left(\Delta\varphi - \nabla\cdot\frac{\nabla\varphi}{|\nabla\varphi|}\right) + \lambda\delta(\varphi)\nabla\cdot\left(g(\boldsymbol{u}^k)\frac{\nabla\varphi}{|\nabla\varphi|}\right) + \nu g(\boldsymbol{u}^k)\delta(\varphi)$$

$$(6-7)$$

设 m 时刻水平集为φ_k^m，相邻时刻的时间间隔为 Δt，运用前向差分法计算水平集函数随时间的变化率 $\partial\varphi/\partial t$，则式（6-7）可离散化为

$$\frac{\varphi_k^{m+1} - \varphi_k^m}{\Delta t} = \mu\left[\Delta\varphi_k^m - \nabla\cdot\left(\frac{\nabla\varphi_{i,j}^m}{|\nabla\varphi_k^m|}\right)\right] + \lambda\delta(\varphi_k^m)\nabla\cdot\left(g(\boldsymbol{u}^k)\frac{\nabla\varphi_k^m}{|\nabla\varphi_k^m|}\right) + \nu g(\boldsymbol{u}^k)\delta(\varphi_k^m)$$

$$(6-8)$$

式中，$g(\boldsymbol{u}^k)$表示平滑图像$\boldsymbol{u}^k$ 的边缘指示函数。

在交替执行图像分解和平滑图像的前景提取时，式（6-5）的能量 $E_{\text{M-Li}}(\boldsymbol{u}_0,\varphi)$ 随迭代次数的增加而下降。

6.2.2　尺度选取

平滑图像$\boldsymbol{u}^k$ 是在$\boldsymbol{u}^{k-1}$的基础上结合原始图像$\boldsymbol{u}_0$对其进行平滑。随着平滑尺度的增加，平滑图像边缘各不相同，这使得对应的水平集函数 φ_k^* 存在较大差异。为了衡量不同平滑图像的前景提取质量，根据相邻尺度下平滑图像的水平集函数 φ_k^* 计算前景模板，将前景模板 T_F^k 和 T_F^{k-1} 定义为

$$\begin{cases} T_F^k = \{(x,y)\,|\,(x,y)\in\Omega\text{ and }\varphi_k^*(x,y)\leqslant 0\} \\ T_F^{k-1} = \{(x,y)\,|\,(x,y)\in\Omega\text{ and }\varphi_{k-1}^*(x,y)\leqslant 0\} \end{cases},\ k=1,2,\cdots \quad (6-9)$$

随着迭代次数 k 的增加，图像趋于平滑，甚至任意像素亮度/颜色值为原始图像均值而停止迭代。这一现象将导致水平集函数消失。为了避免这一问题的发生，根据不同平滑图像分割区域重叠度计算相邻尺度提取的前景模板相似度：

$$sim(k) = \frac{card(T_F^k \bigcap T_F^{k-1})}{card(T_F^k \bigcup T_F^{k-1})} \tag{6-10}$$

式（6-10）的计算见程序6-1。

程序 6-1　相似度计算

```
double SegSim(double * lpData, double * TempData, LONG Width, LONG Height){
    //lpData,TempData 分别表示从相邻平滑尺度图像中提取的模板
    double Threshold=0;//相邻尺度提取的前景相似度
    double PublicArea,CurrArea;
    PublicArea=0; CurrArea=0;
    int Temi,data,olddata;
    for (Temi=0; Temi<Width * Height; Temi++){
    if (lpData[Temi]<=0 && lpData[Temi]<=0)   data=1;
        else data=0;
    if (TempData[Temi]<=0 || TempData[Temi]<=0)olddata=1;
        else olddata=0;
    PublicArea+=data; CurrArea+=olddata; }
    Threshold=PublicArea/Curr Area;
    return Threshold; }
```

图像经过小尺度平滑后，平滑前后图像的边缘信息差异较大，这使得相邻平滑尺度提取的前景模板差异较大。随着平滑尺度的增加，平滑图像残余细节逐渐被平滑，平滑前后图像的边缘信息差异减小，相邻尺度提取的前景相似度随迭代次数的增加不减少。如果继续增大平滑尺度，则图像被过度平滑，前景和背景亮度/颜色会出现伪重叠现象，模糊了前景和背景的分界线，使得前景模板差异增大，相邻尺度提取的前景相似度反而下降。根据相邻尺度提取的前景相似度与平滑迭代次数间的关系可知，当相邻尺度提取的前景模板相似度达到最大时，该尺度即前景提取的最佳尺度：

$$\begin{cases} \dfrac{\mathrm{d}}{\mathrm{d}k}sim(k) = 0 \\ \dfrac{\mathrm{d}^2}{\mathrm{d}k^2}sim(k) < 0 \end{cases} \tag{6-11}$$

6.2.3　前景提取流程

本章结合不同尺度的边缘特征，提出了基于多尺度边缘的几何活动轮廓框架。该框架由图像分解和基于边缘的水平集方法构成。图像分解依据邻域像素的相似性进行非线性平滑处理，得到一系列不同尺度的平滑图像，可提供不同尺度的边缘特征。水平集方法在任意尺度边缘特征的外力驱动下演化曲线，实现前、背景分离。该框架有机结合了边缘尺度信息，继承了传统基于边缘水平集方法的优点，综合考虑了不同尺度的边缘对前景提取的贡献。具体离散计算过程如下：

（1）图像多尺度分解利用迭代算法对图像进行从细到粗尺度的平滑处理，为前景提取

提供了不同尺度的边缘特征。

（2）平滑图像的前景提取采用水平集方法，以相邻前一尺度的前景模板边界作为初始曲线，在该平滑尺度的图像边缘和曲线的几何特征驱使下，使得曲线收敛于该平滑图像的前景轮廓。

（3）分析相邻平滑尺度下前景模板的相似度，设计图像平滑尺度选择函数，并以该函数作为图像多尺度平滑终止条件，从而实现了从适当平滑尺度的图像中提取前景。

基于多尺度边缘的几何活动轮廓模型的前景提取流程如图 6－1 所示。

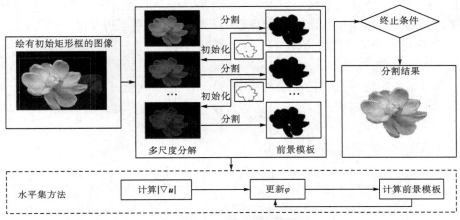

图 6－1　前景提取流程

基于多尺度边缘的几何活动轮廓模型的前景提取算法见程序 6－2。

程序 6－2　前景提取算法

```
BOOL Multi _ Li (double * lpData, BYTE * mask, LONG Width, LONG Height, int dimension, double sigma, int iternumber){
int Temi;
BYTE * oldmask=new BYTE[Height * Width];
memcpy(oldmask, mask, sizeof(BYTE) * Height * Width);
LiSegmentation(lpData, Width, Height, a[4])//基于边缘的水平集演化,程序3－9
double postcost, precost=SegSim(mask, oldmask, Width, Height);
memcpy (oldmask, mask, sizeof(BYTE) * Height * Width);
if(precost<0.9975){
for(Temi=0;Temi<1000;Temi++){
TVSmoothness(lpData, TempData, LONG Width, LONG Height, double balanceParam);//程序5－6
LiSegmentation(lpData, Width, Height, a[4])//基于边缘的水平集演化,程序3－9
postcost=SegSim (mask, oldmask, Width, Height);// 相似度计算,程序6－1
if((postcost−precost)>0){
    memcpy(oldmask, mask, sizeof(BYTE) * Height * Width);
        precost=postcost; }
    else
        Temi=1000;}
    memcpy(mask, oldmask, sizeof(BYTE) * Height * Width);}
delete[]oldmask; return FUN _ OK;}
```

6.3 前景提取结果及分析

传统的基于几何活动轮廓模型的前景提取算法直接依据图像边缘或者区域亮度/颜色的统计特性约束水平集曲线演化，从而实现图像前、背景分离。该模型忽略了边缘和统计特性的尺度因素，不利用适当尺度的边缘和统计特性驱动曲线演化，导致前景提取质量较差。为了改善前景提取质量，本章结合图像多尺度分解和基于边缘的几何活动轮廓模型（Li model）构建了基于多尺度边缘的几何活动轮廓框架。

为了在抑制纹理的同时保护边缘，本章采用非线性扩散的 ℓ^1 范数、"二次"函数和瑞丽函数，结合基于边缘的几何活动轮廓模型（Li model）构建了 ℓ^1 + Li model、"二次"函数 + Li model 和瑞丽函数 + Li model 等多尺度边缘的前景提取算法。

6.3.1 卡通图像前景提取

卡通图像可视为分段平滑函数，其前、背景内部像素亮度/颜色近似相等，而前、背景间亮度/颜色的视觉差异较大。从图像像素级别上看，卡通图像边缘明确，前、背景轮廓邻域像素的亮度/颜色突然变化，其图像边缘可有效表示前景轮廓。二值图像是典型的卡通图像，其前、背景像素亮度/颜色恒定值差异大，如图 6-2（a）所示。为了测试 ℓ^1 + Li model、"二次"函数 + Li model 和瑞丽函数 + Li model 等算法对卡通图像前景提取的有效性，以及这些算法对噪声的鲁棒性，本章在二值图像中加入高斯噪声，如图 6-2（b）和图 6-2（c）所示。不同算法的前景提取结果如图 6-2 所示。

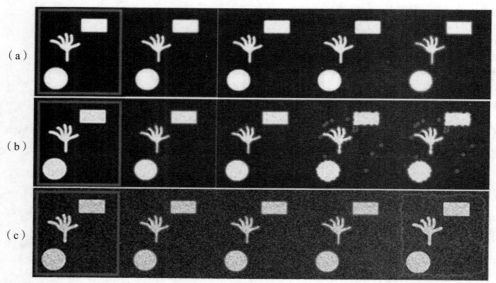

图像及初始曲线　瑞丽函数+Li model　"二次"函数+Li model　ℓ^1+Li model　Li model

图6-2　卡通图像前景提取结果

在传统的 Li model 算法中，为了去除噪声对前景提取的负面影响，常常对图像进行高斯平滑预处理。高斯平滑虽然能在一定程度上抑制噪声，去除噪声对边缘指示函数的负面影响，但高斯平滑本质上是对图像进行各向同性扩散，使得平滑图像边缘模糊，导致初始曲线不能准确地定位前景轮廓。尤其是当图像受到噪声强烈攻击时，残余噪声使得边缘指示函数不能有效地驱使曲线收敛于前景轮廓，导致前景提取失败。

ℓ^1 +Li model 算法采用 ℓ^1 范数函数对图像进行各向异性扩散，该函数仅仅沿图像局部结构信息的切线方向扩散，在一定程度上完善了高斯平滑对前景轮廓的模糊效应，提高了 Li model 算法的前景提取质量。但在图像多次平滑过程中，ℓ^1 范数函数对图像处处单向扩散处理形成伪边缘，这些伪边缘对前景提取质量造成负面影响。"二次"函数 +Li model 和瑞丽函数+Li model 算法中的图像分解不仅保护了图像强边缘，而且增强了弱边缘，保证了水平集曲线准确地收敛到前景轮廓。

基于多尺度边缘的几何活动轮廓模型与 Li model 一样，假设前景轮廓光滑且曲率处处存在，对于光滑前景轮廓，水平集曲线能收敛到真实的轮廓处，如图 6−2（a）中的圆形前景；对于前景轮廓的尖角部分，由于此处曲率不存在，水平集曲线存在一定程度的过收敛，如图 6−2（a）中的指缝处。

6.3.2 简单纹理图像前景提取

为了评价基于多尺度边缘的几何活动轮廓模型对简单纹理图像的前景提取效果，本章分别运用 ℓ^1 +Li model、"二次"函数 +Li model 和瑞丽函数+Li model 算法对简单纹理图像进行前景提取，并与 Li 算法进行比较。不同算法的前景提取结果如图6−3所示。

| | 图像及初始曲线 | 人工分割 | 瑞丽函数
+Li model | "二次"函数
+Li model | ℓ^1 +Li model | Li model |

图 6−3 简单纹理图像前景提取结果

图 6−3（a）～（c）中，前景和背景区域存在少量纹理。从 Li 算法的分割结果可以看出，分割曲线能够收敛到前景轮廓邻域，但分割曲线与前景真实轮廓存在差异。这主要是因为高斯平滑模糊了前景轮廓，致使水平集曲线对前景轮廓定位不够准确。相对于 Li 算法，ℓ^1 +Li model、"二次"函数 +Li model 和瑞丽函数+Li model 三种算法的分割效果

较好，它们的分割曲线与人工分割曲线差异较小。

图 6-3 (d) 是一幅纹理信息较少的多前景图像，在前景轮廓邻域像素颜色变化缓慢，且前景在背景中存在倒影，其倒影部分与背景的颜色差异小于前景轮廓邻域差异，形成弱边缘。这些弱边缘使得 Li 算法不能将两个前景有效分开。同时，该算法采用高斯平滑使得水平集曲线收敛于前景内部。ℓ^1 +Li model、"二次"函数+Li model 和瑞丽函数+Li model 三种算法的前景提取效果优于 Li 算法。一方面，它们能有效地将两个前景对象分开，使得结果未受倒影的影响；另一方面，分割曲线与人工分割的前景轮廓差异较小。主要原因如下：

（1）三种算法对图像进行各向异性扩散处理，在平滑纹理的同时保护了边缘信息，使得水平集曲线收敛于前景轮廓处。

（2）"二次"函数和瑞丽函数增强了弱边缘，有助于提取含弱边缘的前景。

（3）三种算法综合考虑了不同尺度边缘对前景提取的贡献。

6.3.3 复杂纹理图像前景提取

为了评价模型对复杂纹理图像的前景提取效果，分别运用"二次"函数+Li model、Li 和 CV 算法对复杂纹理图像进行前景提取。不同算法的前景提取结果如图 6-4 所示。

| 图像及初始曲线 | 人工分割 | "二次"函数 +Li model | Li model | CV model |

图 6-4　复杂纹理图像前景提取结果

图 6-4 (a) 所示的图像中前景纹理复杂而背景相对较少。CV 算法提取的前景中包含了部分草地，其主要原因是该算法利用前、背景的颜色差异驱使初始水平集曲线演化，树叶与背景草地颜色无显著的视觉差异，两者之间的均值差值较小。Li 算法对树冠轮廓定位精度较差：一方面，Li 算法运用了固定尺度的高斯平滑，在抑制纹理的同时模糊了图像边缘，导致水平集曲线不能正确收敛到树冠轮廓；另一方面，初始曲线内部区域的背景中存在强边缘，使得水平集曲线演化至背景边缘，而不能终止于树脚轮廓。"二次"函数 +Li model 运用"二次"函数对图像进行多次迭代平滑处理，在平滑过程中保护了图像强边缘，增强了弱边缘，这有利于水平集曲线收敛于树冠的轮廓位置，但背景中的强边缘也得到了保护，使得树脚处分割曲线与人工分割结果相差较远。

图 6-4 (b) 所示的图像中前景和背景均存在丰富的纹理，前、背景的整体颜色差异

显著，但存在局部像素颜色相似。这些相似颜色的像素使得 CV 算法将孤立的背景像素误认为前景，降低了 CV 算法的提取质量。背景中的强边缘使得 Li 算法能量泛函的解陷入局部极小值，分割结果表现为过分割和欠分割。"二次"函数＋Li model 运用适当尺度的边缘特征提取前景，其提取效果优于 CV 算法和 Li 算法。图 6-4（c）中前景和背景均存在大量的纹理信息，部分前景轮廓邻域像素颜色变化缓慢，CV 算法和 Li 算法均不能有效地提取前景。"二次"函数＋Li model 对图像进行多次迭代平滑处理，这有利于初始水平集曲线收敛于前景轮廓，提高了前景提取质量。

6.3.4　噪声图像前景提取

为了验证基于多尺度边缘的几何活动轮廓模型的抗噪声性能，本章分别运用瑞丽函数＋Li model、Li model 和 CV model 对含不同高斯噪声的简单纹理图像进行前景提取，对无噪声图像、峰值信噪比为 20.25 dB 和峰值信噪比为 15.54 dB 的图像前景提取结果分别如图 6-5（a）、（b）和（c）所示。

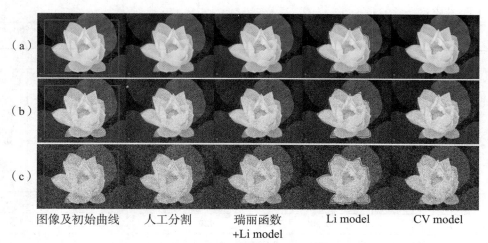

图 6-5　噪声图像前景提取结果

原始图像的前景轮廓由强边缘构成，瑞丽函数＋Li model、Li model 和 CV model 对原始图像的前景提取结果与人工分割结果差异较小。随着高斯噪声攻击程度加大，噪声一方面恶化了前景和背景颜色分布的统计特性差异；另一方面模糊了图像边缘和前景轮廓，甚至在图像中形成大量的伪边缘。瑞丽函数＋Li model 对噪声图像的前景提取在视觉上优于 Li 算法和 CV 算法。

随着图像噪声程度的增加，图像峰值信噪比（PSNR）逐渐下降，图像前、背景颜色分布的统计均值差异减小，使得 CV 算法将图像中的许多噪点识别为前景。

传统的 Li 算法对图像进行平滑处理，可有效地去除轻微程度的噪声对边缘检测算法的负面影响，其前景提取结果虽然存在部分欠分割，但整体上水平集曲线可收敛到前景轮廓处。随着图像峰值信噪比（PSNR）的下降，固定尺度的高斯平滑不足以去除噪声导致的伪边缘，该伪边缘使得水平集曲线不能正确地收敛于前景轮廓。

瑞丽函数＋Li model 由图像多尺度分解和水平集方法构成，其中图像分解采用瑞丽函数对图像进行平滑处理。根据瑞丽函数在扩散过程中的各向异性，在分解过程中，一方面噪声被逐渐去除且保护了图像边缘，另一方面边缘的尺度随着分解次数的增加而增大，利用不同尺度边缘约束水平集曲线演化得到前景模板，根据相邻尺度模板的相似性约束分解次数，实现从适当尺度中提取前景。

瑞丽函数+Li model、Li model 和 CV model 对含噪图像分割的测评分数见表 6-1。三种算法对原始图像的前景提取测评分数 F-measure 差异较小，其最大差异为 0.024，瑞丽函数+Li model 提取前景的 F-measure 位于 Li model 和 CV model 之间。随着图像质量的下降，CV model 和 Li model 的前景提取的 F-measure 快速下降，而瑞丽函数+Li model 的前景提取的 F-measure 下降缓慢。从测评分数的统计值（均值和方差）来看，瑞丽函数+Li model 的前景提取的 F-measure 均值高于 CV model 和 Li model，而方差较低，表明该算法对噪声具有较好的鲁棒性。

从计算成本上来看，随着噪声强度的增加，CV 算法运行时间对噪声不敏感，Li 算法由于需要对加噪图像进行高斯平滑预处理，其计算成本比 CV 算法高。但瑞丽函数+Li model 的计算成本随着噪声的增加而增加。可见，瑞丽函数+Li model 算法牺牲计算时间换取了前景质量。

表 6-1　噪声图像前景提取测评分数

PSNR(dB)	瑞丽函数+Li model			Li model			CV model		
	precision	recall	F-measure	precision	recall	F-measure	precision	recall	F-measure
22.70	0.995	0.947	0.970	0.997	0.916	0.955	1.000	0.974	0.987
21.23	0.996	0.946	0.970	0.996	0.927	0.957	1.000	0.970	0.985
20.25	0.996	0.946	0.970	0.992	0.920	0.955	1.000	0.968	0.985
18.85	1.000	0.942	0.970	0.992	0.917	0.953	0.963	0.941	0.952
17.07	1.000	0.941	0.970	0.955	0.922	0.938	0.942	0.936	0.939
15.54	1.000	0.941	0.970	0.925	0.841	0.881	0.871	0.911	0.891
14.78	0.998	0.927	0.961	0.858	0.927	0.891	0.831	0.891	0.859
12.69	0.874	0.947	0.909	0.625	0.961	0.758	0.758	0.818	0.787
12.13	0.778	0.962	0.860	0.637	0.953	0.763	0.718	0.769	0.743
原始图像	0.995	0.948	0.971	0.985	0.953	0.968	1.000	0.983	0.992
均值	0.217	0.021	0.111	0.348	0.036	0.210	0.282	0.214	0.249
方差	0.076	0.009	0.038	0.146	0.033	0.080	0.108	0.072	0.089

6.4　小结与展望

图像内容常常被人们认知为不同尺度的语义意义，小尺度语义侧重于描述局部信息，大尺度语义专注于图像概貌。图像前景提取本质上是在图像整体认知的基础上将图像分为前景和背景两个语义对象，具体地讲，就是利用适当尺度的特征对图像像素进行分类处

理。目前图像前景提取存在以下亟待解决的问题:

(1) 特征选取。图像前景提取算法中常用的特征主要有图像边缘、区域亮度/颜色分布或者混合特征（边缘和区域颜色分布的组合）。图像边缘表征了图像邻域像素亮度/颜色的变化快慢，前景轮廓通常定义为图像中不同对象的分界线。边缘和轮廓在图像像素级别上均表现为亮度/颜色变化，但边缘侧重于描述小尺度范围像素亮度/颜色的变化，而前景轮廓是图像内容整体认知的主观概念，目前没有明确的数学表达式。区域亮度/颜色分布特征依赖于区域大小和亮度/颜色分布模式的假设，不同分布模式间特征差异较大。哪种表示可有效地拟合图像任意区域的亮度/颜色分布呢？目前缺乏相关理论指导。

(2) 特征尺度选取。图像前景提取是在对图像整体认知的基础上分割出用户感兴趣的对象，其提取效果取决于特征尺度。小尺度特征易受到图像纹理影响，导致提取精度较低；大尺度特征常常忽略了前景局部信息，导致定位精度较差。只有使用了适宜尺度的特征方可得到较好的前景提取效果，但如何选取前景提取的最佳尺度目前缺乏统一框架。

(3) 尺度间隔的设定。为了捕获观察场景中感兴趣的对象，人们在观察场景时自动地调整观察距离，以便获取适当的尺度特征。在工程实际中，学者们常常对连续的尺度进行离散化处理，不适当的尺度采样间距会对前景提取造成负面影响。如果采样间距较大，则相邻尺度的特征差异较大，使得前景定位准确性较差；如果采样间距较小，则相邻尺度的特征差异较小，导致不同尺度的前景提取早熟，不利于从最佳的尺度上提取图像前景。

6.4.1 小结

本章模拟了人眼从不同距离观察同一目标对象的视觉效果，结合不同尺度的边缘特征，提出了基于多尺度边缘的几何活动轮廓框架。分别运用瑞丽函数、"二次"函数和 ℓ^1 范数等非线性平滑函数对图像进行迭代平滑处理，利用不同尺度的边缘约束水平集曲线演化，并根据相邻尺度下前景模板的相似度选取最佳平滑尺度。

6.4.2 展望

本章结合不同尺度的边缘特征，建立了基于多尺度边缘的几何活动轮廓框架。该框架有机融合了图像多尺度分解和基于边缘的水平集方法，继承了各自的优点，实现了利用适当尺度的边缘特征提取图像前景。但对于自然图像的前景提取，该框架仍存在以下局限:

(1) 该框架建立在边缘和前景轮廓在像素级别的共性基础上，假设前景轮廓属于边缘，利用边缘特征约束水平集曲线演化，实现图像前景提取。这一假设以亮度/颜色突然变化形成前景轮廓为基础，忽略了纹理或颜色缓慢变化形成的前景轮廓和视觉轮廓。该框架对弱边缘构成的轮廓提取效果不理想。

(2) 该框架利用了不同尺度的边缘特征，有利于从适当的尺度中提取前景。图像前景是在图像整体认知的基础上将图像分为前景和背景两个语义对象，从认知角度出发，前景提取算法应该首先利用大尺度边缘大致确定前景区域，然后逐渐减小分析尺度对前景区域进行修正。由于无法事先确定任意图像的前景尺度，所以该框架采用了由细到粗的尺度边缘进行分析。其过程与人们认知前景刚好相反，不利于从复杂的场景中提取感兴趣的对象。

（3）该框架对图像进行序列迭代平滑处理，计算成本较高。如何提高多尺度分析的运行效率有待于进一步研究。

（4）该框架运用水平集方法对初始曲线进行演化得到对象轮廓，水平集方法提取前景的效果敏感于初始曲线。如何选取毗邻前景轮廓的闭曲线作为初始曲线有待于进一步研究。

参考文献

[1] 文乔农，徐双，万遂人. 医学噪声图像分割的分解与活动轮廓方法［J］. 计算机辅助设计与图形学学报，2011，23(11)：1882－1889.

[2] 张建伟，陈允杰，夏德深. 基于直方图的快速 Mumford-Shah 模型 MRI 分割［J］. 中国图象图形学报，2005，10(7)：838－843.

[3] Zheng Q, Dong E Q, Cao Z L. Active contour model driven by linear speed function for local segmentation with robust initialization and applications in MR brain images［J］. Signals Processing，2014，97 (4)：117－133.

[4] Sappa A D, Devy M. Fast range image segmentation by an edge detection strategy［C］. 3rd International Conference on 3-D Digital Imaging and Modeling，3DIM 2001，2001，1：292－299.

[5] Zhang H, Wang Y, Liu Q. MR image segmentation using active contour model incorporated with sobel edge detection［C］. 1st Chinese Conference on Computer Vision，CCCV 2015，2015，546：429－437.

[6] Vincent L. Morphological Grayscale Reconstruction in Image Analysis：Applications and Efficient Algorithms［C］. IEEE Transactions on Image Processing，1993，2：176－201.

[7] Kass M, Witkin A, Terzopoulos D. Snakes：Active Contours Models［J］. International Journal of Computer Vision，1988，4(1)：321－331.

[8] 何宁. 基于活动轮廓模型的图像分割研究［D］. 北京：首都师范大学，2009.

[9] Vese L A, Osher S J. Modeling Textures with Total Variation Minimization and Oscillating Patterns in Image Processing［J］. Journal of Scientific Computing，2003，19(1)：553－572.

[10] Chan T F, Vese L. Active contours without edges［J］. IEEE Transactions on Image Processing，2001，10(2)：266－277.

[11] Chan T F, Vese L. A Level set algorithm for minimizing the mumford-shah functional in image segmentation［C］. IEEE Workshop on Variational，Geometric and Level Set Methods in Computer Vision，2001：161－168.

[12] 肖亮，吴慧中，韦志辉，等. 图像分割中分段光滑 Mumford-Shah 模型的水平集算法［J］. 计算机研究与发展，2004，41(1)：129－135.

[13] Hai M, Wang X F. A Novel Level Set Model Based on Multi-scale Local Structure Operation for Texture Image Segmentation［J］. Journal of Information & Computational Science，2015，12 (1)：9－20.

[14] 原野，何传江. LBF 活动轮廓模型的改进［J］. 计算机工程与应用，2009，45(19)：177－179，228.

[15] Peng Y, Liu F, Liu S. A normalized local binary fitting model for image segmentation［C］. 2012 Fourth International Conference on Intelligent Networking and Collaborative Systems，Bucharest，Romania，2012，9：77－80.

[16] 姜慧妍，冯锐杰. 基于改进的变分水平集和区域生长的图像分割方法的研究［J］. 电子学报，2012，40(8)：1659－1664.

[17] Kamaruddin N，Jalab H A，Zainuddin R. Binary Morphological Model in Refining Local Fitting Active Contour in Segmenting Weak/Missing Edges [C]. 2012 International Conference on Advanced Computer Science Applications and Technologies，Kuala Lumpur，Malaysia，2012，11：446-451.

[18] 吴永飞，何传江，何强. 基于 CV 和 LBF 模型结合的图像分割算法研究与实现 [J]. 计算机应用与软件，2013，30(7)：98-100，146.

[19] Wang Y，Staib L H. Boundary finding with prior shape and smoothness models [J]. IEEE Transactions on Pattern Analysis and Machine Intelligence，2000，22(7)：738-743.

[20] 孔丁科，汪国昭. 用于图像分割的边界保持局部拟合模型 [J]. 浙江大学学报，2010，44(12)：2236-2240，2283.

[21] Jiang Y，Wang M，Xu H. A Survey for Region-based Level Set Image Segmentation [C]. 2012 11th International Symposium on Distributed Computing and Applications to Business，Engineering & Science，Guilin，China，2012，10：413-416.

[22] 林亚忠，顾金库，郝刚，等. 快速稳定的局部二元拟合分割算法 [J]. 计算机应用，2011，31(5)：1249-1251.

[23] Wang X F，Huang D S，Xu H. An efficient local Chan-Vase model for image segmentation [J]. Pattern Recognition，2010，43(3)：603-618.

[24] 杨利萍，邹琪. 基于先验形状信息的水平集图像分割 [J]. 计算机科学，2012，39(8)：288-291.

[25] Zhang L，Ji Q. A Level Set-based Global Shape Prior and Its Application to Image Segmentation [C]. 2009 IEEE Conference on Computer Vision and Pattern Recognition，CVPR 2009，2009，6：17-22.

[26] Chen Y，Huang F，Hemant D T. Using prior shape and intensity profile in medical image segmentation [C]. Proceedings of the Ninth IEEE International Conference on Computer Vision，Nice，France，2003，2：1117-1124.

[27] Leventon E M，Grimson L W E，Faugeras O. Statistical shape influence in geodesic active contours [C]. Proceedings of the IEEE Computer Society Conference on Computer Vision and Pattern Recognition，2000，1：316-323.

[28] 彭启民，贾云得. 基于各向异性扩散的图像分割算法 [J]. 北京理工大学学报，2005，25(4)：315-318.

[29] Slabaugh G，Unal G. Graph cuts segmentation using an elliptical shape prior [C]. IEEE International Conference on Image Processing，2005，2：1222-1225.

[30] Yong Y S，Xie X H，Sazonov I. Geometrically induced force interaction for three-dimensional deformable models [J]. IEEE Transactions on Image Processing，2011，20(5)：1373-1387.

[31] 郭圣文. 一种新的边缘保留各向异性扩散方法 [J]. 中国图象图形学报，2008，13(2)：209-213.

[32] Litvin A，Karl C W，Shah J. Shape and appearance modeling with feature distributions for image segmentation [C]. 2006 3rd IEEE International Symposium on Biomedical Imaging：From Nano to Macro，2006：1128-1131.

[33] 张石，董建威，佘黎煌. 医学图像分割算法的评价方法 [J]. 中国图象图形学报，2009，14(9)：1872-1880.

[34] He K，Wang D，Zheng X Q. Image segmentation on adaptive edge-preserving smoothing [J]. Journal of Electronic Imaging，2016，25 (5)：1-14.

[35] 孔丁科，汪国昭. 基于区域相似性的活动轮廓 SAR 图像分割 [J]. 计算机辅助设计与图形学学报，2010，22(9)：1554-1560.

[36] Liu S G，Peng Y L. A local region-based Chan-Vese model for image segmentation [J]. Pattern

Recognition，2012，45（7）：2769－2779.

［37］ Yezzi A，Kichenassamy S，Kumar A. A geometric snake model for segmentation of medical imagery ［J］. IEEE Transactions on Pattern Analysis and Machine Intelligence，1997，16（2）：199－209.

［38］ He K，Wang D，Zhang X. Image segmentation using the level set and improved-variation smoothing ［J］. Computer Vision and Image Understanding，2016，152：29－40.

［39］ Zhang K K，Song H H，Zhang L. Active contours driven by local image fitting energy ［J］. Pattern Recognition，2010，43（4）：1199－1206.

［40］ 何坤，郑秀清，张永来. 纹理模糊的图像分割 ［J］. 四川大学学报（工程科学版），2015，47（4）：111－117.

［41］ Li C，Xu C，Gui C. Level set evolution without re-initialization：a new variational formulation ［C］. Proceedings of the 2005 IEEE Computer Society Conference on Computer Vision and Pattern Recognition(C-VPR'05)，2005，1：430－436.

［42］ Yuan J，Wang D，Li L. Remote Sensing Image Segmentation by Combing Spectral and Texture Features ［J］. IEEE Transactions on Geoscience and Remote Sensing，2014，52(1)：16－24.

［43］ 张鑫，吴玲达，王晖. 图像对象的组合式分割方法研究 ［D］. 长沙：国防科技大学，2006.

［44］ Liu Z，Zhou F，Chen X. Iterative infrared ship target segmentation based on multiple features ［J］. Pattern Recognition，2014，47(9)：2839－2852.

［45］ Refregier P，Martion P，Goudail F. Influence of the noise model on level set active contour segmentation ［J］. IEEE Transactions on Pattern Analysis and Machine Intelligence，2004，26(6)：799－803.

［46］ Muthukrishnan R，Radha M. Edge Detection Techniques for Image Segmentation ［J］. International Journal of Computer Science and Information Technology，2011，3(6)：259－267.

［47］ Tsai A，Yezzi A. Curve Evolution Implementation of The Mumford-Shah Functional for Image Segmentation，Denoising，Interpolation，and Magnification ［J］. IEEE Transaction on Image Processing，2001，10(8)：1169－1186.

［48］ Peng Y L，Liu F，Liu S G. Active contours driven by normalized local image fitting energy ［J］. Concurrency and Computation：Practice and Experience，2014，26(5)：1200－1214.

［49］ Yeo S，Xie X，Sazonov I，et al. Segmentation of biomedical images using active contour model with robust image feature and shape prior ［J］. International Journal for Numerical Methods in Biomedical Engineering，2014，30(2)：232－248.

［50］ Osher S，Sole A，Vese L. Image Decomposition and Restoration Using Total Variayion Minimization and the H-1 Normal ［J］. Multiscale Modeling & Simulation，2003，1(3)：349－370.

［51］ Chan T F，Osher S，Shen J H. The Digital TV Filter and Nonlinear Denoising ［J］. IEEE Transactions on Image Processing，2001，10(2)：231－241.

［52］ 尹平，王润生. 自适应多尺度边缘检测 ［J］. 软件学报，2000，11(8)：990－994.

［53］ Ibrahim O，Samir A，Amir N. Energy distribution of EEG signals：EEG signal Wavelet-neural network classifier ［C］. Neural and Evolutionary Computiong，2013，7：1190－1195.

［54］ 任靖. 基于水平集主动轮廓模型的医学图像分割方法的研究 ［D］. 合肥：合肥工业大学，2011.

［55］ Malladi R，Sethian J A，Vemuri B C. Shape modeling with front propagation：a level set approach ［J］. IEEE Transactions on Pattern Analysis and Machine Intelligence，1995，17(2)：158－175.

［56］ Goldenberg R，Kimmel R. Fast geodesic active contours ［J］. IEEE Transactions on Image Processing，2001，10(10)：1467－1475.

［57］ 张虎重. 基于活动轮廓模型的图像分割 ［D］. 长沙：湖南大学，2011.

第 7 章　基于多尺度特征的图割模型

自然场景图像常常包含大量纹理信息，纹理在像素级别上表现为像素亮度/颜色的微小变化。这些微小变化一方面恶化了前、背景亮度/颜色分布的紧凑性，降低了前、背景亮度/颜色分布参数估计精度；另一方面，纹理形成弱边缘，导致前景轮廓定位精度较低。为了抑制图像纹理对前景提取的负面影响，根据人眼从不同距离观察同一目标对象的视觉效果，分析不同距离视觉感知图像前、背景亮度/颜色分布，设计不同距离下感知前、背景亮度/颜色的总体分布，结合视觉感知边缘构建了基于多尺度特征的前景提取框架。该框架不仅利用了图像边缘和亮度/颜色分布，而且增加了观察者与场景的距离变量——尺度信息。

7.1　前景提取模型

人眼观察自然场景时常常通过视觉感知获取场景信息，并知觉为适当尺度的语义意义。如果近距离观察场景，由于观察者的视野范围较小，则只能捕获场景小范围的光谱能量分布或变化信息，这些信息侧重于描述场景的小尺度局部信息；如果远距离观察场景，由于观察者的视野范围较大，则易于获得场景的整体概貌，粗略确定场景中大目标对象的位置，但不能准确地分辨出场景对象间的分界线，甚至忽视了场景中面积较小的对象。比如观察者集中关注一个人的脸部时，如果近距离观察，可以获取人脸上的眉毛、瞳孔或者眼睛形状等信息，但是不能感知人脸各个器官之间的位置关系或人脸的轮廓。当观察距离适当时，观察者可以有效获取人脸器官之间的分布信息、各器官的颜色变化和人脸的轮廓。随着观察距离逐渐增加，观察者只能获得人脸概貌，即人脸肤色和轮廓。

学者们模仿了人眼从不同距离观察目标对象的视觉效应，结合不同距离视觉感知光谱能量分布或变化对图像进行前、背景分离，提出了基于多尺度特征的前景提取框架。该框架由图像多尺度分解模型和基于图论的前景提取组成，其中图像多尺度分解模型模拟了在不同距离观察场景所捕获的感知信息，依据图像邻域像素的相似性进行平滑处理，得到一系列不同尺度的平滑图像。小尺度平滑图像包含大量的残余细节，等效于近距离观察场景感知的光谱能量分布或变化；大尺度平滑图像只能描绘场景中对象的整体概貌和几何属性。基于图论的前景提取算法分析了平滑图像亮度/颜色分布，设计了前、背景亮度/颜色分布模式，结合平滑图像边缘构建前景提取图模型。

基于多尺度特征的前景提取框架有机结合了图像分析尺度、边缘和亮度/颜色分布，继承了传统的基于图论的前景提取优点，实现从适当尺度中提取前景。对论域为 Ω 的图

像u_0，运用多尺度特征提取图像前景的能量泛函可表示为

$$E_{M-G}(u_0,x) = \alpha D(u_0,u) + \beta S_{graph}(x,M,u)$$

$$= \alpha\left[\frac{\tau}{2}\int_\Omega (u-u_0)^2 d\Omega + \int_\Omega f(|\nabla u|)d\Omega\right] + \beta[V(x,u) + U(x,M,u)]$$

$$= \frac{\alpha\tau}{2}\int_\Omega (u-u_0)^2 d\Omega + \alpha\int_\Omega f(|\nabla u|)d\Omega + \beta U(x,M,u) + \beta V(x,u)$$

$$(7-1)$$

式中，u 为平滑图像；M 表示平滑图像中前、背景亮度/颜色分布参数；x 表示前景模板。基于多尺度特征的图割能量泛函主要由两部分组成：多尺度分解 $D(u_0,u)$ 和基于图论的前景提取 $S_{graph}(x,M,u)$。在多尺度分解过程中，随着图像分解尺度增大，图像区域纹理逐渐被平滑，导致区域像素亮度/颜色变化缓慢，其函数 $D(u_0,u)$ 的能量值逐渐减小。图像区域像素亮度/颜色变化缓慢，一方面去除了原始图像中大量的弱边缘，减少了 $V(x,u)$ 项的能量值；另一方面缩小了图像区域像素亮度/颜色的分布范围，使得前、背景像素亮度/颜色分布紧凑，有利于改善前、背景亮度/颜色分布参数 M 的估计精度。综上所述，多尺度特征的前景提取可转化为以下能量泛函的最小化：

$$x^* = \operatorname*{argmin}_{x,M,u}\{\alpha D(u_0,u) + \beta S_{graph}(x,M,u)\}$$

$$= \operatorname*{argmin}_{x,M,u}\left\{\frac{\alpha\tau}{2}\int_\Omega (u-u_0)^2 d\Omega + \alpha\int_\Omega f(|\nabla u|)d\Omega + \beta U(x,M,u) + \beta V(x,u)\right\}$$

$$(7-2)$$

式中，$S_{graph}(x,M,u)$ 项与传统的基于图论的前景提取的能量泛函在形式上是相同的，唯一差别是平滑图像的边缘和像素亮度/颜色分布代替了原始图像的边缘和像素亮度/颜色分布。α 和 β 为非负常数，当 $\alpha > 0$，$\beta = 0$ 时，式（7-2）可简化为图像多尺度分解的能量泛函；当 $\alpha = 0$，$\beta > 0$ 时，式（7-2）等价于给定平滑图像的前景提取能量泛函。

7.2 前景提取算法

多尺度特征的前景提取能量泛函最优解不仅取决于平滑图像的边缘和像素亮度/颜色分布，还依赖于图像的平滑尺度。小尺度平滑图像近似原始图像，包含了大量的残余纹理，平滑图像的残余纹理一方面破坏了前、背景亮度/颜色分布的紧凑性；另一方面，残余纹理形成弱边缘，使得分割前景轮廓定位不准。根据小尺度平滑图像的边缘和亮度/颜色分布，提取结果与传统的基于图论的前景提取相比无明显改进。大尺度平滑图像近似为分段平滑，易造成前景和背景区域亮度/颜色的伪重叠，降低了前景提取质量。在工程上，图像分解和平滑图像的前景提取同等重要，常常将式（7-2）中的 α 和 β 设置为 $\alpha = \beta = 1$。基于多尺度特征的图割能量泛函可简化为

$$x^* = \operatorname*{argmin}_{x,M,u}\{D(u_0,u) + S_{graph}(x,M,u)\}$$

$$= \operatorname*{argmin}_{x,M,u}\left\{\frac{\tau}{2}\int_\Omega (u-u_0)^2 d\Omega + \int_\Omega f(|\nabla u|)d\Omega + \beta U(x,M,u) + \beta V(x,u)\right\}$$

$$(7-3)$$

在多尺度特征的图割模型中，不同尺度的图像边缘和前、背景亮度/颜色分布各不相同，前景提取结果也存在差异。工程上为了捕获适当尺度特征，常常对图像进行平滑处理，从不同尺度的平滑图像中提取的前景可表示为以下能量泛函的最小解：

$$\boldsymbol{x}^* = \underset{\boldsymbol{x},\boldsymbol{M},\boldsymbol{u}}{\operatorname{argmin}}\{D(\boldsymbol{u}_0,\boldsymbol{u}) + S_{graph}(\boldsymbol{x},\boldsymbol{M},\boldsymbol{u})\}$$

$$= \underset{\boldsymbol{x},\boldsymbol{M}^k}{\operatorname{argmin}}\{D(\boldsymbol{u}_0,\boldsymbol{u}^k) + V(\boldsymbol{x},\boldsymbol{u}^k) + U(\boldsymbol{x},\boldsymbol{M}^k,\boldsymbol{u}^k)\},\ k=0,1,\cdots \quad (7-4)$$

7.2.1　离散计算

前景提取的最佳尺度事先是未知的。工程上交替执行图像分解和平滑图像的前景模板 $\boldsymbol{x}_k$，以便求解基于多尺度特征的图割能量泛函的最优解。计算过程如图 7-1 所示。

利用固定点迭代算法计算能量泛函式（7-4）的 $D(\boldsymbol{u}_0,\boldsymbol{u}^k)$ 项，在迭代过程中可得到一系列平滑图像 $\boldsymbol{u}^k$，如图 7-1（a）所示。此部分内容在第 5 章中进行了详细的介绍，在此不再赘述。

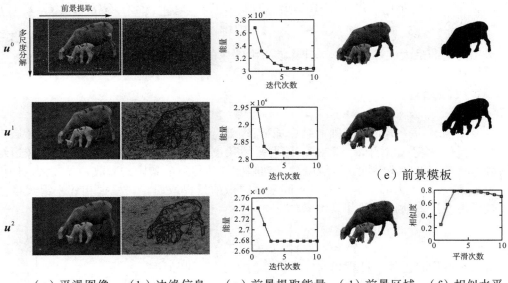

（a）平滑图像　　（b）边缘信息　　（c）前景提取能量　　（d）前景区域　　（f）相似水平

图 7-1　计算过程

平滑图像 $\boldsymbol{u}^k$ 描述了某尺度下图像边缘和亮度/颜色分布。$\boldsymbol{u}^k$ 的前景提取是根据 $\boldsymbol{u}^k$ 的边缘信息和亮度/颜色分布，联合前景模板 $\boldsymbol{x}_{k-1}^*$ 统计学习 $\boldsymbol{u}^k$ 中的前景模式参数，构建特定尺度的前景提取图模型。运用图论的最大流最小割算法计算该平滑图像的前景模板。由于平滑图像的边缘信息不随前景模板的变化而变化，所以式（7-4）中的第二项 $V(\boldsymbol{x},\boldsymbol{u}^k)$ 只需计算一次即可，对于平滑图像 $\boldsymbol{u}^k$ 的 $V(\boldsymbol{x},\boldsymbol{u}^k)$ 定义为

$$V(\boldsymbol{x}^k,\boldsymbol{u}^k) = \sum_{i=1}^{N}\sum_{(i,j)\in\Lambda}\frac{\gamma[x_i^k\neq x_j^k]}{dis(i,j)}\exp\left(-\frac{\|u^k(i)-u^k(j)\|}{\lambda}\right) \quad (7-5)$$

平滑图像 $\boldsymbol{u}^k$ 的前、背景亮度/颜色分布表示为高斯混合模型。结合平滑图像 $\boldsymbol{u}^{k-1}$ 的前景模板 $\boldsymbol{x}_{k-1}^*$，估计高斯混合模型参数 $\boldsymbol{\omega}^k=(\boldsymbol{\omega}_F^k,\ \boldsymbol{\omega}_B^k)$，具体计算流程如下：

（1）运用 K-means 算法将x_{k-1}^{*}表示的u^{k}中前、背景像素划分为 m 个区域。

（2）计算前、背景中每个区域的相对面积。前景中每个区域的相对面积为$(\pi_{F}^{k}(1),\cdots,\pi_{F}^{k}(i),\cdots,\pi_{F}^{k}(m))$，背景中每个区域的相对面积为 $(\pi_{B}^{k}(1),\cdots,\pi_{B}^{k}(i),\cdots,\pi_{B}^{k}(m))$。

（3）计算u^{k}中前、背景各个区域的亮度/颜色分布一阶原点矩：

$$\begin{cases} \boldsymbol{\mu}_{F}^{k} = (\boldsymbol{\mu}_{F}^{k}(1),\cdots,\boldsymbol{\mu}_{F}^{k}(i),\cdots,\boldsymbol{\mu}_{F}^{k}(m)) \\ \boldsymbol{\mu}_{B}^{k} = (\boldsymbol{\mu}_{B}^{k}(1),\cdots,\boldsymbol{\mu}_{B}^{k}(i),\cdots,\boldsymbol{\mu}_{B}^{k}(m)) \end{cases} \tag{7-6}$$

计算二阶中心矩：

$$\begin{cases} \boldsymbol{\Sigma}_{F}^{k} = (\boldsymbol{\Sigma}_{F}^{k}(1),\cdots,\boldsymbol{\Sigma}_{F}^{k}(i),\cdots,\boldsymbol{\Sigma}_{F}^{k}(m)) \\ \boldsymbol{\Sigma}_{B}^{k} = (\boldsymbol{\Sigma}_{B}^{k}(1),\cdots,\boldsymbol{\Sigma}_{B}^{k}(i),\cdots,\boldsymbol{\Sigma}_{B}^{k}(m)) \end{cases} \tag{7-7}$$

前、背景高斯混合模型参数$\omega^{k}=(\omega_{F}^{k},\omega_{B}^{k})$为

$$\begin{cases} \omega_{F}^{k} = \{(\pi_{F}^{k}(i),\boldsymbol{\mu}_{F}^{k}(i),\boldsymbol{\Sigma}_{F}^{k}(i))\} \\ \omega_{B}^{k} = \{(\pi_{B}^{k}(i),\boldsymbol{\mu}_{B}^{k}(i),\boldsymbol{\Sigma}_{B}^{k}(i))\} \end{cases}, \quad i=1,2,\cdots,m \tag{7-8}$$

在给定前、背景高斯混合模型参数ω^{k}后，计算 $U(x,\omega^{k},u^{k})$：

$$U(x,\omega^{k},u^{k}) = -\log\sum_{i=1}^{m}\pi_{F}^{k}(i)G(u^{k},\boldsymbol{\mu}_{F}^{k}(i),\boldsymbol{\Sigma}_{F}^{k}(i)) - \log\sum_{i=1}^{m}\pi_{B}^{k}(i)G(u^{k},\boldsymbol{\mu}_{B}^{k}(i),\boldsymbol{\Sigma}_{B}^{k}(i)) \tag{7-9}$$

运用图论的最大流最小割算法计算该平滑图像的前景模板x_{k}。

7.2.2 尺度选择

平滑图像u^{k}是在u^{k-1}的基础上结合原始图像u。平滑的结果，该平滑图像的区域内亮度/颜色的扰动幅度相对于u^{k-1}较小。随着平滑尺度的增加，不同尺度的平滑图像边缘和区域颜色扰动幅度各不相同，区域颜色扰动幅度变化导致前景模式参数差异较大，使得前景模板x_{k}^{*}存在较大差异。为了衡量不同平滑图像前景提取质量，根据相邻平滑尺度图像的前景模板，计算前景区域 T_{F}^{k} 和 T_{F}^{k-1}：

$$\begin{cases} T_{F}^{k} = \{i \mid x_{k}^{*}(i)=0\} \\ T_{F}^{k-1} = \{i \mid x_{k-1}^{*}(i)=0\} \end{cases}, \quad k=1,2,\cdots \tag{7-10}$$

根据区域像素重叠度计算相邻尺度提取的前景区域相似度：

$$sim(k) = \frac{card(T_{F}^{k} \cap T_{F}^{k-1})}{card(T_{F}^{k} \cup T_{F}^{k-1})} \tag{7-11}$$

式（7-11）的计算见程序 7-1。

程序 7-1 相似度计算

```
double SegSim(BYTE * lpData,BYTE * TempData,LONG Width,LONG Height){
    // lpData,TempData 分别表示从相邻平滑尺度图像中提取的模板
    double Threshold=0;//相邻尺度提取的前景相似度
    double PublicArea,CurrArea,OldArea;
    PublicArea=0; CurrArea=0;OldArea=0;
    int Temi,data,olddata;
    for (Temi=0; Temi< Width * Height; Temi++){
    if (lpData[Temi]==GC _ FGD || lpData[Temi]==GC _ PR _ FGD) data=1;
        else data=0;
```

```
if (TempData[Temi]==GC_FGD || TempData[Temi]==GC_PR_FGD) olddata=1;
    else olddata=0;
PublicArea+=olddata*data; CurrArea+=data;OldArea+=olddata;}
If (CurrArea<OldArea)   Threshold=PublicArea / OldArea;
else Threshold=PublicArea / CurrArea;
return Threshold; }
```

图像经过小尺度平滑后，平滑图像前景模板提取具有如下特征：

（1）平滑前后图像的前景轮廓邻域像素的亮度/颜色差异增大，使得式（7-4）第二项能量对相邻尺度的平滑图像差异较大。

（2）区域像素亮度/颜色的残余扰动幅度被大大压缩，平滑前后前景亮度/颜色的高斯混合模型参数差异较大，导致式（7-4）第三项能量存在较大差值。

上述特性使得相邻较小平滑尺度下提取的前景模板差异较大，其相邻尺度提取的前景区域相似度较小。随着平滑尺度的增加，平滑图像间边缘信息差异减小，前景亮度/颜色的高斯混合模型参数近似相等，相邻平滑图像的前景模板差异缩小。根据相邻尺度提取的前景相似度与平滑迭代次数间的关系可知，当相邻尺度提取的前景相似度达到最大时，该尺度即前景提取的最佳尺度：

$$\begin{cases} \dfrac{\mathrm{d}}{\mathrm{d}k}sim(k)=0 \\ \dfrac{\mathrm{d}^2}{\mathrm{d}k^2}sim(k)>0 \end{cases} \tag{7-12}$$

7.2.3　前景提取流程

基于多尺度特征的图割算法流程如图7-2所示，该算法可分为多尺度分解和平滑图像的前景提取。图像多尺度分解是为了从原始图像中获取不同平滑尺度的前景表象。平滑图像u^k的前景提取是在u^{k-1}的前景模板x^*_{k-1}的基础上，分析u^k的边缘信息和该平滑图像的颜色分布，统计学习u^k中的前景模式参数。随着k增加，一方面前景模板x^*_{k-1}毗邻于前景轮廓，前景亮度/颜色的高斯混合模型参数的准确性增加；另一方面，u^k区域内像素颜色扰动幅度减小，提高了高斯混合模型的推广能力。

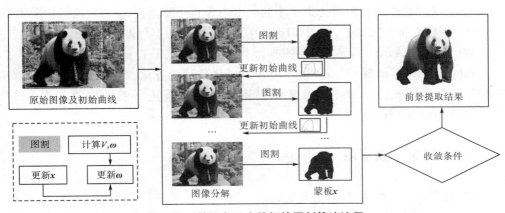

图7-2　基于多尺度特征的图割算法流程

多尺度特征的图割算法不仅根据平滑图像的边缘信息和颜色分布提取前景模板，而且综合了相邻平滑尺度的前景模板关系，使得该算法有利于从适当的平滑尺度中提取前景。多尺度特征的图割算法计算见程序 7-2。

程序 7-2　多尺度特征的图割算法计算

```
BOOL Multi _ Graphcut (double * lpData, BYTE * mask, LONG Width, LONG Height, int dimension,
double sigma, int iternumber){
int Temi;
BYTE * oldmask=new BYTE[Height * Width];
memcpy(oldmask, mask, sizeof(BYTE) * Height * Width);
GrapCut(lpData, mask, Width, Height, dimension, 0. 2f, iternumber); 图割算法,程序 4-2
double postcost, precost=SegSim(mask, oldmask, Width, Height);
memcpy (oldmask, mask, sizeof(BYTE) * Height * Width);
if(precost<0. 9975){for(Temi=0;Temi<1000;Temi++){
TVSmoothness(lpData, TempData, LONG Width, LONG Height, double balanceParam);//程序 5-6
GrapCut(lpData, mask, Width, Height, dimension, 0. 2f, iternumber);//图割算法,程序 4-2
    postcost=SegSim (mask, oldmask, Width, Height);//相似度计算,程序 7-1
        if((postcost-precost)>0){
            memcpy(oldmask, mask, sizeof(BYTE) * Height * Width);
            precost=postcost; }
        else Temi=1000; }
    memcpy(mask, oldmask, sizeof(BYTE) * Height * Width);}
    delete[]oldmask; return FUN _ OK; }
```

7.3　前景提取结果及分析

传统基于图论的前景提取模型直接依据图像边缘和亮度/颜色的统计分布等低层特征提取前景。该模型忽略了特征尺度对前景提取的贡献，易于导致使用不合适的尺度特征进行前景提取，使得前景提取结果质量较差。对此，本章将图像分解和 GrabCut 算法有机融合，构建了基于多尺度特征的图割模型。该模型不仅继承了传统模型的图像低层特征，而且增加了特征尺度信息，综合考虑了不同尺度边缘和亮度/颜色分布对前景提取的贡献。

本章使用 ℓ^1 范数、"二次"函数和瑞丽函数对图像进行多尺度平滑处理。结合前、背景亮度/颜色分布均表示为固定个数的高斯混合模型，构建了 ℓ^1 范数+GrabCut、"二次"函数+GrabCut 和瑞丽函数+GrabCut 等基于多尺度特征的算法。为了验证上述三种算法的有效性，对 Weizmann horse 图像集和 BSD 300 图像集进行前景提取，并与传统的 GrabCut 和 SuperCut 算法进行比较。

7.3.1　简单场景前景提取

简单场景图像依据像素亮度/颜色的扰动可分卡通图像和简单图像。卡通图像区域内像素亮度/颜色趋于恒定，而区域间差异较大。前、背景亮度/颜色存在显著差异，且分界线明确。为了验证多尺度特征的图割模型对卡通图像前景提取的效果，本章运用 ℓ^1 范数＋GrabCut、"二次"函数＋GrabCut 和瑞丽函数＋GrabCut 等算法对其进行前景提取，三种算法一方面保护了图像边缘；另一方面平滑了纹理，提高了区域亮度/颜色分布统计参数估计精度。卡通图像的前景提取结果如图 7−3 所示。从视觉上看三种前景提取结果近似为人工提取结果。

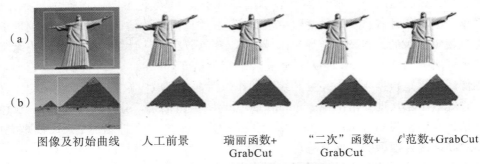

图像及初始曲线　　人工前景　　瑞丽函数+GrabCut　　"二次"函数+GrabCut　　ℓ^1范数+GrabCut

图 7−3　卡通图像的前景提取结果

为了验证多尺度特征的图割模型对简单图像的前景提取结果，运用 ℓ^1 范数＋GrabCut、"二次"函数＋GrabCut 和瑞丽函数＋GrabCut 算法对 BSD 300 图像集的部分图像（图 7−4）进行前景提取，并与 GrabCut 和 SuperCut 算法进行比较。从视觉上看，多尺度特征的图割模型提取结果较好。基于多尺度特征的图割模型在以下方面延拓了 GrabCut 算法：

图像及初始曲线　　瑞丽函数+GrabCut　　"二次"函数+GrabCut　　ℓ^1范数+GrabCut　　SuperCut　　GrabCut

图 7−4　简单图像的前景提取结果

（1）基于多尺度特征的图割模型能量泛函继承了传统模型的图像低层特征，增加了特征尺度信息，综合考虑了不同尺度特征对前景提取的贡献，有利于根据适当尺度特征提取前景，弥补了根据固定尺度特征提取前景的不足。

（2）在图像分解过程中，ℓ^1 范数、"二次"函数和瑞丽函数一方面保护了强边缘，增强了弱边缘；另一方面平滑了纹理，压缩了像素亮度/颜色的变化范围，提高了区域亮度/颜色分布统计参数估计精度，有助于提升像素亮度/颜色对前、背景的分类性能。

7.3.2　复杂场景前景提取

为了验证多尺度特征的图割模型对复杂场景图像的前景提取结果，运用 ℓ^1 范数＋

GrabCut、"二次"函数＋GrabCut 和瑞丽函数＋GrabCut 算法对 Weizmann horse 图像集的部分图像进行前景提取，并与传统的 GrabCut 和 SuperCut 算法进行比较，其前景提取结果如图 7-5 所示。从前景提取结果的视觉上看，瑞丽函数＋GrabCut 算法的前景提取效果优于 ℓ^1 范数＋GrabCut 和"二次"函数＋GrabCut，这主要是因为瑞丽函数在图像分解过程中保护了强边缘，同时增强了弱边缘，改善了弱边缘图像前景定位精度。

GrabCut 算法运用高斯混合模型表示前、背景亮度/颜色分布，根据用户标注的前、背景像素，分析估计各自的亮度/颜色统计分布参数。由统计估计理论可知，纹理加剧了前、背景视觉区域的像素变化，导致区域亮度/颜色分布矩估计精度降低，弱边缘降低了 GrabCut 算法中能量项 $V(\mathbf{x}, \mathbf{u}_0)$ 对前景轮廓的定位精度。

图像超像素是根据颜色、亮度和纹理的相似性，将邻域内像素点表示为一定意义的像素块，它等效于小尺度平滑图像。SuperCut 引入图像超像素，分析超像素亮度/颜色统计分布并估计参数。与 GrabCut 的高斯混合模型相比，SuperCut 抑制了小尺度纹理亮度/颜色分布对高斯混合模型的负面影响。

基于多尺度特征的图割模型根据人眼观察场景对象的视觉效果，分析了不同观察距离下前、背景亮度/颜色统计分布并估计参数，结合视觉感知边缘构建了基于多尺度特征的前景提取框架。该前景提取框架综合考虑了不同尺度的图像边缘和亮度/颜色分布对前景提取的贡献，设计了平滑尺度选择函数，使得前景提取在恰当尺度下停止平滑，避免图像过平滑导致提取效果差的问题。

图像及初始曲线　瑞丽函数＋　　　"二次"函数＋　　　ℓ^1范数＋　　　SuperCut　　　GrabCut
　　　　　　　　GrabCut　　　　　GrabCut　　　　　GrabCut

图 7-5　复杂场景的前景提取结果

7.3.3　图像集前景提取测评

瑞丽函数＋GrabCut、"二次"函数＋GrabCut、ℓ^1 范数＋GrabCut、SuperCut 和 GrabCut 算法对 Weizmann horse 和 BSD 300 图像集进行前景提取的测评见表 7-1。由表 7-1 可知，多尺度特征图割模型前景提取的 F-测度和 IOU 均高于 GrabCut 和 SuperCut

算法。这主要是因为该模型在 GrabCut 和 SuperCut 算法的基础上融合了图像分解，其前景提取能量泛函除了以图像低层特征为变量，还增加了特征的尺度信息，有利于从适当尺度的特征中提取前景，弥补了 GrabCut 算法仅仅根据原始图像特征提取前景的不足。同时，该模型在图像分解过程中运用 ℓ^1 范数、"二次"函数和瑞丽函数对图像进行各向异性扩散，一方面平滑了图像纹理，保护了图像强边缘并增强了弱边缘，提高了分割曲线的定位精度；另一方面压缩了图像区域像素亮度/颜色的变化范围。

表 7-1　Weizmann horse 和 BSD 300 图像集前景提取测评

算法	IOU			F-测度		
	最小值	平均值	最大值	最小值	平均值	最大值
Weizmann horse database						
瑞丽函数+GrabCut	0.552	0.758	0.983	0.654	0.863	0.995
"二次"函数+GrabCut	0.482	0.728	0.980	0.611	0.812	0.997
ℓ^1 范数+GrabCut	0.452	0.717	0.983	0.573	0.772	0.996
super pixels+GrabCut	0.383	0.686	0.981	0.558	0.739	0.990
GrabCut	0.246	0.439	0.950	0.252	0.547	0.975
The Berkeley segmentation database（BSD 300）						
瑞丽函数+GrabCut	0.524	0.808	0.985	0.751	0.875	0.993
"二次"函数+GrabCut	0.504	0.782	0.986	0.743	0.845	0.990
ℓ^1 范数+GrabCut	0.474	0.758	0.980	0.701	0.809	0.992
super pixels+GrabCut	0.453	0.716	0.975	0.603	0.781	0.985
GrabCut	0.319	0.618	0.935	0.412	0.682	0.980

7.4　小结与展望

在传统的基于图论的前景提取模型中，运用统计理论的中心极限定理和大数定理，将前、背景亮度/颜色的统计分布拟合为高斯混合模型。结合图像边缘和前、背景亮度/颜色分布构建了前景提取能量泛函，联合图割和高斯混合模型的参数优化从图像中提取前景。自然场景图像常常包含了大量的纹理信息，纹理在像素级别上表现为亮度/颜色的微小变化。这些微小变化一方面恶化了前、背景亮度/颜色分布的紧凑性，致使前、背景模式参数估计精度较低，从而对未标注像素的亮度/颜色分类识别能力低下；另一方面，纹理在像素级别上的微小变化形成弱边缘，使提取的前景轮廓定位精度较低。为了提高基于图割的前景提取质量，本章根据人眼从不同距离观察同一目标对象的视觉效果，构建了基于多尺度特征的图割框架。

7.4.1 小结

基于多尺度特征的图割框架由图像分解和前景提取两部分构成，其中图像分解部分对原始图像分别运用瑞丽函数、"二次"函数和 ℓ^1 范数进行保边平滑，得到一系列平滑图像。在前景提取部分，运用 GrabCut 算法对平滑图像进行前景提取，根据相邻尺度平滑分量的目标提取结果，设计了平滑尺度选择函数自适应选择恰当的平滑尺度。该框架联合不同尺度图像边缘和前、背景亮度/颜色分布设计了基于多尺度特征的前景提取能量泛函，通过交替进行图像平滑和基于图割的前景提取，得到一系列基于不同尺度特征平滑分量的提取结果。为了避免图像因多次平滑而使图像边缘特征消失，同时前、背景亮度/颜色差异减小，导致平滑图像的前景提取失败，本章分析了前景提取与图像平滑尺度之间的关系，设计了平滑尺度选择函数作为图像平滑收敛的条件，使得图像在恰当尺度下停止平滑，从而得到最佳的前景提取结果。

对 Weizmann horse 和 BSD 300 图像集进行测试的结果表明，多尺度特征的图割模型前景提取的 F-测度和 IOU 均高于 GrabCut 和 SuperCut 算法。其主要原因是多尺度特征的图割框架由图像分解和前景提取两部分构成，其图像分解部分一方面保护了图像强边缘并增强了弱边缘，提高了前景轮廓定位精度；另一方面平滑了图像纹理，压缩了前、背景各个视觉区域像素亮度/颜色的变化范围，改善了平滑图像前、背景亮度/颜色分布的紧凑性，提高了前、背景亮度/颜色高斯混合模型的分类能力。在特征尺度选择方面，该前景提取框架依据不同尺度特征提取的前景间关系，设计了平滑尺度选择函数，实现了从适当尺度中提取前景。

7.4.2 展望

本章结合不同尺度的边缘和区域像素颜色分布特征，建立了基于多尺度特征的图割框架。该框架有机融合了图像多尺度分解和图割算法，继承了各自的优点，提高了前景提取质量。但该框架仍存在以下局限：

（1）该框架假设前景的每个区域和背景颜色存在显著差异，同时前景轮廓均由强边缘构成。该框架一方面忽略了前、背景存在亮度/颜色相似的像素或区域，导致前、背景亮度/颜色的高斯混合模式对像素的可分性失效；另一方面忽略了前景轮廓由弱边缘或者视觉边缘构成，这使得框架的边缘特征分类能力下降甚至失效。

（2）该框架利用了不同尺度的边缘和区域像素颜色分布特征，有利于从适当尺度中提取前景。从图像内容的认知角度来看，前景提取算法理论上应首先运用大尺度特征粗略确定前景区域，其次利用小尺度特征调整前景区域，直至得到一个完整的前景。然而由于人们无法事先确定图像中前景尺度大小，所以该框架采用了由细到粗的尺度特征分析识别像素的属性（前景或背景）。这与人们对前景的认知过程刚好相反，不利于从复杂的场景中提取感兴趣对象。

参考文献

[1] 刘爱平, 付琨, 张利利. 基于多尺度特征的高分辨率 SAR 图像机动目标识别 [J]. 系统工程与电子技术, 2010(6): 59-64.

[2] 孔军, 汤心溢, 蒋敏. 基于多尺度特征提取的运动目标定位研究 [J]. 红外与毫米波学报, 2011(1): 23-28.

[3] Hettiarachchi R, Peters J F. Voronoï region-based adaptive unsupervised color image segmentation [J]. Pattern Recognition, 2017, 65: 119-135.

[4] Tunga P P, Singh V. Extraction and description of tumour region from the brain MRI image using segmentation techniques [C]. 2016 IEEE International Conference on Recent Trends in Electronics, Information & Communication Technology (RTEICT), 2016: 1571-1576.

[5] Ortiz A, Gorriz J M, Ramirez J. Improving MR brain image segmentation using self-organising maps and entropy-gradient clustering [J]. Information Sciences, 2014, 262(3): 117-136.

[6] Liu Z, Zhou F, Chen X. Iterative infrared ship target segmentation based on multiple features [J]. Pattern Recognition, 2014, 47(9): 2839-2852.

[7] Chen S, Sun T, Yang F. An improved optimum-path forest clustering algorithm for remote sensing image segmentation [J]. Computers & Geosciences, 2018, 112 (3): 38-46.

[8] 许夙晖, 慕晓冬, 赵鹏. 利用多尺度特征与深度网络对遥感影像进行场景分类 [J]. 测绘学报, 2016, 45(7): 834-840.

[9] 宫伟力, 安里千, 赵海燕. 基于图像描述的煤岩裂隙 CT 图像多尺度特征 [J]. 岩土力学, 2010(2): 39-44, 49.

[10] He K, Wang D, Tong M, et al. An improved GrabCut on multiscale features [J]. Pattern Recognition, 2020, 103 (2): 1-13.

[11] 李军, 侯朝焕. 基于多尺度特征的匹配滤波处理 [J]. 声学学报, 2004(4): 27-32.

[12] Yuan J, Wang D L, Li R. Remote sensing image segmentation by combining spectral and texture features [J]. IEEE Transactions on geoscience and remote sensing, 2013, 52(1): 16-24.

[13] Rother C, Kolmogorov V, Blake A. "GrabCut" interactive foreground extraction using iterated graph cuts [J]. ACM transactions on graphics, 2004, 23(3): 309-314.

[14] 刘立. 基于多尺度特征的图像匹配与目标定位研究 [D]. 武汉: 华中科技大学, 2008.

[15] Bieniek A, Moga A. An efficient watershed algorithm based on connected components [J]. Pattern Recognition, 2000, 33(6): 907-916.

[16] 周全, 张荣, 尹东. 基于高斯金字塔的遥感云图多尺度特征提取 [J]. 遥感技术与应用, 2010, 25(5): 604-608.

[17] Han S, Tao W, Wang D. Image segmentation based on GrabCut framework integrating multiscale nonlinear structure tensor [J]. Image Processing IEEE Transactions, 2009, 18(10): 2289-2302.

[18] 卢开澄, 卢华明. 图论及其应用 [M]. 北京: 清华大学出版社, 1995.

[19] Long J, Shelhamer E, Darrell T. Fully convolutional networks for semantic segmentation [C]. Proceedings of the IEEE conference on computer vision and pattern recognition, 2015: 3431-3440.

[20] 和超, 张印辉, 何自芬. 多尺度特征融合工件目标语义分割 [J]. 中国图象图形学报, 2020, 25(3): 476-485.

[21] Wei W, Fan X, Song H. Video tamper detection based on multi-scale mutual information [J]. Multimedia Tools and Applications, 2019, 78(19): 27109-27126.

[22] He K, Wang D, Tong M, et al. Interactive image segmentation on multiscale appearances [J].

IEEE ACCESS，2018，6：67732—67741.

[23] 孔军，汤心溢，蒋敏. 多尺度特征提取的双目视觉匹配 [J]. 计算机工程与应用，2010，46(33)：1—5.

[24] 赵元庆，吴华. 多尺度特征和神经网络相融合的手写体数字识别 [J]. 计算机科学，2013，40(8)：316—318.

[25] Zhang Y，He K. Multi-scale Gaussian Segmentation via Graph Cuts [C]. 2017 International Conference Computer Science and Application Engineering，2017：767—773.

[26] 孔军，汤心溢，蒋敏，等. 基于多尺度特征提取的均值漂移目标跟踪算法 [J]. 计算机工程，2011，37(22)：164—167.

[27] Lai Y，Chen C，He K. Image segmentation via GrabCut and linear multi-scale smoothing [C]. Proceeding of 2017 the 3rd International Conference on Commuication an information processing，2017：474—478.

[28] Shao Y，Gao Y，Guo Y. Hierarchical lung field segmentation with joint shape and appearance sparse learning [J]. IEEE transactions on medical imaging，2014，33(9)：1761—1780.

[29] Feng B，He K. Improved Grab Cut with human visual perception [C]. 2019 IEEE 4th International Conference on Image，Vision and Computing (ICIVC)，2019：50—54.

[30] Zhang Y，Zhang Y，He Z. Multiscale fusion of wavelet-domain hidden Markov tree through graph cut [J]. Image & Vision Computing，2009，27(9)：1402—1410.

[31] 仝苗，何坤，朱志娟. 基于多尺度平滑的前景提取 [J]. 四川大学学报（自然科学版），2020，57(2)：271—276.

[32] 梅雪，胡石，许松松，等. 基于多尺度特征的双层隐马尔可夫模型及其在行为识别中的应用 [J]. 智能系统学报，2012(6)：46—51.

[33] Zheng J，Lu P R，Xiang D H. Retinal image Graph-Cut segmentation algorithm using multiscale Hessian-Enhancement-Based nonlocal mean filter [J]. Computational & Mathematical Methods in Medicine，2013，4 (11)：1—7.

[34] Zhang Y，Zhang Y，He Z. Multiscale information fusion by Graph Cut through convex optimization [C]. Advances in Visual Computing-international Symposium，Springer-Verlag，2010：377—386.

[35] 龚婷婷. 高分辨率遥感影像道路提取方法研究 [J]. 信息系统工程，2019(11)：126—129.

[36] Saito S，Yamashita T，Aoki Y. Multiple object extraction from aerial imagery with convolutional neural networks [J]. Electronic Imaging，2016，2016(10)：1—9.

[37] Godsil C，Royle G F. Algebraic graph theory [M]. Berlin：Springer Science & Business Media，2013.

[38] Boykov Y，Kolmogorov V. An experimental comparison of min-cut/max-flow algorithms for energy minimization in vision [C]. International workshop on energy minimization methods in computer vision and pattern recognition，Springer，Berlin，Heidelberg，2001：359—374.

[39] Boykov Y Y，Jolly M P. Interactive graph cuts for optimal boundary & region segmentation of objects in ND images [C]. Proceedings eighth IEEE international conference on computer vision，2001：105—112.

[40] LeCun Y，Boser B，Denker J S. Backpropagation applied to handwritten zip code recognition [J]. Neural computation，1989，1(4)：541—551.

[41] Li Y，Feng X. A multiscale image segmentation method [J]. Pattern Recognition，2015，52(C)：332—345.

[42] Xu N, Price B, Cohen S. Deep GrabCut for object selection [C]. The British Machine Vision Conference (BMVC), 2017: 1-12.

[43] 陈忠, 赵忠明. 基于分水岭变换的多尺度遥感图像分割算法 [J]. 计算机工程, 2006, 32(23): 186-187.

[44] 李昱川, 田铮. 基于图的加权核 K 均值的图像多尺度分割 [J]. 光学学报, 2009(10): 126-131.

[45] 徐颖莎. 多尺度遥感图像分割算法研究与应用 [D]. 杭州: 浙江工业大学, 2011.

[46] 汪西莉, 刘芳, 焦李成. 结合边缘信息的多尺度 MRF 图像分割 [J]. 中国图象图形学报, 2004 (6): 20-25.

[47] 郭亮. 基于 Contourlet 变换的多尺度图像分割算法研究 [D]. 哈尔滨: 哈尔滨工程大学, 2010.

[48] 王森. 全景图像多尺度分割方法研究 [D]. 昆明: 昆明理工大学, 2014.

[49] Bouman C A, Shapiro M. A multiscale random field model for Bayesian image segmentation [J]. IEEE transactions on image processing, 1994, 3(2): 162-177.

[50] Mukhopadhyay S, Chanda B. Multiscale morphological segmentation of gray-scale images [J]. IEEE Transactions on Image Processing, 2003, 12(5): 533-549.

[51] Jung C R. Combining wavelets and watersheds for robust multiscale image segmentation [J]. Image & Vision Computing, 2007, 25(1): 24-33.

第 8 章　图像感知分析

人们认知图像前景的主要过程是大脑皮层对人眼接收的光谱信号分析视觉感受野内像素亮度/颜色的相似性，在视觉亮度/颜色完形法则的指导下，将图像视为多个视觉区域的有机组合，综合先验知识选择和认知对象。

8.1　感知分析法则

德国心理学家马克斯·韦特海默指出，人脑常常根据一定逻辑思维把局部、凌乱的观察材料组织成有意义的整体，即完形组织法则。格式塔心理学家们认为，人脑认知点线图形时常运用背景法则、接近法则、相似法则、连续法则和闭合法则等对图形进行分析和理解。连续法则和闭合法则主要针对图形中的曲线而言，前者刻画了图形中曲线的视觉连续性，即大脑皮层可将视觉感知的间距较短的点或线段视为整体，而不是独立分析处理图形中的点或线段；后者依据闭合曲线形成视觉区域，侧重其整体形状和几何测度，而不过度强调内部变化，进而综合分析区域间的联系和差异性。

数字图像在计算机中常常表示为序列点集，该点集中任意元素具有亮度和颜色属性。从图像的数字表示来看，图像可以简单地看作由点阵构成的特殊图形，其内容可描述为背景和几个具有语义对象构成的整体。在图像采集过程中，采集者常常强调关注对象，并将该对象放置在图像的中心位置，而将背景放置在图像边界处。学者们根据背景和其他语义对象在图像论域的位置，分析图像边界像素亮度/颜色的统计分布，建立图像背景模型。

在图像点阵图中，点点之间的关系可按照人眼对感受野内的像素视觉感知进行分析处理，如图像视觉的相似法则和近邻法则。相似法则主要反映了人眼将亮度/颜色相似的像素点集视为基本视觉单元，而不独立分析各个像素；近邻法则描述了像素空间邻域的视觉成形规则；点阵图的连续法则在图像视觉上表现为区域法则。图形的完形法则在图像视觉上主要表现为像素的相似法则、近邻法则和区域法则，如图 8-1 所示。

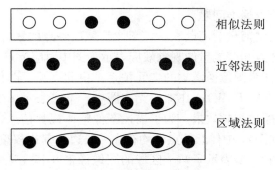

图 8-1　图形的完形法则

　　人脑认知点线图形的完形法则在图像处理和分析领域得以广泛应用。例如，在背景法则的指导下，提出了图像背景分离模型；根据像素的相似法则设计了基于亮度/颜色相似性的图像前景提取能量泛函，如"魔术棒"和随机游走等前景提取模型；在区域法则的指导下，根据区域边界和面积提出了基于活动轮廓的前景提取模型。由于不同前景提取模型依据的完形法则不同，即使对同一幅图像进行前景提取，其结果也可能大相径庭。这主要是由于一个模型仅从图像的某个低层特性描述前景，虽然能有效刻画前景的局部特性，但不能描述图像的全局信息。

　　根据完形法则，图像视觉区域是大脑分析图像内容和语义对象的基元。为了获得图像视觉区域，学者们分析了图像中视觉区域像素亮度/颜色共性和像素的空间位置关系，根据像素亮度/颜色相似性和近邻性等低层特征，将图像分成互不重叠的区域，即图像区域分割。由于图像区域分割模型仅遵守一个或者几个完形法则，所以其分割结果缺乏语义性。依据图像视觉区域是对象语义分析的基本单元，学者们提出了基于视觉区域的合并和分裂等系列算法，以此突出分割的语义对象。但这些算法均面临以下问题：

　　（1）图像视觉区域分割的数学物理模型缺乏统一性。

　　（2）图像视觉区域分割算法是否存在有效的计算方法？

　　（3）图像视觉区域的合并和分裂的依据和准则是什么？

　　一些图像视觉区域分割算法虽然建立在较好的分割准则上，设计了高维、非线性的分割能量泛函，但由于无法找到有效算法而难以得到应用。传统图像分割和数据聚类算法将图像视觉区域分割问题转化为图割问题，运用图的最小生成树或有限邻域集方法进行求解。尽管这些方法具有高效计算能力，但均是从图像局部特征出发分析适当尺度的语义意义。

8.2　感知分析模型

　　为了继承运用图形完形法则分析图像的优点，学者们将图像像素点集映射到某特征空间，在该特征空间中，让满足完形法则的图像像素分布具有紧凑性。本书以图像像素的亮度/颜色和空间相对距离为分析对象，结合像素视觉关系图表示的优点，将图像视觉区域分割问题转化为图的节点聚类问题。

数字图像是场景光谱能量的离散表示，图像论域内各点的采样值表示该点的亮度/颜色光谱能量，不同采样点光谱能量的视觉效应表示为图中对应节点的权重，任意像素对的亮度/颜色相似性可描述为图像像素集的二元关系。由此可见，图像像素的视觉感知关系可表示为加权无向图 $G(V,E,W)$，在加权无向图中，节点表示图像像素，节点间边权重表示对应像素的亮度/颜色视觉效果。为了描述图像整体视觉信息，假设图像中任意像素均存在视觉联系，即在图 G 中任意节点间均存在一条边，其边权重表示了对应像素亮度/颜色的视觉相似性。图 8-2 表示了两个区域的图像像素及其视觉关系，图中黑、白节点分别表示图像中不同区域的像素，节点间的边表示对应像素对的视觉关系。

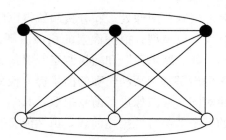

图 8-2　图像视觉感知图

为了便于计算，常常运用邻接矩阵表示任意像素对亮度/颜色的视觉关系：

$$W = \begin{bmatrix} 0 & \omega_{1,2} & \cdots & \omega_{1,i} & \cdots & \omega_{1,n} \\ \omega_{2,1} & 0 & \cdots & \omega_{2,i} & & \omega_{2,n} \\ \vdots & \vdots & & \vdots & & \vdots \\ \omega_{i,1} & \omega_{i,2} & \cdots & \omega_{i,j} & \cdots & \omega_{i,n} \\ \vdots & \vdots & & \vdots & & \vdots \\ \omega_{n,1} & \omega_{n,2} & \cdots & \omega_{n,i} & \cdots & 0 \end{bmatrix}$$

式中，n 表示图像像素个数；$\omega_{i,j}$ 表示在人眼关注于像素 i 时，利用视觉余光观察像素 j 的视觉效果。如果像素 i 和 j 的亮度/颜色差异较小，则其视觉上是相近的，这一视觉现象表现为在邻接矩阵中对应元素 $\omega_{i,j}$ 的值较大；如果像素 i 和 j 的亮度/颜色存在视觉显著差异，则 $\omega_{i,j}$ 的值较小，甚至为零。假设视觉效果是对称的，即人眼关注于像素 j 的条件下，观察像素 i 的视觉效果 $\omega_{j,i}=\omega_{i,j}$。根据这一假设，邻接矩阵 W 为对称矩阵，即 $W^{\mathrm{T}}=W$。邻接矩阵中第 i 行（第 i 列）的各个元素分别描述了像素 i 与其他像素的视觉效果，同时矩阵的行数和列数均为图像像素个数。由此可见，邻接矩阵有效描述了图像中任意像素对的视觉关系及整体视觉效果。

8.2.1　最小割模型

一幅简单图像可看作由对象和背景两个区域构成，将图像分割成对象和背景问题实质上是依据视觉感知将图像像素聚类为 A，B 两个视觉区域，使其满足 A，B 两个视觉区域的并集为图像论域，即 $A \cup B = \Omega$，同时 A，B 视觉区域不存在公共像素，即 $A \cap B =$

$\varnothing$。在图像视觉效应表示为无向加权图 $G(V,E,W)$ 的基础上，图像的视觉区域分割问题就相当于将无向加权图删除一些边后，形成连通分支数为 2 的子图。其中一个连通分支的所有节点构成图像背景，另一个连通分支的所有节点构成具有语义性的对象。在图论中，将一个连通图删除一些边之后形成连通分数大于 1 的图，其删除边的集合称为边割集，边割集中所有边的权重之和称为割值。一个无向连通加权图通过删除不同的边均可得到连通分支为 2 的子图，构成不同割值的边割集。由此可见，图像视觉区域分割可以表示为将无向连通加权图通过删边方法得到连通分支大于 1 的子图。

假设一幅仅由对象和背景两个区域构成的图像，其中对象或背景内部像素亮度/颜色变化较小，像素间的视觉相似性较大，无向连通加权图中对应边的权重较大；对象和背景间的亮度/颜色差异较大，图中对应边的权重较小。为了将图像分割成对象和背景两个区域，仅仅将无向连通加权图中连接对象和背景像素的边删除即可。由于对象和背景像素的亮度/颜色存在显著差异，图像视觉区域分割问题可转化为完全图最小割值（Mimimum Cut）问题，其能量泛函为

$$cut(A,B) = \sum_{i\in A, j\in B} \omega_{i,j} \tag{8-1}$$

式（8-1）的能量泛函最小化常常运用贪婪算法进行计算，但求解过程中能量泛函的值随割集的基数增加而增大，其计算结果容易将孤立节点作为子图，这导致将图像孤立像素划分为一个视觉区域。假设图像的部分像素如图 8-3（a）所示，像素间距离表示其亮度/颜色的视觉相似性，距离越小表示两像素的亮度/颜色相似性较大，距离越大表示两像素的亮度/颜色存在显著差异。贪婪算法的运算结果常常把节点 n_1 或 n_2 作为连通分支，如图 8-3（b）所示。视觉上人们常常分为左、右两个区域，如图 8-3（b）中的点划线。该模型仅仅利用区域间像素的视觉差异性，未考虑区域面积对视觉的影响，因此，其结果易形成孤立像素点构成的区域。

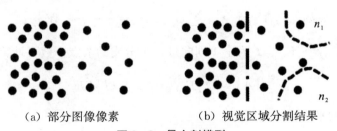

（a）部分图像像素　　　　（b）视觉区域分割结果

图 8-3　最小割模型

8.2.2　平均内联模型

最小割模型倾向于将图像中几个像素划分为视觉区域，甚至将孤立节点作为视觉区域。根据语义对象面积的非零性，图像中一般不存在单个像素表示的语义对象。为了避免孤立节点（单个或少量几个像素）构成的伪视觉区域，学者们分析了图像背景或者对象内部亮度/颜色的视觉相似性，从删边子图的连通分支内部节点出发建立内联模型（Association）。根据内联模型将图像视觉区域分割问题转化为完全图的最大化平均内联（Average association）问题，该模型可阐述为以下能量泛函的最大值：

$$Aassoc(A,B) = \frac{assoc(A,A)}{|A|} + \frac{assoc(B,B)}{|B|} \tag{8-2}$$

式中，$|A|$，$|B|$ 分别表示连通分支 A，B 内节点的个数；$assoc(A,A)$，$assoc(B,B)$ 分别表示 A，B 子图内节点间相似性的视觉测度，其测度定义为连通分支内的所有边权重之和：

$$\begin{cases} assoc(A,A) = \sum\limits_{i \in A, j \in A} \omega_{i,j} \\ assoc(B,B) = \sum\limits_{i \in B, j \in B} \omega_{i,j} \end{cases}$$

假设无向加权图 G 的删边子图由两个连通分支 A 和 B 构成，A 中节点标为 $x_i = 1$，B 中节点标为 $x_i = -1$，则 A 或 B 子图内节点间相似性的视觉测度可简化计算为

$$\begin{cases} assoc(A,A) = \sum\limits_{x_i > 0} \sum\limits_{x_j > 0} \omega_{i,j} x_i x_j \\ assoc(B,B) = \sum\limits_{x_i < 0} \sum\limits_{x_j < 0} \omega_{i,j} x_i x_j \end{cases}$$

为了便于计算 A，B 分支的节点个数，引入了 n 阶的单位阵 $\boldsymbol{E} = (e_1, \cdots, e_i, \cdots)$，则 A 节点个数 $|A| = \sum\limits_{x_i > 0} \boldsymbol{E}_{i,i}$，$B$ 节点个数 $|B| = \sum\limits_{x_i < 0} \boldsymbol{E}_{i,i}$，式 (8-2) 可重写为

$$Aassoc(A,B) = \frac{\sum\limits_{x_i > 0, x_j > 0} \omega_{i,j} x_i x_j}{\sum\limits_{x_i > 0} \boldsymbol{E}_{i,i}} + \frac{\sum\limits_{x_i < 0, x_j < 0} \omega_{i,j} x_i x_j}{\sum\limits_{x_i < 0} \boldsymbol{E}_{i,i}}$$

A 和 B 子图节点分别标记为 $\frac{1+x}{2}$ 和 $\frac{1-x}{2}$。当 $x_i = 1$ 时，$\frac{1+x_i}{2} = 1$ 表示该节点位于 A 内，而 B 内节点为 $\frac{1-x_i}{2} = 0$。A 分支节点视觉测度表示为

$$assoc(A,A) = \sum\limits_{x_i > 0} \sum\limits_{x_j > 0} \omega_{i,j} x_i x_j = \frac{(1+\boldsymbol{x})^{\mathrm{T}}}{2} \boldsymbol{W} \frac{1+\boldsymbol{x}}{2}$$

令 $k = \sum\limits_{x_i > 0} \boldsymbol{E}_{i,i} / \sum\limits_{i} \boldsymbol{E}_{i,i}$，$\boldsymbol{1}$ 为全 1 列向量，A 分支的节点个数可计算为

$$|A| = \sum\limits_{x_i > 0} \boldsymbol{E}_{i,i} = kn = k\boldsymbol{1}^{\mathrm{T}} \boldsymbol{E} \boldsymbol{1}$$

A 分支节点的平均视觉测度为

$$\frac{assoc(A,A)}{|A|} = \frac{assoc(A,A)}{\sum\limits_{x_i > 0} \boldsymbol{E}_{i,i}} = \frac{(1+\boldsymbol{x})^{\mathrm{T}} \boldsymbol{W} (1+\boldsymbol{x})}{4k\boldsymbol{1}^{\mathrm{T}} \boldsymbol{E} \boldsymbol{1}}$$

当 $x_i = -1$ 时，$\frac{1-x_i}{2} = 1$ 表示该节点位于 B 内，而 A 内节点为 $\frac{1+x_i}{2} = 0$。

B 分支的节点个数可计算为

$$|B| = \sum\limits_{x_i < 0} \boldsymbol{E}_{i,i} = n - |A| = (1-k)\boldsymbol{1}^{\mathrm{T}} \boldsymbol{E} \boldsymbol{1}$$

B 分支节点的平均视觉测度为

$$\frac{assoc(B,B)}{|B|} = \frac{assoc(B,B)}{\sum\limits_{x_i < 0} \boldsymbol{E}_{i,i}} = \frac{(1-\boldsymbol{x})^{\mathrm{T}} \boldsymbol{W} (1-\boldsymbol{x})}{4(1-k)\boldsymbol{1}^{\mathrm{T}} \boldsymbol{E} \boldsymbol{1}}$$

式(8-2)可重写为

$$Aassoc(A,B) \Rightarrow$$

$$Aassoc(\boldsymbol{x}) = \frac{(1+\boldsymbol{x})^{\mathrm{T}} \boldsymbol{W}(1+\boldsymbol{x})}{4k\,\boldsymbol{1}^{\mathrm{T}} \boldsymbol{E1}} + \frac{(1-\boldsymbol{x})^{\mathrm{T}} \boldsymbol{W}(1-\boldsymbol{x})}{4(1-k)\,\boldsymbol{1}^{\mathrm{T}} \boldsymbol{E1}}$$

$$= \frac{\boldsymbol{x}^{\mathrm{T}} \boldsymbol{Wx} + \boldsymbol{1}^{\mathrm{T}} \boldsymbol{W1}}{4k(1-k)\,\boldsymbol{1}^{\mathrm{T}} \boldsymbol{E1}} + \frac{2(1-2k)\,\boldsymbol{1}^{\mathrm{T}} \boldsymbol{Wx}}{4k(1-k)\,\boldsymbol{1}^{\mathrm{T}} \boldsymbol{E1}}$$

令 $\alpha(\boldsymbol{x}) = \boldsymbol{x}^{\mathrm{T}} \boldsymbol{Wx}$，$\beta(\boldsymbol{x}) = \boldsymbol{1}^{\mathrm{T}} \boldsymbol{Wx}$，$\gamma = \boldsymbol{1}^{\mathrm{T}} \boldsymbol{W1}$，阶数 $n = \boldsymbol{1}^{\mathrm{T}} \boldsymbol{E1}$，则上式可简化为

$$Aassoc(\boldsymbol{x}) = \frac{\boldsymbol{x}^{\mathrm{T}} \boldsymbol{Wx} + \boldsymbol{1}^{\mathrm{T}} \boldsymbol{W1}}{4k(1-k)\,\boldsymbol{1}^{\mathrm{T}} \boldsymbol{E1}} + \frac{2(1-2k)\,\boldsymbol{1}^{\mathrm{T}} \boldsymbol{Wx}}{4k(1-k)\,\boldsymbol{1}^{\mathrm{T}} \boldsymbol{E1}} \Rightarrow$$

$$4Aassoc(\boldsymbol{x}) = \frac{[\alpha(\boldsymbol{x}) + \gamma] + 2(1-2k)\beta(\boldsymbol{x})}{k(1-k)n}$$

$$= \frac{[\alpha(\boldsymbol{x}) + \gamma] + 2(1-2k)\beta(\boldsymbol{x})}{k(1-k)n} - \frac{2[\alpha(\boldsymbol{x}) + \gamma]}{n} + \frac{2\alpha(\boldsymbol{x})}{n} + \frac{2\gamma}{n}$$

对于给定的加权图，γ 为常数，则有

$$4Aassoc(\boldsymbol{x}) = \frac{(1-2k+2k^2)[\alpha(\boldsymbol{x}) + \gamma] + 2(1-2k)\beta(\boldsymbol{x})}{k(1-k)n} + \frac{2\alpha(\boldsymbol{x})}{n}$$

$$= \frac{1-k}{kn}\left\{ \frac{1-2k+2k^2}{(1-k)^2}[\alpha(\boldsymbol{x}) + \gamma] + \frac{2(1-2k)}{(1-k)^2}\beta(\boldsymbol{x}) \right\} + \frac{2\alpha(\boldsymbol{x})}{n}$$

又令 $b = \dfrac{k}{1-k}$，则有

$$4Aassoc(\boldsymbol{x}) = \frac{(1+b^2)[\alpha(\boldsymbol{x}) + \gamma] + 2(1-b^2)\beta(\boldsymbol{x})}{bn} + \frac{2b\alpha(\boldsymbol{x})}{bn}$$

$$= \frac{(1+b^2)[\alpha(\boldsymbol{x}) + \gamma]}{bn} + \frac{2(1-b^2)\beta(\boldsymbol{x})}{bn} + \frac{2b\alpha(\boldsymbol{x})}{bn} - \frac{2b\gamma}{bn}$$

$$= \frac{(1+b^2)(\boldsymbol{x}^{\mathrm{T}} \boldsymbol{Wx} + \boldsymbol{1}^{\mathrm{T}} \boldsymbol{W1})}{b\,\boldsymbol{1}^{\mathrm{T}} \boldsymbol{E1}} + \frac{2(1-b^2)\,\boldsymbol{1}^{\mathrm{T}} \boldsymbol{Wx}}{b\,\boldsymbol{1}^{\mathrm{T}} \boldsymbol{E1}} + \frac{2b\,\boldsymbol{x}^{\mathrm{T}} \boldsymbol{Wx}}{b\,\boldsymbol{1}^{\mathrm{T}} \boldsymbol{E1}} - \frac{2b\,\boldsymbol{1}^{\mathrm{T}} \boldsymbol{W1}}{b\,\boldsymbol{1}^{\mathrm{T}} \boldsymbol{E1}}$$

$$= \frac{(1+\boldsymbol{x})^{\mathrm{T}} \boldsymbol{W}(1+\boldsymbol{x})}{b\,\boldsymbol{1}^{\mathrm{T}} \boldsymbol{E1}} + \frac{b^2\,(1-\boldsymbol{x})^{\mathrm{T}} \boldsymbol{W}(1-\boldsymbol{x})}{b\,\boldsymbol{1}^{\mathrm{T}} \boldsymbol{E1}} - \frac{2b\,(1-\boldsymbol{x})^{\mathrm{T}} \boldsymbol{W}(1+\boldsymbol{x})}{b\,\boldsymbol{1}^{\mathrm{T}} \boldsymbol{E1}}$$

$$= \frac{[(1+\boldsymbol{x}) - b(1-\boldsymbol{x})]^{\mathrm{T}} \boldsymbol{W}[(1+\boldsymbol{x}) - b(1-\boldsymbol{x})]}{b\,\boldsymbol{1}^{\mathrm{T}} \boldsymbol{E1}}$$

设 $\boldsymbol{y} = (1+\boldsymbol{x}) - b(1-\boldsymbol{x})$，连通分支 A 内节点标号 $(x_i = 1)$ 表示为 $y_i = 2 > 0$，连通分支 B 内节点标号 $(x_i = -1)$ 表示为 $y_i = -2b < 0$，则有

$$4Aassoc(\boldsymbol{x}) \Rightarrow 4Aassoc(\boldsymbol{y}) = \frac{\boldsymbol{y}^{\mathrm{T}} \boldsymbol{Wy}}{b\,\boldsymbol{1}^{\mathrm{T}} \boldsymbol{E1}}$$

由于 $b = \dfrac{k}{1-k} = \left|\dfrac{A}{B}\right| = \sum_{x_i>0} \boldsymbol{E}_{i,i} \big/ \sum_{x_i<0} \boldsymbol{E}_{i,i}$，则 $\boldsymbol{y}^{\mathrm{T}} \boldsymbol{E1} = \sum_{x_i>0} \boldsymbol{E}_{i,i} - b\sum_{x_i<0} \boldsymbol{E}_{i,i} = 0$，可知

$$\boldsymbol{y}^{\mathrm{T}} \boldsymbol{Ey} = \sum_{x_i>0} \boldsymbol{E}_{i,i} + b^2 \sum_{x_i<0} \boldsymbol{E}_{i,i} = b\sum_{x_i<0} \boldsymbol{E}_{i,i} + b^2 \sum_{x_i<0} \boldsymbol{E}_{i,i}$$

$$= b\left(\sum_{x_i<0} \boldsymbol{E}_{i,i} + b\sum_{x_i<0} \boldsymbol{E}_{i,i}\right) = b\boldsymbol{1}^{\mathrm{T}} \boldsymbol{E1} = bn$$

综上所述，最大化式(8-2)转化为优化如下函数：

$$\max_{\boldsymbol{x}} \{4Aassoc(\boldsymbol{x})\} = \max_{\boldsymbol{y}} \left\{ \frac{\boldsymbol{y}^{\mathrm{T}} \boldsymbol{Wy}}{\boldsymbol{y}^{\mathrm{T}} \boldsymbol{Ey}} \right\} \tag{8-3}$$

式(8-3)可表示为约束条件极值：

$$\max_{\boldsymbol{y}} \{ \boldsymbol{y}^{\mathrm{T}} \boldsymbol{W} \boldsymbol{y} \}$$

$$\text{subject} \quad \boldsymbol{y}^{\mathrm{T}} \boldsymbol{E} \boldsymbol{y} = b \boldsymbol{1}^{\mathrm{T}} \boldsymbol{E} \boldsymbol{1} = bn$$

利用最小二乘法，约束条件极值的拉格朗日函数为

$$F(\boldsymbol{y},\lambda) = \boldsymbol{y}^{\mathrm{T}} \boldsymbol{W} \boldsymbol{y} - \lambda(\boldsymbol{y}^{\mathrm{T}} \boldsymbol{E} \boldsymbol{y} - bn)$$

拉格朗日函数的偏导数为

$$\frac{\partial F}{\partial \boldsymbol{y}} = \boldsymbol{W} \boldsymbol{y} - \lambda \boldsymbol{y} = 0 \Rightarrow \boldsymbol{W} \boldsymbol{y} = \lambda \boldsymbol{y} \tag{8-4}$$

由式（8-4）可知，$\boldsymbol{y}$ 为矩阵 $\boldsymbol{W}$ 的特征向量。

当图 G 中所有节点聚为同一类时，式(8-3)的最优解为 $\boldsymbol{y}_0 = \boldsymbol{1}$，该解自动使得完全图的平均内联值最大。理论上矩阵 $\boldsymbol{W}$ 的第二个最大特征向量是平均关联模型的实数解。根据特征向量的正交性，可将第三个最大特征向量看作是在第二个最大特征向量删边子图的基础上继续删除一些边。由于特征向量的理论解和离散解的近似误差随着特征向量个数的增加而累积，并且所有特征向量必须满足相互正交性约束，所以较小特征向量对图像进行视觉区域细分变得不可靠。

平均内联模型从区域内像素亮度/颜色的视觉相似性出发，结合区域面积设计了视觉区域分割能量泛函，弥补了最小割模型产生的孤立像素点构成伪视觉区域的缺陷。该模型侧重于视觉区域像素亮度/颜色的高度相似性，忽略了不同视觉区域间亮度/颜色的差异性，对亮度/颜色显著差异的图像效果较好，然而对缓慢变化的区域存在过分割现象。

8.2.3 平均割模型

为了避免最小割模型的孤立节点问题，视觉聚类度量不直接依赖于连通分支间的绝对割值而使用平均割值，将对象和背景的亮度/颜色聚类问题转化为图的平均割值（Average cut）问题，该模型可表示为如下能量泛函的最小值：

$$Acut(A,B) = \frac{cut(A,B)}{|A|} + \frac{cut(B,A)}{|B|} \tag{8-5}$$

假设加权完全无向图 G 的删边子图中存在两个连通分支 A 和 B，则连通分支 A 和 B 间的绝对割值可计算为

$$\begin{cases} cut(A,B) = \sum_{x_i>0,x_j<0} -\omega_{i,j} x_i x_j \\ cut(B,A) = \sum_{x_i<0,x_j>0} -\omega_{i,j} x_i x_j \end{cases}$$

A 和 B 间的绝对割值相对于 A 的平均割值为

$$\frac{cut(A,B)}{|A|} = \frac{\sum_{x_i>0,x_j<0} -\omega_{i,j} x_i x_j}{\sum_{x_i>0} \boldsymbol{E}_{i,i}}$$

同理，A 和 B 间的绝对割值相对于 B 的平均割值为

$$\frac{cut(B,A)}{|B|} = \frac{\sum\limits_{x_i<0,x_j>0} -\omega_{i,j}x_ix_j}{\sum\limits_{x_i<0} E_{i,i}}$$

式（8-5）可以重写为

$$Acut(A,B) = \frac{\sum\limits_{x_i>0,x_j<0} -\omega_{i,j}x_ix_j}{\sum\limits_{x_i>0} E_{i,i}} + \frac{\sum\limits_{x_i<0,x_j>0} -\omega_{i,j}x_ix_j}{\sum\limits_{x_i<0} E_{i,i}}$$

为了计算 A 和 B 间的绝对割值 $cut(A,B)$，首先计算任意节点与其他节点的所有边权重之和 $d(i) = \sum\limits_{j\in\Omega}\omega_{i,j}$。所有节点的权重之和可表示为 n 阶的对角阵 $\boldsymbol{D} = (d_1,\cdots,d_i,\cdots)$。 A 和 B 间的绝对割值可简化为

$$\begin{aligned}
cut(A,B) &= \sum\limits_{x_i>0,x_j<0} -\omega_{i,j}x_ix_j\\
&= \sum\limits_{x_i>0} d_i - \sum\limits_{x_i>0,x_j>0}\omega_{i,j}x_ix_j\\
&= \frac{(1+\boldsymbol{x})^{\mathrm{T}}}{2}\boldsymbol{D}\frac{1+\boldsymbol{x}}{2} - \frac{(1+\boldsymbol{x})^{\mathrm{T}}}{2}\boldsymbol{W}\frac{1+\boldsymbol{x}}{2}\\
&= \frac{(1+\boldsymbol{x})^{\mathrm{T}}}{2}(\boldsymbol{D}-\boldsymbol{W})\frac{1+\boldsymbol{x}}{2}
\end{aligned}$$

令 $k = \sum\limits_{x_i>0}\boldsymbol{E}_{i,i}/\sum\limits_i\boldsymbol{E}_{i,i}$，$A$ 和 B 间的割值相对于 A 的平均割值为

$$\frac{cut(A,B)}{|A|} = \frac{cut(A,B)}{\sum\limits_{x_i>0}\boldsymbol{E}_{i,i}} = \frac{(1+\boldsymbol{x})^{\mathrm{T}}(\boldsymbol{D}-\boldsymbol{W})(1+\boldsymbol{x})}{4k\boldsymbol{1}^{\mathrm{T}}\boldsymbol{E}\boldsymbol{1}}$$

同理，A 和 B 间的割值相对于 B 的平均割值为

$$\frac{cut(B,A)}{|B|} = \frac{cut(B,A)}{\sum\limits_{x_i<0}\boldsymbol{E}_{i,i}} = \frac{(1-\boldsymbol{x})^{\mathrm{T}}(\boldsymbol{D}-\boldsymbol{W})(1-\boldsymbol{x})}{4\boldsymbol{1}^{\mathrm{T}}\boldsymbol{E}\boldsymbol{1}}$$

式（8-5）可写为

$$Acut(A,B)\Rightarrow$$

$$\begin{aligned}
Acut(\boldsymbol{x}) &= \frac{(1+\boldsymbol{x})^{\mathrm{T}}(\boldsymbol{D}-\boldsymbol{W})(1+\boldsymbol{x})}{4k\,\boldsymbol{1}^{\mathrm{T}}\boldsymbol{E}\boldsymbol{1}} + \frac{(1-\boldsymbol{x})^{\mathrm{T}}(\boldsymbol{D}-\boldsymbol{W})(1-\boldsymbol{x})}{4(1-k)\,\boldsymbol{1}^{\mathrm{T}}\boldsymbol{E}\boldsymbol{1}}\\
&= \frac{\boldsymbol{x}^{\mathrm{T}}(\boldsymbol{D}-\boldsymbol{W})\boldsymbol{x} + \boldsymbol{1}^{\mathrm{T}}(\boldsymbol{D}-\boldsymbol{W})\boldsymbol{1}}{4k(1-k)\,\boldsymbol{1}^{\mathrm{T}}\boldsymbol{E}\boldsymbol{1}} + \frac{2(1-2k)\,\boldsymbol{1}^{\mathrm{T}}(\boldsymbol{D}-\boldsymbol{W})\boldsymbol{x}}{4k(1-k)\,\boldsymbol{1}^{\mathrm{T}}\boldsymbol{E}\boldsymbol{1}}
\end{aligned}$$

令 $\alpha_1(\boldsymbol{x})=\boldsymbol{x}^{\mathrm{T}}(\boldsymbol{D}-\boldsymbol{W})\boldsymbol{x}$，$\beta_1(\boldsymbol{x})=\boldsymbol{1}^{\mathrm{T}}(\boldsymbol{D}-\boldsymbol{W})\boldsymbol{x}$，$\gamma_1=\boldsymbol{1}^{\mathrm{T}}(\boldsymbol{D}-\boldsymbol{W})\boldsymbol{1}$，则有

$$\begin{aligned}
4Acut(\boldsymbol{x}) &= \frac{[\alpha_1(\boldsymbol{x})+\gamma_1] + 2(1-2k)\beta_1(\boldsymbol{x})}{k(1-k)n}\\
&= \frac{[\alpha_1(\boldsymbol{x})+\gamma] + 2(1-2k)\beta_1(\boldsymbol{x})}{k(1-k)n} - \frac{2[\alpha_1(\boldsymbol{x})+\gamma]}{n} + \frac{2\alpha_1(\boldsymbol{x})}{n} + \frac{2\gamma_1}{n}\\
&= \frac{(1-2k+2k^2)[\alpha_1(\boldsymbol{x})+\gamma_1] + 2(1-2k)\beta_1(\boldsymbol{x})}{k(1-k)n} + \frac{2\alpha_1(\boldsymbol{x})}{n}\\
&= \frac{1-k}{kn}\left\{\frac{1-2k+2k^2}{(1-k)^2}[\alpha_1(\boldsymbol{x})+\gamma_1] + \frac{2(1-2k)}{(1-k)^2}\beta_1(\boldsymbol{x})\right\} + \frac{2\alpha_1(\boldsymbol{x})}{n}
\end{aligned}$$

设 $b = \dfrac{k}{1-k}$，则有

$$
\begin{aligned}
4Acut(\boldsymbol{x}) &= \frac{(1+b^2)[\alpha_1(\boldsymbol{x})+\gamma_1]+2(1-b^2)\beta_1(\boldsymbol{x})}{bn} + \frac{2b\alpha_1(\boldsymbol{x})}{bn}\\
&= \frac{(1+b^2)[\alpha_1(\boldsymbol{x})+\gamma_1]+2(1-b^2)\beta_1(\boldsymbol{x})}{bn} + \frac{2b\alpha_1(\boldsymbol{x})}{bn} - \frac{2b\gamma_1}{bn}\\
&= \frac{(1+b^2)[\boldsymbol{x}^{\mathrm{T}}(\boldsymbol{D}-\boldsymbol{W})\boldsymbol{x}+\boldsymbol{1}^{\mathrm{T}}\boldsymbol{W}\boldsymbol{1}]}{b\,\boldsymbol{1}^{\mathrm{T}}\boldsymbol{E}\boldsymbol{1}} + \frac{2(1-b^2)\,\boldsymbol{1}^{\mathrm{T}}(\boldsymbol{D}-\boldsymbol{W})\boldsymbol{x}}{b\,\boldsymbol{1}^{\mathrm{T}}\boldsymbol{E}\boldsymbol{1}} +\\
&\quad \frac{2b\,\boldsymbol{x}^{\mathrm{T}}(\boldsymbol{D}-\boldsymbol{W})\boldsymbol{x}}{b\,\boldsymbol{1}^{\mathrm{T}}\boldsymbol{E}\boldsymbol{1}} - \frac{2b\,\boldsymbol{1}^{\mathrm{T}}(\boldsymbol{D}-\boldsymbol{W})\boldsymbol{1}}{b\,\boldsymbol{1}^{\mathrm{T}}\boldsymbol{E}\boldsymbol{1}}\\
&= \frac{(1+\boldsymbol{x})^{\mathrm{T}}(\boldsymbol{D}-\boldsymbol{W})(1+\boldsymbol{x})}{b\,\boldsymbol{1}^{\mathrm{T}}\boldsymbol{E}\boldsymbol{1}} + \frac{b^2(1-\boldsymbol{x})^{\mathrm{T}}(\boldsymbol{D}-\boldsymbol{W})(1-\boldsymbol{x})}{b\,\boldsymbol{1}^{\mathrm{T}}\boldsymbol{E}\boldsymbol{1}} -\\
&\quad \frac{2b(1-\boldsymbol{x})^{\mathrm{T}}(\boldsymbol{D}-\boldsymbol{W})(1+\boldsymbol{x})}{b\,\boldsymbol{1}^{\mathrm{T}}\boldsymbol{E}\boldsymbol{1}}\\
&= \frac{[(1+\boldsymbol{x})-b(1-\boldsymbol{x})]^{\mathrm{T}}(\boldsymbol{D}-\boldsymbol{W})[(1+\boldsymbol{x})-b(1-\boldsymbol{x})]}{b\,\boldsymbol{1}^{\mathrm{T}}\boldsymbol{E}\boldsymbol{1}}
\end{aligned}
$$

设 $\boldsymbol{y}=(1+\boldsymbol{x})-b(1-\boldsymbol{x})$，则有

$$
4Acut(\boldsymbol{x}) \Rightarrow 4Acut(\boldsymbol{y}) = \frac{\boldsymbol{y}^{\mathrm{T}}(\boldsymbol{D}-\boldsymbol{W})\boldsymbol{y}}{b\,\boldsymbol{1}^{\mathrm{T}}\boldsymbol{E}\boldsymbol{1}}
$$

由于 $\boldsymbol{y}^{\mathrm{T}}\boldsymbol{E}\boldsymbol{y}=b\,\boldsymbol{1}^{\mathrm{T}}\boldsymbol{E}\boldsymbol{1}=bn$，式（8-5）转化为如下函数优化：

$$
\min_{\boldsymbol{x}}\{4Acut(\boldsymbol{x})\} = \min_{\boldsymbol{y}}\left\{\frac{\boldsymbol{y}^{\mathrm{T}}(\boldsymbol{D}-\boldsymbol{W})\boldsymbol{y}}{\boldsymbol{y}^{\mathrm{T}}\boldsymbol{E}\boldsymbol{y}}\right\} \tag{8-6}
$$

对于给定的加权完全无向图，所有边权重之和为常数，故式（8-6）可表示为如下约束条件极值：

$$
\min_{\boldsymbol{y}}\{\boldsymbol{y}^{\mathrm{T}}(\boldsymbol{D}-\boldsymbol{W})\boldsymbol{y}\}
$$

$$
\text{subject} \quad \boldsymbol{y}^{\mathrm{T}}\boldsymbol{E}\boldsymbol{y} = b\,\boldsymbol{1}^{\mathrm{T}}\boldsymbol{E}\boldsymbol{1} = bn
$$

根据最小二乘法，上述约束条件极值对应的拉格朗日函数为

$$
F(\boldsymbol{y},\lambda) = \boldsymbol{y}^{\mathrm{T}}(\boldsymbol{D}-\boldsymbol{W})\boldsymbol{y} - \lambda(\boldsymbol{y}^{\mathrm{T}}\boldsymbol{E}\boldsymbol{y}-bn)
$$

该拉格朗日函数的偏导数为

$$
\frac{\partial F(\boldsymbol{y},\lambda)}{\partial \boldsymbol{y}} = (\boldsymbol{D}-\boldsymbol{W})\boldsymbol{y} - \lambda\boldsymbol{E}\boldsymbol{y} = 0 \Rightarrow (\boldsymbol{D}-\boldsymbol{W})\boldsymbol{y} = \lambda\boldsymbol{y} \tag{8-7}
$$

由式（8-7）可知，$\boldsymbol{y}$ 为矩阵 $\boldsymbol{D}-\boldsymbol{W}$ 的特征向量。由于 $\gamma_1=\boldsymbol{1}^{\mathrm{T}}(\boldsymbol{D}-\boldsymbol{W})\boldsymbol{1}=0$，$\boldsymbol{y}_0=\boldsymbol{1}$ 是矩阵 $\boldsymbol{D}-\boldsymbol{W}$ 特征值为 0 的特征向量，该特征向量将图中所有节点聚类为同一类。工程上矩阵 $\boldsymbol{D}-\boldsymbol{W}$ 的第二个最小特征向量是该模型的实数解。根据特征向量的正交性，可将第三个最小特征向量看作是在第二个最小特征向量删边子图的基础上继续删除一些边。若继续删边，每个连通分支仅有一个孤立节点的删边子图。这种情况对应于将图像中的每个像素聚类为一个视觉区域。然而由于特征向量的近似误差随着向量个数的增加而累积，所以较大特征向量对图像进行视觉区域细分变得不可靠。

平均割模型从区域间像素的视觉差异性出发，联合区域面积构建了图像平均割的感知分析模型。该模型利用区域间相对区域面积的视觉差异性设计图像区域分割的能量泛函，但该模型侧重于区域间的相对差异，未考虑区域内部像素亮度/颜色的视觉相似性。

8.2.4 正则割模型

平均割模型虽然能避免最小割模型的孤立节点问题，但无法保证各连通分支的最大化内联。大脑对图像像素亮度/颜色的视觉聚类是相对的，换言之，图的节点划分并非直接依赖于连通分支的平均割值，而是相对割值（Normalized Cut，Ncut），即正则割模型。该模型的能量泛函如下：

$$Ncut(A,B) = \frac{cut(A,B)}{assoc(A,V)} + \frac{cut(B,A)}{assoc(B,V)} \tag{8-8}$$

假设图 G 的删边子图中存在两个连通分支 A 和 B，连通分支 A 和 B 内节点与完全图所有节点 V 的紧密程度分别为 $assoc(A,V)$ 和 $assoc(B,V)$，其紧密程度可计算为连通分支关联的边权重之和：

$$\begin{cases} assoc(A,V) = \sum\limits_{x_i>0}\sum\limits_{j\in V}\omega_{i,j} = \sum\limits_{x_i>0}d_i \\ assoc(B,V) = \sum\limits_{x_i<0}\sum\limits_{j\in V}\omega_{i,j} = \sum\limits_{x_i<0}d_i \end{cases}$$

式中，d_i 表示任意节点与其他节点的所有边权重之和：

$$d_i = \sum_{j\in V}\omega_{i,j}$$

则式（8-8）写为

$$Ncut(A,B) = \frac{cut(A,B)}{assoc(A,V)} + \frac{cut(A,B)}{assoc(B,V)}$$

$$= \frac{\sum\limits_{x_i>0,x_j<0} -\omega_{i,j}x_ix_j}{\sum\limits_{x_i>0}d_i} + \frac{\sum\limits_{x_i<0,x_j>0} -\omega_{i,j}x_ix_j}{\sum\limits_{x_i<0}d_i}$$

令 $k = \sum\limits_{x_i>0}d_i / \sum\limits_{i\in V}d_i$，连通分支与图的紧密程度可简化为

$$\begin{cases} assoc(A,V) = \sum\limits_{x_i>0}d_i = k\mathbf{1}^{\mathrm{T}}\boldsymbol{D}\mathbf{1} \\ assoc(B,V) = \sum\limits_{x_i<0}d_i = (1-k)\mathbf{1}^{\mathrm{T}}\boldsymbol{D}\mathbf{1} \end{cases}$$

则式（8-8）可简写为

$$Ncut(\boldsymbol{x}) = \frac{(1+\boldsymbol{x})^{\mathrm{T}}(\boldsymbol{D}-\boldsymbol{W})(1+\boldsymbol{x})}{4k\,\mathbf{1}^{\mathrm{T}}\boldsymbol{D}\mathbf{1}} + \frac{(1-\boldsymbol{x})^{\mathrm{T}}(\boldsymbol{D}-\boldsymbol{W})(1-\boldsymbol{x})}{4(1-k)\,\mathbf{1}^{\mathrm{T}}\boldsymbol{D}\mathbf{1}}$$

$$= \frac{\boldsymbol{x}^{\mathrm{T}}(\boldsymbol{D}-\boldsymbol{W})\boldsymbol{x} + \mathbf{1}^{\mathrm{T}}(\boldsymbol{D}-\boldsymbol{W})\mathbf{1}}{4k(1-k)\,\mathbf{1}^{\mathrm{T}}\boldsymbol{D}\mathbf{1}} + \frac{2(1-2k)\,\mathbf{1}^{\mathrm{T}}(\boldsymbol{D}-\boldsymbol{W})\boldsymbol{x}}{4k(1-k)\,\mathbf{1}^{\mathrm{T}}\boldsymbol{D}\mathbf{1}}$$

令 $m = \mathbf{1}^{\mathrm{T}}\boldsymbol{D}\mathbf{1}$，则

$$4Ncut(\boldsymbol{x}) = \frac{[\alpha_1(\boldsymbol{x})+\gamma_1] + 2(1-2k)\beta_1(\boldsymbol{x})}{k(1-k)m}$$

$$= \frac{[\alpha_1(\boldsymbol{x})+\gamma_1] + 2(1-2k)\beta_1(\boldsymbol{x})}{k(1-k)m} - \frac{2[\alpha_1(\boldsymbol{x})+\gamma_1]}{m} + \frac{2\alpha_1(\boldsymbol{x})}{m} + \frac{2\gamma_1}{m}$$

由于 $\gamma_1 = \mathbf{1}^{\mathrm{T}}(\boldsymbol{D}-\boldsymbol{W})\mathbf{1} = 0$，可得

$$4Ncut(\boldsymbol{x}) = \frac{(1-2k+2k^2)\alpha_1(\boldsymbol{x})+2(1-2k)\beta_1(\boldsymbol{x})}{k(1-k)m} + \frac{2\alpha_1(\boldsymbol{x})}{m}$$

$$= \frac{1-k}{k}\frac{(1-2k+2k^2)\alpha_1(\boldsymbol{x})+2(1-2k)\beta_1(\boldsymbol{x})}{(1-k)^2m} + \frac{2\alpha_1(\boldsymbol{x})}{m}$$

又令 $b = \dfrac{k}{1-k}$，则

$$4Ncut(\boldsymbol{x}) = \frac{(1+b^2)\alpha_1(\boldsymbol{x})+2(1-b^2)\beta_1(\boldsymbol{x})}{bm} + \frac{2b\alpha_1(\boldsymbol{x})}{bm}$$

$$= \frac{(1+b^2)[\boldsymbol{x}^{\mathrm{T}}(\boldsymbol{D}-\boldsymbol{W})\boldsymbol{x}+\boldsymbol{1}^{\mathrm{T}}\boldsymbol{W}\boldsymbol{1}]}{b\,\boldsymbol{1}^{\mathrm{T}}\boldsymbol{D}\boldsymbol{1}} + \frac{2(1-b^2)\,\boldsymbol{1}^{\mathrm{T}}(\boldsymbol{D}-\boldsymbol{W})\boldsymbol{x}}{b\,\boldsymbol{1}^{\mathrm{T}}\boldsymbol{D}\boldsymbol{1}} +$$

$$\frac{2b\,\boldsymbol{x}^{\mathrm{T}}(\boldsymbol{D}-\boldsymbol{W})\boldsymbol{x}}{b\,\boldsymbol{1}^{\mathrm{T}}\boldsymbol{D}\boldsymbol{1}} - \frac{2b\,\boldsymbol{1}^{\mathrm{T}}(\boldsymbol{D}-\boldsymbol{W})\boldsymbol{1}}{b\,\boldsymbol{1}^{\mathrm{T}}\boldsymbol{D}\boldsymbol{1}}$$

$$= \frac{(1+\boldsymbol{x})^{\mathrm{T}}(\boldsymbol{D}-\boldsymbol{W})(1+\boldsymbol{x})}{b\,\boldsymbol{1}^{\mathrm{T}}\boldsymbol{D}\boldsymbol{1}} + \frac{b^2\,(1-\boldsymbol{x})^{\mathrm{T}}(\boldsymbol{D}-\boldsymbol{W})(1-\boldsymbol{x})}{b\,\boldsymbol{1}^{\mathrm{T}}\boldsymbol{D}\boldsymbol{1}} -$$

$$\frac{2b\,(1-\boldsymbol{x})^{\mathrm{T}}(\boldsymbol{D}-\boldsymbol{W})(1+\boldsymbol{x})}{b\,\boldsymbol{1}^{\mathrm{T}}\boldsymbol{D}\boldsymbol{1}}$$

$$= \frac{[(1+\boldsymbol{x})-b(1-\boldsymbol{x})]^{\mathrm{T}}(\boldsymbol{D}-\boldsymbol{W})[(1+\boldsymbol{x})-b(1-\boldsymbol{x})]}{b\,\boldsymbol{1}^{\mathrm{T}}\boldsymbol{D}\boldsymbol{1}}$$

设 $\boldsymbol{y}=(1+\boldsymbol{x})-b(1-\boldsymbol{x})$，则

$$4Ncut(\boldsymbol{x}) \Rightarrow 4Ncut(\boldsymbol{y}) = \frac{\boldsymbol{y}^{\mathrm{T}}(\boldsymbol{D}-\boldsymbol{W})\boldsymbol{y}}{b\,\boldsymbol{1}^{\mathrm{T}}\boldsymbol{D}\boldsymbol{1}}$$

由于 $b = \dfrac{k}{1-k} = \sum\limits_{x_i>0}d_i / \sum\limits_{x_i<0}d_i$，所以 $\boldsymbol{y}^{\mathrm{T}}\boldsymbol{D}\boldsymbol{1} = \sum\limits_{x_i>0}d_i - b\sum\limits_{x_i<0}d_i = 0$，且

$$\boldsymbol{y}^{\mathrm{T}}\boldsymbol{D}\boldsymbol{y} = \sum\limits_{x_i>0}d_i + b^2\sum\limits_{x_i<0}d_i = b\sum\limits_{x_i<0}d_i + b^2\sum\limits_{x_i<0}d_i$$

$$= b\left(\sum\limits_{x_i<0}d_i + b\sum\limits_{x_i<0}d_i\right) = b\,\boldsymbol{1}^{\mathrm{T}}\boldsymbol{D}\boldsymbol{1}$$

综上所述，式（8-8）转化为优化如下函数：

$$\min_{\boldsymbol{x}}\{4Ncut(\boldsymbol{x})\} = \min_{\boldsymbol{y}}\left\{\frac{\boldsymbol{y}^{\mathrm{T}}(\boldsymbol{D}-\boldsymbol{W})\boldsymbol{y}}{\boldsymbol{y}^{\mathrm{T}}\boldsymbol{D}\boldsymbol{y}}\right\} \tag{8-9}$$

对于给定的无向图，图中所有边权重之和为常数，则式（8-9）可表示为约束条件极值：

$$\min_{\boldsymbol{y}}\{\boldsymbol{y}^{\mathrm{T}}(\boldsymbol{D}-\boldsymbol{W})\boldsymbol{y}\}$$

$$\text{subject} \quad \boldsymbol{y}^{\mathrm{T}}\boldsymbol{D}\boldsymbol{y} = b\,\boldsymbol{1}^{\mathrm{T}}\boldsymbol{D}\boldsymbol{1} = c$$

根据最小二乘法，上述约束条件极值对应的拉格朗日函数为

$$F(\boldsymbol{y},\lambda) = \boldsymbol{y}^{\mathrm{T}}(\boldsymbol{D}-\boldsymbol{W})\boldsymbol{y} - \lambda(\boldsymbol{y}^{\mathrm{T}}\boldsymbol{D}\boldsymbol{y}-c)$$

拉格朗日函数的偏导数为

$$\frac{\partial F}{\partial \boldsymbol{y}} = (\boldsymbol{D}-\boldsymbol{W})\boldsymbol{y} - \lambda\boldsymbol{D}\boldsymbol{y} = 0 \Rightarrow (\boldsymbol{D}-\boldsymbol{W})\boldsymbol{y} = \lambda\boldsymbol{D}\boldsymbol{y} \tag{8-10}$$

设 $\boldsymbol{z}=\boldsymbol{D}^{\frac{1}{2}}\boldsymbol{y}$，则式（8-10）可简化为

$$(\boldsymbol{D}-\boldsymbol{W})\boldsymbol{D}^{-\frac{1}{2}}\boldsymbol{z} = \lambda\,\boldsymbol{D}^{\frac{1}{2}}\boldsymbol{z}$$

由于 $d_i>0$，上式两边左乘 $\boldsymbol{D}^{-\frac{1}{2}}$ 得到

$$\boldsymbol{D}^{-\frac{1}{2}}(\boldsymbol{D}-\boldsymbol{W})\,\boldsymbol{D}^{-\frac{1}{2}}z=\lambda z \qquad (8-11)$$

设 $\boldsymbol{M}=\boldsymbol{D}^{-\frac{1}{2}}(\boldsymbol{D}-\boldsymbol{W})\boldsymbol{D}^{-\frac{1}{2}}=\boldsymbol{E}-\boldsymbol{D}^{-\frac{1}{2}}\boldsymbol{W}\boldsymbol{D}^{-\frac{1}{2}}$，则

$$\boldsymbol{M}\overset{\triangle}{=\!=\!=}m_{i,j}=\begin{cases}1, & i=j\\[2mm]\dfrac{\omega_{i,j}}{\sqrt{d_i d_j}}, & i\neq j\end{cases}$$

由式（8-11）可知，z 为矩阵 $\boldsymbol{M}$ 的特征向量。由 $z=\boldsymbol{D}^{\frac{1}{2}}y$ 可以推导出 $y=\boldsymbol{D}^{-\frac{1}{2}}z$，并且 $y_i=z_i/\sqrt{d_i}$ 满足式（8-11）的最优解。由于 $\gamma_1=\boldsymbol{1}^{\mathrm{T}}(\boldsymbol{D}-\boldsymbol{W})\boldsymbol{1}=0$，可知 $z_0=\boldsymbol{D}^{\frac{1}{2}}\boldsymbol{1}$ 为式（8-10）的最优解。工程上常常将矩阵 $\boldsymbol{M}=\boldsymbol{D}^{-\frac{1}{2}}(\boldsymbol{D}-\boldsymbol{W})\boldsymbol{D}^{-\frac{1}{2}}$ 的第二个最小特征向量作为正则割模型的实值解。

正则割模型继承了平均内联模型和平均割模型的优点，综合考虑了区域间的差异性和区域内的相似性，其感知分析结果接近人眼视觉效果。

8.3　点集的感知分析

在计算机视觉领域，一些学者们根据像素亮度/颜色的相似性和空间近邻性，将图像视觉区域分割问题转化为图分割问题。Wu 和 Leahy 运用最小割模型对图像进行视觉区域分割，该模型倾向于将图像单个像素划分为视觉区域。对此，Sarkar 和 Boyer 等人根据视觉区域内像素亮度/颜色分布的紧凑性，设计了基于图像亮度/颜色的平均内联分割能量泛函，建立了图像视觉区域平均内联分割模型，该模型在一定程度上解决了最小割模型的单像素视觉区域问题，但能量泛函求解过于追求像素亮度/颜色分布的紧凑性，使得分割结果与视觉效果存在偏差。为了强调图像视觉区域间的差异性，学者们提出了平均割模型，该模型将图像视觉区域分割问题转化为图的删边子图问题，综合考虑了删边割值相对于各个子图节点数均值。但它未考虑子图内边权重对视觉区域分割的负面影响，因此无法确保视觉区域内像素的相关性。

为了去除孤立节点形成的连通分支，同时保证连通分支内节点亮度/颜色分布具有紧凑性，正则割模型在平均割模型的基础上，综合了不同连通分支的相对紧密程度，其连通分支 A，B 的相对紧密程度定义为

$$Nassoc(A,B)=\frac{assoc(A,A)}{assoc(A,V)}+\frac{assoc(B,B)}{assoc(B,V)} \qquad (8-12)$$

连通分支 A，B 的割值和相对紧密程度之间满足如下关系：

$$
\begin{aligned}
Ncut(A,B)&=\frac{cut(A,B)}{assoc(A,V)}+\frac{cut(A,B)}{assoc(B,V)}\\[2mm]
&=\frac{assoc(A,V)-assoc(A,A)}{assoc(A,V)}+\frac{assoc(B,V)-assoc(B,B)}{assoc(B,V)}\\[2mm]
&=2-\left(\frac{assoc(A,A)}{assoc(A,V)}+\frac{assoc(B,B)}{assoc(B,V)}\right)\\[2mm]
&=2-Nassoc(A,B) \qquad (8-13)
\end{aligned}
$$

从上述推导可知，连通分支间的相对割值和分支内的相对紧密程度满足对偶关系。在实际工程中，常常将前者作为图像视觉区域分割的能量泛函。

从能量泛函的优化来看，平均内联模型、平均割模型和正则割模型存在潜在关联，即它们均可转化为求解特征值问题：

$$\begin{cases} \boldsymbol{Wx} = \lambda \boldsymbol{x} & \text{Aassoc} \\ (\boldsymbol{D} - \boldsymbol{W})\boldsymbol{x} = \lambda \boldsymbol{x} & \text{Acut} \\ (\boldsymbol{D} - \boldsymbol{W})\boldsymbol{x} = \lambda \boldsymbol{D}\boldsymbol{x} & \text{Ncut} \end{cases}$$

平均内联模型、平均割模型和正则割模型的主要差异：平均内联模型是寻找最大特征向量，平均割模型和正则割模型均是求解最小特征向量。

为了验证平均内联模型、平均割模型和正则割模型对人眼视觉近邻法则的有效性，我们对随机分布的点集进行聚类分析，如图 8-4 所示。该集合由 32 个点构成，任意点均是对一条直线进行随机采样得到的，其中前 20 个点是在区间 $[0, 0.5]$ 上随机采样，后 12 个点是在区间 $[0.65, 1]$ 上随机采样。依据人眼视觉的近邻法则，人眼视觉常常将前 20 个点视为一个整体，后 12 个点视为另一个整体。为了模拟人眼对图 8-4 中点集的视觉效应，将集合中 32 个点及其视觉邻域关系表示为无向图。该图阶数为 32，图中任意两节点边权重表示两节点间的视觉距离测度。根据近邻视觉区域成形规则，构建不同点集聚类模型。其聚类流程如下：

（1）计算边权重，构造邻接矩阵。

（2）计算对角阵。

（3）求解不同模型的特征向量。

（4）分析特征向量元素的分布。

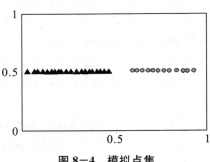

图 8-4　模拟点集

8.3.1　不同模型的比较

为了模拟人眼对空间点近邻的视觉感知，学者们常常以点对欧式距离为变量，运用不同函数模拟人眼对空间点距离感知效应。工程上，空间距离的视觉函数主要有线性函数、负指数函数和高斯函数，它们分别定义为：$\omega_{i,j}^1 = 1 - d(i, j)$，$\omega_{i,j}^2 = \exp(-d(i,j)/\sigma^2)$，$\omega_{i,j}^3 = \exp(-d^2(i,j)/2\sigma^2)$，其中 $\sigma > 0$，$d(i, j)$ 表示点间的欧式距离。$\omega_{i,j}^1 = 1 - d(i, j)$ 是以距离为变量的线性函数，该函数粗略地刻画了人眼对视野内的点的关注程度，即人眼对近距离点的关注度较高，其相应的函数值较大；反之较小。函数 $\omega_{i,j}^2 = \exp(-d(i,j)/\sigma^2)$ 和 $\omega_{i,j}^3 = \exp(-d^2(i,j)/$

$2\sigma^2$)分别运用负指数和高斯函数模拟人眼对感受野内的点的关注程度,其中 σ 表示视野大小。

函数 $\omega^1_{i,j} = 1 - d(i,j)$ 表示人眼对视野内的点的关注程度随着距离增大而线性下降,如图 8-5 (a)所示。运用该函数计算图 8-4 中任意点对的权重系数,将点集合的视觉感知表示为无向加权图,该图的邻接矩阵如图 8-5 (b) 所示。

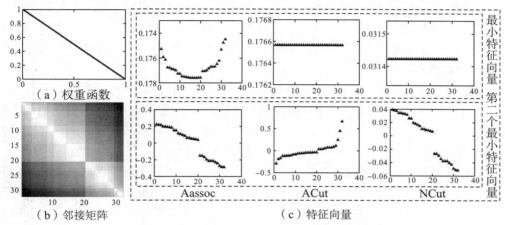

图 8-5　权重函数 $\omega^1_{i,j} = 1 - d(i,j)$ 的特征向量

根据不同的分析规则建立了平均内联模型、平均割模型和正则割模型,不同模型的特征向量分布如图 8-5 (c) 所示。如果运用最小特征向量,三个模型均不能对 32 个点实行正确聚类,其中平均割模型和正则割模型的最小特征向量各元素均为常数,第二个最小特征向量的前 20 个元素与后 12 个元素符号存在差异,利用元素符号差异可实现 32 个点的正确分类。但特征向量相同符号元素分布范围较广,即视感知相同的点在第二个最小特征向量中的内聚性较差,这主要是由于权重函数随距离变化缓慢,未能较好地反映视觉聚类的近邻法则。相对于平均割模型,平均内联模型和正则割模型的第二个最小特征向量的不同符号元素差距较大。

函数 $\omega^2_{i,j} = \exp(-d(i,j)/\sigma^2)$ 表示人眼对视野内的点的关注程度随着距离的增大而呈负指数下降。当 $\sigma^2 = 0.2$ 时,人眼对空间点的关注度随距离变化的曲线如图 8-6 (a) 所示。图 8-4 中点对的邻接矩阵如图 8-6 (b) 所示。

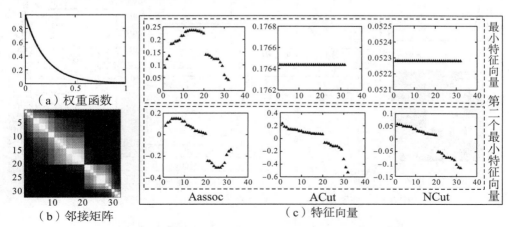

图 8-6　权重函数 $\omega^2_{i,j} = \exp(-d(i,j)/0.2)$ 的特征向量

根据不同分析规则建立了平均内联模型、平均割模型和正则割模型，不同模型的特征向量分布如图 8-6（c）所示。三个模型的最小特征向量均不能对图 8-4 中的点集进行正确聚类，其中平均割模型和正则割模型的最小特征向量各元素均为常数。它们的第二个最小特征向量的前 20 个元素均为正，后 12 个元素均为负，根据特征向量元素的符号差异将图 8-4 中的点集分为两类，其分类结果与人眼视觉感知效果相同。但该特征向量相同符号元素取值范围较大，这表明同类点集在该特征空间中内聚性较差。相比于函数 $\omega_{i,j}^1 = 1 - d(i,j)$，其分布较"紧凑"，同时不同符号元素间隔增加，这表明负指数函数有利于减小错误分类概率。

函数 $\omega_{i,j}^3 = \exp(-d^2(i,j)/2\sigma^2)$ 表示人眼对视野内的点的关注程度服从高斯分布，当 $\sigma^2 = 0.05$ 时，人眼对空间点的关注度随距离变化的曲线如图 8-7（a）所示。相对于权重函数 $\omega_{i,j}^1 = 1 - d(i,j)$ 和 $\omega_{i,j}^2 = \exp(-d(i,j)/\sigma^2)$，$\sigma^2 = 0.2$，该函数表示人眼对视野内的点的关注度随距离快速下降。图 8-4 中点对的邻接矩阵如图 8-7（b）所示。

由邻接矩阵图可见，函数 $\omega_{i,j}^3 = \exp(-d^2(i,j)/2\sigma^2)$ 侧重于近邻点的视觉关注，其边权重较大；较远点关注程度较低，其边权接近于零。平均内联模型、平均割模型和正则割模型的第二个最小特征向量如图 8-7（c）所示，三个模型的最小特征向量均不能对图 8-4 中的点集进行正确分类，其中平均割模型和正则割模型的最小特征向量各元素均为常数。它们的第二个最小特征向量的前 20 个和后 12 个元素具有如下特性：

（1）两者的符号不同，根据它们的符号差异可将图 8-4 中的点进行正确分类。

（2）前 20 个元素近似为恒值，后 12 个元素的值虽然存在一定变化，但变化幅度较小，这表明同类点集在该特征空间中具有较好的内聚性。

（3）平均割模型和正则割模型的第二个最小特征向量中不同符号元素间隔较大。

相比于权重函数 $\omega_{i,j}^2 = \exp(-d(i,j)/\sigma^2)$，$\omega_{i,j}^3 = \exp(-d^2(i,j)/2\sigma^2)$ 更能模拟人眼视觉的近邻法则。该函数在距离测度下，其对应的平均内联模型、平均割模型和正则割模型的第二个最小特征向量的相同符号元素分布更加"紧凑"，有利于刻画人眼对距离的感知效果。

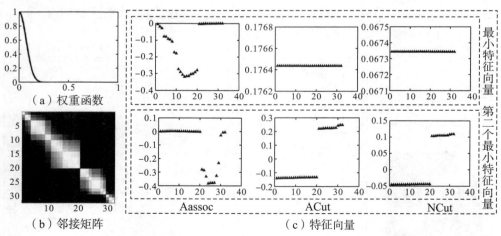

（a）权重函数

（b）邻接矩阵

（c）特征向量

图 8-7 权重函数 $\omega_{i,j}^3 = \exp(-d^2(i,j)/0.1)$ 的特征向量

8.3.2　点集分析

上节讨论了直线上点的视觉聚类，分析了平均内联模型、平均割模型和正则割模型描述人眼对点集的近邻完形效果，实验结果表明正则割模型有助于模拟视觉的近邻法则。

为了进一步验证正则割模型对平面上多类点集合的视觉聚类效果，假设平面上存在 4 个视觉感知区域，每个区域均由 10 个点构成，不同区域的点分布各异，如图 8－8（a）所示。依据人眼视觉的近邻法则，人眼视觉常常将第 1～10 个点、第 11～20 个点、第 21～30 个点、第 31～40 个点分别视为整体。

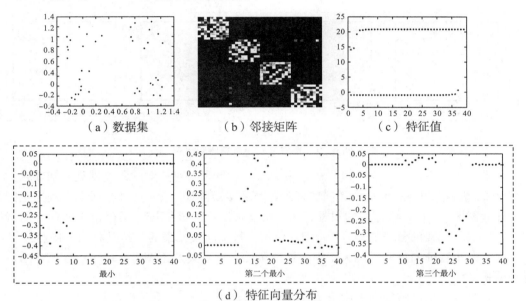

（a）数据集　　　（b）邻接矩阵　　　（c）特征值

（d）特征向量分布

图 8－8　平面点集感知分析

平面点对距离的视觉感知运用函数 $\omega_{i,j}^3 = \exp(-d^2(i,j)/2\sigma^2)$，$\sigma^2 = 0.2$ 进行逼近，并将 40 个点的视觉感知表示为无向加权图，其邻接矩阵如图 8－8（b）所示。使用正则割模型分析图 8－8（a）中的点集视觉感知效应，可得到 40 个特征向量，这些特征向量对应的特征值如图 8－8（c）所示。40 个特征向量中大部分特征向量的特征值较大，其中 3 个最小特征向量元素的分布如图 8－8（d）所示：

（1）最小特征向量的前 10 个元素均为负，后 30 个元素全部为零。

（2）第二个最小特征向量只有第 11～20 个元素远离零值，其他元素接近于零。

（3）第三个最小特征向量只有第 21～30 个元素为负，其他元素分布在零的周围。零值附近的非零元素主要是由于离散计算积累误差所引起的负面影响。

从特征向量分布来看，每个特征向量仅仅将图 8－8（a）中的点集合划分为两个区域。若将 3 个最小特征向量组合，则可实现视觉感知聚类。

大脑皮层对平面点集进行完形分析不仅依赖于集合的点间欧式距离，还取决于同类点集的分布方向和中心位置。为了验证正则割模型模拟人眼视觉对平面上不同方向和中心位置点集的视觉感知效应，我们假设在平面上存在 4 个视觉感知区域，每个区域由 10 个点构成，不同区域的点分布服从相同分布，如图 8−9（a）所示。在图 8−9（a）中，左上角第 1～10 个点服从均匀分布，对该区域点集分别进行水平和竖直平移，得到 3 个区域，即右上区域为第 11～20 个点，左下区域为第 21～30 个点，右下区域为第 31～40 个点。

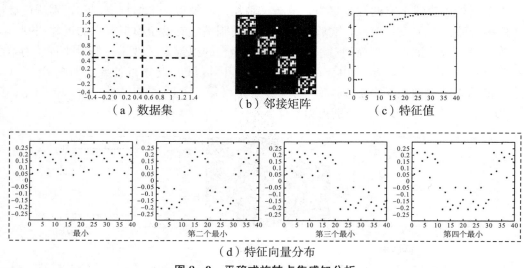

（a）数据集　　　（b）邻接矩阵　　　（c）特征值

（d）特征向量分布

图 8−9　平移或旋转点集感知分析

函数 $\omega_{i,j}^3 = \exp(-d^2(i, j)/2\sigma^2)$，$\sigma^2 = 0.2$ 逼近人眼对点对的距离视觉感知效果，将 40 个点的视觉感知表示为一个无向加权图，其邻接矩阵如图 8−9（b）所示。利用正则割模型建立图 8−9（a）中点集的视觉感知分析能量泛函，该能量泛函存在 4 个较小的特征向量，它们各元素的分布如图 8−9（d）所示。特征向量元素的分布具有如下特点：

（1）最小特征向量元素均大于零，该向量元素符号失效于图 8−9（a）点集合的视觉感知分析。

（2）第二个最小特征向量中第 1～10 个元素和第 21～30 个元素符号为负，其他为正，根据此特征，向量元素的符号可将水平方向不同位置的视觉区域进行分类。

（3）第三个最小特征向量前 20 个元素（上边区域点集）的符号为正，后 20 个元素（下边区域点集）的符号为负，根据此特征，向量元素的符号可将竖直方向相同位置的点集表示为同一视觉，将竖直方向不同位置的点集划分为不同的视觉区域。

（4）第四个最小特征向量第 11～30 个元素（左上角区域点集）的符号为负，第 1～10 个元素（左上角区域点集）和第 31～40 个元素（右下角区域点集）的符号为正。根据此特征，向量元素的符号可将不同方向的视觉点集正确分类。

能量泛函解空间（特征向量）对应的特征值如图 8−9（c）所示，第二、第三、第四个最小特征向量对应的特征值相同，其主要原因是正则割模型中节点对边权重函数仅仅取决于节点对的距离。

8.4　图像视觉感知

为了模拟人眼对图像的视觉感知，将图像表示为 $\boldsymbol{u}_0 = (\boldsymbol{X}, \boldsymbol{F})$，其中 $\boldsymbol{X}$ 表示图像中任意像素的空间位置，$\boldsymbol{F}$ 表示图像像素的视觉特性，如亮度、视觉颜色、纹理或者亮度/颜色变化。图像像素的视觉感知表示为一个无向加权图 $G(\Omega, E, W)$，其中 Ω 表示图像像素集合。运用正则割感知模型分析图像视觉区域。其具体流程如下：

（1）构造邻接矩阵 $\boldsymbol{W}(\boldsymbol{u}_0) = [\omega_{i,j}]_{N \times N}$，其中 N 表示图像像素点个数，$\omega_{i,j}$ 表示像素对 (i,j) 的视觉感知响应。人眼视觉感知响应不仅依赖于像素对的空间欧式距离，还取决于像素对的视觉特性差异。假设人眼注意力集中在像素 i 上，此时人眼对像素 j 的关注程度依赖于两像素的空间距离，如果像素 j 在人眼感受野内，则对像素 j 的关注程度随距离增大而快速减少；如果像素 j 在人眼感受野外，则对其关注程度为零。人眼对像素的关注程度可描述为

$$
\omega_{i,j}^{S} = \begin{cases} \exp\left(-\dfrac{\|x_i - x_j\|_2^2}{\sigma_X^2}\right), & \|x_i - x_j\|_2^2 \leqslant R \\ 0, & \text{others} \end{cases}
$$

式中，σ_X 表示人眼对距离的敏感程度，R 表示人眼的视觉感受强弱。

人眼对感受野内像素对的视觉特性感知具有非线性，当像素对 (i,j) 的视觉特性差异较大时，人眼常常将它们独立对待，其感知权重趋近于零；反之，其感知权重较大。人眼对像素对 (i,j) 的视觉特性感知可表示为

$$
\omega_{i,j}^{F} = \exp\left(-\dfrac{\|F_i - F_j\|_2^2}{\sigma_F^2}\right)
$$

式中，σ_F 表示人眼对视觉特性的敏感程度。

结合人眼对像素对空间距离和视觉特性的感知，像素对 (i, j) 的视觉感知响应可表示为

$$
\begin{aligned}
\omega_{ij} &= \omega_{i,j}^{F} \omega_{i,j}^{S} \\
&= \exp\left(-\dfrac{\|F_i - F_j\|_2^2}{\sigma_F^2}\right) \times \begin{cases} \exp\left(-\dfrac{\|x_i - x_j\|_2^2}{\sigma_X^2}\right), & \|x_i - x_j\|_2^2 \leqslant R \\ 0, & \text{others} \end{cases}
\end{aligned} \tag{8-14}
$$

（2）分析任意视野内 Λ_i 像素的整体相似性 $D(\boldsymbol{u}_0) : d_i(\boldsymbol{u}_0) = \sum\limits_{j \in \Lambda_i} \omega_{ij}$。

（3）根据式（8-9）构建图像正则割模型的能量泛函：

$$
E_{Ncut}(\boldsymbol{u}_0, \boldsymbol{u}) = \frac{\boldsymbol{u}^{\mathrm{T}}[D(\boldsymbol{u}_0) - \boldsymbol{W}(\boldsymbol{u}_0)]\boldsymbol{u}}{\boldsymbol{u}^{\mathrm{T}} D(\boldsymbol{u}_0) \boldsymbol{u}} \tag{8-15}
$$

式（8-15）中邻接矩阵 $\boldsymbol{W}(\boldsymbol{u}_0)$ 的阶数较大，无法直接运用传统方法求解特征方程。工程上，常常运用幂乘法计算特征向量 $\boldsymbol{u}$。其幂乘法的理论基础在附录 D 中进行详细阐述。

（4）分析特征值较小的特征向量元素分布。

8.4.1 视觉颜色

计算机常常采用 RGB 彩色模型来显示图像，该模式虽然能有效表示场景的光谱能量分布，但不能有效反映光谱分布在人眼的视觉效果。人类对彩色光谱的心理感受常常表现为光谱的能量大小（亮度 V）、饱和度 S（Saturation）和色调 H（Hue），其中色调和饱和度与亮度无关。彩色图像的 HSV 表示接近人对颜色的认识和解释，因此，学者们常常运用 HSV 分量来分析人眼对图像颜色的视觉感知。一幅 RGB 表示的彩色图像视觉感知的色调分量 H 为

$$H = \begin{cases} \arccos\left[\dfrac{2R-G-B}{2\sqrt{(R-G)(2R-G-B)}}\right], & B \leqslant G \\[4mm] 360 - \arccos\left[\dfrac{2R-G-B}{2\sqrt{(R-G)(2R-G-B)}}\right], & B > G \end{cases} \tag{8-16}$$

饱和度分量 S 为

$$S = 1 - \frac{1}{R+G+B}\min\{R,G,B\} \tag{8-17}$$

亮度分量 V 为

$$V = \frac{R+G+B}{3} \tag{8-18}$$

将 RGB 转化为 HSV 的代码见程序 8−1。

程序 8−1　RGB 转化为 HSV

```
BYTE RGBToHSV(BYTE * lpData,LONG Width,LONG Height,double * lpCIELab){
int Temi,Temj;
double * Temp=new double[3 * Width * Height];
for (Temi=0;Temi<3 * Width * Height;Temi++)   Temp[Temi]=lpData[Temi]/255.0;
for(Temi=0;Temi<Height;Temi++)
for(Temj=0;Temj<Width;Temj++){double dmax,dmin;
double b=Temp[3 * (Temi * Width+Temj)+0];double g=Temp[3 * (Temi * Width+Temj)+1];
double r=Temp[3 * (Temi * Width+Temj)+2];dmax=max(b,g); dmax=max(dmax,r);
dmin=min(b,g);dmin=min(dmin,r);
if(dmax==dmin){lpCIELab[3 * (Temi * Width+Temj)+0]=0;
lpCIELab[3 * (Temi * Width+Temj)+1]=0;lpCIELab[3 * (Temi * Width+Temj)+2]=dmax;}
else{lpCIELab[3 * (Temi * Width+Temj)+1]=(dmax-dmin)/dmax;
          lpCIELab[3 * (Temi * Width+Temj)+2]=dmax;
if (dmax==r)//R=max
          lpCIELab[3 * (Temi * Width+Temj)+0]=(double)(g-b)/(dmax-dmin);
else if (dmax==g)lpCIELab[3 * (Temi * Width+Temj)+0]=2.0+(b-r)/(dmax-dmin);
else if (dmax==b)lpCIELab[3 * (Temi * Width+Temj)+0]=4.0+(r-g)/(dmax-dmin);
          lpCIELab[3 * (Temi * Width+Temj)+0]=lpCIELab[3 * (Temi * Width+Temj)+0] * 60.0;
if (lpCIELab[3 * (Temi * Width+Temj)+0]<0)
          lpCIELab[3 * (Temi * Width+Temj)+0]=lpCIELab[3 * (Temi * Width+Temj)+0]+360.0;}}
return FUN _ OK;}
```

图 8−10（a）所示的原始图像 HSV 各个分量如图 8−10（b）所示，其中 V 分量表示图像亮度信息，H 分量表示色度，S 分量表示颜色饱和度。

V分量　　　H分量　　　S分量

（a）RGB　　　　　　　　　　（b）HSV

图 8-10　RGB 转化为 HSV

8.4.2　视觉纹理

纹理是由对象表面的亮度/颜色缓慢或者周期性变化形成的，体现了对象表面组织结构的排列属性，反映了图像区域同质现象的视觉特征。在视觉上，图像纹理一般表现为某种局部序列的非随机的、重复再现的、均匀的统一体，它不同于亮度、颜色等图像特征。纹理常常通过像素及其邻域的像素亮度/颜色分布来表现，即局部纹理信息，同时局部纹理不同程度上的重复性又表现为图像全局纹理。纹理的全局特征虽然可描述对象的表面性质，但不能完全反映对象的本质属性，所以仅利用纹理是无法获得对象高层次内容的。

图像纹理常常体现了像素及其邻域的亮度/颜色缓慢变化，为了提取图像的纹理特征，学者们常常分析固定窗口的像素亮度/颜色分布，计算像素亮度/颜色变化的快慢、方向和分布等统计特性。典型的纹理统计特性分析是灰度共生矩阵，该方法运用窗口内像素亮度/颜色的能量、惯量、熵和相关性四个关键特征来表示纹理特性。这四个关键特征计算简单、易于实现，并且具有较强的适应性与鲁棒性，但这些关键特征独立于人类视觉模型，难以表示不同尺寸窗口内图像关键特征间的内在依赖关系，所以它们不能有效表示图像纹理的全局信息。

为了弥补纹理统计特性的不足，学者们认为任意对象表面的特征均可由若干简单纹理基元按照一定的规律有机组合，换言之，对象表面可表示为纹理基元的类型、数目以及基元之间重复的空间组织结构和排列规则。该纹理分析法强调纹理的规律性，对人造纹理具有高效性，但失效于自然对象的纹理描述。为了分析自然对象的表面纹理，学者们将纹理表示为以某种参数控制的分布模型，同时运用模型参数表征纹理特征。将图像像素的亮度/颜色看作随机样本，以概率模型来描述纹理的随机场模型，如马尔可夫随机场模型法、Gibbs 随机场模型法、分形模型和自回归模型。这些模型首先对随机数据或特征进行统计，估计其纹理模型参数；其次对一系列的模型参数进行聚类，建立纹理模型；最后对图像逐像素估计最大后验概率，确定像素及其邻域情况下该像素点最可能归属的概率。随机场模型可有效表征像素对及其邻域的统计依赖关系，兼顾纹理局部的随机性和整体上的规律性，有利于研究纹理尺度间像素的依赖关系。

图像纹理表现为区域像素亮度/颜色的缓慢变化，区域像素的亮度/颜色被看作一非平稳信号，该信号具有时域、频域、多方向和多尺度等特性。图像纹理在视觉上可以转化为时域、频域的联合表示，人眼视觉皮层细胞对感受野信号的视觉效应可描述为 Gabor 变换。Gabor 变换在对信号进行分析时能在时域、频域两个互异的空间上达到最佳视觉滤波。

Gabor 变换本质上是短时傅立叶变换，它可提取不同尺度、不同方向的局部特征。Gabor 变换核函数模仿了人眼视觉的生物效应，它对应的冲激响应为复指数振荡函数乘以高斯包络函数所得的结果。其二维核函数表示为

$$g(x,y,\omega_0,\theta) = \frac{1}{2\pi\sigma^2}\exp\left[-\frac{(x\cos\theta + y\sin\theta)^2 + (-x\sin\theta + y\cos\theta)^2}{2\sigma^2}\right]$$
$$\exp(j\omega_0 x\cos\theta + \omega_0 y\sin\theta) \qquad (8-19)$$

式中，ω_0 为滤波器(Gabor 变换)的中心频率；θ 刻画了人眼视觉的方向性；σ 为高斯函数在 x 轴和 y 轴的标准差，它表示人眼对水平和竖直方向的感受野。二维 Gabor 变换的核函数为一个复函数，其实部为余弦函数，在高斯包络函数的约束范围内，余弦函数的积分值为 $\exp(-\omega_0^2\sigma^2/2)$。纹理在时空域上表现为区域亮度/颜色的缓慢变化，而在频域上它主要位于中高频段。为了消除 Gabor 变换核函数的实部积分值对图像纹理特征提取的负面影响，在二维核函数的实部减去 $\exp(-\omega_0^2\sigma^2/2)$，使得 Gabor 变换核函数满足：

$$\iint g(x,y,\omega_0,\theta)\mathrm{d}x\mathrm{d}y -$$
$$\iint \frac{1}{2\pi\sigma^2}\exp\left[-\frac{(x\cos\theta + y\sin\theta)^2 + (-x\sin\theta + y\cos\theta)^2}{2\sigma^2}\right]\exp\left(-\frac{\omega_0^2\sigma^2}{2}\right)\mathrm{d}x\mathrm{d}y = 0$$

此时，Gabor 变换提取的纹理特征不依赖于图像整体亮度。纹理提取的二维核函数可表示为

$$G(x,y,\omega_0,\theta) = \frac{1}{2\pi\sigma^2}\exp\left[-\frac{(x\cos\theta + y\sin\theta)^2 + (-x\sin\theta + y\cos\theta)^2}{2\sigma^2}\right]$$
$$\left[\exp(j\omega_0 x\cos\theta + \omega_0 y\sin\theta) - \exp\left(\frac{\omega_0^2\sigma^2}{2}\right)\right] \qquad (8-20)$$

式(8-20)表示的 Gabor 变换核函数代码见程序 8-2，其实部和虚部计算见程序 8-3 和程序 8-4。

程序 8-2　Gabor 变换核函数

```
BOOL CalculateKernel(int Orientation, int Frequency){
    double real=0;double img=0;
    for(int x=−(GaborWidth−1)/2; x<(GaborWidth−1)/2+1; x++)
        for(int y=−(GaborHeight−1)/2; y<(GaborHeight−1)/2+1; y++){
        real=KernelRealPart(x, y, Orientation, Frequency); //计算实部,见程序 8-3
        img=KernelImgPart(x, y, Orientation, Frequency); //计算虚部,见程序 8-4
    (KernelRealData.get())[x+(GaborWidth−1)/2,y+(GaborHeight−1)/2]=real;
    (KernelImgData.get())[x+(GaborWidth−1)/2,y+(GaborHeight−1)/2]=img; }
    return FUN _ OK;}
```

程序 8-3　核函数实部计算

```
Double KernelRealPart(int x, int y, int Orientation, int Frequency){
    double U, V, Sigma, Kv, Qu, tmp1, tmp2, Real;
    U=Orientation;V=Frequency;
    Sigma=2 * PI * PI;   Kv=PI * pow(2, −(V+2)/2.0);   Qu=U * PI/8;
    tmp1=exp(−(Kv * Kv * (x * x+y * y)/(2 * Sigma)));
    tmp2=cos(Kv * cos(Qu) * x+Kv * sin(Qu) * y)−exp(−(Sigma/2));
    real=tmp1 * tmp2 * Kv * Kv/Sigma;
    return real;}
```

程序 8-4　核函数虚部计算

```
double KernelImgPart(int x, int y, int Orientation, int Frequency){
    double U, V, Sigma, Kv, Qu, tmp1, tmp2, Img;
    U=Orientation;  V=Frequency;
    Sigma=2 * PI * PI;  Kv=PI * pow(2,-(V+2)/2.0);  Qu=U * PI/8;
    tmp1=exp(-(Kv * Kv * (x * x+y * y)/(2 * Sigma)));
    tmp2=sin(Kv * cos(Qu) * x+Kv * sin(Qu) * y)-exp(-(Sigma/2));
    Img=tmp1 * tmp2 * Kv * Kv/Sigma;
    return Img;}
```

图像纹理具有多尺度和多方向性，不同尺度和方向的二维 Gabor 函数系列可表示为

$$G(x,y,u,v) = \frac{k^2}{\sigma^2} \exp\left[-\frac{k^2(x^2+y^2)}{2\sigma^2}\right]\left[\exp ik\begin{pmatrix}x\\y\end{pmatrix} - \exp\left(-\frac{\sigma^2}{2}\right)\right] \tag{8-21}$$

式中，$k=(k_x, k_y)^T=(k_v\cos\theta_u, k_v\sin\theta_u)^T$，$k_v$ 为中心频率；v 和 θ_u 分别表示尺度和方向，尺度和中心频率 k_v 之间满足 $v=2\pi/k_v$。利用 Gabor 变换分析图像 $\boldsymbol{u}_0$ 的纹理为

$$Text(u,v) = \boldsymbol{u}_0(x,y) * G(x,y,u,v) \tag{8-22}$$

对图像进行 Gabor 变换虽然可以得到不同尺度和方向的纹理信息，但分析得到的纹理尺度和方向取决于事先设定的 Gabor 参数。由 Lades 的信号视频分析实验表明：对信号进行滤波处理时，当滤波器的最大中心频率为 $\pi/2$，带宽为 0.5 倍频程时，其滤波效果最好。根据这一实验结论，Gabor 函数既在空间域有良好的方向选择性，又在频率域有良好的频率选择性，所以图像的 Gabor 变换在空间域和频率域均可得到较好的分辨能力。图像的 Gabor 变换见程序 8-5。

程序 8-5　图像的 Gabor 变换

```
BYTE GaborTransform(BYTE * lpData, LONG Width, LONG Height, int Orientation, int Frequency)
{int y, x;
GaborHeight=(int)(pow(2,(3+Frequency)/2.0)+0.5);  vari=sqrt(2) * PI;
GaborWidth=(int)(pow(2,(3+Frequency)/2.0)+0.5);
lpBmpData=std::auto_ptr<BYTE>(new BYTE[Width * Height]);
KernelRealData=std::auto_ptr<double>(new double[GaborWidth * GaborHeight]);
KernelImgData=std::auto_ptr<double>(new double[GaborWidth * GaborHeight]);
CalculateKernel(Orientation, Frequency); //初始化数据，见程序 8-2
double real=0, img=0;
double * TempData=new double[Width * Height];
for(y=0; y<Height; y++)  for(x=0; x<Width; x++){
for(int y1=0; y1<GaborHeight; y1++)for(int x1=0; x1<GaborWidth; x1++){
if(((y-GaborHeight/2+y1)>=0)&&((y-GaborHeight/2+y1)<Height)&&
        ((x-GaborWidth/2+x1)>=0)&&((x-GaborWidth/2+x1)<Width)){
real+=lpData[(y-GaborHeight/2+y1) * Width+x-GaborWidth/2+x1] * (KernelRealData.get())
[((GaborWidth-1)- x1) * GaborWidth+(GaborHeight-1)- y1];
img+=lpData[(y-GaborHeight/2+y1) * Width+x-GaborWidth/2+x1] * (KernelImgData.get())
[((GaborWidth-1)- x1) * GaborWidth+(GaborHeight-1)- y1]; }}
TempData[y * Width+x]=sqrt(real * real+img * img);real=0;img=0;}
    Quantize(TempData);  delete[]TempData;double Avg=0,Deta=0;
    for(y=0; y<Width * Height; y++)//计算均值
    Avg+=(lpBmpData.get())[y];Avg=Avg/(Height * Width);
    for(y=0; y<Width * Height; y++)//计算方差
        Deta+=((lpBmpData.get())[y]-Avg) * ((lpBmpData.get())[y]-Avg);
Deta=Deta/(Height * Width); return FUN_OK;}
```

8.5 小结与展望

本章模拟了人眼对亮度、颜色和纹理的视觉反应，建立了图像像素集合的二元关系矩阵。结合人脑认知点线图形的完形法则，分析阐述了 4 种感知分析模型。

8.5.1 小结

本章结合人脑认知点线图形的完整性法则，介绍了基于人眼视觉的图像像素亮度/颜色感知分析模型。依据视觉区域内像素亮度/颜色视觉共性和区域间像素视觉差异，建立了 4 种感知分析模型，即最小割模型、平均内联模型、平均割模型和正则割模型。

（1）最小割模型从区域间像素亮度/颜色差异性出发，分析图像任意像素对的亮度/颜色的视觉相似性，将图像像素表示为一个无向图的节点，像素对的视觉相似度表示连接对应节点的边权重。该模型将图像的视觉感知分析问题转化为无向加权图的删边子图问题。该模型仅仅利用了区域间像素的视觉差异性，未考虑区域面积对视觉的影响，所以其结果易形成孤立像素点构成的区域。

（2）为了弥补最小割模型产生的孤立像素点构成区域，学者们从区域内像素亮度/颜色的视觉相似性出发，结合区域面积建立了感知分析的平均内联模型。该模型侧重于区域像素亮度/颜色的视觉高度相似性，忽略了区域间的差异性，对区域间像素亮度/颜色存在显著视觉差异的图像效果较好，然而对亮度/颜色缓慢变化的区域存在过分割现象。

（3）平均割模型。该模型从区域间像素的视觉差异性出发，联合区域面积构建了图像平均割的感知分析模型。该模型侧重于区域间的相对差异，未考虑区域内部像素亮度/颜色的视觉相似性。

（4）正则割模型继承了平均内联模型和平均割模型的优点，在平均割模型的基础上，利用区域内像素亮度/颜色的相似性代替区域面积，设计了图像区域分割的能量泛函。该模型综合考虑了区域间的差异性和区域内的相似性，其感知分析结果接近人眼视觉效果。

本章对直线上随机采样的点集运用正则割模型模拟人眼视觉的近邻法则。以点对的欧式距离为相似测度，分别运用线性函数、负指数函数和高斯函数表示人眼点距离的感知效应。实验结果表明，高斯函数能较好模拟人眼视觉的近邻法则。

人眼对图像的视觉感知不仅依赖于像素点的距离，还取决于图像像素的亮度/颜色及其变化。针对人眼的亮度/颜色感知效应，本章分析了人眼的颜色感知模型 HSV，该模型相对于 RGB 模型可较好地逼近人眼对颜色的认知。图像像素亮度/颜色的缓慢变化在视觉上呈现了场景对象的表面纹理信息，为了提取图像的视觉纹理，本章简单介绍了运用 Gabor 变换提取图像纹理的算法。

8.5.2 展望

图像感知分析模拟了人眼对亮度/颜色的视觉响应，依据点线图形的完形法则，建立图像感知分析能量泛函，结合频谱图理论求解能量泛函的最优解，利用特征向量元素符号对图像进行视觉区域划分。

图像感知分析将图像像素及其视觉关系表示为无向加权图，一方面，无向图邻接矩阵的元素描述了像素对的近邻性和亮度颜色的相似性，反映了图像局部信息；另一方面，该矩阵阶数为图像像素个数，它能描述任意像素点对的视觉相似性，用于刻画图像的整体视觉效应。但仍存在以下不足：

（1）无向图的邻接矩阵是对称阵，它不能表示有效刻画人眼的视觉掩盖效应和亮度响应的对数非线性。

（2）对于大尺寸图像，邻接矩的存储空间较大。

（3）特征向量的选取目前缺乏理论支撑。

参考文献

[1] Shi J，Malik J. Normalized cuts and image segmentation [J]. IEEE Transactions on Pattern Analysis and Machine Intelligence，2000，22(8)：888−905.

[2] Blake，Andrew，Zisserman A. Visual reconstruction [M]. Mathematics of Computation，1987.

[3] Boppana R B. Eigenvalues and graph bisection：An average-case analysis [C]. Symposium on Foundations of Computer Science，IEEE，1987：280−285.

[4] Cheeger J. A Lower Bound for the Smallest Eigenvalue of the Laplacian [C]. Problems in Analysis，1970：195−199.

[5] Chung F. Spectral Graph Theory [J]. CBMS Regional Conference Series in Mathematics，1997：92.

[6] Cox J I，Rao B S，Zhong Yu. "Ratio regions"：a technique for image segmentation [C]. International Conference on Pattern Recognition，IEEE，1996：557−564.

[7] Donath W E，Hoffman A J. Lower Bounds for the Partitioning of Graphs [J]. Ibm J. res. decelop，1973，17(5)：420−425.

[8] Driessche R V，Roose D. An improved spectral bisection algorithm and its application to dynamic load balancing [J]. Parallel Computing，1995，21(1)：29−48.

[9] Fiedler，Miroslav. A property of eigenvectors of nonnegative symmetric matrices and its application to graph theory [J]. Czechoslovak Mathematical Journal，1975，25(4)：619−633.

[10] Geman S. Stochastic Relaxation, Gibbs Distributions, and the Bayesian Restoration of Images [J]. IEEE Trans. Pattern Anal. Mach. Intell，1984，6 (11)：721−741.

[11] Golub G H，Loan C F V. Matrix Computations [M]. Baltimore：Johns Hopkins University Press，1983.

[12] Jain A K，Dubes R C. Algorithms for clustering data [J]. Technometrics，1988，32 (2)：227−229.

[13] Fukunaga K，Yamada S，Stone H S. A Representation of Hypergraphs in the Euclidean Space [J]. IEEE Transactions on Computers，2006，C−33(4)：364−367.

[14] Leclerc Y G. Constructing stable descriptions for image partitioning [J]. International Journal of

Computer Vision, 1989, 3(1): 73—102.

[15] Malik J. Textons, Contours and Regions: Cue Integration in Image Segmentation [C]. Proc International Conference on Computer Vision, IEEE, 1999: 1—8.

[16] Malik J, Perona P. Preattentive Texture Discrimination with Early Vision Mechanisms [J]. J. Optical Soc. Am. , 1990, 7(2): 923—932.

[17] Mumford D, Shah J. Optimal approximations by piecewise smooth functions and associated variational problems [J]. Communications on Pure & Applied Mathematics, 1989, 42 (5): 577—685.

[18] Pothen A, Simon H D, Liou K P. Partitioning sparse matrices with eigenvectors of graphs [J]. Siam J. matrix Anal. appl, 1990, 11(3): 430—452.

[19] Sarkar S, Boyer K L. Quantitative measures of change based on feature organization: eigenvalues and eigenvectors [J]. Computer Vision and Image Understanding, 1998, 71(1): 110—136.

[20] Shi J, Malik J M. Normalized Cuts and Image Segmentation [J]. IEEE Transactions on Pattern Analysis and Machine Intelligence, 2000, 22 (8): 888—905.

[21] Shi J, Malik J. Motion Segmentation and Tracking Using Normalized Cuts [C]. Proc International Conference on Computer Vision, 1998: 1154—1161.

[22] Sinclair A, Jerrum M. Approximate counting, uniform generation and rapidly mixing markov chains extended abstract [J]. Information & Computation, 1989, 82(1): 93—133.

[23] Spielman A D, Teng S H. Disk packings and planar separators [C]. TwelfthSymposium on Computational Geometry, ACM, 1996: 349—358.

[24] Wu Z, Leahy R. An optimal graph theoretic approach to data clustering: theory and its application to image segmentation [J]. IEEE Transactions on Pattern Analysis and Machine Intelligence, 1993, 15 (11): 1101—1113.

第 9 章 基于感知分析的前景提取

　　学者们根据图像像素对亮度/颜色的相似性、差异性（边缘）或者区域亮度/颜色的分布等低层特征提出了许多基于人机交互的前景提取算法，如随机游走、水平集和图论等。由于图像像素亮度/颜色分布的复杂性和纹理的多样性降低了图像低层特征提取的鲁棒性，图像内容的多样性和前景认知的主观性增加了前景特征统一描述的难度，所以图像低层特征仅仅描述了图像局部像素的变化或者统计特性，忽略了图像的整体视觉效应。本章分析了图像亮度的视觉感知效应，结合水平集方法提出了一种基于亮度感知的前景提取模型。

9.1　前景提取模型

　　人们观察一幅图像时，首先分析人眼视觉感受野内像素的亮度/颜色相似性；其次结合像素相关性和差异性，形成图像视觉区域；最后从图像视觉区域中提取前景模板。本章分析了图像亮度的视觉感知效应，结合水平集方法提出了一种基于亮度感知的前景提取模型。该模型由图像亮度视觉感知和水平集方法两部分组成。图像亮度视觉感知根据人眼对像素亮度的感知效应，建立了图像像素集合的二元关系矩阵，联合区域内像素亮度的视觉相似性和区域间的差异性，设计图像亮度感知能量泛函。水平集方法主要是结合曲线曲率和图像亮度视觉的特征向量共同驱使初始曲线演化至前景轮廓。该模型将图像视觉特征和水平集方法结合建立了基于亮度视觉效应的前景提取框架，有利于从图像整体认知的基础上提取前景。

　　对一幅含有 N 个像素的图像 u，运用水平集方法从图像亮度视觉感知提取前景模板可表示为如下能量泛函的最小化：

$$\varphi^* = \underset{v,\varphi}{\operatorname{argmin}}\{C(R(u),v) + E_{\mathrm{Li}}(v,\varphi)\} \tag{9-1}$$

　　该能量泛函由两项构成：第一项 $C(R(u),v)$ 表示给定图像像素亮度视觉区域能量泛函；第二项 $E_{\mathrm{Li}}(v,\varphi)$ 为运用曲线演化理论结合图像视觉效应提取前景模板的能量泛函，其中 φ 为水平集函数，当 $\varphi \geqslant 0$ 时表示图像背景，反之为前景。

9.1.1　亮度视觉感知

　　人们观察一幅图像时，人眼将感受野内亮度相似的像素视为分析单元，将像素亮度相似且空间紧邻的分析单元看作一个区域，本书将视觉感知的区域称为图像视觉区域。人眼对图像像素亮度的视感知响应依赖于像素间的近邻性和亮度差异，设一幅图像中 x_i，x_j 处的像素亮度分别为 u_i，u_j，人眼将注意力集中在像素 x_i 的亮度，此时对像素 x_j 的亮度的关注程度依赖于两像素间的空间距离，如果两像素间距较小，则对 x_j 的关注权重较大，否则权重较小，甚至不关注。从视觉感受野的角度出发，人眼对像素空间距离的关注程度可描述为

$$\omega_{i,j}^s = \exp(-\|x_i - x_j\|_2^2/\sigma_s^2) \tag{9-2}$$

式中，σ_s 表示人眼的感受野。

人眼对图像亮度的感知不仅依赖于像素间的空间距离，还取决于像素亮度的差异。结合人眼对亮度感知的非线性，u_i，u_j 像素的亮度视觉相似性可表示为

$$\omega_{i,j}^u = \exp(-\|u_i - u_j\|_2^2/\sigma_u^2) \tag{9-3}$$

式中，σ_u 表示人眼对亮度的敏感程度。

根据人眼对像素对的空间关注度和亮度的视觉相似性，像素对 $\langle u_i, u_j \rangle$ 的视觉相似性可表示为

$$\begin{aligned}\omega_{i,j} &= \omega_{i,j}^s \omega_{i,j}^u \\ &= \exp(-\|x_i - x_j\|_2^2/\sigma_s^2)\exp(-\|u_i - u_j\|_2^2/\sigma_u^2)\end{aligned} \tag{9-4}$$

根据像素对 $\langle u_i, u_j \rangle$ 的视觉相似性，图像亮度的视觉相似性可表示为如下关系矩阵：

$$R(\boldsymbol{u}) = \boldsymbol{\omega} = \begin{bmatrix} \omega_{1,1} & \cdots & \omega_{1,j} & \cdots & \omega_{1,N} \\ \vdots & & \vdots & & \vdots \\ \omega_{i,1} & \cdots & \omega_{i,j} & \cdots & \omega_{i,N} \\ \vdots & & \vdots & & \vdots \\ \omega_{N,1} & \cdots & \omega_{N,j} & \cdots & \omega_{N,N} \end{bmatrix} \tag{9-5}$$

关系矩阵 $R(\boldsymbol{u})$ 任意行的元素 $\omega_{i,k}(k=0,1,\cdots,N)$ 刻画了人眼注意力集中在像素 i 上，对感受野内像素 k 亮度的视觉相似程度，人眼关注于像素 i 对图像论域 Ω 内所有像素亮度的视觉效应可表示为 $d(i)=\sum_{j\in\Omega}\omega_{i,j}$。关系矩阵 $R(\boldsymbol{u})$ 行数为图像像素个数，因此该矩阵可表示图像整体亮度视觉特性。

假设图像 $\boldsymbol{u}$ 的所有像素可划分为 A 和 B 两个不同视觉区域，像素标号表示为向量 $\boldsymbol{v}=(v_1,\cdots,v_i,\cdots,v_N)$，$A$ 区域内的像素标记为 $v_i>0$，B 区域内的像素标记为 $v_i<0$。根据图像像素亮度的视觉关系，A 区域相对于 B 区域的视觉相似性和 B 区域相对于 A 区域的视觉相似性可分别计算为

$$S(A,B) = \sum_{v_i>0,v_j<0} -\omega_{i,j}v_iv_j, \quad S(B,A) = \sum_{v_i<0,v_j>0} -\omega_{i,j}v_iv_j \tag{9-6}$$

A，B 两视觉区域相对于图像的视觉相似性可分别表示为

$$S(A,\Omega) = \sum_{v_i>0,j\in\Omega} \omega_{i,j}, \quad S(B,\Omega) = \sum_{v_i<0,j\in\Omega} \omega_{i,j} \tag{9-7}$$

根据正则割模型，图像视觉区域亮度能量泛函可表示为：

$$C(R(\boldsymbol{u}),\boldsymbol{v}) = \frac{S(A,B)}{S(A,\Omega)} + \frac{S(B,A)}{S(B,\Omega)}$$

$$= \frac{\sum\limits_{v_i>0,v_j<0} -\omega_{i,j}v_iv_j}{\sum\limits_{v_i>0,j\in\Omega} \omega_{i,j}} + \frac{\sum\limits_{v_i<0,v_j>0} -\omega_{i,j}v_iv_j}{\sum\limits_{v_i<0,j\in\Omega} \omega_{i,j}} \tag{9-8}$$

该能量泛函运用了区域间的相对视觉差异而非绝对差异，防止了单个或者几个像素形成视觉区域。为了简化计算视觉区域能量泛函，引入了人眼对图像任意像素感受野内亮度视觉效果 $\boldsymbol{D}=diag\{d_i\}$，$i=1,\cdots,N$，则式（9-8）的最小化即为图像视觉区域分割结果：

$$\boldsymbol{v}^* = \underset{v}{\arg\min}\{C(R(\boldsymbol{u}),\boldsymbol{v})\} = \underset{v}{\arg\min}\left\{\frac{\boldsymbol{v}^{\mathrm{T}}(\boldsymbol{D}-\boldsymbol{\omega})\boldsymbol{v}}{\boldsymbol{v}^{\mathrm{T}}\boldsymbol{D}\boldsymbol{v}}\right\} \tag{9-9}$$

式（9-9）的最小化可转化为瑞利熵求解，可得

$$(\boldsymbol{D}-\boldsymbol{\omega})\boldsymbol{v} = \boldsymbol{D}\boldsymbol{v} \tag{9-10}$$

设 $\boldsymbol{y}=\boldsymbol{D}^{\frac{1}{2}}\boldsymbol{v}$，其中 $\boldsymbol{D}^{\frac{1}{2}}=diag\{\sqrt{d_i}\}$，则式（9-10）可转变为标准特征值问题：

$$\boldsymbol{D}^{-\frac{1}{2}}(\boldsymbol{D}-\boldsymbol{\omega})\boldsymbol{D}^{-\frac{1}{2}}\boldsymbol{y} = \lambda\boldsymbol{y} \tag{9-11}$$

式中，λ 为特征值，$\boldsymbol{y}$ 为矩阵 $\boldsymbol{D}^{-\frac{1}{2}}(\boldsymbol{D}-\boldsymbol{\omega})\boldsymbol{D}^{-\frac{1}{2}}$ 的特征向量。由最小特征向量 $\boldsymbol{y}$ 可得视觉区域向量 $\boldsymbol{v}^*$：

$$\boldsymbol{v}^* = \boldsymbol{D}^{-\frac{1}{2}}\boldsymbol{y} \tag{9-12}$$

图像视觉区域能量泛函从像素对的亮度视觉相似性出发，描述了图像整体亮度视觉相似能量。该能量最小值反映了图像视觉亮度差异的最大值（图像的视觉区域边缘），忽略了由不同亮度等级像素形成的视觉区域间亮度差异性，使得亮度视觉相似的所有像素在特征向量中呈现近似相等的元素。

9.1.2 前景模板提取

图像视觉区域根据亮度视觉感知将图像像素转化为平面图，忽略了区域纹理和不同区域的亮度差异，该平面图主要描述了图像视觉区域及其分界线。前景在平面图中由相邻的一个或者几个面构成，其中面内的像素点个数称为面面积，包围面的诸边构成的回路称为面边界，面边界上的像素点个数称为面次数。前景轮廓表现为构成前景诸面组成的圈。本章从前景圈出发，结合人机交互的初始曲线，在曲线内部能量 $E_{\mathrm{int}}(\varphi)$ 和视觉区域能量 $E_{\mathrm{ext}}(\boldsymbol{v},\varphi)$ 的共同作用下，驱使初始曲线逐步逼近前景圈得到前景模板。前景模板提取可表示为如下能量泛函的最小值：

$$E_{\mathrm{Li}}(\boldsymbol{v},\varphi) = \mu E_{\mathrm{int}}(\varphi) + E_{\mathrm{ext}}(\boldsymbol{v},\varphi) \tag{9-13}$$

为了使任意闭初始曲线经多次演化可收敛为圆甚至消失，在曲线演化理论中常常将曲线内力设置为曲率，在曲率作用下曲线内部能量函数 $E_{\mathrm{int}}(\varphi)$ 表示为

$$E_{\mathrm{int}}(\varphi) = \frac{1}{2}\int_{\Omega}(|\nabla\varphi|-1)^2\mathrm{d}\Omega \tag{9-14}$$

在平面图中，前景面积可表示为构成前景诸面的面积之和，而前景周长为圈的长度。前景周长 $L(\varphi)$ 和面积 $A(\varphi)$ 测度可分别表示为

$$\begin{cases} L(\varphi) = \int_{\Omega} v\delta(\varphi)\,|\,\nabla\varphi\,|\,\mathrm{d}\Omega \\ A(\varphi) = \int_{\Omega} vH(-\varphi)\mathrm{d}\Omega \end{cases} \tag{9-15}$$

式中，函数 $H(\varphi)$ 表示曲线的内外区域，$\delta(\varphi)$ 为 $H(\varphi)$ 的一阶导数。它们分别定义为

$$H(\varphi) = \begin{cases} 1, & \varphi \geqslant 0 \\ 0, & \varphi < 0 \end{cases}, \quad \delta(\varphi) = \frac{\mathrm{d}H(\varphi)}{\mathrm{d}\varphi} = \begin{cases} 1, & \varphi = 0 \\ 0, & \text{others} \end{cases} \tag{9-16}$$

根据前景几何属性的有限性，式（9-13）中的外部能量函数 $E_{\text{ext}}(v,\varphi)$ 可表示为

$$E_{\text{ext}}(v,\varphi) = \lambda L(\varphi) + \gamma A(\varphi) = \lambda\int_{\Omega} v\delta(\varphi)\,|\,\nabla\varphi\,|\,\mathrm{d}\Omega + \gamma\int_{\Omega} vH(-\varphi)\mathrm{d}\Omega \tag{9-17}$$

式中，λ 和 γ 分别为曲线长度和面积测度的权重。

结合曲线内部能量和外部能量，在平面图中前景模板提取能量泛函为

$$E_{\text{Li}}(v,\varphi) = \frac{\mu}{2}\int_{\Omega}(\,|\,\nabla\varphi\,|-1)^2\mathrm{d}\Omega + \lambda\int_{\Omega} v\delta(\varphi)\,|\,\nabla\varphi\,|\,\mathrm{d}\Omega + \gamma\int_{\Omega} vH(-\varphi)\mathrm{d}\Omega \tag{9-18}$$

利用变分法求解式（9-18）能量泛函的极小化问题，可得

$$\frac{\partial E_{\text{Li}}(v,\varphi)}{\partial\varphi} = -\mu\Big[\Delta\varphi - div\Big(\frac{\nabla\varphi}{|\nabla\varphi|}\Big)\Big] - \lambda\delta(\varphi)div\Big[v\frac{\nabla\varphi}{|\nabla\varphi|}\Big] - \gamma v\delta(\varphi) \tag{9-19}$$

根据梯度下降法 $\partial\varphi/\partial t = -\partial E_{\text{Li}}(v,\varphi)/\partial\varphi$，水平集函数随时间的变化关系为

$$\begin{aligned}
\frac{\partial\varphi}{\partial t} &= -\frac{\partial E_{\text{Li}}(v,\varphi)}{\partial\varphi} \\
&= \mu\Big[\Delta\varphi - div\Big(\frac{\nabla\varphi}{|\nabla\varphi|}\Big)\Big] + \lambda\delta(\varphi)div\Big[v\frac{\nabla\varphi}{|\nabla\varphi|}\Big] + \gamma v\delta(\varphi)
\end{aligned} \tag{9-20}$$

9.2　前景提取流程

　　基于亮度感知的前景提取模型从像素对的亮度视觉出发，联合区域内亮度视觉的相似性和区域间的差异性，综合图像整体视觉亮度的相似性，在图像整体亮度的认知基础上提取前景。该模型主要由亮度视觉感知和水平集方法两部分组成，其流程如图 9-1 所示。

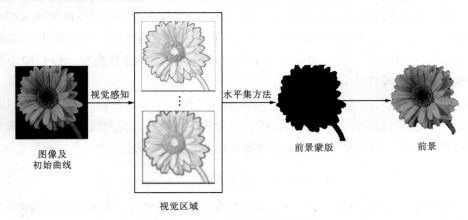

图像及
初始曲线

视觉感知

视觉区域

水平集方法

前景蒙版

前景

图 9-1　亮度感知的前景提取模型

9.3　实验结果及分析

基于亮度感知的前景提取模型模拟了人眼对亮度的感知，从像素对的亮度视觉出发，分析了人眼感受野内亮度视觉响应，联合区域内亮度视觉的相似性和区域间的差异性，综合图像整体视觉亮度的相似性，在图像整体亮度的认知基础上提取前景。

9.3.1　参数讨论

基于亮度感知的前景提取模型由图像亮度视觉感知和水平集方法两部分组成。图像亮度视觉感知是根据人眼感受野内像素对的亮度相似性，建立图像像素集合的二元关系矩阵，联合区域内像素亮度的视觉相似性和区域间的差异性，获得图像视觉区域及其对象轮廓信息。水平集方法主要是结合初始曲线曲率和图像亮度视觉共同驱使初始曲线演化至前景轮廓。人眼将感受野内亮度相似的像素视为分析单元，将亮度相似且空间紧邻的分析单元看作一个区域，从而形成图像整体认知。但人眼对感受野内的亮度视觉响应依赖于像素间的近邻性和亮度差异的敏感性，其感受野的大小和亮度敏感程度决定了图像整体认知，从而影响前景提取质量。

为了分析感受野大小 σ_s 和亮度敏感程度 σ_u 对前景提取的影响，对一幅简单的图像进行前景提取，不同 σ_s 和 σ_u 的前景提取测评分数见表 9-1。当 σ_u =0.5 时，不同感受野 σ_s 的亮度感知效果及前景提取结果如图 9-2 所示，图中右侧第一行表示亮度感知效果，右侧第二行表示前景提取结果。由实验结果可见，感受野大小 σ_s 决定图像亮度视觉变化尺度，当感受野较小时，该模型的亮度感知分辨能力较强；当感受野较大时，可感受到对象的整体轮廓。

表 9-1　不同参数的前景提取测评分数

σ_s ＼ σ_u / 测评指标		0.3	0.6	1.0	1.3	1.6
0.1	F-measure	0.9300	0.9401	0.9395	0.9316	0.9322
	IOU	0.8692	0.8869	0.8859	0.8720	0.8730
0.5	F-measure	0.9461	0.9512	0.9433	0.9344	0.9312
	IOU	0.8978	0.9069	0.8926	0.8769	0.8713
1.0	F-measure	0.9196	0.9207	0.9303	0.9284	0.9293
	IOU	0.8512	0.8530	0.8698	0.8664	0.8679
1.5	F-measure	0.9102	0.9276	0.9264	0.9245	0.9327
	IOU	0.8353	0.8651	0.8629	0.8596	0.8740

	σ_u 测评指标	0.3	0.6	1.0	1.3	1.6
2.0	F-measure	0.9097	0.9112	0.9157	0.9236	0.9334
	IOU	0.8343	0.8369	0.8445	0.8581	0.8751

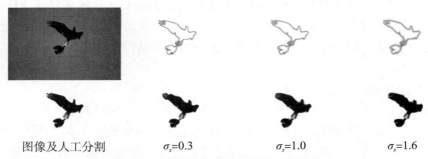

图像及人工分割 σ_s=0.3 σ_s=1.0 σ_s=1.6

图 9-2 感受野大小对前景提取的影响

当 σ_s=0.6 时，不同亮度敏感程度 σ_u 的亮度感知效果及前景提取结果如图 9-3 所示，图中右侧第一行表示亮度感知效果，右侧第二行表示前景提取结果。亮度敏感程度 σ_u 的大小决定了该模型对亮度变化的敏感程度，σ_u 越小，该模型可分辨出亮度的微小变化；反之，对亮度变化具有较强的容忍性。

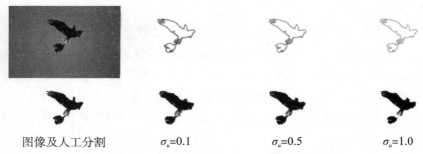

图像及人工分割 σ_u=0.1 σ_u=0.5 σ_u=1.0

图 9-3 亮度敏感程度对前景提取的影响

实验结果表明，感受野大小 σ_s 决定了模型对图像的分析尺度，亮度敏感程度 σ_u 制约了模型对亮度变化的视觉容忍性。

9.3.2 提取结果分析

为了验证基于亮度感知前景提取模型的有效性，将该模型分别与水平集方法（Li model）、多尺度分割模型（TV+Li model）进行比较。三种算法均将前景轮廓表示为水平集函数，运用曲线曲率和曲线外力驱使初始水平集曲线演示直至前景轮廓。在 Li model 中，曲线外力采用了图像边缘特征；TV+Li model 采用了不同尺度的边缘特征；基于亮度感知前景提取模型采用了视觉感知特征。不同方法的前景提取结果如图 9-4 所示，前景提取的测评分数见表 9-2。

表 9-2　不同方法的前景提取的测评分数

算法	评价指标	(a)	(b)	(c)	(d)
亮度感知+ Li model	Precision	0.9793	0.9699	0.9874	0.8378
	Recall	0.8267	0.9879	0.9652	0.6853
	F-measure	0.8966	0.9788	0.9561	0.7539
	IOU	0.8125	0.9585	0.9220	0.6050
Li model	Precision	0.7646	0.9643	0.9516	0.8920
	Recall	0.9248	0.8630	0.8580	0.4176
	F-measure	0.8371	0.9109	0.9023	0.5689
	IOU	0.7199	0.8363	0.8221	0.3975
TV+Li model	Precision	0.9002	0.9577	0.9473	0.7199
	Recall	0.7636	0.9668	0.9329	0.5932
	F-measure	0.8263	0.9622	0.9594	0.6505
	IOU	0.7040	0.9272	0.9160	0.4820

图 9-4（a）近似于卡通图像，其前、背景亮度/颜色存在显著视觉差异，且纹理较少，该图像的局部边缘特征可有效近似表示前景轮廓。相对于 Li model 和 TV+Li model，基于亮度感知前景提取模型利用图像亮度视觉信息作为水平集曲线外力，该图像的亮度视觉有效地表示了前景轮廓，改善了前景提取质量。

图 9-4（b）中前景轮廓较复杂，且前景含有大量的纹理，背景纹理较少。从视觉上看，基于亮度感知前景提取模型的前景提取质量优于 Li model 和 TV+Li model，主要原因是该模型建立在图像像素亮度视觉关系上，充分考虑到图像的亮度视觉，在分析认知图像整体亮度的基础上提取前景。该模型在一定程度上有效地去除了纹理以及弱边缘对水平集曲线演化的负面影响，弥补了 Li model 和 TV+Li model 中初始曲线收敛于局部最小的不足。

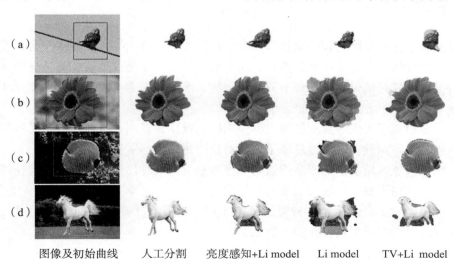

（a）　　　　　（b）　　　　　（c）　　　　　（d）

图像及初始曲线　　人工分割　　亮度感知+Li model　　Li model　　TV+Li model

图 9-4　前景提取之比较

对于如图 9-4（c）和（d）所示的存在纹理和弱边缘的复杂自然场景图像，基于亮度感知前景提取模型的前景提取结果虽然优于 Li model 和 TV＋Li model，但相对于人工分割，该模型对前景轮廓定位精度较差，这主要是由于图像亮度感知模型有利于描述图像的整体特性，但其定位能力较差。

9.4　小结与展望

学者们根据图像低层特征提出了许多基于人机交互的前景提取模型，如随机游走、水平集和图割等。这些前景提取模型常常是从自然场景语义对象的生物视觉、数学或物理等特征出发，根据前、背景之间的特征差异，结合图像局部特征设计前景提取能量泛函。这些模型建立在图像局部特征的基础上，它们不能有效去除纹理对图像局部特征稳定性的负面影响，同时难以描述图像的整体感知。

9.4.1　小结

本章分析了图像亮度的视觉感知效应，从人眼亮度视觉效应出发，设计了图像像素对的亮度视觉相似性函数，建立了图像像素集合的二元关系矩阵。联合视觉区域内像素亮度的相似性和区域间的差异性，设计了图像视觉区域能量泛函。

本章根据前景轮廓的封闭性，结合曲线曲率和图像亮度视觉的特征向量共同驱使初始曲线演化，建立了基于亮度视觉效应的前景提取框架。该模型有利于从图像的整体认知基础上提取前景。相对于传统算法，由于利用了图像整体视觉效应，所以弥补了联合图像低层特征的不足，提高了图像前景提取质量。

9.4.2　展望

本章提出了基于亮度感知的前景提取模型，该模型一方面结合了像素间的相关性以及人眼视觉的整体效应，构建视觉矩阵，从而分解能够表征全局视觉效应的特征向量；另一方面，特征向量较好地保留了图像中的前景边缘，利用水平集方法能够较好地提取前景。但是，该模型在以下方面仍需要进一步研究：

（1）本章模拟了人眼对像素的视觉感知响应，根据像素间的近邻性和亮度差异设计了像素对的视觉关系函数。该函数忽略了人眼对亮度感知的非对称和颜色差异。

（2）图像视觉区域能量泛函从像素对的亮度视觉相似性出发，描述了图像整体亮度视觉的相似性，忽略了视觉区域间亮度的差异性。

（3）该模型建立在图像整体视觉特征的基础上，有利于在图像的整体认知上提取前景，但对像素级别的识别任务正确率较低。

参考文献

[1] 钟忱，陈纬航，钟珞. 基于超像素及贝叶斯合并的图像分割算法 [J]. 计算机工程与应用，2018，54(21)：188−192，221.

[2] 徐秋平. 基于人机交互式图割的目标快速提取 [J]. 计算机工程与科学，2020，42(2)：299−306.

[3] 钱芸，张英杰. 水平集的图像分割方法综述 [J]. 中国图象图形学报，2008(1)：12−18.

[4] Rother C. GrabCut：Interactive foreground extraction using iterated graph cuts [J]. ACM Transactions on Graphics，2004，23(7)：1−6.

[5] Senyukova V O. Segmentation of blurred objects by classification of isolabel contours [J]. Pattern Recognition，2014，47(12)：3881−3889.

[6] 张国栋. 基于深度学习的图像特征学习和分类方法的研究及应用 [J]. 网络安全技术与应用，2018(7)：52−53.

[7] 郭丽丽，丁世飞. 深度学习研究进展 [J]. 计算机科学，2015，42(5)：28−33.

[8] 付晓峰，张予，吴俊. Occlusion expression variation face recognition based on auxiliary dictionary and low rank decomposition [J]. 中国图象图形学报，2018，23(3)：399−409.

[9] 王宗伟. 有限训练样本下基于深度领域自适应的机器人物体抓取 [J]. 电子设计工程，2018，26(20)：33−36，41.

[10] 胡涛，朱欣焰，呙维，等. 融合颜色和深度信息的运动目标提取方法 [J]. 武汉大学学报（信息科学版），2019，44(2)：276−282.

[11] 张鑫鑫. 基于 HSI 空间的彩色图像边缘检测算法研究 [D]. 济南：山东大学，2019.

[12] 杨烜，梁德群. 一种基于区域一致性测度的边缘评价方法 [J]. 中国图象图形学报，2019，4(3)：234−238.

[13] 李峰，陈艳玲，吕浩. CG 魔术棒——Photoshop CS2：CG 魔术棒 Photoshop CS2 [M]. 北京：电子工业出版社，2006.

[14] 依玉峰，高立群，郭丽. 基于 Mean Shift 随机游走图像分割算法 [J]. 计算机辅助设计与图形学学报，2011(11)：89−95.

[15] Andersson T，Lathen G，Lenz R. Modified Gradient Search for Level Set Based Image Segmentation [J]. IEEE Transactions on Image Processing，2013，22 (2)：621−630.

[16] 刘晨，池涛，李丙春. 结合全局和局部信息的水平集图像分割方法 [J]. 计算机应用研究，2017(12)：375−380.

[17] 杨振宇，潘振宽，王国栋，等. 纹理图像分割的非局部 Mumford−Shah−TV 模型及其 ADMM 算法 [J]. 计算机辅助设计与图形学学报，2018，30 (12)：2292−2299.

[18] Wu S，Nakao M，Matsuda T. SuperCut：Superpixel Based Foreground Extraction With Loose Bounding Boxes in One Cutting [J]. IEEE Signal Processing Letters，2017，24 (12)：1803−1807.

[19] Wang B，Gao X，Tao D. A Nonlinear Adaptive Level Set for Image Segmentation [J]. Cybernetics IEEE Transactions on，2014，44(3)：418−428.

[20] 葛亮，杨竣铎. 基于蚁群优化多层图划分的彩色图像分割方法 [J]. 计算机应用研究，2015，32(4)：1265−1268.

[21] Pablo A，Maire M，Fowlkes C. Contour Detection and Hierarchical Image Segmentation [J]. IEEE Transactions on Pattern Analysis & Machine Intelligence，2011，33(5)：898−916.

[22] Martin D R，Fowlkes C C，Malik J. Learning to detect natural image boundaries using local brightness，color，and texture cues [J]. IEEE Transactions on Pattern Analysis and Machine Intelligence，2004，26(5)：530−549.

［23］ Shi J，Malik J. Normalized cuts and image segmentation ［J］. IEEE Trans. pattern Anal. mach. intell，2000，22(8)：888－905.

［24］ 李昌华，杜文强，周方晓. 结合视觉显著模型与水平集算法的建筑物立面图像轮廓快速提取 ［J］. 计算机应用研究，2019，36(4)：1232－1236.

［25］ Feng Y F，Xiang C. A multiscale image segmentation method ［J］. Pattern Recognition：The Journal of the Pattern Recognition Society，2016：52 （4）：332－345.

［26］ Boykov Y，Veksler O，Zabih R. Fast approximate energy minimization via graph cuts ［J］. IEEE Transactions on Pattern Analysis and Machine Intelligence，2001，23 (11)：1222－1239.

第10章 基于神经网络的前景提取

目前，前景提取框架的构建依据主要有图像的学习特征和人为特征。人为特征通过分析图像像素亮度/颜色变化和分布来设计固定的卷积核，利用卷积核函数对图像进行像素级的分析处理并获得前景特性，这些特性可有效描述前景对象的视觉区域间亮度、颜色和纹理的差异性，以及视觉区域亮度/颜色的相似性和空间分布的紧邻性。但根据图像低层特征只能将图像划分成若干个互不相交的视觉区域，而不能提取图像中的语义对象，原因在于：

（1）特征表达内容的局限性。图像低层特征提取一般是以人眼在感受野内的视觉效应为出发点，分析感受野内的像素变化和局部统计特性。

（2）特征表达能力的局限性。图像低层特征的尺度常常为固定值，忽略了不同感受野（尺度）像素变化和局部统计特性，这限制了特征对图像的有效表示。

（3）在分割过程中缺乏高层信息，如对象形状、对象部件数量及部件空间分布。

自然场景中的语义对象常常由不同部件（区域）组成，图 10-1 中的车手主要由头盔、衣服及其中的文字组成，对象各部件间在像素级别上往往表现为不同的亮度、颜色和纹理，而部件内部像素在亮度/颜色方面表现为视觉相似性。从语义上看，该图像素可标记为车手、摩托车和背景等类别，如图 10-1（b）所示。图中灰白色表示车手区域，灰黑色表示摩托车区域，黑色表示背景，白色表示对象轮廓。

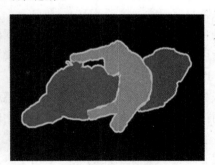

（a）原始图像   （b）语义分割结果

图 10-1 图像语义分割

随着计算机视觉步入深度学习时代，学者们分析了个人先验信息获取过程，构建了机器智能模型从海量的训练集中捕捉特定任务中对象的语义，运用深度学习算法提取对象不同尺度特征。将深度学习引入图像语义分割领域，构建了基于卷积神经网络的图像语义分割框架。

10.1　卷积神经网络

20世纪60年代，Hubel 和 Wiesel 等人在研究猫眼视觉效应时，发现猫脑皮层包含了大量局部敏感和方向选择神经元及其相应的网络。他们在模拟猫眼视觉的基础上构建了卷积神经网络（Convolutional Neural Networks，CNN）。后续的研究发现，卷积神经网络在特征提取方面具有极大的优势，并且有效地降低了传统反馈神经网络结构的复杂性。近年来，卷积神经网络在多个领域持续研究发展，在语音识别、人脸识别、通用物体识别、运动分析、自然语言处理甚至脑电波分析方面均有突破。与传统神经网络（感知器和 BP 网络）相比较，卷积神经网络可以从训练集中学习卷积核参数，使得卷积核参数因任务而异，可以从图像中提取伸缩、平移和旋转不变特征，弥补人为传统固定卷积核的局限性。卷积神经网络的这些优点主要体现在该网络的局部感受野、权值共享和端到端结构等方面。

（1）局部感受野。

人类对外界新事物的认知可简要概括为从局部到整体的分析理解过程。卷积神经网络模拟了人类对新事物的认知机理，构建了从小视野到大视觉的多层卷积结构，该结构采用级联的形式提取图像不同尺度特征信息。各卷积层提取的特征具有如下性质：

①低层卷积对图像邻域像素亮度/颜色进行加工处理，获取其低尺度的局部信息。该信息除了描述了图像的局部主体特性，还包含了大量的细节信息，如纹理、弱边缘等亮度/颜色的微小变化。该卷积层的输出等效于传统小尺度卷积核提取的特征。

②中间卷积层是对低尺度信息运用该层的卷积核分析处理，提取相对较大尺度的特性信息。该信息主要去除了上一层特征细节，保留了主体特征，等效于传统大尺度卷积核提取的图像特征。

③卷积神经网络的高层主要是对上一层卷积层的输出特征进行整合，得到图像全局信息，并运用该信息对图像进行语义分割和模式识别。高层神经元的连接方式与传统神经网络相同，即全连接结构。

卷积神经网络的卷积层本质是对局部感受野的数据进行分析处理，因此，低层和中间卷积层的神经元连接采用局部连接。网络中间卷积层分析的数据来源于前一卷积层的分析结果，各卷积层提取的特征尺度大于前一层，随着卷积层的增加，网络可以从图像中提取不同尺度的特征。卷积层间的级联结构一方面使得该卷积网络结构简单，有利于提升卷积核参数的学习；另一方面，便于用户根据自身任务提取相应尺度特征。

（2）权值共享。

为了从不同角度提取图像特征，卷积神经网络中任意卷积层均使用多个卷积核函数，运用卷积核函数对图像数据或者低层特征进行分析处理得到多个特征图。同一特征图共用一个卷积核，其运算过程与传统图像的卷积处理相同。卷积神经网络的权值共享模拟了人脑认知事物时对不同时间和地点信号的平等对待，同时在一定程度上减少了网络学习过程的卷积核数量，降低了网络学习的过拟合风险。

（3）端到端结构。

传统基于人工智能的图像识别技术可简单概括为运用人为结构化特征进行分类识别。在传统神经网络中，不适当的特征对分类识别产生负面影响，使得分类识别系统性能表现不佳。卷积神经网络对原始数据进行卷积运算，得到适当尺度的特征，弥补了人为结构化特征分类的局限性。卷积神经网络常常采用端到端结构，使其网络具有以下特性：

①在训练过程中，卷积神经网络不断地根据具体任务调整网络中所有参数，如局部连接的卷积核参数和全连接的权重。参数的调整和更新旨在使网络的输出误差控制在合理范围内，其中卷积核参数的调整更新使得网络自主学习不同尺度、不同角度的特征提取；全连接的权重调整和更新实现抽象特征有效组织和表达，提升了适当尺度特征对具体任务执行的有效性。

②卷积神经网络不需要对特征进行显式表示。

③卷积神经网络一般包含多个卷积层，各层表示的特征尺度不同。随着卷积神经网络结构规模的增大，一方面，网络的卷积层层数越多，该网络概况图像或数据特性的能力就越强；另一方面，每层卷积可提取多个角度特性，改善特征的完备性。

10.1.1　卷积神经网络结构

卷积神经网络旨在根据具体任务自动提取解决问题的特征，弥补了人为结构化特征的局限性。图像视觉特征主要表现为邻域像素亮度/颜色的差异性和相似性，为了提取这些特性，常常运用卷积运算对图像像素亮度/颜色进行分析处理，其提取取决于卷积核的参数和尺寸大小。卷积神经网络在特征提取方面具有以下特点：

（1）卷积神经网络继承了传统特征提取的优点，结合卷积层的级联结构，实现了从各层局部感受野的数据中提取不同尺度特征。

（2）卷积神经网络的输入层直接输入原始图像数据，避免了传统前馈神经网络对图像的复杂预处理和特征提取。

（3）卷积神经网络的输出层继承了传统前馈神经网络的分类识别能力，将最后卷积层的输出转化为具体任务需要的数据结构，并执行相应的分类识别任务。

在网络结构上，卷积神经网络在传统前馈神经网络的基础上增加了卷积层（Convolutional Layer）和池化层（Pooling Layer），这有利于从输入图像中提取解决具体任务的适当尺度特征，同时将最后卷积层的输出作为特征输入全连接层（传统神经网络）执行具体任务。目前最简单的卷积神经网络是银行手写数字识别网络，其结构如图 10-2 所示。该网络主要由 1 个输入层、2 个卷积层、2 个池化层、1 个全连接层和 1 个输出层级联构成，其中输入层和输出层的结构与传统神经网络相同，在此不再赘述。

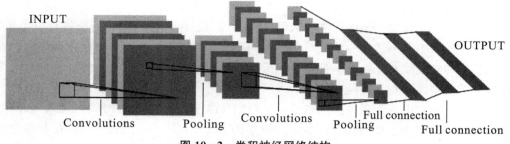

Convolutions　　　Pooling　　Convolutions　　Pooling　Full connection

Full connection

图 10-2　卷积神经网络结构

（1）卷积层。

卷积层常常运用卷积运算对其感受野的像素亮度/颜色进行分析处理，其输出结果取决于卷积核的参数和尺寸大小。人们对待新事物时常常从不同角度观测该事物，提取其有用信息，综合不同角度信息对新事物进行分析认知。卷积神经网络的卷积层为了模拟人脑观测新事物的生理和认知过程，运用不同的卷积核分析感受野内像素亮度/颜色的变化幅度、变化方向以及分布的统计特性。

在图像处理中卷积核常常表示为参数矩阵，其矩阵元素分布反映了该卷积核提取的特征。在图像的人为特征提取过程中，卷积核元素是数学物理模型离散化的结果。例如，图像边缘检测的卷积核是利用微分算法表示像素变化，微分算法的离散化处理构成了卷积核各元素，由微分的极限定义可知，图像边缘卷积核元素之和为 0。在图像去噪处理时，假设感受野内的像素亮度/颜色来自同一总体分布的样本，根据数理统计可知，样本均值可无偏估计总体期望，其卷积核的所有元素相等并且元素之和为 1。从视觉对感受野内不同邻域像素的关注程度出发，运用高斯函数模拟人眼视觉对空间近邻的敏感程度设计了图像高斯滤波，图像高斯滤波核函数的元素关于中心元素对称，各元素均为正，并且所有元素之和为 1。从人为特征来看，不同特征的提取是运用不同卷积核对图像进行分析处理的结果。为了提取不同角度的特征，卷积神经网络常常采用多个卷积核，任意卷积核只负责提取某一特定的局部信息。在银行手写数字识别的网络中，第 1 个卷积层（在图 10-2 中连接输入层）使用了 6 个 5×5 的卷积核，这表明该网络从 6 个角度表示手写数字的局部特征。第 2 个卷积层采用了 16 个 5×5 的卷积核提取大尺度特征，该层对第 1 个卷积层的任意角度局部特征进行细化，即对每个特征描述的角度细分为 16 个微小角度，实现了从 96 个微小角度表示手写数字的局部特征，同时增大了特征提取的视野范围。

卷积神经网络的任意卷积层包含多个卷积核，每个卷积核借助权值共享覆盖整个输入论域，模拟了人脑认知事物时对不同时间和地点信号的平等对待。权值共享极大地减少了网络学习过程的卷积核数量，降低了网络学习的过拟合风险。卷积神经网络中相邻卷积层间采用局部连接模式提取图像局部特性。

（2）池化层。

池化（Pooling）层运用下采样对输入信息进行压缩。卷积神经网络中，池化层一般被间隔地嵌入在卷积层中，以便减少每个卷积的特征图维数并提高网络运算速度。

池化层最重要的特点是平移不变性。目前池化操作主要有平均池化（Average Pooling）和最大池化（Max Pooling），其中平均池化对邻域内的特征点取平均；最大池化将输入的数据划分为若干个矩形区域，对每个特征图子区域输出最大值。一般来说，平均池化可以保留更多的背景信息，最大池化能保留更多的纹理信息。

在卷积神经网络结构设计过程中，一般将平均池化和最大池化交替使用。两种池化方式均是对输入数据每隔 2 个元素划分出 2×2 的区块，然后对每个区块中的 4 个数取平均值或最大值，这样处理仅仅保留了特征图 25％的数据量，大大降低了后续处理的计算量，实现特征图维数约简。卷积神经网络的池化层具有如下作用：

①特征不变性。池化运算促使卷积神经网络集中关注某尺度特征是否存在，而不是具体位置，保证了特征尺度不变性，提高了特征的可区分性。

②特征降维。池化运算相当于维度约简处理，从而使网络可以获得更大视野的特征，同时减小了下一层输入维数、计算量和参数个数，在一定程度上防止过拟合。

（3）全连接层。

全连接层重组卷积层提取的全部局部特征，并将其转化为全局特征实现目标分类。如果说卷积层和池化层等操作是将原始数据映射为特征空间，降低了数据维度，完成了特征提取的工作，那么全连接层是将特征表示映射到样本标记空间，获得识别类别结果输出。与传统前馈神经网络一样，全连接层构成了一个具有高度抽象能力的非线性函数，主要负责对信息进行综合处理。

在卷积神经网络中，卷积层和池化层的组合可以在隐藏层多次出现，如在图 10－2 中就出现了两次。实际上卷积层和池化层的出现次数是根据模型的需要而定的，同时卷积层和池化层也可以灵活使用卷积层＋卷积层或者卷积层＋卷积层＋池化层的组合。目前在工程实践中，卷积层和池化层的最佳层数选取仍缺少理论支持。

10.1.2　卷积神经网络激活函数

卷积神经网络为了从输入数据中提取适当尺度特征，采用多个卷积层级联的结构提取不同尺度特征。随着卷积层级联层数增多，在训练过程中容易出现梯度消失、无法收敛等问题，使得网络参数无法得到有效训练。为了缓解此类问题，目前常常根据网络运行过程中各个神经元状态以及状态转化条件，在卷积神经网络中引入激活函数。

在深度学习神经网络中，每个神经元存在激活和未激活两种状态。加拿大蒙特利尔大学的 Bengio 教授给出激活函数的定义：激活函数就是几乎处处可导的非线性映射 H：$R \rightarrow R$。激活函数本质上模拟了生物神经元对输入信号进行内部处理的过程，使得单个人工神经元具有了一定的非线性能力，其输出作为后续层神经元的输入，从而使得整个神经网络模型具有了强大的抽象能力。神经网络的分层结构将激活函数的非线性作用反复叠加，从而得以学习复杂的知识。激活函数具有以下性质：

①激活函数非线性。线性激活函数对于深层神经网络没有任何作用，因为卷积运算是对局部感受野数据进行线性处理，多次级联后，虽然可以逐层增加感受野大小，但其响应仍然为输入数据的线性变换，此时多个卷积层的级联处理等效于单个卷积层的处理。

②激活函数具有连续单调可微。为了方便参数训练，激活函数必须具有可微性。同时为了保证网络训练过程中误差函数具有全局最优解，单调的激活函数有利于确保训练误差函数具有收敛性。

③激活函数应回避饱和区域。如果激活函数存在饱和的区间段，则该区域激活函数的

梯度近似为 0，使得网络参数学习早熟。

④激活函数在原点邻域具有线性。

生物神经元对输入信号进行非线性处理，为了模拟这一处理过程，在卷积神经网络中引入激活函数。目前激活函数可分为 S 型饱和函数、ReLU 系列函数和 Swish 函数。

（1）S 型饱和函数。

S 型饱和函数主要有 Sigmoid 函数和双曲正切函数 $\tanh(x)$。Sigmoid 函数是传统神经网络的经典激活函数，其数学表达式为

$$S(x) = [1 + \exp(-x)]^{-1} \tag{10-1}$$

Sigmoid 函数将任意实数归一化到（0，1）的区间，具有很强的非线性能力。特别地，该函数将较小的负实数映射成 0，将较大的正实数映射成 1。由于 Sigmoid 函数能够有效地表达"激活"，即未激活的是 0，完全饱和激活的则是 1，因此，Sigmoid 函数曾被广泛应用。但随着人工神经网络在各个领域的应用，人们逐渐发现 Sigmoid 函数作为激活函数存在以下局限性：

①易于饱和。目前主流的神经网络训练算法是交替执行误差的正向传播和参数调整的反向传播，反向传播通过计算损失函数的导数从而更新网络权重。在反向传播过程中，后层梯度以乘性方式传递到前层，当层数较多时，传递到前层的梯度会非常小，网络参数不能进行有效更新，产生梯度消失现象。当输入数据非常大或者非常小时，Sigmoid 函数容易饱和且其导数值趋于 0，此时 Sigmoid 函数的梯度变化非常平缓，通过链式法则反向传播的梯度也趋于 0，使得网络的参数更新缓慢，甚至更新失败。

②中心值非 0。Sigmoid 函数的输出是非 0 均值，这会导致后层神经元的输入是非 0 均值信号。

③参数初始化。如果初始化参数过大，则 Sigmoid 函数梯度饱和，导致网络无法训练。

④计算成本高。由于 Sigmoid 函数中含有指数函数，在计算机中常常根据泰勒级数展开，将指数函数转化为幂级数求和，而幂运算的计算成本较高。

为了弥补 Sigmoid 函数非 0 中心值的局限性，学者们引入了双曲正切函数 $\tanh(x)$，该函数是 Sigmoid 函数向下平移和伸缩后的结果，其数学表达式为

$$\tanh(x) = \frac{\exp(x) - \exp(-x)}{\exp(x) + \exp(-x)} \tag{10-2}$$

双曲正切函数形状与 Sigmoid 函数相似，同样具有很好的非线性能力。该函数的值域为（-1，+1），其均值接近于零。输出 0 均值使得 $\tanh(x)$ 函数作为激活函数使神经网络在训练时更容易收敛，但该函数依然存在梯度消失和计算成本高的问题。

（2）ReLU 系列函数。

生物学研究发现生物神经元在工作过程中具有稀疏性。从信号学角度来看，神经元在同一时刻只会对少部分输入信号进行选择性响应，而大量信号被刻意屏蔽。根据这一认知现象，Alex 在 2012 年提出了修正线性单元（Rectified linear unit，ReLU）函数，并将此函数作为神经元激活函数，该函数定义为

$$ReLU(x) = \max(x,0) = \begin{cases} x, & x > 0 \\ 0, & x \leqslant 0 \end{cases} \tag{10-3}$$

相比 Sigmoid 系列函数，ReLU 函数具有以下特性：

①单侧抑制。ReLU 函数将负输入值映射为 0，而不改变正输入 $x>0$，使得该函数的输出响应具有单侧抑制能力。

②稀疏激活。ReLU 函数将负输入($x \leqslant 0$)映射为 0，使得神经元输出为 0，增加了该层输出数值的稀疏性，提升了特征的代表性和泛化能力。

③该函数在一定程度上解决了学习过程的梯度消失问题。ReLU 函数正输入的函数梯度恒为 1，抑制了学习过程的梯度消失问题。在实际运算中，ReLU 函数是对输入信号和 0 取最大值，函数值及其导数计算速度非常快，使得网络收敛速度远远快于 Sigmoid 函数和双曲正切函数。

在神经网络训练过程中，ReLU 函数输入为负数的可能性较大，换言之，该函数绝大部分输出为 0。此时，训练误差梯度无法反向传播至修正线性单元的输入中，导致神经元的参数无法更新形成"神经元死亡"现象。为了改善修正线性单元的死亡特性，学者们提出了带泄露线性整流函数(Leaky ReLU，LReLU)，该函数定义为

$$LReLU(x) = \begin{cases} x, & x > 0 \\ \lambda x, & x \leqslant 0 \end{cases} \tag{10-4}$$

当输入值为负时，带泄露线性整流函数的梯度为一个常数而不是 0，解决了修正线性单元函数的"神经元死亡"现象。当输入值为正时，与普通斜坡函数保持一致。

（3）Swish 函数。

Swish 函数是 Google 于 2017 年提出的一个激活函数，其函数表达式为

$$Sw(x) = x \cdot S(\beta x) = \frac{x}{1 + \exp(-\beta x)} \tag{10-5}$$

式中，β 为超参数。Swish 函数是介于线性函数和 ReLU 函数之间的平滑函数。经测试证明，Swish 函数适应于局部响应归一化，并且对于全连接层的层数超过 40 层，其局部响应效果优于其他激活函数。

10.1.3　卷积神经网络的优缺点

传统神经网络（感知器和 BP 神经网络）的输入常常是数据的结构化特征，这就意味着运用传统神经网络进行模式识别时，要求人为提取原始数据特征并对其进行显式数值表示。然而在工程实践中，数据的结构化特征提取并不容易，并且特征提取和分类识别是相互独立的过程，不适当的特征可能导致分类失败。

为了弥补传统神经网络中特征提取独立于分类识别的局限性，卷积神经网络在继承传统神经网络分类识别能力的基础上，增加了系列卷积和池化结构，使得卷积神经网络具有以下优点：

（1）卷积神经网络可从输入图像或数据中自动提取不同尺度特征。该网络有机结合了特征提取和分类识别，两者相辅相成，前者为后者提供了分类识别的依据，后者为前者依据具体任务约束特征属性。

（2）卷积神经网络借助训练学习隐式地从训练数据中提取特征，避免特征的显式表示，这是卷积神经网络有别于传统神经网络之所在。

在网络结构上，卷积神经网络更接近于大脑皮层的生物神经网络，该网络在卷积层上利用权值共享模拟了人脑认知事物时对不同时间和地点信号的平等对待，同时降低了网络结构的复杂性。卷积神经网络在图像语义分割方面具有以下优点：

（1）图像语义描述模糊性。传统图像语义分割技术需要对图像内容或对象的几何属性进行定量描述并形成数字化的先验知识，同时语义分割效果在一定程度上依赖于先验知识的准确性和可区分性。由于图像内容千变万化，定量描述其内容和对象的先验知识是不现实的。卷积神经网络将特征提取和分类识别有机融合，两者相互作用，使得卷积神经网络具有处理推理规则不明确问题的能力。该网络通过对海量样本进行训练学习，提取同类样本的共性和不同样本的差异性，这一特点降低了训练样本的要求，即使训练样本存在缺损和畸变，也不会对特征提取带来较大的负面影响。

（2）卷积神经网络结构简单。卷积神经网络依据具体任务提取，并利用特征对图像进行语义划分。卷积神经网络采用卷积层级联、局部感受野、权值共享和池化等技术优化网络结构。卷积层级联融合局部感受野有助于网络从输入数据中提取不同尺度的特征，结合池化简化了特征维数，提高了特征的概括能力。权值共享技术一方面模拟了人脑认知新事物对所有信号平等对待的能力，另一方面降低了网络结构的复杂性。

（3）卷积神经网络具有较强泛化能力。卷积神经网络结构上包含了多个卷积层和池化层，其任意卷积层均运用了多个卷积核提取有用信息；池化层实现了有用信息的约简处理，使得网络可自动提取不同尺度的特征。卷积层和池化层促使卷积神经网络善于依据具体任务挖掘图像特征，提高特征的泛化和分类能力。

（4）卷积神经网络具有较强语义描述能力。传统图像语义分割常常借助先验知识对图像进行定性分析，具有较大的主观性。卷积神经网络运用深度学习算法从海量训练集中挖掘同类样本的共性和类间样本的差异性，这些共性和差异从不同的角度和尺度定量描述类模式信息，有效地避免了传统人工特征提取的不足。

（5）卷积神经网络的分类模型与传统模型不同，它可以直接将一幅二维图像输入网络中，在输出端给出分类结果。

卷积神经网络具有共享卷积核，可有效处理高维数据，但当网络层次太深时，训练时误差反向传播对靠近输入层的参数更新缓慢，同时训练结果收敛于局部最小值而非全局最小值；网络卷积层提取的特征缺乏明确的物理含义，换言之，训练者并不知道卷积层提取什么特征，这使得卷积神经网络在特征提取方面成为难以解释的"黑箱模型"；该网络学习时需要大量的训练样本，其样本容量决定了网络分类识别的准确度。

10.2　卷积神经网络的训练

卷积神经网络可以从输入的图像或数据中提取适当尺度特征，并利用特征分类识别。在本质上卷积神经网络是将输入的图像或数据映射为模式分类，但其映射关系不需要任何精确的数学表达式，只需要利用已知模式对卷积网络加以训练得到稳定的网络权重。卷积神经网络一般由多个卷积层、多个池化层和全连接层构成，其中卷积层需要多个卷积核，且每个卷积核矩阵元素均为未知，同时全连接层包含大量的未知连接权重。只有当卷积神经网络的任意卷积核矩阵元素和全连接层连接权重确定时，该网络才能高效、正确地执行分类识别或对输入数据的聚类分析。从神经网络应用角度来看，神经网络确定网络参数的方式大致可分为无监督和有监督两种。

无监督的参数确定方式主要用于聚类分析的神经网络，其网络参数依据待聚类数据的自然分布自适应确定，无须训练样本。

有监督的参数确定方式主要用于模式识别的神经网络，其参数确定需要对海量训练样本进行监督学习。在训练样本类别已知的条件下，联合类内样本相似性和类间样本分离程度确定网络参数。

卷积神经网络常常采用有监督的参数确定方式，其训练过程主要分为两个阶段：一是信号正向传播，即输入数据经过若干卷积层＋激活函数、若干池化层、全连接层、输出层＋激活函数的传播过程；二是误差反向传播，将信号正向传播结果与预期的误差经过输出层、全连接层、若干池化层、若干卷积层的过程。在工程实践中，卷积神经网络训练的具体过程如下：

（1）网络参数初始化。卷积神经网络未知参数较多，不可能采用人工方法对网络参数进行初始化处理。在工程上常常采用随机分布赋予初始权重。

（2）训练集数据经过卷积层、池化层和全连接层的正向分析，计算卷积神经网络输出层响应。

（3）计算卷积神经网络输出层响应与预期值间误差。

（4）当误差大于设置的阈值时，将误差反向依次经过全连接层、若干池化层和卷积层。当误差等于或小于期望值时，训练结束。

（5）误差反向分析处理过程更新卷积神经网络全连接层权重和各卷积层的卷积核参数，并返回（2）。由于池化层没有参数需要调整，所以在训练过程中只需要更新全连接层的连接权重和卷积核参数。

10.2.1　参数初始化

卷积神经网络训练学习速率不仅取决于样本容量，还依赖于初始化参数，理想的参数初始化虽然可使网络训练事半功倍，但不适宜的初始化参数会对卷积神经网络学习的收敛速率产生负面影响。如果初始化参数过大，则训练过程中网络输出层误差相对于参数的梯度很大，利用梯度下降算法参数更新的幅度较大，导致输出层误差在其最小值附近震荡；如果初始化参数过小，则输出层误差相对于参数的梯度很小，参数更新的幅度较小，导致输出层误差收敛缓慢，或者收敛于某个局部的极小值。当所有参数初始为 0 时，误差反向传播时梯度值处处相同，导致网络参数训练陷入局部最优，使得网络无法继续训练。

为了防止不合适宜的初始化参数对训练的负面影响，学者们提出了随机初始化、Xavier 初始化和 MSRA 初始化等方案。

（1）随机初始化。

随机初始化是一种最简单的神经网络参数初始化算法，该算法首先假设连接权重和卷积核参数的初始值服从同一分布，如均匀分布 $\omega \sim U(-0.01, 0.01)$ 或者高斯分布 $\omega \sim$

$N(0,0.01)$，最后随机产生一组值作为初始参数。随机初始化的参数对网络训练效果与网络层数有关，对深层次网络可能会出现梯度弥散问题，使得网络前几层训练收敛缓慢，同时恶化了深层次的泛化能力。

（2）Xavier 初始化。

为了避免不合适宜的初始参数导致训练梯度爆炸或者消失，学者们常常通过设置随机分布模型参数，使得神经元激活函数具有以下特性：

①卷积神经网络的各层神经元激活函数输出均值保持为 0。

②卷积神经网络的各层神经元激活函数输出方差应保持不变，即正向传播时每层的激活函数输出方差保持不变，反向传播时每层梯度值方差也保持不变。

假设某卷积神经网络具有以下特点：

①各层网络参数 W 独立同分布，且其均值为 0。

②各层输入 x 独立同分布，且其均值为 0。

③网络参数 W 和输入 x 相互独立。

该卷积神经网络第 l 层激活函数为原点对称线性函数，如双曲正切函数。该层神经元个数为 n^l，参数为 W^l，当该层输入数据为 x^{l-1} 时，输出为 x^l，即

$$x^l = W^l x^{l-1} + b^l$$

输出 x^l 的方差为

$$\mathrm{var}(x^l) = \mathrm{var}\left(\sum_{i=1}^{n^l}(\omega_i^l x_i^{l-1})\right) = \sum_{i=1}^{n^l} \mathrm{var}(\omega_i^l x_i^{l-1})$$

$$= \sum_{i=1}^{n^l}\left\{\left[E(\omega_i^l)\right]^2 \mathrm{var}(x_i^{l-1}) + \left[E(x_i^{l-1})\right]^2 \mathrm{var}(\omega_i^l) + \mathrm{var}(\omega_i^l)\mathrm{var}(x_i^{l-1})\right\}$$

$$= \sum_{i=1}^{n^l} \mathrm{var}(\omega_i^l)\mathrm{var}(x_i^{l-1}) = n^l \mathrm{var}(\omega^l)\mathrm{var}(x^{l-1}) \tag{10-6}$$

在卷积神经网络训练过程中，使误差正向传播中每层输出方差保持不变，即网络第 $l-1$ 层输出方差等于第 l 层输出方差，$\mathrm{var}(x^{l-1}) = \mathrm{var}(x^l)$，可得

$$\mathrm{var}(\omega^l) = \frac{1}{n^l} \tag{10-7}$$

由 l 层的反向传播：

$$\frac{\partial E}{\partial x^{l-1}} = \sum_{i=1}^{n} \frac{\partial E}{\partial x^l}\omega^l$$

$$\mathrm{var}\left(\frac{\partial E}{\partial x^{l-1}}\right) = n^l \mathrm{var}\left(\frac{\partial E}{\partial x^l}\right)\mathrm{var}(\omega^l) \tag{10-8}$$

$$\mathrm{var}\left(\frac{\partial E}{\partial x^l}\right) = \mathrm{var}\left(\frac{\partial E}{\partial x^l}\right)\prod_{k=1}^{l} n^k \mathrm{var}(\omega^k)$$

可得

$$\mathrm{var}(\omega^l) = 1/n^l$$

在卷积神经网络中，第 l 层输入神经元和输出神经元的个数不一定总是相同的，因此，取二者的调和平均作为最终方差：

$$\mathrm{var}(\omega^l) = \frac{2}{n^l + n^{l+1}} \tag{10-9}$$

假设卷积神经网络初始化参数服从均匀分布，其初始化的范围是 $[-a,a]$，该分布方差为 $a^2/3$，则 Xavier 初始化方法使网络参数初始化服从 $[-a,a]$ 区间内的均匀分布：

$$\omega \sim U\left[-\sqrt{\frac{6}{n^l + n^{l+1}}}, \sqrt{\frac{6}{n^l + n^{l+1}}}\right] \tag{10-10}$$

Xavier 初始化方法是基于原点对称的线性激活函数推导而来的，不适用于 ReLU 函数和 Sigmoid 函数。

（3）MSRA 初始化。

Xavier 初始化方法中假设条件是激活函数是关于 0 对称的，而常用的 ReLU 函数并不能满足该条件。学者们提出了 MSRA 初始化参数，使得各层神经元输出均值保持为 0 以及各层神经输出方差保持不变。

假设某卷积神经网络具有以下特点：

①各层网络参数 W 独立同分布，且其均值为 0。

②各层输入 x 独立同分布，且其均值为 0。

③网络参数 W 和输入 x 相互独立。

该卷积神经网络第 l 个卷积层激活函数为 ReLU 函数；该层的神经元个数为 n_l，参数为 W_l，当该层输入数据为 x_l 时，此输入也是第 $l-1$ 层激活函数输出值，则该卷积层输出为

$$y_l = W_l x_l + b_l$$

输出 y_l 的方差为

$$\mathrm{var}[y_l] = n_l \mathrm{var}[W_l x_l]$$

假设 $E(W_l)=0$，则有

$$\begin{aligned}
\mathrm{var}[y_l] &= n_l[E(W_l^2) \cdot E(x_l^2) - E^2(W_l) \cdot E^2(x_l)] \\
&= n_l[E(W_l^2) \cdot E(x_l^2) - 0 \cdot E^2(x_l)] \\
&= n_l[E(W_l^2) \cdot E(x_l^2) - E^2(W_l) \cdot E(x_l^2)] \\
&= n_l[E(W_l^2) - E^2(W_l) \cdot E(x_l^2)] \\
&= n_l \mathrm{var}[W_l] \cdot E(x_l^2)
\end{aligned} \tag{10-11}$$

由于激活函数为 $ReLU(\cdot)$，即 $x_l = \max(0, y_{l-1})$，第 $l-1$ 层激活函数不可能均值为 0。初始化时参数均值为 0，由于参数 W 和输入 x 相互独立，则有

$$E(y_l) = E(W_l x_l) = E(x_l) \cdot E(W_l) = 0$$

设 W 是关于 0 对称分布的，则 y_l 在 0 附近也是对称分布的。根据 $x_l = \max(0, y_{l-1})$，只有当 $y_{l-1} > 0$ 时，x_l 才有值，且 y_l 在 0 附近也是对称分布的，则有

$$E(x_l^2) = \frac{1}{2}E(y_{l-1}^2) = \frac{1}{2}[E(y_{l-1}^2) - E(y_{l-1})] = \frac{1}{2}\mathrm{var}(y_{l-1})$$

将上式代入式（10-11），得

$$\mathrm{var}[y_l] = \frac{1}{2}n_l \mathrm{var}[W_l] \cdot \mathrm{var}[y_{l-1}]$$

将所有层的方差累加，得

$$\mathrm{var}[y_l] = \mathrm{var}[y_l]\prod_{l=2}^{L} \frac{1}{2}n_l \mathrm{var}[W_l]$$

为了使卷积神经网络每层输出方差保持不变，则有

$$\frac{1}{2}n_l \mathrm{var}[W_l] = 1$$

可得到 W 的方差为 $\sqrt{2/n_l}$，则初始化参数 W 应服从：

$$W \sim N(0, \sqrt{2/n_l}), \quad W \sim U[-\sqrt{6/n_l}, \sqrt{6/n_l}] \tag{10-12}$$

10.2.2 正向传播

卷积神经网络训练的误差正向传播是指输入数据经过若干卷积层、若干池化层和全连接层，到输出层的传播过程。正向传播过程包括：从输入层或池化层到卷积层的卷积处理，即卷积层的正向传播；从卷积层到池化层的池化操作，即池化层的正向传播；全连接层的分类操作，即全连接层的正向传播。

（1）卷积层的正向传播。

卷积层的正向传播是对输入数据进行卷积处理。如果输入图像样本是黑白图像，那么输入层数据为矩阵 $\boldsymbol{X}$，其矩阵元素对应图像亮度，卷积核表示为矩阵 $\boldsymbol{W}$。如果输入为 RGB 彩色图像，则输入数据可看作 3 维张量，该张量是由图像 R，G，B 分量构成的 3 个矩阵，卷积核也可认为是由 3 个子矩阵组成的张量 $\boldsymbol{W}$。同样，对于更高维图像，输入可以是 4 维或 n 维的张量 $\boldsymbol{X}$，卷积核为高维的张量 $\boldsymbol{W}$。

设某卷积神经网络的一个卷积核参数为 W，数据 $\boldsymbol{a}^1$ 为输入到第 2 层的卷积层，经激活函数 f 处理后，其输出 $\boldsymbol{a}^2$ 为

$$\boldsymbol{a}^2 = f(\boldsymbol{z}^2) = f(\boldsymbol{a}^1 * \boldsymbol{W}^2 + b^2) \tag{10-13}$$

式中，上标表示网络层数，b 表示激活函数的偏置量，$*$ 表示卷积运算。为了便于统一描述卷积神经网络的卷积运算，常常需要定义以下参数：

①卷积核个数 k。

②卷积核子矩阵大小，工程上卷积核子矩阵一般为方阵。

③填充大小，为了更好地识别图像边缘，常常对输入矩阵外围填充若干 0。

④步幅，即卷积运算偏移像素个数。

设某卷积神经网络的池化（隐藏）层的输出为 $\boldsymbol{a}^{l-1}$，该输出数据经卷积处理和激活函数 f 处理后的结果为

$$\boldsymbol{a}^l = f(\boldsymbol{z}^l) = f(\boldsymbol{a}^{l-1} * \boldsymbol{W}^l + b^l) \tag{10-14}$$

若池化层的输出为 M 个 $\boldsymbol{a}^{l-1}$，经某卷积核计算后得到 M 个子矩阵的张量 $\boldsymbol{a}^l$，其结果表示为

$$\boldsymbol{a}^l = f(\boldsymbol{z}^l) = f\left(\sum_{k=1}^{M} \boldsymbol{z}_k^l\right) = f\left(\sum_{k=1}^{M} \boldsymbol{a}_k^{l-1} * \boldsymbol{W}_k^l + b_k^l\right) \tag{10-15}$$

（2）池化层的正向传播。

池化处理的目的是降低数据维度和避免过拟合。如果输入 $N \times N$ 矩阵，池化窗口为 $m \times m$，则输出矩阵大小为 $N/m \times N/m$。

工程上常见的池化方式主要有最大池化、均值池化和随机池化。最大池化是选取池化窗口内所有特征元素的最大值，该方法减少了因卷积层参数误差造成的估计均值偏移，更

多地保留了图像纹理信息。均值池化即是池化窗口内所有特征的平均值，该方法可减少估计值方差对邻域大小的敏感程度，更多地保留图像背景信息。随机池化是对池化窗口内的特征数值按照其值大小赋予概率值，依概率进行亚采样。该方法确保了特征中不是最大激励的神经元也能够被利用，消除非极大值的负面影响，降低了上层的计算复杂度，同时由于随机性，它能够避免过拟合。

（3）全连接层的正向传播。

输入图像数据经过系列卷积和池化处理后输入到全连接层，其结果为

$$a^l = f(z^l) = f(\boldsymbol{W}^l a^{l-1} + b^l) \tag{10-16}$$

此处激活函数一般采用 $soft\max(\cdot)$，全连接层的正向传播与传统神经网络相同。

（4）正向传播算法。

输入：训练样本，神经网络层数、隐藏层的类型和各层的神经元个数，卷积核个数、卷积核子矩阵大小、填充大小和步幅，池化窗口大小和池化方式（最大池化、平均池化和随机池化），全连接层激活函数。

输出：卷积神经网络的输出 a^l。

①根据卷积核子矩阵大小，填充图像边界得到输入张量 a^1。

②初始化所有隐藏层的参数 $\boldsymbol{W}$，b。

③for $i = 2$ to $l-1$：

如果第 i 层是卷积层，则输出为

$$a^i = ReLU(z^i) = ReLU(a^{i-1} * \boldsymbol{W}^i + b^i)$$

如果第 i 层是池化层，则输出为

$$a^i = pool(a^{i-1})$$

如果第 i 层是全连接层，则输出为

$$a^i = f(z^i) = f(\boldsymbol{W}^i a^{i-1} + b^i)$$

④对于输出层第 l 层：

$$a^l = soft\max(z^l) = soft\max(\boldsymbol{W}^l a^{l-1} + b^l)$$

10.2.3　反向传播

当卷积神经网络输出大于收敛阈值时，需进行反向传播。首先，计算正向传播结果与期望值间的误差；其次，误差经过全连接层、若干池化层和若干卷积层逐层返回；最后，更新网络参数。该过程的主要目的是通过卷积神经网络修正训练样本的输出结果和期望的误差，并调整参数。卷积神经网络训练的反向传播涉及两个基本问题：误差反向传播和参数调整，前者主要包括卷积层、池化层、全连接层的误差反向传播，参数调整一般采用梯度下降算法。

（1）各层误差。

首先计算输出层的误差 $\boldsymbol{\delta}^L$：

$$\boldsymbol{\delta}^L = \frac{\partial J(\boldsymbol{W},b)}{\partial z^l} = \frac{\partial J(\boldsymbol{W},b)}{\partial a^l} \odot f'(z^L) \tag{10-17}$$

式中，$\odot$ 表示对应元素乘积运算。

利用数学归纳法，运用第 $l+1$ 层误差 $\boldsymbol{\delta}^{l+1}(l<L)$ 可计算第 l 层误差 $\boldsymbol{\delta}^l$：

$$\boldsymbol{\delta}^l = \left(\frac{\partial \boldsymbol{z}^{l+1}}{\partial \boldsymbol{z}^l}\right)^{\mathrm{T}} \boldsymbol{\delta}^{l+1} = (\boldsymbol{W}^{l+1})^{\mathrm{T}} \boldsymbol{\delta}^{l+1} \odot f'(\boldsymbol{z}^L) \tag{10-18}$$

根据各层误差，计算网络参数 $\boldsymbol{W}$，b 的梯度：

$$\begin{cases} \dfrac{\partial J(\boldsymbol{W},b)}{\partial \boldsymbol{W}^l} = \boldsymbol{\delta}^l (\boldsymbol{a}^{l-1})^{\mathrm{T}} \\[3mm] \dfrac{\partial J(\boldsymbol{W},b)}{\partial b^l} = \boldsymbol{\delta}^l \end{cases} \tag{10-19}$$

（2）池化层的反向传播。

当卷积神经网络训练时，由于在正向传播过程中采用了池化操作对卷积特征进行下采样，所以在误差反向传播时必须把所有误差子矩阵 $\boldsymbol{\delta}^l$ 进行上采样，还原池化前的大小。

假设卷积神经网络的池化窗口为 2×2。第 l 层的第 k 个误差子矩阵 $\boldsymbol{\delta}^l$ 为

$$\boldsymbol{\delta}^l = \begin{bmatrix} \delta_{11} & \delta_{12} \\ \delta_{21} & \delta_{22} \end{bmatrix}$$

由于特征池化区域为 2×2，所以该误差子矩阵还原后，其大小可表示为

$$\begin{bmatrix} 0 & 0 & 0 & 0 \\ 0 & \delta_{11} & \delta_{12} & 0 \\ 0 & \delta_{21} & \delta_{22} & 0 \\ 0 & 0 & 0 & 0 \end{bmatrix}$$

如果该卷积神经网络采用最大池化，其正向传播时最大值位置分别是左上、右下、右上、左下，则该误差子矩阵可还原为

$$\begin{bmatrix} \delta_{11} & 0 & 0 & 0 \\ 0 & 0 & 0 & \delta_{12} \\ 0 & \delta_{21} & 0 & 0 \\ 0 & 0 & \delta_{22} & 0 \end{bmatrix}$$

如果该卷积神经网络采用平均池化，则该误差子矩阵还原后为

$$\begin{bmatrix} \delta_{11}/4 & \delta_{11}/4 & \delta_{12}/4 & \delta_{12}/4 \\ \delta_{11}/4 & \delta_{11}/4 & \delta_{12}/4 & \delta_{12}/4 \\ \delta_{21}/4 & \delta_{21}/4 & \delta_{22}/4 & \delta_{22}/4 \\ \delta_{21}/4 & \delta_{21}/4 & \delta_{22}/4 & \delta_{22}/4 \end{bmatrix}$$

第 l 层误差子矩阵 $\boldsymbol{\delta}^l$ 经池化层反向传播到第 $l-1$ 层的误差 $\boldsymbol{\delta}_k^{l-1}$ 为

$$\boldsymbol{\delta}_k^{l-1} = \left(\frac{\partial \boldsymbol{a}_k^{l-1}}{\partial \boldsymbol{z}_k^{l-1}}\right)^{\mathrm{T}} \frac{\partial J(\boldsymbol{W},b)}{\partial \boldsymbol{a}_k^{l-1}} = upsample(\boldsymbol{\delta}_k^l) \odot f'(\boldsymbol{z}_k^{l-1}) \tag{10-20}$$

式中，$upsample(\bullet)$ 表示上采样函数，实现了池化误差放大或重新分配。若采用张量表示，则式（10-20）可简写为

$$\boldsymbol{\delta}^{l-1} = upsample(\boldsymbol{\delta}^l) \odot f'(\boldsymbol{z}^{l-1})$$

由于池化操作没有参数，所以计算误差函数的梯度。

（3）卷积层的反向传播。

卷积层信号和误差的传播均是利用卷积操作实现，该层与输入数据或特征通常是局部

连接，所以分析卷积层的误差反向传播需要确定与前一层的连接节点。由卷积层的正向传播式（10-14）可知，第 l 层的误差为

$$\boldsymbol{\delta}^l = \frac{\partial J(\boldsymbol{W},b)}{\partial \boldsymbol{z}^l} = \left(\frac{\partial \boldsymbol{z}^{l+1}}{\partial \boldsymbol{z}^l}\right)^{\mathrm{T}} \frac{\partial J(\boldsymbol{W},b)}{\partial \boldsymbol{z}^{l+1}} = \left(\frac{\partial \boldsymbol{z}^{l+1}}{\partial \boldsymbol{z}^l}\right)^{\mathrm{T}} \boldsymbol{\delta}^{l+1} \tag{10-21}$$

式中，

$$\boldsymbol{z}^l = \boldsymbol{a}^{l-1} * \boldsymbol{W}^l + b^l = f(\boldsymbol{z}^{l-1}) * \boldsymbol{W}^l + b^l$$

同理，可得第 $l-1$ 层的误差为

$$\boldsymbol{\delta}^{l-1} = \left(\frac{\partial \boldsymbol{z}^l}{\partial \boldsymbol{z}^{l-1}}\right)^{\mathrm{T}} \boldsymbol{\delta}^l = \boldsymbol{\delta}^l * rot\,180(\boldsymbol{W}^l) \odot f'(\boldsymbol{z}^{l-1}) \tag{10-22}$$

式（10-22）与式（10-18）在形式上是相似的，唯一区别是含有卷积的式子求导时卷积核被翻转 180°。卷积核翻转 180° 即对卷积核上下翻转一次，再左右翻转一次。

假设某卷积神经网络的某卷积层（第 l 层）输入为一个 3×3 矩阵 $\boldsymbol{a}^{l-1}$，卷积核 $\boldsymbol{W}^l$ 是一个 2×2 矩阵，则该卷积层输出一个 2×2 的矩阵 $\boldsymbol{z}^l$，则有

$$\boldsymbol{a}^{l-1} * \boldsymbol{W}^l = \boldsymbol{z}^l$$

其矩阵表示为

$$\begin{bmatrix} a_{11} & a_{12} & a_{13} \\ a_{21} & a_{22} & a_{23} \\ a_{31} & a_{32} & a_{33} \end{bmatrix} * \begin{bmatrix} \omega_{11} & \omega_{12} \\ \omega_{21} & \omega_{22} \end{bmatrix} = \begin{bmatrix} z_{11} & z_{12} \\ z_{21} & z_{22} \end{bmatrix}$$

利用卷积的定义，得到

$$\begin{cases} z_{11} = a_{11}\omega_{11} + a_{12}\omega_{12} + a_{21}\omega_{21} + a_{22}\omega_{22} \\ z_{12} = a_{12}\omega_{11} + a_{13}\omega_{12} + a_{22}\omega_{21} + a_{23}\omega_{22} \\ z_{21} = a_{21}\omega_{11} + a_{22}\omega_{12} + a_{31}\omega_{21} + a_{32}\omega_{22} \\ z_{22} = a_{22}\omega_{11} + a_{23}\omega_{12} + a_{32}\omega_{21} + a_{33}\omega_{22} \end{cases}$$

假设矩阵 z 表示反向传播误差：

$$z = \begin{bmatrix} \delta_{11} & \delta_{12} \\ \delta_{21} & \delta_{22} \end{bmatrix}$$

则该卷积层的输入误差 $\nabla \boldsymbol{z}_a$ 为

$$\nabla \boldsymbol{z}_a = \begin{bmatrix} \nabla a_{11} & \nabla a_{12} & \nabla a_{13} \\ \nabla a_{21} & \nabla a_{22} & \nabla a_{23} \\ \nabla a_{31} & \nabla a_{32} & \nabla a_{33} \end{bmatrix}$$

$$= \begin{bmatrix} \delta_{11}\omega_{11} & \delta_{11}\omega_{12} + \delta_{12}\omega_{11} & \delta_{12}\omega_{12} \\ \delta_{11}\omega_{21} + \delta_{21}\omega_{11} & \delta_{11}\omega_{22} + \delta_{12}\omega_{21} + \delta_{21}\omega_{12} + \delta_{22}\omega_{11} & \delta_{12}\omega_{22} + \delta_{22}\omega_{12} \\ \delta_{21}\omega_{21} & \delta_{21}\omega_{22} + \delta_{22}\omega_{21} & \delta_{22}\omega_{22} \end{bmatrix}$$

该误差卷积表示为

$$\nabla \boldsymbol{z}_a = \begin{bmatrix} \nabla a_{11} & \nabla a_{12} & \nabla a_{13} \\ \nabla a_{21} & \nabla a_{22} & \nabla a_{23} \\ \nabla a_{31} & \nabla a_{32} & \nabla a_{33} \end{bmatrix} = \begin{bmatrix} 0 & 0 & 0 & 0 \\ 0 & \delta_{11} & \delta_{12} & 0 \\ 0 & \delta_{21} & \delta_{22} & 0 \\ 0 & 0 & 0 & 0 \end{bmatrix} * \begin{bmatrix} \omega_{22} & \omega_{21} \\ \omega_{12} & \omega_{11} \end{bmatrix}$$

在训练过程中，为了减少网络输出与期望之间的差异，学者们常常利用误差计算网络

参数梯度，从而调整网络参数 $\boldsymbol{W}$，b。

对于全连接层，由于其输出 $\boldsymbol{z}^l$ 为输入特征 $\boldsymbol{a}^{l-1}$ 与网络参数 $\boldsymbol{W}$，b 的线性运算：

$$\boldsymbol{z}^l = \sum \boldsymbol{a}^{l-1}\boldsymbol{W}^l + b \qquad (10-23)$$

所以 $\boldsymbol{W}$，b 的梯度可利用式（10-19）进行计算。

卷积层输出 $\boldsymbol{z}^l$ 与输入特征 $\boldsymbol{a}^{l-1}$、网络参数 $\boldsymbol{W}$，b 之间的关系为

$$\boldsymbol{z}^l = \boldsymbol{a}^{l-1} * \boldsymbol{W}^l + b$$

在误差反向传播过程中有

$$\frac{\partial J(\boldsymbol{W},b)}{\partial \boldsymbol{W}^l} = \boldsymbol{a}^{l-1} * \boldsymbol{\delta}^l \qquad (10-24)$$

假设某卷积神经网络的某卷积层（第 l 层）输入为一个 4×4 矩阵 $\boldsymbol{a}$，卷积核 $\boldsymbol{W}^l$ 是一个 3×3 矩阵，则该卷积层输出一个 2×2 的矩阵 $\boldsymbol{z}^l$。反向传播时，该卷积层的梯度误差为 2×2 的矩阵 $\boldsymbol{\delta}$，可得

$$\begin{cases} \frac{\partial J(\boldsymbol{W},b)}{\partial \boldsymbol{W}^l_{11}} = a_{11}\delta_{11} + a_{12}\delta_{12} + a_{21}\delta_{21} + a_{22}\delta_{22} \\ \frac{\partial J(\boldsymbol{W},b)}{\partial \boldsymbol{W}^l_{12}} = a_{12}\delta_{11} + a_{12}\delta_{12} + a_{22}\delta_{21} + a_{23}\delta_{22} \\ \quad\vdots \\ \frac{\partial J(\boldsymbol{W},b)}{\partial \boldsymbol{W}^l_{33}} = a_{33}\delta_{11} + a_{34}\delta_{12} + a_{43}\delta_{21} + a_{44}\delta_{22} \end{cases}$$

整理成矩阵形式后可得

$$\frac{\partial J(\boldsymbol{W},b)}{\partial \boldsymbol{W}^l} = \begin{bmatrix} a_{11} & a_{12} & a_{13} & a_{14} \\ a_{21} & a_{22} & a_{23} & a_{24} \\ a_{31} & a_{32} & a_{33} & a_{34} \\ a_{41} & a_{42} & a_{43} & a_{44} \end{bmatrix} * \begin{bmatrix} \delta_{11} & \delta_{12} \\ \delta_{21} & \delta_{22} \end{bmatrix}$$

因此，卷积核 $\boldsymbol{W}$ 的梯度可表示为

$$\frac{\partial J(\boldsymbol{W},b)}{\partial \boldsymbol{W}^l_{pq}} = \sum_i \sum_j \boldsymbol{\delta}^l \boldsymbol{a}^{l-1}_{i+p-1,j+q-1} \qquad (10-25)$$

卷积神经网络各层误差 $\boldsymbol{\delta}^l$ 为高维张量，b 的梯度常常为 $\boldsymbol{\delta}^l$ 的各个子矩阵对应项求和得到的向量，即

$$\frac{\partial J(\boldsymbol{W},b)}{\partial b^l} = \sum_{uv} (\boldsymbol{\delta}^l)_{uv} \qquad (10-26)$$

（4）反向传播算法。

输入：批量训练样本 $\boldsymbol{a}^1$，神经网络层数 L、隐藏层的类型和各层的神经元个数，卷积核个数、卷积核子矩阵大小、填充大小和步幅，池化窗口大小和池化方式（最大池化或平均池化），全连接层激活函数，梯度下降法的迭代步长 a、最大迭代次数 max 和收敛阈值 ε。

输出：卷积神经网络的各隐藏层与输出层 $\boldsymbol{W}$，b。

①初始化各隐藏层与输出层的 $\boldsymbol{W}$，b。

②for $iter =1$ to max：

for $i =1$ to m：

将卷积神经网络输入图像样本 $\boldsymbol{a}^1$ 设置为张量 $\boldsymbol{x}_i$。

for $j = 2$ to $L - 1$ //正向传播

如果当前是全连接层，则有

$$a^{i,j} = f(\boldsymbol{z}^{i,j}) = f(\boldsymbol{W}^i \boldsymbol{a}^{i,j-1} + b^j)$$

如果当前是卷积层，则有

$$a^{i,j} = f(\boldsymbol{z}^{i,j}) = f(\boldsymbol{a}^{i,j-1} * \boldsymbol{W}^j + b^j)$$

如果当前是池化层，则有

$$a^{i,j} = pool(\boldsymbol{a}^{i,j-1})$$

对于输出层（第 L 层），则有

$$a^{i,L} = soft\max(\boldsymbol{z}^{i,L}) = soft\max(\boldsymbol{W}^L \boldsymbol{a}^{i,L-1} + b^L)$$

计算输出层的 $\boldsymbol{\delta}^{i,L}$。

for $j = L - 1$ to 1 //反向传播

如果当前是全连接层，则有

$$\boldsymbol{\delta}^{i,j} = (\boldsymbol{W}^{j+1})^{\mathrm{T}} \boldsymbol{\delta}^{i,j+1} \odot f'(\boldsymbol{z}^{i,j})$$

如果当前是卷积层，则有

$$\boldsymbol{\delta}^{i,j} = \boldsymbol{\delta}^{i,j+1} * rot180(\boldsymbol{W}^{j+1}) \odot f'(\boldsymbol{z}^{i,j})$$

如果当前是池化层，则有

$$\boldsymbol{\delta}^{i,j} = upsample(\boldsymbol{\delta}^{i,j+1}) \odot f'(\boldsymbol{z}^{i,j})$$

for $j = 2$ to L //参数更新

如果当前是全连接层，则有

$$\begin{cases} \boldsymbol{W}^j = \boldsymbol{W}^j - \alpha \sum_{i=1}^{m} \boldsymbol{\delta}^{i,j} (\boldsymbol{a}^{i,j-1})^{\mathrm{T}} \\ b^j = b^j - \alpha \sum_{i=1}^{m} \boldsymbol{\delta}^{i,j} \end{cases}$$

如果当前是卷积层，对于每一个卷积核有

$$\begin{cases} \boldsymbol{W}^j = \boldsymbol{W}^j - \alpha \sum_{i=1}^{m} \boldsymbol{a}^{i,j-1} * \boldsymbol{\delta}^{i,j} \\ b^j = b^j - \alpha \sum_{i=1}^{m} \sum_{u,v} (\boldsymbol{\delta}^{i,j})_{u,v} \end{cases}$$

如果所有 $\boldsymbol{W}$，b 的变化值都小于 ε，则跳出迭代循环到（3）。

③输出各隐藏层与输出层的 $\boldsymbol{W}$，b。

10.3　全卷积神经网络

　　图像前景提取本质上是根据特征分析图像像素类别。为了继承卷积神经网络强大的特征提取和分类识别能力，学者们提出了基于卷积神经网络的图像语义分割。该分割技术首先将邻域像素作为分析基元，并将分析基元作为训练集；其次，训练卷积神经网络参数，从训练集中挖掘相同语义标签分析基元亮度/颜色分布的共性和不同标签分析基元的差异性；最后，对输入图像的分析基元进行标签判断。相比于传统的语义分割技术，基于卷积神经网络的图像语义分割技术将特征提取和语义标签融合为一体，使得图像特征提取和图像语义分析相辅相成，提高了语义分割的准确率。但该技术以图像分析基元为对象，丢失了图像对象像素级别的细节信息，不能逐像素语义标签识别和准确地定位对象轮廓。同时，卷积神经网络对图像像素级别的分类存在以下难点：

（1）卷积神经网络的图像语义分割计算存储开销大。该技术以邻域像素作为分析基元，为了对图像任意像素进行语义标签识别，就必须将图像逐像素扫描，提取图像中所有的分析基元并存储在系统中。图像像素个数数以万计甚至百万计，这使得卷积神经网络的语义分割需要较大的存储空间。

（2）卷积神经网络的图像语义分割计算效率低下。基于卷积神经网络的图像语义分割中，分析基元往往是人为固定划分，破坏了图像视觉区域的亮度/颜色相似性，使得图像视觉区域的分析基元重复运算，大大增加了计算复杂度，降低了计算效率。

（3）卷积神经网络的图像语义分割精度受限于分析基元大小。

10.3.1　全卷积神经网络结构

为了继承卷积神经网络强大的特征提取和分类识别能力，同时实现图像逐像素分类识别，学者们提出了全卷积神经网络。该网络保留了卷积神经网络的卷积层和池化层，继承了特征提取和组织能力，同时弥补了卷积神经网络在图像分割方面的局限性，即全连接层仅仅整合了适当尺度特征实现特征约简，虽然有利于图像模式分类，但对图像语义分割却忽略了像素级精度。全卷积神经网络利用反卷积层替换卷积神经网络的全连接层，将最后一个卷积层的特征图进行上采样构成特征热图，使特征热图恢复为输入图像相同空间分辨率，以特征热图为分析对象对图像逐像素识别。

以传统卷积神经网络为例，该网络前5层均为级联的卷积层+池化层，其中各池化层的分析窗口尺寸为2×2，后3层为全连接层。利用该卷积神经网络对输入图像进行第一次卷积和池化（conv1+pool1）处理后，其特征图的长宽均为输入图像的1/2，此图称为1/2尺度的特征图；第二次卷积+池化（conv2+pool2）是对第一次卷积和池化的特征图进行特征提取和池化，其特征图的长宽为输入图像的1/4，此图称为1/4尺度的特征图；第三次卷积+池化（conv3+pool3）处理后得到1/8尺度的特征图；第四次卷积+池化（conv4+pool4）处理后得到1/16尺度的特征图；第五次卷积+池化（conv5+pool5）处理后特征图的长宽均为输入图像的1/32。全卷积神经网络在此基础上利用上采样技术逐层还原特征图尺寸，得到不同尺寸的特征热图。全卷积神经网络结构如图10-3所示，为了简化，图中只给了池化层和上采样结构。

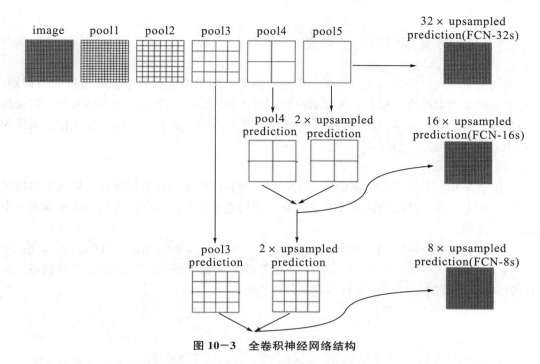

图 10—3　全卷积神经网络结构

　　全卷积神经网络中不同卷积＋池化层对输入图像特征提取后，其特征图的分辨率随层数增加而逐渐减小，前几层特征图的分辨率较高，像素点的定位比较准确；后几层特征图的分辨率较低，像素点的分类比较准确。为了继承不同尺度的特征图对图像像素语义划分的优点，提高图像语义分割的精度和准确度，学者们将高分辨率的特征图和低分辨率的特征图有机结合。具体结合过程如下：

　　（1）对第五次卷积＋池化（conv5＋pool5）处理后的 1/32 尺度的特征图进行上采样处理。为了将该特征图还原为输入图像的分辨率，对该图进行 32 倍的上采样得到 FCN-32s 特征热图。FCN-32s 特征热图仅仅提高了特征图的空间分辨率，其特征定位精度较差，如果运用该特征热图对图像进行语义划分，其精度为 16 个像素。

　　（2）为了提高 FCN-32s 特征热图的语义分割精度，学者们利用 1/16 尺度的特征图弥补 FCN-32s 的精度，首先对 1/32 尺度的特征图进行 2 倍上采样得到 1/16 尺度的特征图相同的空间分辨率，其次将它们逐元素求和得到伪 1/16 尺度的特征图，最后对伪 1/16 尺度的特征图进行 16 倍上采样得到 FCN-16s 特征热图。FCN-16s 特征热图融合了 1/16 尺度的特征图信息，在一定程度上提高了 FCN-32s 的精度。但其特征定位的像素精度仍然较差，如果对图像进行语义划分，其精度为 8 个像素，不能对图像实现像素级的精确定位。

　　（3）为了提高 FCN-16s 特征热图的语义分割精度，学者们利用 1/8 尺度的特征图弥补 FCN-16s 的精度，首先对伪 1/16 尺度的特征图进行 2 倍上采样得到 1/8 尺度的特征图相同的空间分辨率，其次将它们逐元素求和得到伪 1/8 尺度的特征图，最后对伪 1/8 尺度的特征图进行 8 倍上采样得到 FCN-8s 特征热图。FCN-8s 特征热图融合了 1/8 尺度的特征图信息，在一定程度上进一步补充了 FCN-16s 的信息，提高了 FCN-16s 的精度。

10.3.2 全卷积神经网络的上采样

最初的全卷积神经网络主要用于图像语义分割，即对图像的各个像素进行分类识别，从而实现图像像素的语义标签。这要求对卷积层产生的特征热图放大为原图大小。特征热图的放大常常采用上采样方法，目前上采样方法大致可分为插值上采样、反池化上采样和反卷积上采样三种。

（1）插值上采样。

插值上采样就是在特征热图的基础上，对相邻特征值采用合适插值算法插入新的特征值。在工程上常用线性插值法，该插值法是指使用连接两个已知特征值的直线来确定一个未知的特征值。

假设特征热图存在 4 个相邻的特征值：$q_{11} = H(x_1, y_1)$，$q_{12} = H(x_1, y_2)$，$q_{21} = H(x_2, y_1)$，$q_{22} = H(x_2, y_2)$。为了在 4 个相邻的特征值中插入一个新的元素得到点 (i, j) 的特征值，首先在 x 方向进行线性插值，得到

$$\begin{cases} f(q_1) \approx \dfrac{x_2 - x}{x_2 - x_1} q_{11} + \dfrac{x - x_1}{x_2 - x_1} q_{21} \\ f(q_2) \approx \dfrac{x_2 - x}{x_2 - x_1} q_{12} + \dfrac{x - x_1}{x_2 - x_1} q_{22} \end{cases}$$

然后在 y 方向进行线性插值，得到

$$q = H(x, y) \approx \frac{y_2 - y}{y_2 - y_1} f(q_1) + \frac{y - y_1}{y_2 - y_1} f(q_2)$$

综上所述，特征热图的线性插值结果为

$$\begin{aligned} H(x, y) = {} & \frac{(x_2 - x)(y_2 - y)}{(x_2 - x_1)(y_2 - y_1)} q_{11} + \frac{(x - x_1)(y_2 - y)}{(x_2 - x_1)(y_2 - y_1)} q_{21} + \\ & \frac{(x_2 - x)(y - y_1)}{(x_2 - x_1)(y_2 - y_1)} q_{12} + \frac{(x - x_1)(y - y_1)}{(x_2 - x_1)(y_2 - y_1)} q_{22} \end{aligned} \tag{10-27}$$

工程上，特征热图的上采样常常利用相邻 4 个特征点插入新的元素，$x_2 - x_1 = 1$，$y_2 - y_1 = 1$。设待插入点 (x, y) 为相邻特征点的内点：

$$\begin{cases} \lambda_1 = \dfrac{x - x_1}{x_2 - x_1} = x - x_1 \\ \lambda_2 = \dfrac{y - y_1}{y_2 - y_1} = y - y_1 \end{cases}$$

式（10-27）可简化为

$$H(x, y) = (1 - \lambda_1)(1 - \lambda_2) q_{11} + \lambda_1 (1 - \lambda_2) q_{21} + (1 - \lambda_1) \lambda_2 q_{12} + \lambda_1 \lambda_2 q_{22} \tag{10-28}$$

式（10-28）可知，特征热图的插值上采样实现简单，无须训练。

（2）反池化上采样。

在全卷积神经网络中，反池化上采样通常是指池化的逆过程。在该网络的卷积层中，池化操作是不可逆的，但为了增大特征热图的尺寸，在池化过程使用一组转换变量记录每个池化区域内池化的位置，结合位置信息对池化数据直接还原，其他位置填 0，从而一定

程度上保护了原有结构。

（3）反卷积上采样。

在全卷积神经网络中，反卷积上采样通常认为是卷积的逆过程，但非数学意义上的反卷积，因为该网络反卷积上采样的目的是将特征热图的尺寸回复为输入图像分辨率，而非特征值的复原。

10.3.3　全卷积神经网络的优缺点

全卷积神经网络保留了卷积神经网络的卷积层和池化层，继承了卷积神经网络的特征提取和组织能力，弥补了全连接层特征约简不利于像素级的语义标识，运用反卷积层将卷积神经网络的特征图进行上采样构成特征热图，以特征热图为分析对象对图像逐像素标签识别，避免了利用像素块对图像进行语义分割引起重复存储和卷积计算等问题。相比于卷积神经网络，该网络提高了图像像素级别的识别精度。

全卷积神经网络利用反卷积改善了图像语义分割精度，但网络中池化处理引起的信息损失并不能由上采样完全恢复，其中 FCN-8s 特征热图仅仅是 1/8 尺度的特征图进行 8 倍上采样得到的，虽然在一定程度上补充了 FCN-16s 的信息，但其特征定位精度较差，如果运用该特征热图对图像进行语义划分，其精度为 4 个像素。全卷积神经网络利用深度学习方法对海量训练样本进行学习得到的网络参数充分考虑了大量样本的共性，其泛化能力强于人为特征的泛化能力。在现实的一些应用场景中，用于学习的样本容量是有限的，对于小样本的特征稳定性和可区分性仍需进一步研究。

10.4　小结与展望

学者们运用深度学习提取特征，结合卷积神经网络的优点提取了全卷积神经网络的图像语义分割。该网络在一定程度上解决了图像语义分割中的图像语义描述模糊性的问题。传统图像语义分割技术需要对图像内容或对象的像素和几何属性进行定量描述，并形成数字化的先验知识。由于图像内容千变万化，定量描述其内容和对象的先验知识是不现实的。全卷积神经网络将特征提取和语义标识有机融合，两者相互作用。

全卷积神经网络继承了卷积神经网络的特征提取和组织能力，弥补了全连接层特征约简不利于像素级的语义标识，以特征热图为分析对象对图像逐像素标签识别，避免了利用像素块对图像进行语义分割引起重复存储和卷积计算等问题。相比于卷积神经网络，该网络可以接受任意大小的输入图像，同时提高了图像像素级别的识别精度。

全卷积神经网络利用反卷积改善了图像语义分割精度，但网络中池化处理引起的信息损失并不能由上采样得以完全恢复。全卷积神经网络利用深度学习方法对海量训练样本进行学习得到网络参数，其泛化能力强于人为特征的泛化能力。在工程实践中，用于学习的样本容量常常是有限的，对于小样本的特征稳定性和可区分性仍需进一步研究。

参考文献

[1] Zhang C，Woodland P C. DNN Speaker Adaptation Using Parameterised Sigmoid and ReLU Hidden Activation Functions［C］. 2016 IEEE International Conference on Acoustics，Speech and Signal Processing，Shanghai，20－25 March 2016：5300－5304.

[2] Taigman Y，Yang M，Ranzato M A，et al. Deepface：Closing the Gap to Human-Level Performance in Face Verification［C］. 2014 IEEE Conference on Computer Vision and Pattern Recognition，Columbus，OH，23－28 June 2014：1701－1708.

[3] Szegedy C，Ioffe S，Vanhoucke V，et al. Inception-v4，Inception-Resnet and the Impact of Residual Connections on Learning［C］. Proceedings of the Thirty-First AAAI Conference on Artificial Intelligence，San Francisco，CA，4－9 February 2017：4278－4284.

[4] He K，Zhang X，Ren S，et al. Delving Deep into Rectifiers：Surpassing Human-Level Performance on ImageNet Classification［C］. 2015 IEEE International Conference on Computer Vision，Santiago，Chile，7－13 December 2015：1026－1034.

[5] Wang X，Girshick R，Gupta A，et al. Non-Local Neural Networks［C］. 2018 IEEE Conference on Computer Vision and Pattern Recognition，Salt Lake City，UT，18－23 June 2018：7794－7803.

[6] 曲之琳，胡晓飞. 基于改进激活函数的卷积神经网络研究［J］. 计算机技术与发展，2017，27(12)：77－80.

[7] 田娟，李英祥，李彤岩. 激活函数在卷积神经网络中的对比研究［J］. 计算机系统应用，2018，27(7)：45－51.

[8] Gulcehre C，Moczulski M，Denil M，et al. Noisy Activation Functions［C］. Proceedings of the 33rd International Conference on Machine Learning，PMLR 48，2016：3059－3068.

[9] 王红霞，周家奇，辜承昊. 用于图像分类的卷积神经网络中激活函数的设计［J］. 浙江大学学报(工学版)，2019(7)：1363－1373.

[10] 张海燕，冯天瑾. 新的组合激活函数 BP 网络模型研究［J］. 青岛海洋大学学报(自然科学版)，2002(4)：125－130.

[11] 王灵矫，李乾，郭华. 基于 Swish 激活函数的人脸情绪识别的深度学习模型研究［J］. 图像与信号处理，2019，8(3)：110－120.

[12] 米硕，田丰收，孙瑞彬，等. Swish 激活函数在中小规模数据集上的性能表现［J］. 科技创新与应用，2018(1)：4－5.

[13] 刘小文，郭大波，李聪. 卷积神经网络中激活函数的一种改进［J］. 测试技术学报，2019，33(2)：121－125.

[14] 黄毅，段修生，孙世宇，等. 基于改进 sigmoid 激活函数的深度神经网络训练算法研究［J］. 计算机测量与控制，2017(2)：126－129.

[15] 贺扬，成凌飞，张培玲，等. 一种新型激活函数：提高深层神经网络建模能力［J］. 测控技术，2019，38(4)：55－58，63.

[16] 王双印，滕国文. 卷积神经网络中 ReLU 激活函数优化设计［J］. 信息通信，2018(1)：42－43.

[17] 刘宇晴，王天昊，徐旭. 深度学习神经网络的新型自适应激活函数［J］. 吉林大学学报(理学版)，2019，57(4)：857－859.

[18] Jia Y，Shelhamer E，Donahue J. Caffe：Convolutional Architecture for Fast Feature Embedding［C］. Proceedings of the 22nd ACM International Conference on Multimedia，ICML，New York，2014：675－678.

[19] Shitong W，Duan F，Min X. Advanced fuzzy cellular neural network：Application to CT liver images［J］. Artificial Intelligence in Medicine，2007，39(1)：65－77.

［20］ Tang X，Gao X，Liu J. A spatial-temporal approach for video caption detection and recognition ［J］. IEEE Transactions on Neural Networks，2002，13(4)：961－971.

［21］ Han C，Duan Y，Tao X. Dense Convolutional Networks for Semantic Segmentation ［J］. IEEE Access，2019，7 (1)：43369－43382.

［22］ Liu F，Lin G，Shen C. CRF Learning with CNN Features for Image Segmentation ［J］. Pattern Recognition，2015，48(10)：2983－2992.

［23］ Long J，Shelhamer E，Darrell T. Fully Convolutional Networks for Semantic Segmentation ［J］. IEEE Transactions on Pattern Analysis and Machine Intelligence，2015，39(4)：640－651.

［24］ Sun W，Wang R. Fully Convolutional Networks for Semantic Segmentation of Very High Resolution Remotely Sensed Images Combined With DSM ［J］. IEEE Geoence & Remote Sensing Letters，2018，15 (3)：1－5.

［25］ Dong M，Wen S，Zeng Z. Sparse fully convolutional network for face labeling ［J］. Neurocomputing，2019，331 (12)：465－472.

［26］ 王霁雯，林雨，熊建华. 基于深度学习的自发性脑出血 CT 影像分割算法精准计算病灶体积的应用探讨 ［J］. 中华放射学杂志，2019，53(11)：941－945.

［27］ 郭树旭，马树志，李晶，等. 基于全卷积神经网络的肝脏 CT 影像分割研究 ［J］. 计算机工程与应用，2017，53(18)：126－131.

［28］ 吴晨玥，易本顺，章云港，等. 基于改进卷积神经网络的视网膜血管图像分割 ［J］. 光学学报，2018，38(11)：125－131.

［29］ Pan H，Wang B，Jiang H. Deep learning for object saliency detection and image segmentation ［J］. IEEE Transactions on Neural Networks & Learning Systems，2015，27(6)：1135－1149.

［30］ Apte A P，Iyer A，Thor M. Library of deep-learning image segmentation and outcomes model-implementations ［J］. Physica Medica，2020，73 (5)：190－196.

［31］ Guo Z，Li X，Huang H. Deep learning-based image segmentation on multimodal medical imaging ［J］. IEEE Transactions on Radiation and Plasma Medical sciences，2019，3 (2)：162－169.

［32］ Mauch L，Wang C，Yang B. Subset selection for visualization of relevant image fractions for deep learning based semantic image segmentation ［J］. Journal of the Franklin Institute，2018，355(4)：1931－1944.

［33］ Kong Z，Li T，Luo J. Automatic tissue image segmentation based on image processing and deep learning ［J］. Journal of Healthcare Engineering，2019，5 (1)：1－10.

［34］ Kurama V，Alla S，Rohith V K. Image semantic segmentation using deep learning ［J］. International Journal of Image，Graphics and Signal Processing，2018，10(12)：1－10.

［35］ Naito T，Nagashima Y，Taira K. Identification and segmentation of myelinated nerve fibers in a cross-sectional optical microscopic image using a deep learning model ［J］. J Neuro Methods，2017，291 (1)：141－149.

［36］ Moeskops P，Wolterink J M，Velden B V D. Deep learning for multi-task medical image segmentation in multiple modalities ［C］. International Conference on Medical Image Computing and Computer-Assisted Intervention，Springer International Publishing，2016：478－486.

［37］ Gaonkar B，Hovda D，Martin N. Deep learning in the small sample size setting：cascaded feed forward neural networks for medical image segmentation ［C］. Medical Imaging 2016：Computer-Aided Diagnosis，International Society for Optics and Photonics，2016：1－12.

［38］ Jifara W，Jiang F，Rho S. Medical image denoising using convolutional neural network：a residual learning approach ［J］. Journal of supercomputing，2019，75(2)：704－718.

［39］Wang E K，Chen C M，Hassan M M. A deep learning based medical image segmentation technique in Internet-of-Medical-Things domain ［J］. Future Generation Computer Systems，2020，108（7）：135－144.

［40］Sourati J，Gholipour A，Dy J G. Intelligent labeling based on Fisher information for medical image segmentation using deep learning ［J］. IEEE Transactions on Medical Imaging，2019，38（11）：2642－2653.

［41］Wu H，Liu Q，Liu X. A review on deep learning approaches to image classification and object segmentation ［J］. Computers，Materials and Continua，2019，58(2)：575－597.

［42］Wu G，Zhang D，Zhou L. Deep learning of image features from unlabeled data for multiple sclerosis lesion segmentation ［C］. International Workshop on Machine Learning in Medical Imaging. Springer International Publishing，2014：117－124.

［43］Jaime G G，Juan D G T，Manuel J B. Segmentation of multiple tree leaves pictures with natural backgrounds using deep learning for image-based agriculture applications ［J］. Applied Sciences，2019，202（10）：1－15.

［44］Mittal A，Hooda R，Sofat S. Lung Field Segmentation in Chest Radiographs：a historical review，current status，and expectations from deep learning ［J］. Iet Image Processing，2017，11（11）：937－952.

［45］Bao S Q，Chung A C S. Multi-scale structured CNN with label consistency for brain MR image segmentation ［J］. Computer Methods in Biomechanics & Bio，2018，6(1－2)：113－117.

［46］魏云超，赵耀. 基于 DCNN 的图像语义分割综述 ［J］. 北京交通大学学报，2016，40(4)：82－91.

［47］姚力，刘佳敏，谢咏圭，等. 基于细胞神经网络的图像分割及其在医学图像中的应用 ［J］. 中国科学：技术科学，2001，31(2)：167－171.

［48］Bi L，Feng D，Kim J. Dual-path adversarial learning for Fully Convolutional Network（FCN）-based medical image segmentation ［J］. Visual Computer，2018，34(6－8)：1－10.

［49］Zhang L，Li H，Shen P. Improving semantic image segmentation with a probabilistic superpixel-based dense conditional random field ［J］. IEEE Access，2018，6(12)：15297－15310.

［50］Xue D X，Zhang R，Zhao Y Y. Fully convolutional networks with double-label for esophageal cancer image segmentation by self-transfer learning ［C］. Ninth International Conference on Digital Image Processing（ICDIP 2017），Hong Kong，China，2017：1－6.

［51］Vo N，Kim S H，Yang H J. Text line segmentation using a fully convolutional network in handwritten document images ［J］. Iet Image Processing，2018，12(3)：438－446.

［52］Strzelecki M，Kowalski J，Kim H，et al. A new CNN oscillator model for parallel image segmentation ［J］. International Journal of Bifurcation and Chaos，2008，18(7)：1999－2015.

［53］Geng H Q，Zhang H，Xue Y B. Semantic image segmentation with fused CNN features ［J］. Optoelectronics Letters，2017，13(5)：381－385.

［54］Jia F，Tai X C，Liu J. Nonlocal regularized CNN for image segmentation ［J］. Inverse Problems and Imaging，2020，14(5)：891－911.

228

附录 A 变分法相关知识

图像前景提取是根据人机交互的前、背景信息，结合图像低层特征建立能量泛函，前景即为能量泛函的极值。变分法的研究对象是泛函的极大值和极小值问题，因此，图像前景提取问题可看成一个变分问题。变分法与运用微分研究函数极大值或极小值存在许多相似之处。下面从函数的极值问题引述变分的概念及有关定理。

函数：如果论域内任意变量 x 都存在一个 z 值与之对应，那么变量 z 称为变量 x 的函数，记为 $z = f(x)$。函数 $f(x)$ 的自变量 x 的微小增量是指自变量两值间的差 $\Delta x = x_1 - x_2$。如果 x 是可微的，则自变量 x 的微分就是它的增量，即 $\mathrm{d}x = \Delta x$。函数 $f(x)$ 的微分定义为

$$\mathrm{d}f(x) = \frac{\partial}{\partial \alpha} f(x + \alpha \Delta x) \Big|_{\alpha=0} \tag{A-1}$$

式（A-1）中参数 α 为较小的常数。当 x 和 Δx 固定时，仅仅改变参数 α，函数 $f(x + \alpha \Delta x)$ 会得到不同值。比如：

(1) 当 $\alpha = 1$ 时，函数 $f(x + \alpha \Delta x)$ 的值为 $f(x + \Delta x)$。

(2) 当 $\alpha = 0$ 时，函数 $f(x + \alpha \Delta x)$ 的值为其初值 $f(x)$。

泛函：如果论域为某类函数簇 $\{y(x)\}$，对于论域内的任意函数 $y(x)$ 都存在一个变量 v 与之对应，那么变量 v 称为该类函数簇 $\{y(x)\}$ 的泛函，记为 $v = v[y(x)]$。泛函 $v[y(x)]$ 的变量 $y(x)$ 的微小增量称为变分，记作 δy。δy 是指 $y(x)$ 和与它相接近的 $y_1(x)$ 之差，$\delta y = y(x) - y_1(x)$。泛函 $v[y(x)]$ 的变分定义为

$$\delta v = \frac{\partial}{\partial \alpha} v[y(x) + \alpha \delta y] \Big|_{\alpha=0} \tag{A-2}$$

泛函的极值曲线就是变分 $\delta v = 0$。

泛函在函数的基础上进行了以下扩展：

(1) 泛函将函数的自变量扩展为以函数为自变量，所以泛函可认为是函数的函数。

(2) 泛函将函数的自变量微分扩展为函数的增量。

由上述可见，泛函的极值问题可以归结为求解微分方程的问题，下面详细讲述两个自变量的泛函极值求解。

变分预备定理：设 D 为某平面区域，该平面边界记为 ∂D，函数 $f(x, y) \in C(D)$，函数簇 $\{y(x)\}$ 的任意函数 $\eta(x, y) \in C(D)$，且 $\eta(x, y)\big|_{\partial D} = 0$，则有

$$\iint_D f(x, y) \eta(x, y) \mathrm{d}x \mathrm{d}y = 0 \tag{A-3}$$

在平面区域 D 上，函数 $f(x, y) \equiv 0$。

计算泛函:

$$V[z(x,y)] = \iint_D F\left(x,y,z,\frac{\partial z}{\partial x},\frac{\partial z}{\partial y}\right)\mathrm{d}x\,\mathrm{d}y \qquad (A-4)$$

的极值,由于函数 $z(x,y)$ 在边界 ∂D 的值为已知,所有容许函数 $z(x,y)$ 在边界 ∂D 处的值均为已知值,所以这个问题应属于不动边界的变分问题。

假设式(A-4)中被积函数 $F(x,y,z,\partial z/\partial x,\partial z/\partial y)$ 为三阶可微,且满足式(A-4)的极值函数 $z=z(x,y)$ 对自变量 x 和 y 二阶可微,同时函数 $z=z_1(x,y)$ 为接近 $z=z(x,y)$ 的容许函数。把 $z=z(x,y)$ 和 $z=z_1(x,y)$ 归并于参数 α 的函数簇 $z(x,y,\alpha)$:

$$\begin{cases} z(x,y,\alpha) = z(x,y) + \alpha\delta z \\ \delta z = z_1(x,y) - z(x,y) \end{cases} \qquad (A-5)$$

式(A-5)表示的函数随 α 变化而变化:

(1)当 $\alpha=0$ 时,函数簇 $z(x,y,\alpha)$ 表示式(A-4)的极值函数 $z=z(x,y)$。

(2)当 $\alpha=1$ 时,函数簇 $z(x,y,\alpha)$ 表示接近 $z=z(x,y)$ 的容许函数 $z=z_1(x,y)$。

式(A-5)表示的函数簇成为 α 的函数,该函数在 $\alpha=0$ 时应当存在极值,则有

$$\frac{\partial}{\partial\alpha}V[z(x,y,\alpha)]\Big|_{\alpha=0} = 0 \qquad (A-6)$$

对参数的导函数称为泛函的变分,其 δV 为

$$\delta V = \left\{\iint_D F\left(x,y,z(x,y,\alpha),\frac{\partial z(x,y,\alpha)}{\partial x},\frac{\partial z(x,y,\alpha)}{\partial y}\right)\mathrm{d}x\,\mathrm{d}y\right\}_{\alpha=0} \qquad (A-7)$$

式(A-7)中,$z(x,y,\alpha)=z(x,y)+\alpha\delta z$。若令 $p=p(x,y)=\partial z(x,y)/\partial x$ 和 $q=q(x,y)=\partial z(x,y)/\partial y$,则有

$$\begin{cases} p(x,y,\alpha) = \frac{\partial}{\partial x}z(x,y,\alpha) = p(x,y) + \alpha\delta p \\ q(x,y,\alpha) = \frac{\partial}{\partial y}z(x,y,\alpha) = q(x,y) + \alpha\delta q \end{cases} \qquad (A-8)$$

借助于变分运算,式(A-7)变为

$$\delta V = \iint_D F_z\delta z + F_p\delta p + F_q\delta q\,\mathrm{d}x\,\mathrm{d}y \qquad (A-9)$$

由于

$$\begin{cases} \frac{\partial}{\partial x}\{F_p\delta z\} = \frac{\partial}{\partial x}\{F_p\}\delta z + F_p\delta p \\ \frac{\partial}{\partial y}\{F_q\delta z\} = \frac{\partial}{\partial y}\{F_q\}\delta z + F_q\delta q \end{cases} \qquad (A-10)$$

式(A-10)中:

$$\iint_D F_p\delta p + F_q\delta q\,\mathrm{d}x\,\mathrm{d}y = \iint_D \frac{\partial}{\partial x}\{F_p\delta z\} + \frac{\partial}{\partial y}\{F_q\delta z\}\,\mathrm{d}x\,\mathrm{d}y -$$

$$\iint_D\left[\frac{\partial}{\partial x}\{F_p\} + \frac{\partial}{\partial y}\{F_q\}\right]\delta z\,\mathrm{d}x\,\mathrm{d}y \qquad (A-11)$$

式中,$\partial\{F_p\}/\partial x$ 就是对 x 的全偏导数。把 y 看作固定,而把 z,p,q 看作自变量 x 的函数,得到

$$\frac{\partial}{\partial x}\{F_p\} = F_{px} + F_{pz}\frac{\partial z}{\partial x} + F_{pp}\frac{\partial p}{\partial x} + F_{pq}\frac{\partial q}{\partial x} \qquad (A-12a)$$

同理，可得

$$\frac{\partial}{\partial y}\{F_q\} = F_{qy} + F_{qz}\frac{\partial z}{\partial y} + F_{qp}\frac{\partial p}{\partial y} + F_{qq}\frac{\partial q}{\partial y} \tag{A-12b}$$

由格林公式可知：

$$\iint_D \frac{\partial}{\partial x}\{F_p\delta z\} + \frac{\partial}{\partial y}\{F_q\delta z\}\,\mathrm{d}x\,\mathrm{d}y = \int_{\partial D} F_p\,\mathrm{d}y - F_q\,\mathrm{d}x = 0 \tag{A-13}$$

式（A-13）成立是因为所有容许函数共享边界条件，因而在边界上 ∂D 的变分 $\delta z = 0$，可得

$$\iint_D (F_p\delta p + F_q\delta q)\,\mathrm{d}x\,\mathrm{d}y = -\iint_D \left[\frac{\partial}{\partial x}\{F_p\} + \frac{\partial}{\partial y}\{F_q\}\right]\delta z\,\mathrm{d}x\,\mathrm{d}y \tag{A-14}$$

将式（A-14）代入式（A-9），有

$$\iint_D \left[F_z - \frac{\partial}{\partial x}\{F_p\} - \frac{\partial}{\partial y}\{F_q\}\right]\delta z\,\mathrm{d}x\,\mathrm{d}y = 0 \tag{A-15}$$

由于变分 δz 的任意性，根据变分基本预备定理（A-3），且满足式（A-4）的极值函数 $z(x,y)$：

$$F_z - \frac{\partial}{\partial x}\{F_p\} - \frac{\partial}{\partial y}\{F_q\} = 0 \tag{A-16}$$

式（A-16）为极值的必要条件，即欧拉－拉格朗日方程。此时 $z(x,y)$ 是该欧拉－拉格朗日方程的解。

附录 B　EM 算法

在数理统计中，人们常常通过分析来自同一总体（总体分布模型已知）的相互独立样本，得到总体分布模型参数，此时最常用的方法是最大似然估计。最大似然估计是建立在极大似然原理上的一个统计方法，它提供了一种给定观察数据来评估模型参数的方法，即"模型已定，参数未知"。通过若干次试验，观察其结果，利用试验结果得到参数值可使样本出现的概率为最大，则称为最大似然估计。

设总体分布参数为 θ，独立同分布样本集 $D = \{x_1, x_2, \cdots, x_n\}$ 的联合分布函数 $p(D \mid \theta)$ 为

$$p(D \mid \theta) = p(x_1, x_2, \cdots, x_n \mid \theta) = \prod_{i=1}^{n} p(x_i \mid \theta) \tag{B-1}$$

在数理统计中，常常将联合分布函数 $p(D \mid \theta)$ 称为相对于样本 D 的参数似然函数 $\ell(\theta)$：

$$\ell(\theta) = p(D \mid \theta) = \prod_{i=1}^{n} p(x_i \mid \theta) \tag{B-2}$$

参数 θ 的估计可以表示为

$$\widetilde{\theta} = \underset{\theta}{\operatorname{argmax}}\{\ell(\theta)\} = \underset{\theta}{\operatorname{argmax}}\left\{ \prod_{i=1}^{n} p(x_i \mid \theta) \right\} \tag{B-3}$$

实际中，为了便于简化计算，常常定义对数似然函数 $f(\theta) = \ln[\ell(\theta)]$，参数 θ 估计可以表示为

$$\widetilde{\theta} = \underset{\theta}{\operatorname{argmax}}\{f(\theta)\} = \underset{\theta}{\operatorname{argmax}}\{\ln[\ell(\theta)]\}$$

$$= \underset{\theta}{\operatorname{argmax}}\left\{ \sum_{i=1}^{n} \ln[p(x_i \mid \theta)] \right\} \tag{B-4}$$

在似然函数满足连续、可微的正则条件下，估计量即为下面微分方程的解：

（1）若 θ 为标量，最大估计量满足微分方程的解：

$$\frac{\mathrm{d}f(\theta)}{\mathrm{d}\theta} = 0 \quad \text{或} \quad \frac{\mathrm{d}}{\mathrm{d}\theta}\ln[\ell(\theta)] = \sum_{i=1}^{n} \frac{\mathrm{d}}{\mathrm{d}\theta}\ln[p(x_i \mid \theta)] = 0 \tag{B-5}$$

（2）若 θ 为矢量，最大估计量满足偏微分方程的解：

$$\frac{\partial f(\theta)}{\partial \theta} = 0 \quad \text{或} \quad \frac{\partial}{\partial \theta}\ln[\ell(\theta)] = \sum_{i=1}^{n} \frac{\partial}{\partial \theta}\ln[p(x_i \mid \theta)] = 0 \tag{B-6}$$

最大估计量为式（B-6）对应线性齐次方程组的解向量。

综上所述，求最大似然估计量的一般步骤如下：

（1）构建似然函数。

（2）对似然函数取对数，并整理。

（3）求导数。

（4）解似然方程。

最大似然估计的特点如下：

（1）比其他估计方法更加简单。

（2）最大似然估计是无偏或渐近无偏估计，当样本数目增加时，收敛性较好。

（3）如果假设的模型正确，则通常能获得较好的结果。若假设的模型出现偏差，将导致非常差的估计结果。

在图像前景提取过程中，常常需要估计前景和背景的模型参数。实际上，我们并不知道哪些像素属于前景，哪些像素属于背景。为了指明前景，我们仅仅在前景的外围画一个矩形，矩形外围为背景，矩形内部为前景。标注的前景像素集包含了部分背景像素，即隐含数据。由于它不满足最大似然估计算法的前提条件，因而无法直接用最大似然估计得到模型参数。

为了解决含有隐含数据的模型参数估计问题，学者们利用启发式的迭代算法。首先猜想隐含数据，对观察数据和猜测的隐含数据一起求最大化似然函数，求解模型参数。由于隐含数据是猜想的，得到的参数一般是不正确的。此时采用迭代算法，在当前模型参数基础上，继续猜想隐含数据，然后继续最大化似然函数，更新模型参数。以此类推，直到模型参数基本无变化为止。上述启发式的迭代就是最大期望算法（Expectation-maximization algorithm，EM）的思路。

EM 算法是在概率模型中寻找参数最大似然估计或者最大后验估计的算法，其中概率模型依赖于无法观测的隐性变量。EM 算法是迭代求解最大值问题，该算法在每一次迭代时分为 E 步和 M 步。E 步是计算期望（E），利用对隐藏变量的现有估计值，计算其最大似然估计值；M 步是最大化（M），最大化在 E 步上求得的最大似然值来计算参数的值。M 步上得到的参数估计值被用于下一个 E 步中。

观测到随机变量 X 产生的 m 个相互独立的样本 $X = \{x_1, x_2, \cdots, x_m\}$，随机变量的分布为联合分布 $p(X, Z, \theta)$，$Z = \{z_1, z_2, \cdots, z_m\}$ 是无法直接观测到信息的，称为隐变量，从样本中估计出模型参数的值 θ，其似然函数为

$$\ell[\theta | (x_1, x_2, \cdots, x_m)] = \sum_{i=1}^{m} p(x_i, \theta_i) = \sum_{i=1}^{m} \log\left[\sum_{z_i} p(x_i, z_i; \theta_i)\right] \quad (\text{B}-7)$$

对式（B-7）直接求导，常常运用 Jensen 不等式对式（B-7）进行缩放：

$$\sum_{i=1}^{m} \log\left[\sum_{z_i} p(x_i, z_i; \theta_i)\right] = \sum_{i=1}^{m} \log\left[\sum_{z_i} q_i(z_i) \frac{p(x_i, z_i; \theta_i)}{q_i(z_i)}\right]$$
$$\geqslant \sum_{i=1}^{m} \sum_{z_i} q_i(z_i) \log\left[\frac{p(x_i, z_i; \theta_i)}{q_i(z_i)}\right] \quad (\text{B}-8)$$

式（B-8）引入了一个未知的新的分布 $q_i(z_i)$，同时运用 Jensen 不等式：

$$\log\left(\sum_{j} \lambda_j q_j\right) \geqslant \sum_{j} \lambda_j \log q_j, \quad \lambda_j \geqslant 0, \quad \sum_{j} \lambda_j = 1$$

由于对数函数是凹函数，所以有 $q(E\{x\}) \geqslant E\{q(x)\}$。

如果 $q(x)$ 是凹函数，同时要求满足 Jensen 不等式取等号，则有

$$\frac{p(x_i, z_i; \theta_i)}{q_i(z_i)} = C, \quad C \text{ 为常数}$$

在概率论中，$q_i(z_i)$ 是一个分布函数，所以满足：

$$\sum_{z_i} q(z_i) = 1$$

由上面两式可以得到

$$q_i(z_i) = \frac{p(x_i,z_i;\theta)}{\sum_{z_i} p(x_i,z_i;\theta)} = \frac{p(x_i,z_i;\theta)}{p(x_i,\theta)} = p(z_i \mid x_i;\theta)$$

若 $q_i(z_i) = p(z_i \mid x_i;\theta)$，则式（B-8）为包含隐藏数据的对数似然一个下界。式（B-8）参数 θ 的估计转化为

$$\tilde{\theta} = \underset{\theta}{\arg\max}\{\ell[\theta \mid (x_1,x_2,\cdots,x_m)]\}$$

$$= \underset{\theta}{\arg\max}\left\{\sum_{i=1}^{m}\sum_{z_i} q_i(z_i) \log\left[\frac{p(x_i,z_i;\theta_i)}{q_i(z_i)}\right]\right\} \tag{B-9}$$

去掉式（B-9）中为常数的部分，则最大化的对数似然下界为

$$\tilde{\theta} = \underset{\theta}{\arg\max}\left\{\sum_{i=1}^{m}\sum_{z_i} q_i(z_i) \log[p(x_i,z_i;\theta_i)]\right\} \tag{B-10}$$

式（B-10）中 $q_i(z_i)$ 是一个分布，$\sum_{i=1}^{m}\sum_{z_i} q_i(z_i)\log[p(x_i,z_i;\theta_i)]$ 可以理解为 $\log p(x_i,z_i;\theta_i)$ 基于条件概率分布 $q_i(z_i)$ 的期望。

下面介绍 EM 算法的流程。

输入：观察数据 $\boldsymbol{x} = \{x_1,x_2,\cdots,x_m\}$，联合分布 $p(\boldsymbol{x},\boldsymbol{z},\theta)$，条件分布 $p(\boldsymbol{x} \mid \boldsymbol{z};\theta)$。

(1)随机初始化模型参数 θ 的初值 θ^0。

(2) 第 k 步迭代（θ^k 已知）：

①E 步：计算联合分布的条件概率期望：

$$q_i(z_i) = p(z_i \mid x_i;\theta^k)$$

计算似然函数：

$$\ell(\theta,\theta^k) = \sum_{i=1}^{m}\sum_{z_i} q_i(z_i)\log p(x_i,z_i;\theta_i)$$

$$= \sum_{i=1}^{m}\sum_{z_i} p(z_i \mid x_i;\theta^k)\log p(x_i,z_i;\theta_i)$$

②M 步：极大化 $\ell(\theta,\theta^k)$ 得到

$$\theta^{k+1} = \underset{\theta}{\arg\max}\{\ell(\theta,\theta^k)\}$$

③如果 θ^k 收敛，则算法结束；否则，继续回到步骤①进行 E 步迭代。

输出：模型参数 $\theta = \theta^k$。

上述迭代过程中，由于

$$\ell(\theta,\theta^k) = \sum_{i=1}^{m}\sum_{z_i} q_i(z_i)\log p(x_i,z_i;\theta_i)$$

$$= \sum_{i=1}^{m}\sum_{z_i} p(z_i \mid x_i;\theta^k)\log p(x_i,z_i;\theta_i) \tag{B-11}$$

令

$$H(\theta,\theta^k) = \sum_{i=1}^{m}\sum_{z_i} p(z_i \mid x_i;\theta^k)\log p(z_i \mid x_i;\theta_i) \tag{B-12}$$

式（B-11）和式（B-12）相减得到

$$
\begin{aligned}
\ell(\theta,\theta^k) - H(\theta,\theta^k) &= \sum_{i=1}^{m}\sum_{z_i} p(z_i|x_i;\theta^k)\log p(x_i,z_i;\theta_i) - \\
&\quad \sum_{i=1}^{m}\sum_{z_i} p(z_i|x_i;\theta^k)\log p(z_i|x_i;\theta_i) \\
&= \sum_{i=1}^{m}\log p(x_i;\theta)
\end{aligned} \tag{B-13}
$$

将式（B-12）中 θ 取为 θ^k 和 θ^{k+1}，并相减得到

$$
\begin{aligned}
&\sum_{i=1}^{m}\log p(x_i;\theta^{k+1}) - \sum_{i=1}^{m}\log p(x_i;\theta^k) \\
&= [\ell(\theta^{k+1},\theta^k) - H(\theta^{k+1},\theta^k)] - [\ell(\theta^k,\theta^k) - H(\theta^k,\theta^k)] \\
&= [\ell(\theta^{k+1},\theta^k) - \ell(\theta^k,\theta^k)] - [H(\theta^{k+1},\theta^k) - H(\theta^k,\theta^k)]
\end{aligned} \tag{B-14}
$$

由于 θ^{k+1} 是 $\ell(\theta,\theta^k)$ 极大的结果，所以有

$$
\ell(\theta^{k+1},\theta^k) - \ell(\theta^k,\theta^k) \geqslant 0 \tag{B-15}
$$

同时有

$$
\begin{aligned}
&H(\theta^{k+1},\theta^k) - H(\theta^k,\theta^k) \\
&= \sum_{i=1}^{m}\sum_{z_i} p(z_i|x_i;\theta^k)\log p(z_i|x_i;\theta^{k+1}) - \sum_{i=1}^{m}\sum_{z_i} p(z_i|x_i;\theta^k)\log p(z_i|x_i;\theta^k) \\
&= \sum_{i=1}^{m}\sum_{z_i} p(z_i|x_i;\theta^k)[\log p(z_i|x_i;\theta^{k+1}) - \log p(z_i|x_i;\theta^k)] \\
&= \sum_{i=1}^{m}\sum_{z_i} p(z_i|x_i;\theta^k)\log\frac{p(z_i|x_i;\theta^{k+1})}{p(z_i|x_i;\theta^k)} \\
&\leqslant \sum_{i=1}^{m}\log\Big[\sum_{z_i} p(z_i|x_i;\theta^k)\frac{p(z_i|x_i;\theta^{k+1})}{p(z_i|x_i;\theta^k)}\Big] \\
&= \sum_{i=1}^{m}\log\Big[\sum_{z_i} p(z_i|x_i;\theta^{k+1})\Big] \\
&= \sum_{i=1}^{m}\log 1 = 0
\end{aligned} \tag{B-16}
$$

将式（B-15）和式（B-16）代入式（B-14），得到

$$
\sum_{i=1}^{m}\log p(x_i;\theta^{k+1}) - \sum_{i=1}^{m}\log p(x_i;\theta^k) \geqslant 0 \tag{B-17}
$$

由式（B-17）可知 EM 算法的收敛性。由上面的推导可以看出，EM 算法可以保证收敛到一个稳定点，但是却不能保证收敛到全局的极大值点，因此，它是局部最优的算法。如果优化目标 $\ell(\theta,\theta^k)$ 是凸的，则 EM 算法可以保证收敛到全局最大值。另外，EM 算法只提供了一种逼近似然函数的最大值方法，不能提供任何额外的信息。即使 EM 算法收敛后，仍然不能告诉每个观测值来自哪个总体，而仅仅给出每个观测值来自哪个总体的概率。

附录 C 图像超像素

超像素是利用图像像素亮度、颜色或纹理等特征的相似性将邻域内像素点组成具有一定意义、不规则的像素块。直观地说，是将特性相似的像素集表示为原子区域，这些原子区域保留了对象轮廓。图像超像素把像素级别的图像划分为区域级别的图，实现了图像像素抽象表示。

超像素概念是 2003 年 Xiaofeng Ren 提出的一种图像分割技术，该技术利用邻域像素低层特征的相似性，将相似的纹理、颜色和亮度等像素进行聚类构成具有一定视觉意义的不规则像素块。图像超像素运用少量的原子区域代表原始图像的像素，替换像素网格的刚性结构，降低了后续处理的复杂性。该技术常常作为图像分割算法中的预处理，逐渐成为计算机视觉处理的关键环节，广泛用于图像分割、姿势估计、目标跟踪、目标识别等计算机视觉领域。

目前，学者们根据不同特征相似规则提出了许多图像超像素生成算法，将图像像素组合为感知意义的原子区域，如图割（NCut）、分水岭和简单线性迭代聚类。这些算法在牺牲较小精确度的情况下，使得超像素具有以下特点：

（1）超像素算法得到的原子区域可良好地粘附对象边界。

（2）超像素减低了图像分割处理对存储器的要求。

（3）超像素增加了图像分割处理算法的运算速度，并提高了分割结果质量。

简单线性迭代聚类（Simple Linear Iterative Clustering，SLIC）是运用 kmeans 算法生成超像素，它是 2010 年提出的一种思想简单、实现方便的算法。该算法将彩色图像转化为 CIELAB 颜色空间和 XY 坐标下的 5 维特征向量，然后对 5 维特征向量构造距离度量标准，对图像像素进行局部聚类。

在 RGB 色彩空间中，任意色光 F 都可以用 R、G、B 三原色的线性组合表示。R、G、B 三原色分量分别对应三维空间坐标轴，原点对应于黑色，离原点最远的顶点则对应于白色，其他颜色落于立方体内。R、G、B 分量不仅代表颜色，还表征了图像亮度信息，所以 RGB 色彩空间是图像显示的理想颜色模式，但该颜色模式中 R、G、B 分量存在较大的相关性，所以 RGB 空间不能很好地解释图像的颜色。

人眼观察一个彩色物体时常常采用色调、饱和度和亮度描述该物体的内容及颜色信息，色调、饱和度和亮度三者是线性无关的，其中色调和饱和度主要反映了图像的颜色信息，色调是描述纯色的属性，饱和度给出一种纯色被白光稀释程度的度量，亮度主要反映了图像的内容。图像感知、分类和鉴别要求对颜色描述越准确越好，因此，图像处理一般要求对颜色的描述与人类视觉感知一致，即两颜色视觉感知的差异应该与它们在颜色空间中的距离成比例。换句话说，如果在一个颜色空间中，人眼所观察到的颜色差异对应该彩色空间中两点间的欧式距离，则称该空间为均匀彩色空间。均匀彩色空间模型本质上是面向视觉感知的彩色模型。Lab 模型是一种均匀彩色空间模型，该色彩模型是由亮度（L）和有颜色的 a、b 三个要素组成的。L 表示亮度，其值域由 0（黑色）到 100（白色）。a 表示从洋红色至绿色的范围（a 为负值指示绿色，而正值指示品红），b 表示从黄色至蓝色的范围（b 为负值指示蓝色，而正值指示黄色）。Lab 模型是基于对立色理论和参考白点。首先将 RGB 彩色空间转换为 XYZ 空间：

$$\begin{bmatrix} X \\ Y \\ Z \end{bmatrix} = \begin{bmatrix} 0.3935 & 0.3653 & 0.1916 \\ 0.2124 & 0.7011 & 0.0866 \\ 0.0187 & 0.1119 & 0.9582 \end{bmatrix} \begin{bmatrix} R \\ G \\ B \end{bmatrix} \qquad (C-1)$$

在 Lab 模型中，图像亮度信息 L 为

$$L = \begin{cases} 116\,(Y/Y_0)^2 - 16, & Y/Y_0 > 0.00856 \\ 903.3\,(Y/Y_0)^{\frac{1}{3}}, & Y/Y_0 \leqslant 0.008856 \end{cases} \qquad (C-2)$$

图像的色度信息 a，b 分别为

$$\begin{cases} a = 500\big[f(X/X_0) - f(Y/Y_0)\big] \\ b = 200\big[f(Y/Y_0) - f(Z/Z_0)\big] \end{cases} \qquad (C-3)$$

式中，X_0，Y_0，Z_0 表示参考白色，函数 $f(x)$ 定义为

$$f(x) = \begin{cases} x^{\frac{1}{3}}, & x > 0.008856 \\ 7.787x + 16/116, & x \leqslant 0.008856 \end{cases} \qquad (C-4)$$

Lab 颜色空间具有以下优点：

（1）Lab 色彩模型被设计为接近人类生理视觉。它致力于感知均匀性，其 L 分量匹配人类亮度感知。在该色彩空间中，一方面可通过修改 a、b 分量调节图像的视觉颜色平衡，另一方面可修改 L 分量调整亮度对比。

（2）Lab 色彩模型是与设备无关的颜色模型，它侧重于颜色分析，而不是设备（如显示器、打印机或数码相机）相关的颜色显示。

（3）Lab 色彩模型可表示宽阔色域。它能表示人眼能感知的所有色彩，不仅包含了 RGB 的所有色域，还能表现它们不能表现的色彩。

（4）在 RGB 模型中，从蓝色到绿色之间的过渡色彩过多，而在绿色到红色之间又缺少黄色和其他色彩，所以 RGB 模型不能有效分析自然场景的丰富色彩。Lab 色彩模型弥补了 RGB 色彩模型色彩分布不均的不足，保留了宽阔的色域和丰富的色彩。

将彩色图像转化为 CIELAB 颜色空间和 XY 坐标下的 5 维特征向量，然后对 5 维特征向量构造距离度量标准，对图像像素进行局部聚类的过程。具体过程如下：

①初始化种子点（聚类中心）。按照事先设定的超像素个数，在图像内均匀地随机分配种子点。假设图片总共有 N 个像素点，预分割为 K 个相同尺寸的超像素块，那么每个超像素块中像素个数为 N/K，则相邻种子点的距离近似为 $s = \sqrt{N/K}$。

②初始种子点优化。为了避免初始种子点落在对象轮廓上，计算每个种子点邻域 $n \times n$（一般取 $n=3$）内所有像素点的梯度值，将种子点移到该邻域内梯度最小的像素上。

③分配每个像素的种子标签。在每个像素 $2s \times 2s$ 周围内依据近邻性和颜色相似性搜索最近的种子点，计算并分配它们属于某一种子类，直到所有像素点都归类完毕，得到

K 个超像素。像素间近邻性和颜色相似性的距离计算如下：

$$d = \sqrt{\frac{d_c}{N_c} + \frac{d_s}{N_s}} \qquad (C-5)$$

式中，N_s 是类内最大空间距离，常常定义为 $N_s = s$。N_c 为最大颜色距离，它既与图像有关，也与聚类个数有关，工程上 $N_c = 10$。d_c，d_s 分别表示像素间颜色相似性和近邻性测度，图像论域中像素对 (i, j) 在 Lab 色彩模型中颜色测度和近邻性测度分别定义为

$$\begin{cases} d_c(i,j) = (L_i - L_j)^2 + (a_i - a_j)^2 + (b_i - b_j)^2 \\ d_s(i,j) = (x_i - x_j)^2 + (y_i - y_j)^2 \end{cases} \qquad (C-6)$$

由于每个像素点都会被多个种子点搜索到，所以每个像素都存在与一个种子点的最小距离，取该种子点作为该像素的聚类中心。

（5）迭代优化。理论上上述步骤不断迭代直到收敛（可以理解为每个像素点聚类中心不再发生变化为止），实践表明 10 次迭代后绝大部分图像都可以得到较理想的效果，所以工程上一般迭代次数取 10。

（6）连通性增强。由于上述过程独立分析像素种子标签，未考虑像素间的相关性，其结果可能会出现多连通、超像素尺寸过小、单个超像素被切割成多个不连续超像素等，这些情况可以通过增强连通性解决。即新建一张标记表，表内元素均为 -1，按照"Z"形走向（从左到右、从上到下）将不连续的超像素、尺寸过小的超像素重新分配给邻近的超像素，遍历过的像素点分配给相应的标签，直到所有点遍历完毕为止。

SLIC 算法能生成紧凑、近似均匀的超像素，在运算速度、物体轮廓保持、超像素形状方面具有较高的综合评价，符合人们期望的分割效果。其主要优点如下：

（1）SLIC 算法生成的超像素如同细胞一般紧凑整齐，邻域特征比较容易表达。

（2）SLIC 算法不仅可以分割彩色图，也可以兼容分割灰度图。

（3）SLIC 算法需要设置的参数非常少，默认情况下只需要设置一个超像素的数量。

（4）相比其他的超像素分割方法，SLIC 在运行速度、生成超像素的紧凑度、轮廓保持方面都比较理想。

附录 D　矩阵的特征值及特征向量

设 A 是 n 阶矩阵，如果数 λ 和 n 维非零列向量 x 使关系式：

$$Ax = \lambda x \tag{D-1}$$

成立，则称数 λ 为矩阵 A 的特征值，非零向量 x 称为矩阵 A 对应于特征值 λ 的特征向量。式（D-1）可以看作使得齐次线性方程组 $(\lambda E - A)x = 0$ 有非零解的 λ。矩阵 A 的特征值问题等价于求 A 的特征方程：

$$|\lambda E - A| = \begin{vmatrix} \lambda - a_{11} & -a_{12} & \cdots & -a_{1n} \\ -a_{21} & \lambda - a_{22} & \cdots & -a_{2n} \\ \vdots & \vdots & & \vdots \\ -a_{n1} & -a_{n2} & \cdots & \lambda - a_{nn} \end{vmatrix} = 0 \tag{D-2}$$

一般计算方法是先求解特征值 λ，即求式（D-2）的根；其次，求解特征向量 x，即求解齐次线性方程组 $(\lambda E - A)x = 0$ 的非零解向量。

设 x 为矩阵 A 的特征值 λ 对应的特征向量，则有

（1）$cx(c \neq 0)$ 也是矩阵 A 的特征值 λ 对应的特征向量，即 $Acx = \lambda cx$。

（2）λ^k 为 A^k 的特征值，$A^k x = \lambda^k x$。

对于阶数较大的矩阵，直接求解特征值及其对应的特征向量开销会很大，因此，可以用乘幂法解其数值。假定 n 阶矩阵 A 对应的 n 个特征值按模从大到小的排序为

$$|\lambda_1| > |\lambda_2| > \cdots > |\lambda_i| > \cdots |\lambda_n|$$

由于关于 λ_1，λ_2，$\cdots$，λ_n 对应的矩阵 A 的特征向量 v_1，v_2，$\cdots$，v_n 线性无关，所以特征向量 v_1，v_2，$\cdots$，v_n 构成了 n 维空间的一组基，任意初始向量 x_0 可表示为向量 v_1，v_2，$\cdots$，v_n 的线性组合：

$$x_0 = b_1 v_1 + b_2 v_2 + \cdots + b_n v_n, b_1 \neq 0 \tag{D-3}$$

由迭代可得

$$x_k = A x_{k-1} \tag{D-4}$$

根据式（D-4）得到

$$x_1 = b_1 A v_1 + b_2 A v_2 + \cdots + b_n A v_n = b_1 \lambda_1 v_1 + b_2 \lambda_2 v_2 + \cdots + b_n \lambda_n v_n$$

同理，得到向量序列：

$$\begin{cases} x_2 = b_1 \lambda_1^2 v_1 + b_2 \lambda_2^2 v_2 + \cdots + b_n \lambda_n^2 v_n \\ \vdots \\ x_{k-1} = b_1 \lambda_1^{k-1} v_1 + b_2 \lambda_2^{k-1} v_2 + \cdots + b_n \lambda_n^{k-1} v_n \end{cases} \tag{D-5}$$

已知向量 x_{k-1}，由迭代可得

$$x_k = b_1 \lambda_1^k v_1 + b_2 \lambda_2^k v_2 + \cdots + b_n \lambda_n^k v_n$$

$$= \lambda_1^k \left[b_1 \boldsymbol{v}_1 + b_2 \left(\frac{\lambda_2}{\lambda_1} \right)^k \boldsymbol{v}_2 + \cdots + b_n \left(\frac{\lambda_n}{\lambda_1} \right)^k \boldsymbol{v}_n \right] \tag{D-6}$$

设

$$\varepsilon_k = b_2 \left(\frac{\lambda_2}{\lambda_1} \right)^k \boldsymbol{v}_2 + \cdots + b_n \left(\frac{\lambda_n}{\lambda_1} \right)^k \boldsymbol{v}_n$$

由于 $|\lambda_1| > |\lambda_2| > \cdots > |\lambda_i| > \cdots > |\lambda_n|$，所以 $|\lambda_i|/|\lambda_1| < 1$，$i = 2,3,\cdots,n$。故

$$\lim_{k \to \infty} \varepsilon_k = \lim_{k \to \infty} b_2 \left(\frac{\lambda_2}{\lambda_1} \right)^k \boldsymbol{v}_2 + \cdots + b_n \left(\frac{\lambda_n}{\lambda_1} \right)^k \boldsymbol{v}_n = 0$$

则有

$$\lim_{k \to \infty} \frac{\boldsymbol{x}_k}{\lambda_1^k} = \lim_{k \to \infty} \frac{\lambda_1^k (b_1 \boldsymbol{v}_1 + \varepsilon_k)}{\lambda_1^k} = b_1 \boldsymbol{v}_1 \tag{D-7}$$

由式（D-7）可知 $\lim\limits_{k \to \infty} \boldsymbol{A}\boldsymbol{x}_k / \lambda_1^k = b_1 \boldsymbol{A}\boldsymbol{v}_1$，那么 $\boldsymbol{x}_k$ 就是 λ_1 对应的特征向量。

向量 $\boldsymbol{x}_k$ 的第 i 个分量 $(\boldsymbol{x}_k)_i$ 与向量 $\boldsymbol{x}_{k-1}$ 的第 i 个分量 $(\boldsymbol{x}_{k-1})_i$ 之比的极限为

$$\lim_{k \to \infty} \frac{(\boldsymbol{x}_k)_i}{(\boldsymbol{x}_{k-1})_i} = \lim_{k \to \infty} \frac{\lambda_1^k [b_1 \boldsymbol{v}_1 + \varepsilon_k]_i}{\lambda_1^{k-1} [b_1 \boldsymbol{v}_1 + \varepsilon_{k-1}]_i} = \lambda_1 \tag{D-8}$$

在工程实际中，式（D-8）中 $\boldsymbol{x}_k$ 和 $\boldsymbol{x}_{k-1}$ 的第 i 个分量分别用向量 $\|\boldsymbol{x}_k\|_\infty$ 和 $\|\boldsymbol{x}_{k-1}\|_\infty$ 代替。

由式（D-7）和（D-8）可知，当 k 趋于无穷大时，可得到按模最大的特征值和特征向量。若存在特征值相等的情况，假定 $|\lambda_1| = |\lambda_2| \cdots = |\lambda_m| > |\lambda_{m+1}| > \cdots > |\lambda_n|$，由于向量 $b_1 \boldsymbol{v}_1 + b_2 \boldsymbol{v}_2 + \cdots + b_n \boldsymbol{v}_n$ 仍是属于 λ_1 的特征向量，故利用上述方法可求解 λ_1，$\cdots$，λ_m，$\cdots$，λ_n 的特征值及其对应的特征向量。

在式（D-4）中，当 $|\lambda_1| > 1$ 或 $|\lambda_1| < 1$ 时，$\boldsymbol{x}_k$ 中非 0 的元素将随 k 的增大而无限增大，使得可能出现计算上溢（或下溢）。在实际计算时，需按规范法计算，每步先对向量 $\boldsymbol{x}_k$ 进行规范化：

$$\boldsymbol{z}_k = \frac{\boldsymbol{x}_k}{\|\boldsymbol{x}_k\|_\infty}, \quad \boldsymbol{x}_{k+1} = \boldsymbol{A}\boldsymbol{z}_k \tag{D-9}$$

乘幂法求矩阵的特征值及特征向量的方法可归纳如下：

（1）计算特征值 λ_m，任选一个向量 $\boldsymbol{x}_0$，递归计算式（D-9）中 $\boldsymbol{z}_k$，$\boldsymbol{x}_k$。

（2）当 k 充分大或误差 Frobenius Norm $\|\boldsymbol{x}_k - \boldsymbol{x}_{k-1}\|$ 足够小时，停止，则 $\boldsymbol{z}_k$ 或 $\boldsymbol{x}_k$ 就是 λ_m 对应的特征向量。

（3）$\boldsymbol{z}_k$ 就是当前 $\boldsymbol{A}$ 的主特征向量，对应的特征值为 $\lambda_m = \|\boldsymbol{x}_k\|_\infty$。

（4）在 $\boldsymbol{A}$ 中去掉特征值 λ_m 对应向量的因素后有

$$\boldsymbol{A} = \boldsymbol{A} - \lambda_k \boldsymbol{z}_k \boldsymbol{z}_k^\mathsf{T}$$

接下来继续求解特征值 λ_{m+1} 及其对应的特性向量。

乘幂法是运用向量迭代法计算矩阵模最大的特征值及其特征向量，适用于大型稀疏矩阵。